Markus Hüging, Josef Kuse, Nico Nordendorf, Karl Renkert

Fachqualifikationen
Elektrotechnik

Betriebstechnik
Lernfelder 5 bis 13
Aufgabensammlung

1. Auflage

Bestellnummer 50007

.Bildungsverlag EINS
a Wolters Kluwer business

**Haben Sie Anregungen oder Kritikpunkte zu diesem Buch?
Dann senden Sie eine E-Mail an 50007@bv-1.de.
Autoren und Verlag freuen sich auf Ihre Rückmeldung.**

www.bildungsverlag1.de

Unter dem Dach des Bildungsverlages EINS sind die Verlage Gehlen, Kieser, Stam, Dähmlow, Dümmler, Wolf, Dürr + Kessler, Konkordia und Fortis zusammengeführt.

Bildungsverlag EINS
Sieglarer Straße 2, 53842 Troisdorf

ISBN 3-427-**50007**-1

Inhalt

5 **Energieversorgung und Sicherheit von Betriebsmitteln gewährleisten** **9**

5.1 Torsteuerung der Betriebseinfahrt reparieren... 9

5.2 Energieversorgung einer Sprinkleranlage.. 19

5.3 Steckdosenstromkreis mit RCD ausstatten... 26

5.4 Gleichspannungsversorgung reparieren.. 30

5.5 Inbetriebnahme der Sprinkleranlage 36

6 **Geräte und Baugruppen in Anlagen analysieren und prüfen** **39**

6.1 Störungssuche in einer Torsteuerung 39

6.2 Tor mit Kleinsteuerung ausrüsten 42

6.3 Laufkatze reparieren und erweitern 53

6.4 Schachtmagazin reparieren 57

6.5 Druckerhöhungsanlage für Brandschutz installieren...................................... 62

6.6 Kompressor mit Softstarter ausrüsten... 68

7 **Steuerungen für Anlagen programmieren und realisieren** **79**

7.1 Rollmagazin für die Metallwerkstatt programmieren 79

7.1.1 Logik der bestehenden Anlage analysieren 82

7.1.2 Geänderte Schaltung planen 84

7.1.3 Referenzfahrt programmieren 88

7.1.4 Eingabe der gewünschten Fachnummer 104

7.2 Rollmagazin strukturiert programmieren... 113

8 **Antriebssysteme auswählen und integrieren** **144**

8.1 Hochfrequenz-Werkzeuge im Tischbau einsetzen 144

8.2 Drehzahlsteuerung beim Rollmagazin.. 160

8.3 Rolltorsteuerung für einen Messestand.. 163

8.4 Gleichstrommotor am Rollmagazin-Modell austauschen..................................... 165

8.5 Servoantrieb einsetzen 174

8.6 Anpassung des Motors 179

9 **Gebäudetechnische Anlagen ausführen und in Betrieb nehmen** **182**

9.1 Beleuchtungsanlage in der Metallwerkstatt planen, installieren und in Betrieb nehmen 182

9.2 Blitz- und Überspannungsschutz... 186

10 **Energietechnische Anlagen errichten und in Stand halten** **188**

10.1 Energieversorgung des Tischbaus erweitern 188

10.2 Blindleistung kompensieren 200

10.3 Betriebsstätten, Räume und Anlagen besonderer Art 204

10.3.1 Arbeitsschutz in elektrischen Anlagen 204

10.3.2 Elektrische Betriebsstätten... 204

10.4 Prüfungen vor Inbetriebnahme von Niederspannungsanlagen................................. 206

10.5 Prüfung ortsveränderlicher Betriebsmittel 209

11   Automatisierte Anlagen in Betrieb nehmen und in Stand halten **210**

11.1   Maschine Fußzufuhr in Betrieb nehmen **210**

11.1.1 Schachtanlage 213

11.1.2 Bandantriebe 228

11.1.3 Kippe und Ausschussprüfung 229

11.1.4 Umsetzer und Greifer 231

11.1.5 Handsteuerung 233

11.2   Not-Aus-Schütze durch Not-Aus-Schaltgerät ersetzen **234**

11.3   Sensoren einsetzen **238**

11.4   Druckerhöhungsanlage für Produktionsbetrieb projektieren **242**

12   Elektrische Anlagen planen und ändern **251**

12.1   Solare Unterstützung des Kessels in der Tiefgarage **251**

12.2   Visualisierung über Busankopplung in der Elektrowerkstatt **263**

13   Elektrotechnische Anlage in Stand halten und ändern **265**

13.1   Antrieb Rollengang für Trockenkammer in Stand setzen **265**

13.2   Drehzahlsteuerung des Ventilatorantriebs der Trockenkammer **274**

Sachwortverzeichnis

A-Adresse 90
Abfrageergebnis 89
Ablaufkette 122, 123, 143
Ablaufsteuerung GRAPH 7 125
– mit Schützen 123
– mit Speichern 123
Ablaufsteuerung 122
Ableiter 187
Ableitströme 274
Abschaltbedingung TT-System 38
Abschaltsystem, TN-System 38
Abschirmung 60, 62
Absicherung, Gleichstromkreis 43
Addition 103
Akkumulator 104
Aktion 122
Analoganschluss 67
Analogeingang 66
Analogkomperator 67
AND 83
Anker 165
Ankerfeld 167
Ankerspannungsverringerung 168
Ankerstellbereich 170
Ankerstrom 171
Anlagen, elektrische 204
Anlassschaltung 145
Anlasswiderstand 171
Anlaufkondensator 164
Anpassung des Motors 179
Anschlussplan, SPS 88
Anstiegsfunktion 245
Antiparallelschaltung 72
Anweisungsliste 89
Anzugsleistung 85
Anzugsstrom 145
Arbeiten unter Spannung 204
Arbeitspunkt, stabiler 145
Arbeitsschutz 204
Arbeitssicherheit 204
Arithmetische Funktionen 103
AS-Interface 264
Asynchronmotor 144
Aufbauplan 43
Auflösung 67
Ausgleich 242
Ausgleichszeit 243
Auslösekennlinie, Motorschutz 12
– , LS-Schalter 22
Ausschalten im Notfall 234
Ausschaltvemögen 22
Ausschaltverzögerung 94
Außenkühlung 152
AWL 89

B2-Gleichrichter 33
Back-up-Schutz 23
Bauform 148
Bausteinaufruf 115, 220
BCD-Code 87

Bedienfeld 211
Befehl 122
Befehlsausgabe 222
Beleuchtungsanlage 182
Beleuchtungstechnik 182
Bemessungs-Differenzstrom 27
Bemessungsleistung 144
Bemessungsmoment 144
Bemessungsschlupf 145
Berührungsstrom 209
Beschleunigungsmoment 181
Besichtigen 36, 206
Betriebsart 146
Betriebserdung 193
Betriebskondensator 164
Betriebsstätten, elektrische 204
Blindleistung 13
Blindleistungsfaktor 13
Blindleistungskompensation 200
Blindleistungsregler 201
Blinker 136
Blitzschutz 186
Blitzschutzanlage 186
Blitzschutzklasse 186
Blitzschutz-Potenzialausgleich 186
Blitzstromableiter 186
Bremschopper 177
Bremsmoment 267
Bremswiderstand 177
Brückengleichrichter, technische Daten 32
Brummspannung 33
Bürsten 165
Busankopplung 263
Busleitungen 264
Busstruktur 263
Bypass-Schütz 73
Byte 102

CE-Kennzeichnung 204
Checkliste 42, 83, 90
Chopper 177
Codierschalter 87, 104
CPU, technische Daten 86

Dahlanderschaltung 160, 161
Datenbaustein 113
Datentyp 91
DB 113
Diagnose 273
Diazed 21
Differenzierbeiwert 245
Differenzierzeit 245
Digitalausgabebaugruppe 87
Digitaleingabebaugruppe 85
Dimensionierung, Leitungen 156
Division 103
Dokumentationsbeispiel 280

Doppelschlussmotor 169
Doppelwort 102
DO-System 21
D-Regler 245
Drehgeber 241
Drehmoment 144, 179
Drehmoment, Motor 14
Drehmomentkennlinie 145
Drehmomentverhältnis 179
Drehmomentverlauf 181
Drehstromleistung 13
Drehstromtransformator 188
Drehzahlsteuerung 160, 162
Dreieckschaltung 13
Drucktransmitter 245
Druckwächter 65
–, technische Daten 66
D-System 21

E-Adresse 90
EIB-System 184
Einanker-Umformer 153
Einschaltdauer 146
Einschalten im Notfall 234
Einschaltverzögerung 91
–, speichernde 94
Elektrofachkraft 36
Elektrolytkondensator 33
–, technische Daten 34
Elektromotor, Kühlung 151
Elektromotoren, Eigenschaften 174
Elektronisches Sicherheitsrelais 237
EMV 44
EMV-Blitzschutzzonen-Konzept 186
EN 114
Energiesparmotor 266
–, technische Daten 267
ENO 114
Entladezeit von Kondensatoren 201
Erder 191
Erdschluss 191
Erdschlussstrom 191
Erdungsanlage 186
Erdungsanlagen 191
Erdungsschalter 190
Erdungswiderstand, Messung 207
–, spezifischer 191
Erproben 36, 206
Erregerfeld 167
Erregerstrom 171
Erregerwicklung 165
Erstabfrage 89

FB 113
FC 113
Fehlerstrom-Schutzeinrichtung 26
–, Messung 208
–, Prüfung 38

Feinschutz 186
Feldschwächung 168
Feldstellbereich 170
Festspannungsregler 35
Flankenauswertung 102
Formalparameter 117
Fremdlichtgrenze 240
Frequenzumformer, asynchroner 152
Frequenzumrichter 213, 214, 217,
   218, 242, 274, 280
–, EMV-Maßnahmen 278
–, Parameterliste 247
Führungsgröße 22
Funk-Entstörfilter 247
Funktion 113
Funktionsbaustein 113
Funktionsplan 51, 89
Funktionstabelle 82
FUP 89

Gain 67
Gegenspannung 171
Geräte-Feinsicherung 30
Geräteschutz 186
Getriebe, Störungen 269
Getriebemotor 266
Gleichrichterdiode 32
Gleichspannungsanteil 33
Gleichspannungsversorgung 30, 213
Gleichstrombremsung 74
Gleichstromkreis, Absicherung 43
Gleichstrommotor 165
– Beschaltung 168
–, Schaltung 170
– Spannungen 168
Gleichzeitigkeitsfaktor 201
Glühlampe 16
GRAPH 7 122
Grobschutz 186

Halteleistung 85
Handsteuerung 60
Hardwarekonfiguration, SPS 90
Hauptpotenzialausgleich 186
Hauptstromkreis, Steuerung 46
Hauptverteiler 195
HH-Sicherungen 190
Hierarchie 113
Hintergrundausblendung 239
Handsteuerung 233
Hochfrequenzmotor, Kennlinie 150
Hochfrequenz-Werkzeug 144
–, Netz 156
Hochspannungsnetz 188
Höchstspannungsnetz 188

Impulserzeuger 136
Inbetriebnahme 36
– Prüfung 206
In-Delta-Schaltung 74

Induktionsmotor 145
Induktionsspannung 196
Induktiver Näherungssensor 57
Ingangsetzen im Notfall 234
In-Line-Schaltung 74
Innenkühlung 152
Innenwiderstand, Transformator 189
Inspektion 273
Inspektionsintervalle 269
Inspektionsplan 273
Instandhaltung 273
Instandsetzung 273
Integrierbeiwert 244
Integrierzeit 244
I-Regler 244
Isolations-Messgerät 38
Isolationsmessung 37
Isolationsmessung, Messfehler 38
Isolationswiderstand 37, 209
Isolierstoffklasse 147
Istwert 242

Kabel 194
Kabeltypen 195
Käfigläufermotor, Aufbau 147
Kapazitiver Näherungssensor 241
Kippmomentsteuerung 151
Kleinsteuerung 42
–, Beschaltung 47, 50
–, Erweiterungsmodul 66, 67
–, Steuerungsprogramm 51
–, Varianten 66
Kleinsteuerungsausgänge 46
Klemmenspannung 171
Kompaktthermometer 255
Kompensation von
   Transformatoren 202
Kompensation 200
–, Schaltstufendiagramm 203
Kompensationsanlage 200, 202
Kompensationskondensatoren 201
Kompensationswicklung 167
Kondensator, Lebensdauer 34
–, Entladezeit 201
Kondensatoren, verdrosselte 201
Kondensatorleistung,
   Nomogramm 202
Kondensatormotor 163
Kontaktelemente 40
Kontaktplan 89
Kontaktpläne, Schütze 49
KOP 89
Kopplung 61
Korrekturfaktoren 84
Kühlkörper 36
Kühlung, Elektromotor 151
Kurzschlussfestigkeit 189
Kurzschlussläufer, Kennlinien 147
Kurzschlussläufermotor 144
Kurzschlussspannung 189, 198

Label 95
Ladefunktion 102
Laden 102, 104
Lampenanzahl 182
Lampenlast 87
Lastmoment 145
Lasttrennschalter 190
Läuferanlasser 152
Läuferfrequenz 145
Läuferwicklung 152
Laufzeitüberwachung 91
Leckstrom 37
LED 16
Leistung 179
–, Drehstrom 13
Leistungsbestimmung 15
Leistungsdreieck 13
Leistungsfaktor 13
–, mittlerer 201
Leistungsschalter 190
Leistungsschild, Motor 11
–, Transformator 189
Leistungsselbstschalter 190
Leitungen, Dimensionierung 156
Leuchtdichte 183
Leuchtdiode, Vorwiderstand 33
Leuchtenwirkungsgrad 183
Lichtausbeute 183
Lichtsteuergerät 184
Lichtstrom 183
LS-Schalter, Auslösekennlinien 22
–, Beschriftung 22

Magnetfeldsensor 241
Messen 37
–, des Erdungswiderstandes 207
Messung 206
Mindestbeleuchtungsstärke 183
Mittelschutz 186
Mittelspannungsnetz 188
Motor, Anpassung 179
–, Drehmoment 14
–, Störungen 268
–, Strommessung 11
Motorbremsung 148, 149
Motorleistung 179
Motorschutz, Auslösekennlinie 12
–, Schaltungen 12
–, Stern-Dreieck 146
Motorschutzrelais 11
Motorvollschutz 13
MOVE 114
Multiplikation 103
Musterdokumentation 280

Näherungssensor, induktiver 57, 84
–, kapazitiver 241
NAMUR 59
Nebenschlussmotor 169
Nebenschlussverhalten 148. 168
Negative Flanke 102

Neozed 21
Netz für Hochfrequenzwerkzeuge 156
Netzanschluss 20
Netzsystem 20
Netzteil 30
Netzwerk 89
Neutrale Zone 166
NH-Sicherungen, Kenndaten 23
NICHT 83
Niederspannungs-Betriebserdung 193
Niederspannungsnetz 188, 195
Niederspannungsverteilung 190
N-Leiter 20
NOT 83
Not-Aus-Befehlsgeräte 40
Not-Aus-Schaltgerät 234
–, technische Daten 235
Not-Aus-Schaltung 48

OB 113
Oberspannungsseite 190
ODER-Funktion 83
Offset 67
Optoelektronische Sensoren 239
Optokoppler 85
OR 83
Organisationsbaustein 113
Ortsveränderliche Betriebsmittel,
    Prüfung 209

Parallelschaltung von
    Transformatoren 196, 199
PELV 15
PEN-Leiter 20
Permanentmagnet 165
Personenschutz 26
PID-Regler 245
Planungsfaktor 182
Pneumatikplan 230
Polpaarzahl 144
Polumschaltung 160
Polzahl 144
Positionsregelung 178
Positionsschalter 40, 61
–, analoger 41
Positive Flanke 102
Potenzialsteuerung 186
Potenzialtrennung 85
P-Regler 244
PROFIBUS 264
Programmiersprachen, SPS 89
Programmierung, SPS 92, 93
–, strukturierte 113
Programmtest 52, 96
Projektarbeit 278
Projektbearbeitung 278
Prozessleitsystem 258
Prozessvisualisierung 258
Prüfprotokoll 70, 280
Prüfung vor Inbetriebnahme 206
Prüfungen 36

Querschluss 235

Räume, elektrische 204
Raumindex 183
Raumwirkungsgrad 183
RCD 26
–, Beschriftung 27
–, Erdungswiderstand 27
–, Kenndaten 27
–, Kurzschlussvorsicherung 27
–, Messprotokoll 28
–, Reihenschaltung 27
–, selektiv 27
–, zweipolig 27
Reed-Kontakt 241
Reed-Schalter 241
Reflexion 183
Reflexionsgrad 183
Reflexionslichttaster 239
Regeldifferenz 244
Regelgröße 242
Regelkreis 242
Regelung 242
Regler, stetige 243
–, unstetige 243
Reihenschlussmotor 168
Resolver 175
Resolversignal 176
Restwelligkeit 43
Riementrieb 179
Risikostufe 234
Rotor 165
Rotormagnetfeld 175
Rückschaltbremsung 267

Sanftumschalter 267, 272
Schaltdifferenz 65
Schaltgruppe 188
Schalthysterese 243
Schaltperiode 243
Schaltstufendiagramm,
    Kompensation 203
Schaltvermögen 190
Scheinleistung 13
Schleifenimpedanz 37
Schleifenimpedanzmessung 207
Schleifenwiderstandsmessung 207
Schleifringläufer 152
–, Aufbau 152
Schlupf 144
Schlupfdrehzahl 144
Schmelzzeit-Kennlinien,
    HH-Sicherungen 192
Schneckentrieb 180
Schritt 122
Schrittspannung 186
Schutzart 40, 148
Schutzerdung 191
Schutzklasse 26, 40
Schutzleiterstrom 209
Schutzleitersystem,
    Durchgängigkeit 37

Schutzleiterwiderstand 209
Schutztürüberwachung 237
Schweranlauf 152
Schwingungen, Regelkreis 244
SCL-Strukturen 122
Selektivität 23, 190
SELV 15, 43
Sensoren 238
–, optoelektronische 239
Servoantrieb 174
Servomotor 174
Servoumrichter 176
Sicherheitskreise 237
Sicherheitsrelais, elektronisches 237
Simulation 52, 96
Softstarter 68
–, Bremsung 75
–, Programmierung 75
Softstopp 75
Sollwert 242
Spannungsregler 33
Spannungsübersetzung 196
Spannungsverlust 14
Spannungsversorgung 30, 43
–, Schaltung 31
–, Steuerung 44
Spannungswandler 193
SPB 95
SPBN 95
Sprung 94
–, bedingter 95
–, unbedingter 95
Sprungantwort 243
Sprungantwortverfahren 242
Sprungmarke 95
SPS, Anschlussplan 88
–, Hardwarekonfiguration 90
–, Programmierung 92, 93
–, Programmiersprachen 89
SSI-Controller 241
Status 89
Steinmetzschaltung 163
Stellgröße 242
Stern-Dreieck-Starter 145
Sternschaltung 13
Steuertransformator 213
Steuerung 242
–, Hauptstromkreis 46
Steuerungsprogramm,
    Kleinsteuerung 51
Stillsetzen im Notfall 234
Störgröße 242
Störquelle 60
Störsenke 60
Störungen am Getriebe 269
– am Motor 268
Störungsbeseitigung 273
Strangwiderstand 15
Strombegrenzungsklasse 22
Strombelastbarkeit 21
Strombemessungskennlinien 192
Strommessung, Motor 11
Stromselektivität 23

Stromübersetzung 196
Stromwandler 193
Stromwender 165
Stromwendung 166
Strukturierte Programmierung 113
Subtraktion 103
Symboltabelle 91, 142
Synchrongenerator 153, 154, 155
Synchron-Umformer 155

Technisches System 265
Technologieschema 213
Telegramm 264
Temperaturfühler 254
Temperatursensor 254
Temperaturstrecke 243
Thyristor 71
Tippbetrieb 56
TN-System, Abschaltsystem 38
Totzeit 242
Transferfunktion 102
Transferieren 103, 104
Transformator 30
Transformator, Aufstellung 190
–, Innenwiderstand 189
–, Leistungsschild 189
–, spannungshart 190
–, spannungsweich 190
–, technische Daten 31
–, Wicklungen 30
–, Wicklungsanordnung 189
Transformatoranlage, Aufbau 194
Transformatoren, Kompensation 202
–, Parallelschaltung 196, 199

Transformatorschaltung 188
Transition 122
Trennschalter 190
Trennstrecke 190
TT-System, Abschaltbedingung 38

Übersetzungsverhältnis 179, 196
Überspannungsableiter 187
Überspannungsschutz 177, 186
Überspannungs-Schutzgeräte 187
UND-Funktion 83
Universalmotor 170, 171
Unterspannungsseite 190
Unterverteiler 195
Unterverteilung 20

Verdrosselungsfaktor 201
Vergleichsfunktion 103
Verknüpfungsergebnis 89
Verlustleistung, Gleichrichter 33
Verlustwärme 151
Verlustwiderstand, Elko 33
Verzugszeit 243
Visualisierung 263
VKE 89
Vordergrundausblendung 239
Vorschaltgerät 183
Vorwiderstand 16

Wahrheitstabelle 82
Wärmeabstrahlung 152
Wartungsintervalle 269

Wechselrichter 177
Wechselwegschaltung 71
Wendepole 166, 167
Wendestarter 16
Wicklungen, Transformator 30
Wicklungsanordnung,
    Transformatoren 189
Wicklungsschutz 147
Widerstand, thermischer 36
Widerstandsmoment 144
Widerstandsübersetzung 196
Wiederholgenauigkeit 240
Winkelcodierer 241
Wirkleistung 13
Wirkleistungsfaktor 13
Wirkungsgrad 13, 146, 151
Wirkungsgradklasse 266
Wirkungsgradmethode 182
Wort 102

Zähler 117
Zahnradtrieb 180
Zeitplanung 68
Zeitselektivität 23
Zeit-Strom-Kennlinien 22
Zuordnungsart 16
Zuordnungsliste 51
Zusatzschutz 26
Zwangskühlung 152
Zweipunktregelung 243
Zykluszeit 85
Zylinderschalter 241

Bildquellenverzeichnis

Wir danken folgenden Firmen und Institutionen für die tatkräftige Unterstützung bei der Entwicklung dieses Buches durch Bereitstellung von Fotos und technischen Informationen:

ABB Automation Products GmbH, Mannheim
Arbeitsgemeinschaft der Metall-Berufsgenossenschaften, Düsseldorf
TM Antriebstechnik Maroldt, Wernau
Gebhard Balluff GmbH & Co., Neuhausen
Beckhoff Industrie Elektronik, Verl
Bleichert Förderanlagen GmbH, Osterburken
Robert Bosch GmbH, Stuttgart
Danfoss Antriebs- und Regelungstechnik GmbH, Offenbach
Endress + Hauser, Messtechnik GmbH+Co.KG, Weil am Rhein
Groupe Schneider, Frankfurt
Mahr GmbH, Göttingen
Marco GmbH, Dachau
Matsushita Electric Works GmbH, Holzkirchen
Minimax GmbH & Co. KG, Bad Oldesloe
Mitsubishi Electric, Ratingen
Moeller Communication GmbH, Bonn
Phoenix Contact GmbH & Co., Blomberg
SEW-EURODRIVE GmbH & Co., Bruchsal
Siemens AG, Erlangen
Siemens AG, München
Hans Turck GmbH & Co. KG, Mülheim
Zentralverband des Deutschen Handwerks, Bonn

5 Energieversorgung und Sicherheit von Betriebsmitteln gewährleisten

5.1 Torsteuerung der Betriebseinfahrt reparieren

Auftrag

Beim Tor der Betriebseinfahrt spricht der Motorschutz in unregelmäßigen Abständen an. Ein besonderes Problem dabei ist, dass dies auch nach Betätigung der Sicherheitsleiste und dem danach notwendigen Öffnen des Tores auftritt. Ihr Meister beauftragt Sie, den Fehler zu suchen und zu beheben.

Er händigt Ihnen dazu die Schaltpläne „Torsteuerung Seite 1 und Seite 2" sowie Herstellerunterlagen aus.

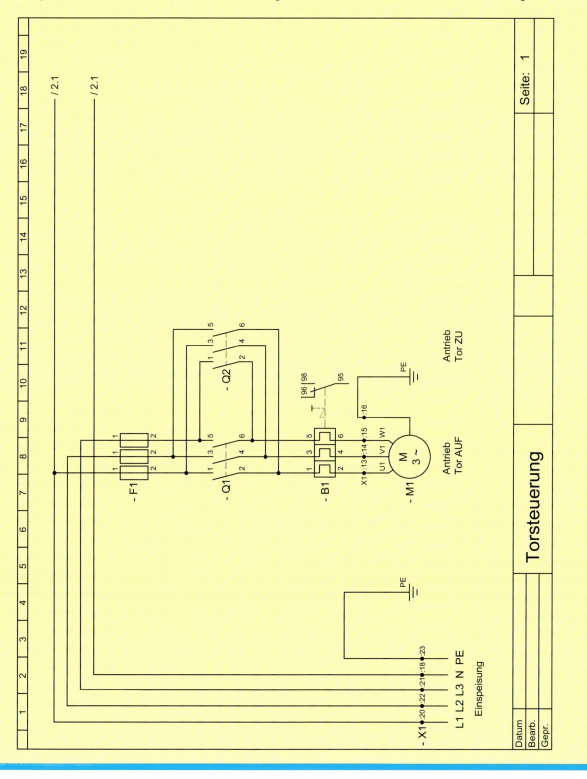

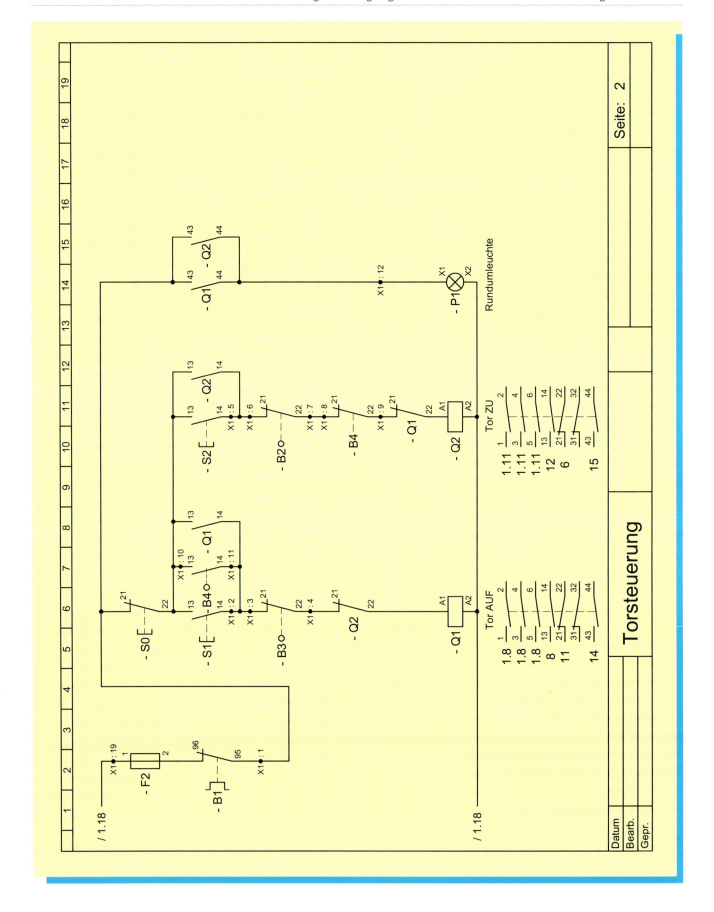

Anwendung

1. Sie informieren sich zunächst anhand der Schaltplanunterlagen.

a) Um welche Motorschutzeinrichtung handelt es sich hier? Wie lautet das Referenzkennzeichen des Motorschutzes?

b) Erläutern Sie die Arbeitsweise des Motorschutzes in der vorliegenden Schaltung. Kann die Aussage stimmen, dass der Motorschutz auch das Auffahren des Tores verhindert? Begründung!

c) Die technischen Daten des Antriebsmotors sind nicht in den Schaltplanunterlagen angegeben. Sie müssen diese dem Leistungsschild des Motors entnehmen (Bild 1).

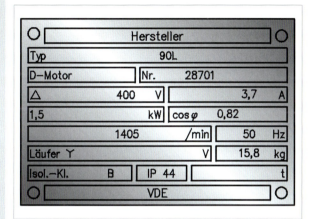

1 Leistungsschild des Motors

Auf welchen Wert muss die Motorschutzeinrichtung eingestellt werden?

d) Sie überprüfen nun die Motorschutzeinrichtung. Es ist ein Motorschutzrelais installiert. Im Schaltkasten stellen Sie fest, dass das Motorschutzrelais in „Einzelaufstellung" und nicht direkt am Schütz angebaut ist (Bild 2). Warum ist das so?

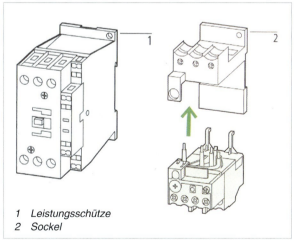

1 Leistungsschütze
2 Sockel

2 Motorschutzrelais in Einzelaufstellung

e) Der Einstellbereich des Motorschutzrelais beträgt 2,4 – 4 A. Es ist auf ca. 3,8 A eingestellt.
Wie beurteilen Sie dies?
Kann eine falsche Einstellung hier die Ursache für das ungewollte Ansprechen sein?

Anwendung

f) Sie messen die Stromaufnahme des Motors bei Belastung (Bewegung des Tores). Gemessen werden die Außenleiterströme. Hierzu öffnen Sie, unter Berücksichtigung der einschlägigen Unfallverhütungsvorschriften, das Klemmbrett des Motors.

- *Freischalten*
  Sicherungen F1 herausschrauben

- *Gegen Wiedereinschalten sichern*
  Herausgeschraubte Sicherungen sicher verwahren

- *Spannungsfreiheit feststellen*
  Spannungsmessung z.B. mit einem Multimeter
  (Klemmen X1 : 13 bis X1 : 15)

Wenn Sie die Klemmbrettabdeckung geöffnet haben, ergibt sich die in Bild 3 dargestellte Ansicht.

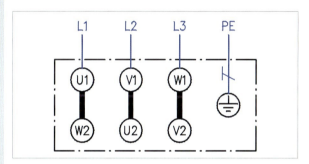

3 Schaltung des Motors

Um welche Schaltung handelt es sich?

Auch der Schutzleiter PE ist angeschlossen. Worauf ist beim Anschluss von PE besonders zu achten?

Bei der Besichtigung stellen Sie fest, dass sich die Klemme V1 offensichtlich stark erwärmt. Woran kann das liegen und was ist zu tun?

Beschreiben Sie, wie Sie die Strommessung durchführen.

Die Strommessung ergibt folgende Werte:
Außenleiterstrom I_1: 6 A
Außenleiterstrom I_2: 3,6 A
Außenleiterstrom I_3: 6 A

Welche Schlussfolgerung ziehen Sie aus den Messergebnissen? Muss der Motor ausgewechselt werden?

g) Falls der Motor ausgetauscht werden muss:
Erstellen Sie den Arbeitsplan für die Demontage des defekten Motors unter Berücksichtigung der Sicherheitsbestimmungen.

h) Dargestellt ist die Auslösekennlinie der Motorschutzeinrichtung nach Herstellerunterlagen (Bild 1, Seite 12).
Ist diese Einrichtung hier brauchbar?
Worum handelt es sich dabei?
Wie gehen Sie vor?
Strommessung nach f: Nach welcher Zeit spricht die Motorschutzeinrichtung an?

i) Die Motorschutzeinrichtung kann auf die Betriebsart „Hand" und „Automatik" eingestellt werden.
Worin liegt der Unterschied?
Beurteilen Sie die Anwendungsmöglichkeit unter sicherheitstechnischen Gesichtspunkten.

Anwendung

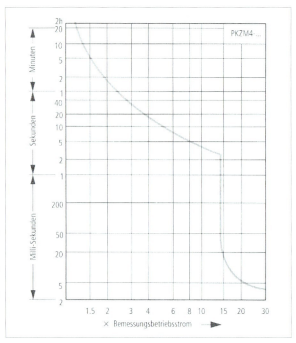

1 Auslösekennlinie zu 1.h), Seite 11

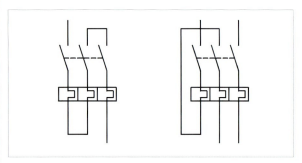

2 Schaltung von Motorschutzeinrichtungen

Anwendung

j) In den Herstellerunterlagen finden sich die in Bild 2 dargestellten Schaltungsangaben für den Einsatz von Motorschutzeinrichtungen.
Nennen Sie Einsatzmöglichkeiten für diese Schaltungen.

k) In den Herstellerunterlagen finden sich die in Bild 3 dargestellten Auslösekennlinien für Motorschutzeinrichtungen.
Worin besteht der wesentliche Unterschied?

l) Hinweis zu den Auslösekennlinien in den Herstellerunterlagen:
Diese Auslösekennlinien sind Mittelwerte der Streubänder bei 20 °C Umgebungstemperatur vom kalten Zustand aus. Bei betriebswarmem Zustand sinkt die Auslösezeit auf ca. 25 % des abgelesenen Wertes. Bei Phasenausfall bzw. einer Asymmetrie > 50 % erfolgt die Auslösung innerhalb von 2,5 Sekunden.

Erläutern Sie diese Angaben.

m) Zu welchen Betriebsmitteln gehört die dargestellte Kennlinie (Bild 1, Seite 13)?
Worin besteht der wesentliche Unterschied zum Motorschutzrelais?

n) Unter welchen Voraussetzungen können Motorschutzschalter auch den Kurzschlussschutz übernehmen?

o) Motorschutzeinrichtungen können mit einem Unterspannungsauslöser ausgerüstet werden. Welchen Zweck hat das?

p) Außerdem können Motorschutzschalter mit Hilfsschaltern ausgestattet werden. Dargestellt sind die Herstellerangaben eines solchen Hilfsschalters (Bild 2, Seite 13).

Nennen Sie Einsatzmöglichkeiten für solche Hilfsschalter.
Erläutern Sie das Kontaktdiagramm.

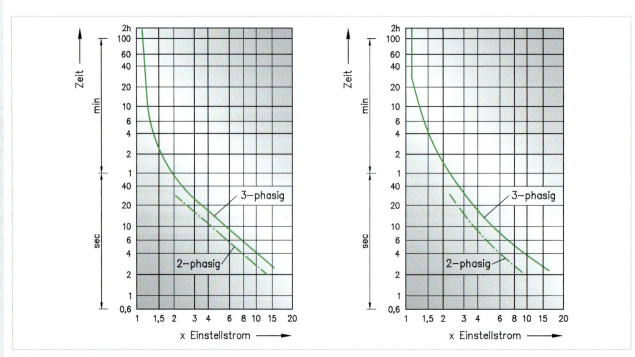

3 Auslösekennlinien von Motorschutzeinrichtungen

Anwendung

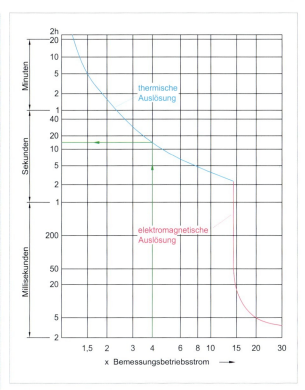

1 Kennlinie zu 1.m), Seite 12

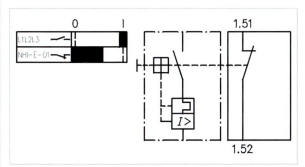

2 Herstellerangaben zu 1.p), Seite 12

q) Möglich ist auch ein so genannter Motorvollschutz. Ist der Motorvollschutz bei jedem Motor anwendbar, oder müssen bestimmte Voraussetzungen gegeben sein?
Worin besteht der wesentliche Vorteil des Motorvollschutzes?
Wie beurteilen Sie den Einsatz des Motorvollschutzes bei der Torsteuerung?

Information

Leistung bei Stern- und Dreieckschaltung

$$P = 3 \cdot P_{str}$$

Sternschaltung

$$P = 3 \cdot \frac{U}{\sqrt{3}} \cdot I \cdot \cos\varphi$$

$$P = \sqrt{3} \cdot U \cdot I \cdot \cos\varphi$$

Dreieckschaltung

$$P = 3 \cdot U \cdot \frac{I}{\sqrt{3}} \cdot \cos\varphi$$

$$P = \sqrt{3} \cdot U \cdot I \cdot \cos\varphi$$

Drehstrom-Wirkleistung

$$P = \sqrt{3} \cdot U \cdot I \cdot \cos\varphi$$

P Wirkleistung in W
U Außenleiterspannung in V
I Außenleiterstrom in A
$\cos\varphi$ Wirkleistungsfaktor (Leistungsfaktor)

Drehstrom-Blindleistung

$$Q = \sqrt{3} \cdot U \cdot I \cdot \sin\varphi$$

Q Blindleistung in var (volt-ampere-reaktiv)
U Außenleiterspannung in V
I Außenleiterstrom in A
$\sin\varphi$ Blindleistungsfaktor

Drehstrom-Scheinleistung

$$S = \sqrt{3} \cdot U \cdot I$$

S Scheinleistung in VA (Volt-Ampere)
U Außenleiterspannung in V
I Außenleiterstrom in A

$$S = \sqrt{P^2 + Q^2}$$

Leistungsdreieck (Beispiel)

$$\cos\varphi = \frac{P}{S} \qquad \text{(Wirkleistungsfaktor)}$$

$$\sin\varphi = \frac{Q}{S} \qquad \text{(Blindleistungsfaktor)}$$

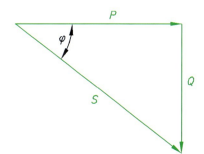

Wirkungsgrad

$$\eta = \frac{P_{ab}}{P_{zu}} = \frac{P_{mech}}{P_{el}}$$

η Wirkungsgrad
P_{ab} abgegebene Leistung
P_{zu} zugeführte Leistung
P_{mech} abgegebene mechanische Leistung beim Motor (Leistungsschild)
P_{el} aufgenommene elektrische Leistung beim Motor

Verhältnis der Leistungen bei Stern- und Dreieckschaltung

$$\frac{P_\Delta}{P_Y} = 3 \quad \text{bzw.} \quad \frac{P_Y}{P_\Delta} = \frac{1}{3}$$

$$P_\Delta = 3 \cdot P_Y$$

Information

An der Welle abgegebenes Drehmoment

$$M = \frac{P}{2\pi \cdot n}$$

M Drehmoment in Nm

P abgegebene Leistung in W

n Drehzahl (Drehfrequenz) in $\frac{1}{s}$

Beispiel

Auf dem Leistungsschild eines Drehstrommotors mit Käfigläufer stehen unter anderem folgende Angaben:

2,2 kW;   1415 $\frac{1}{min}$;   5,2 A; $\cos\varphi = 0{,}82$

a) Welche Wirkleistung nimmt der Motor auf?

Da der Wirkungsgrad nicht auf dem Leistungsschild angegeben ist, muss die aufgenommene Wirkleistung mit Hilfe der Leistungsschildangaben berechnet werden:

$$P_{el} = \sqrt{3} \cdot U \cdot I \cdot \cos\varphi$$
$$P_{el} = \sqrt{3} \cdot 400 \text{ V} \cdot 5{,}2 \text{ A} \cdot 0{,}82 = 2{,}95 \text{ kW}$$

b) Welchen Wirkungsgrad hat der Motor?

$$\eta = \frac{P_{mech}}{P_{el}} = \frac{2{,}2 \text{ kW}}{2{,}95 \text{ kW}} = 0{,}746 = 74{,}6 \text{ \%}$$

c) Welche Blindleistung nimmt der Motor auf?

$$\cos\varphi = 0{,}82 \rightarrow \varphi = 34{,}9° \rightarrow \sin\varphi = 0{,}572$$
$$Q_L = \sqrt{3} \cdot U \cdot I \cdot \sin\varphi$$
$$Q_L = \sqrt{3} \cdot 400 \text{ V} \cdot 5{,}2 \text{ A} \cdot 0{,}572 = 2{,}06 \text{ kvar}$$

Der Motor ist ein induktiver Verbraucher. Er nimmt induktive Blindleistung (Q_L) auf.

d) Wie groß ist die Scheinleistung des Motors?

$$S = \sqrt{3} \cdot U \cdot I = \sqrt{3} \cdot 400 \text{ V} \cdot 5{,}2 \text{ A} = 3{,}6 \text{ kVA}$$

oder

$$S = \sqrt{P^2 + Q_L^2} = \sqrt{(2{,}95 \text{ kW})^2 + (2{,}06 \text{ kvar})^2} = 3{,}6 \text{ kVA}$$

e) Welches Drehmoment gibt der Motor an der Welle ab?

$$M = \frac{P}{2\pi \cdot n}$$
$$M = \frac{2200 \text{ W}}{2\pi \cdot 23{,}6 \frac{1}{s}} = 14{,}8 \text{ Nm} \approx 15 \text{ Nm}$$

Beachten Sie bitte:

– Einzusetzen ist die an der Welle abgegebene mechanische Leistung.

– Die Drehzahl (Drehfrequenz) ist in der Einheit 1/s einzusetzen.

$$1415 \frac{1}{min} \rightarrow 23{,}6 \frac{1}{s}$$

1 Ws = 1 Nm → Einheit des Drehmomentes ist Nm; aus obiger Gleichung ergibt sich die Einheit $\frac{W}{\frac{1}{s}} = $ Ws (also Nm).

Wenn die Bemessungsdrehzahl n_N eingesetzt wird, ergibt sich das Bemessungsmoment M_N.

f) Auf welchen Wert reduziert sich das errechnete Drehmoment des Motors bei Sternschaltung?

Die Leistungsschildangaben gelten für Dreieckschaltung. Also gilt: $P_\Delta = 2{,}2$ kW.

Die Leistungsabgabe des Motors bei Sternschaltung beträgt ein Drittel seiner Leistungsabgabe bei Dreieckschaltung.

$$P_Y = \frac{1}{3} \cdot P_\Delta = \frac{1}{3} \cdot 2{,}2 \text{ kW} = \frac{1}{3} \cdot 2200 \text{ W} = 733 \text{ W}$$

somit reduziert sich auch das Drehmoment

$$M = \frac{P}{2\pi \cdot n}$$

bei Sternschaltung (M_Y) auf ein Drittel.

$$M_Y = \frac{1}{3} \cdot M_\Delta = \frac{1}{3} \cdot 15 \text{ Nm} = 5 \text{ Nm}$$

Motoren, die im Stern-Dreieck-Anlauf arbeiten, sind nicht für Schweranlauf geeignet. Geeignet sind sie für Maschinen, die im Leerlauf angefahren und erst nach Umschaltung in Dreieckschaltung belastet werden (z.B. Kreissägen).

g) Der Motor wird über eine vieradrige Cu-Leitung mit dem Querschnitt $q = 1{,}5$ mm^2 angeschlossen. Die Leitungslänge beträgt 56 m.
Mit welchem Spannungsverlust ist zu rechnen?

$$\Delta U = \frac{\sqrt{3} \cdot I \cdot l \cdot \cos\varphi}{\gamma \cdot q}$$
$$\Delta U = \frac{\sqrt{3} \cdot 5{,}2 \text{ A} \cdot 56 \text{ m} \cdot 0{,}82}{56 \frac{m}{\Omega \cdot mm^2} \cdot 1{,}5 \text{ mm}^2} = 4{,}92 \text{ V}$$

Der prozentuale Spannungsverlust (bezogen auf die Bemessungsspannung 400 V) beträgt 1,23 %; liegt also unter dem zulässigen Maximalwert. Wäre der Spannungsverlust zu groß, müsste ein größerer Leitungsquerschnitt verwendet werden.

Anwendung

2. Der Torantriebsmotor wurde demontiert und in die Elektrowerkstatt gebracht.

a) Sie sollen die Leistungsaufnahme des Motors im Leerlauf mit Hilfe eines Leistungsmessers bestimmen.

Beschreiben Sie bitte genau die Vorgehensweise.

Ist diese Leistungsmessung bei diesem (offensichtlich defekten) Motor sinnvoll?

Die direkte Leistungsmessung ist nicht ganz unproblematisch, wenn sie z. B. direkt mit einem Leistungsmesser durchgeführt werden soll.

Skizzieren Sie die Messschaltung.
Worauf werden Sie besonders achten?

b) Es besteht auch die Möglichkeit der indirekten Leistungsbestimmung. Was versteht man darunter? Beschreiben Sie die Vorgehensweise.

c) Ihr Meister bittet Sie, die Strangwiderstände des Motors messtechnisch zu ermitteln.
Der Motor ist ein symmetrischer Drehstromverbraucher. Erwartet wird also, dass die drei Strangwiderstände annähernd gleich groß sind. Zumindest gilt dies bei einem einwandfreien Motor. Diese Erwartung soll durch Messung bestätigt werden.

Ist es einfacher, den ohmschen Strangwiderstand oder den Scheinwiderstand des Stranges zu bestimmen?

Beschreiben Sie die Vorgehensweise bei der Messung des ohmschen Strangwiderstandes in Form eines Arbeitsplanes.

Beschreiben Sie die Vorgehensweise bei der Messung des Strangscheinwiderstandes in Form eines Arbeitsplanes.

d) Angenommen, Sie haben die Scheinwiderstände der drei Stränge messtechnisch ermittelt.
Messergebnisse:

Strang 1: $Z_1 = 187\,\Omega$
Strang 2: $Z_2 = 90\,\Omega$
Strang 3: $Z_3 = 187\,\Omega$

Welche Folgerung ziehen Sie aus dem Messergebnis?

e) Wenn eine Wicklung einen Windungsschluss hat, ändert sich dann der Leistungsfaktor dieser Wicklung? Bitte genaue Begründung angeben.

1 Windungsschluss

f) Bei der Scheinwiderstandsmessung verwenden Sie eine SELV-Spannungsquelle. Was bedeutet das und warum ist das notwendig?
Verwenden Sie bei der Messung Gleich- oder Wechselspannung?
Worin besteht der wesentliche Unterschied zwischen SELV und PELV?

Auf der Spannungsquelle ist u.a. folgendes Symbol aufgedruckt (Bild 2).
Welche technische Aussage macht dieses Symbol?

2 Symbol auf der Spannungsquelle

SELV-Spannungsquellen sind der Schutzklasse III zugeordnet.

Ist diese Aussage richtig?

g) Wenn Sie mit einem Multimeter die ohmschen Strangwiderstände messen: Welche Messwerte erwarten Sie?

h) Zu Testzwecken schließen Sie den defekten Motor in der Werkstatt wie gezeigt an das Drehstromnetz an (Bild 3).
Welche Folgen sind zu erwarten?

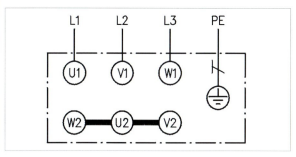

3 Anschluss des Motors

i) Zu Testzwecken schließen Sie den Motor wie gezeigt an (Bild 4).
Ist diese Schaltung zulässig?
Welche Unterschiede ergeben sich zur Schaltung nach 2.h?

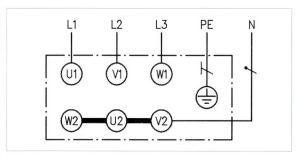

4 Anschluss des Motors

Sie messen die Ströme in den drei Außenleitern und im N-Leiter.
Welche Werte erwarten Sie?
Wie groß sind die drei Strangleistungen bei dieser Schaltung?

3. Während der Motor des Torantriebes demontiert ist und extern in Stand gesetzt werden muss, erhalten Sie den Auftrag, den Hauptstromkreis durch einen neuen Wendestarter zu ersetzen. Dieser Wendestarter wird komplett aufgebaut gekauft.

a) Wählen Sie einen geeigneten Wendestarter aus der Liste aus (Bild 1, Seite 16).

b) Was bedeutet die Angabe AC-3?
Welche weiteren Angaben dieser Art sind möglich; auch für Gleichstrombetrieb?

c) Werden bei Einsatz des neuen Wendestarters die Schmelzsicherungen F1 (Seite 9) noch benötigt?
Begründen Sie die Aussage.

d) Einstellbar sind Überlastauslöser und Kurzschlussauslöser.
Welche Aufgabe haben beide?
Auf welche Werte stellen Sie diese Auslöser ein?

Motordaten AC-3 380 V 400 V 415 V P kW	500 V P kW	Bemessungsbetriebsstrom 400 V I_e A	500 V I_e A	Bemessungskurzschlussstrom 380 – 415 V I_q kA	500 V I_q kA	Einstellbereich Überlastauslöser I_r A	Kurzschlussauslöser I_{rm} A
Bausteine PKZ2 und Hochleistungs-Schaltantrieb							
18,5	22	–	–	100[1]	100[1]	–	–
18,5	22	–	–	100[1]	100[1]	–	–
18,5	22	–	–	100[1]	100[1]	–	–
18,5	22	–	–	100[1]	100[1]	–	–
18,5	22	–	–	100[1]	100[1]	–	–
18,5	22	–	–	100[1]	100[1]	–	–
0,12	0,18	–	0,48		–	0,4 – 0,6	5 – 8
0,18	0,25	0,41	0,6	–	–	0,6 – 1	8 – 14
0,25	0,37	0,60	0,9	–	–		
0,37	0,55	0,80	1,2	–	–	1 – 1,6	14 – 22
0,55	0,75	1,1	1,5	–	–		
0,75	1,1	1,5	2,1	–	–	1,6 – 2,4	20 – 35
1,1	1,5	1,9	2,9	–	–	2,4 – 4	35 – 55
1,5	–	2,6	–	–	–		
2,2	2,2	3,6	4	–	–	4 – 6	50 – 80
–	3	5,0	5,3	–	–		
3	4	–	6,8	–	–	6 – 10	80 – 140
4	5,5	6,6	9	–	–		
5,5	7,5	8,5	12,1	–	–	10 – 16	130 – 220
7,5	–	11,3	–	–	–		
11	11	15,2	17,4	–	–	16 – 25	200 – 350
–	15	21,7	23,4	–	–		
15	18,5	–	28,9	–	–	24 – 32	275 – 425
18,5	22	29,3	33	–	–	32 – 40	350 – 500

[1] *Schaltvermögen mit Auslöserblock*

1 *Technische Daten von Wendestartern*

e) Der Hersteller gibt für die Wendestarter nach Liste (Bild 1) die *Zuordnungsart „2"* an. Was bedeutet das?

f) Erstellen Sie einen Arbeitsplan für die Demontage des alten Hauptstromkreises und die Montage des neuen Wendestarters.
Praxisgerecht reichen hier normgerechte Skizzen als Vorlage für die Bearbeitung im technischen Büro.

4. Wenn das Tor nicht vollständig geschlossen ist, soll im Bedientableau im Pförtnerhaus (S0, S1, S2) eine rote Meldelampe dies signalisieren.

a) Möglich ist der Einsatz eines Leuchtmelders mit Glühlampe und mit LED!
Worin besteht der wesentliche Unterschied?

Technische Daten (Auszug)

Glühlampen

6 V/1 W	10 000 h
12 V/1 W	15 000 h
24 – 28 V/1 W	7 500 h

LED für AC/DC

6 V/45 mA	60 000 h	gelb, grün, rot
12 V/24 mA	60 000 h	gelb, grün, rot

Wofür entscheiden Sie sich?

b) Wenn z. B. die Glühlampe 12 V/1 W an 230 V betrieben werden soll, ist ein Vorwiderstand erforderlich. Die Schaltung ist in Bild 1, Seite 17 dargestellt.

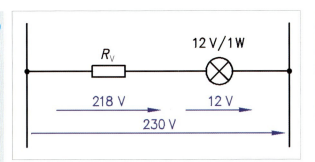

1 Schaltung mit Vorwiderstand

Anwendung

Ist eine Glühlampe gleichermaßen für den Betrieb an Gleich- und Wechselspannung geeignet? Begründung!

Welcher rechnerische Wert ergibt sich für den Vorwiderstand?
Welche Leistung wird in diesem Widerstand umgesetzt?
Wie beurteilen Sie diese schaltungstechnische Maßnahme?

Sie verwenden einen Vorwiderstand $2,7\,k\Omega \pm 5\,\%$. Welche Spannung kann dann maximal an der Lampe anliegen?
Welche Leistung wird dabei maximal im Vorwiderstand umgesetzt?

c) Eine LED hat folgende Kenndaten:

Durchlassstrom $I_F = 20\,mA$
Durchlassspannung   2,1 V   (typisch)
                    2,6 V   (maximal)

Die LED soll an 24 V DC betrieben werden. Welcher Vorwiderstand ist notwendig?
Der verwendete Widerstand hat eine maximale Leistung von 500 mW.
Kann er eingesetzt werden?

5. Der elektrische Antrieb des Tores ist vorübergehend nicht funktionstüchtig, da der Motor zur Reparatur gebracht werden muss. Für diesen Zweck ist das Tor mit einer Handkurbel ausgestattet, die ein manuelles Öffnen und Schließen ermöglicht.

Diese Kurbel kann unfallträchtig sein, wenn sie bei elektrischem Betrieb nicht abgenommen wird.
Daher wird die Stillstandzeit des Tores genutzt, um dieses Problem zu beseitigen.

Wenn die Kurbel in der Halterung steckt, darf sich das Tor nicht elektrisch bewegen lassen. Eine Meldelampe im Bedientableau soll diesen Zustand (Kurbel eingesteckt) signalisieren.

Die Steuerung (Seite 10) ist dementsprechend zu überarbeiten.

a) Erstellen Sie die Materialliste.

b) Erstellen Sie den Arbeitsplan.

c) Dokumentieren Sie die Schaltungsänderungen.

d) Welche Leitungen verwenden Sie für die Verdrahtung? (Typ, Querschnitt, Farbe)

Anwendung

6. Wenn das Tor 2 min ununterbrochen geöffnet ist, soll der Taster „Tor schließen" (S2) blinken.

a) Welche Materialien werden zur Lösung dieser Steuerungsaufgabe benötigt?

b) Beschreiben Sie die notwendigen Änderungen in Form eines Arbeitsplans.

Übung und Vertiefung

1. Leistungsschild eines Drehstrommotors:

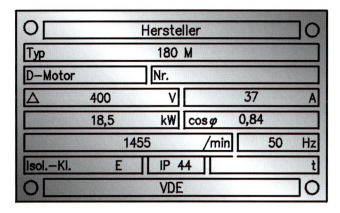

a) Ist dieser Motor für Stern-Dreieck-Anlauf geeignet?

b) Welche Bemessungsleistung kann dieser Motor abgeben?

c) Wie groß ist die Leistungsaufnahme des Motors?

d) Welchen Wirkungsgrad hat der Motor?

e) Welches Bemessungsmoment kann der Motor an der Welle abgeben?

f) Skizzieren Sie die Schaltung der Motorwicklungen in Sternschaltung.

g) Bestimmen Sie R und X_L der Strangwicklungen.

h) Welche Wirkleistung wird in einem Strang umgesetzt?

i) Wie groß ist die Blindleistung eines Stranges und die Gesamtblindleistung des Motors?

j) Welche Scheinleistung nimmt der Motor auf?

k) Warum kann der Motor über eine 4-adrige Leitung (ohne N-Leiter) angeschlossen werden?

l) Welchen Strom nimmt der Motor bei Sternschaltung auf?

n) Skizzieren Sie die Schaltung der Motorwicklungen in Dreieckschaltung.
Wie groß ist die Stromstärke in den Strängen des intakten Motors?
Ermitteln Sie die Strangleistung.

o) Bei Dreieckbetrieb eines Motors fällt ein Außenleiter aus. Welchen Einfluss hat dies auf die Stromaufnahme in den verbleibenden Außenleitern?
Welchen Einfluss hat das auf die Leistung des Motors?

2. Der Motor nach Aufgabe 1 soll angeschlossen werden. Die Leitung wird in einem Elektro-Installationsrohr verlegt. Die Umgebungstemperatur wird mit 30 °C angenommen.

a) Welcher Leitungsquerschnitt ist zu verlegen?

b) Wie groß ist der Bemessungsstrom der Überstrom-Schutzorgane (hier Schmelzsicherungen)?

c) Beschreiben Sie den Aufbau eines Schmelzsicherungssystems.

d) Wie wird verhindert, dass ein zu großer Schmelzeinsatz eingesetzt werden kann?

e) Auf welchen Wert wird die Motorschutzeinrichtung (bei Stern-Dreieck-Anlauf) eingestellt?

3. Ein Drehstrom-Heizgerät kann

a) in Sternschaltung
b) in Dreieckschaltung

an 400 V/50 Hz betrieben werden. Die drei Heizwiderstände haben einen Widerstandswert von 40 Ω.
Welche Leistung nimmt das Heizgerät in beiden Fällen auf?

4. Wie groß sind die Ströme in den Außenleitern und im Neutralleiter?

$P_1 = 600\,W, \quad \cos\varphi_1 = 0,8$
$P_2 = 1000\,W, \quad \cos\varphi_2 = 0,9$
$P_3 = 1200\,W, \quad \cos\varphi_3 = 0,76$

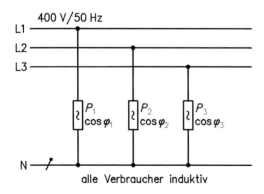

alle Verbraucher induktiv

5. Bestimmen Sie Wirkleistung, Blindleistung und Scheinleistung.

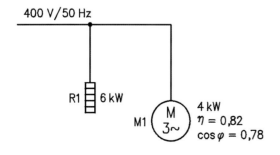

6. Bei einem in Stern geschalteten Heizgerät wird an den Anschlüssen von L1 und L2 ein Widerstand von 26 Ω gemessen.

a) Wie groß ist der Strangwiderstand?
b) Welchen Strom nimmt das Heizgerät an 400 V/50 Hz auf?
c) Wie groß ist die Leistungsaufnahme des Heizgerätes?

7. Der Außenleiter L3 ist unterbrochen. Welche Leistung wird dann in der Schaltung umgesetzt?
Wie ändern sich die Verhältnisse, wenn der N-Leiter angeschlossen wäre?

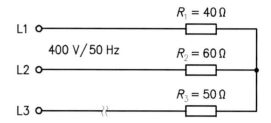

8. Der Außenleiter L3 ist unterbrochen.
Welche Leistung wird dann in der Schaltung umgesetzt?

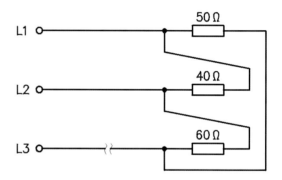

9. a) Bestimmen Sie die Ströme in den Außenleitern und im N-Leiter.

b) Der N-Leiter wird an der mit (1) gekennzeichneten Stelle unterbrochen.
Welche Auswirkungen hat das?

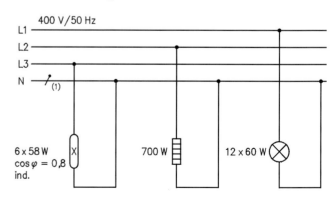

10. Die Beschriftung der Anschlüsse eines Wirkleistungsmessers ist nicht mehr lesbar.
Wie bestimmen Sie, welches die Anschlüsse für den Strom- und den Spannungspfad sind?

11. Der thermische Überstromauslöser eines Drehstrommotors spricht in unregelmäßigen Zeitabständen an.

Es sollen Strom- und Wirkleistungsaufnahme des Motors mit den technischen Daten 5,5 kW, 2925 1/min, 11,2 A, $\eta = 0{,}85$, cos $\varphi = 0{,}88$ messtechnisch ermittelt werden.

Zur Verfügung stehen ein Strommesser und ein Einphasen-Wirkleistungsmesser.

a) Skizzieren Sie die Messschaltung.

b) In welchem Verhältnis dürfte die angezeigte Leistung zur Bemessungsleistung des Motors stehen?

c) Welche Leistung würde gemessen, wenn die Bemessungsdaten des Motors eingehalten werden?

d) Wie kann die Scheinleistung des Motors bestimmt werden?

12. Um welche Schaltungen handelt es sich und für welche Messzwecke können sie eingesetzt werden?

c)

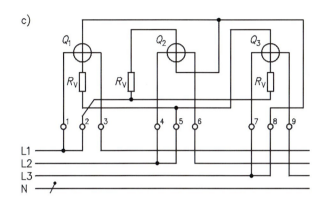

d)

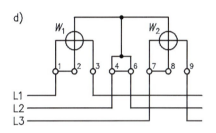

a)

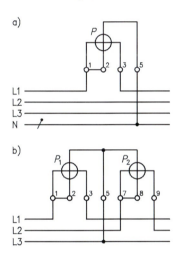

e)

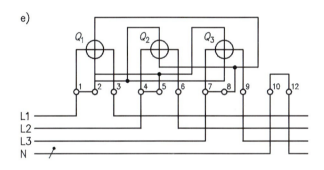

5.2 Energieversorgung einer Sprinkleranlage

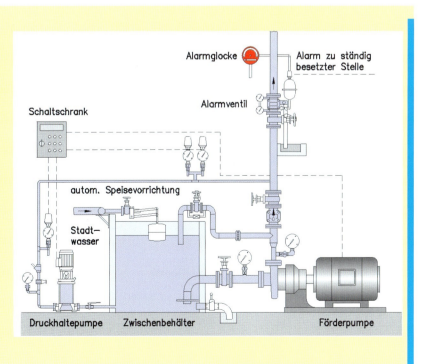

Auftrag

Für die Energieversorgung einer neu errichteten Sprinkleranlage soll eine Leitung zwischen Niederspannungsverteilung und Sprinkleranlage verlegt werden. Die Leitung hat eine Länge von 127 m und wird auf Wand verlegt.

Technische Daten des Förderpumpenmotors:
45 kW   1475 1/min   80,5 A
cosφ = 0,86   η = 93 %

Technische Daten der Druckhaltepumpe:
1,5 kW   1390 1/min   3,5 A
cosφ = 0,82   η = 76 %

Die Leitung zwischen Schaltschrank und Förderpumpe hat eine Länge von 12,5 m. Die Leitung zwischen Schaltschrank und Druckhaltepumpe die Länge 9,6 m. Beide Leitungen werden im Elektro-Installationsrohr verlegt; Umgebungstemperatur 25 °C.

Alarmglocke — Alarm zu ständig besetzter Stelle

Alarmventil

Schaltschrank

autom. Speisevorrichtung

Stadtwasser

Druckhaltepumpe   Zwischenbehälter   Förderpumpe

Anwendung

1. Dargestellt ist ein Ausschnitt der Unterverteilung im Sprinklerraum.

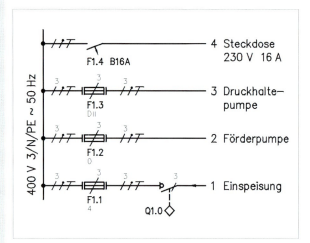

1 Unterverteilung Sprinklerraum (Ausschnitt)

a) Um welches Netzsystem handelt es sich bei der Einspeisung?

b) Um welches Netzsystem handelt es sich bei der in Bild 2 dargestellten Einspeisung?

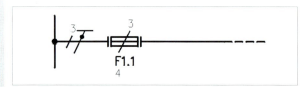

2 Netzsystem zu 1.b)

c) Nennen Sie Vor- und Nachteile der Netzsysteme nach a) und b).

d) Welches der beiden Netzsysteme ist heute noch am gebräuchlichsten?

e) Welches Netzsystem soll in Zukunft bevorzugt eingesetzt werden?

f) Wie nennt man den wie folgt gekennzeichneten Leiter?

3 Kennzeichnung von Leitern

Welche Farbkennzeichnung muss dieser Leiter erhalten?
Wie ist mit diesem Leiter in der Verteilung zu verfahren?

2. Dargestellt ist ein Netzanschluss (Bild 4).

a) Um welches Netzsystem handelt es sich hier?

b) Ist der Netzanschluss fachgerecht?

c) Welche Änderung ist erforderlich, wenn die Speisung aus einem TN-C-Netz erfolgt?

Anwendung

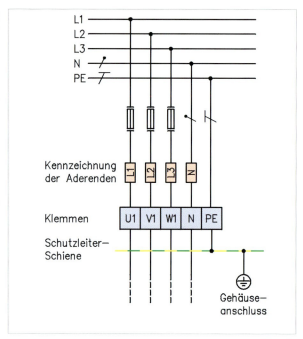

4 Netzanschluss

d) Leiter müssen an jedem Anschluss identifizierbar sein. Wie erfolgt dies beim dargestellten Netzanschluss?
Welche weiteren Kennzeichnungsarten sind noch möglich?
Was ist wirtschaftlich sinnvoll?

e) Welche Anforderungen sind an den Schutzleiteranschluss zu stellen?

f) Ein Kollege sagt Ihnen, dass der N-Leiter bei Außenleiterquerschnitten über 16 mm^2 nur 50 % des Außenleiterquerschnittes haben muss.
Wie beurteilen Sie diese Aussage?

g) Der N-Leiter muss grundsätzlich in der Nähe der Außenleiter geführt werden.
Warum ist das so?

h) Dargestellt sind unterschiedliche Schaltschrankeinspeisungen (Bild 5).
Bitte beurteilen Sie die einzelnen Varianten kritisch.
Wie ist die PEN-Klemme farblich zu kennzeichnen?
Welche Forderung gilt für die farbliche Kennzeichnung des PEN-Leiters?

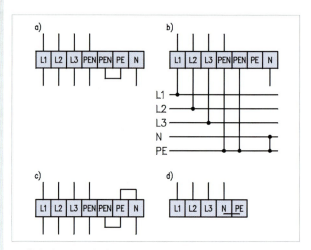

5 Schaltschrankeinspeisungen

Anwendung

i) Zu einem Verteiler wurde eine Leitung mit dem Querschnitt $4 \times 25\,\text{mm}^2$ Cu verlegt.
Verlangt wird aber $5 \times 25\,\text{mm}^2$.

Auf welches Netzsystem soll umgestellt werden?

Ist die Verlegung eines separaten Schutzleiters zulässig?
Dann kann nämlich die bestehende Leitung beibehalten werden.
Welche Forderungen sind hier zu berücksichtigen?

j) Dürfen die Hutschienen im Verteiler als Schutzleiter (PE) verwendet werden?
Wenn ja, welche Forderungen sind dabei zu berücksichtigen?

3. Die Leitung zwischen Verteilung und Druckhaltepumpe (siehe Auftrag, Seite 19) soll verlegt werden.

a) Wählen Sie eine geeignete Leitung aus.

b) Wie wird der mechanische Schutz der Leitung gewährleistet?

c) Bestimmen Sie den Leitungsquerschnitt (Verlegeart B2, Umgebungstemperatur 25 °C).

d) Wie groß ist die Strombelastbarkeit der Leitung? Was versteht man unter Strombelastbarkeit von Leitungen? Von welchen Größen hängt sie ab?

e) *Verlegeart B2, Umgebungstemperatur 25 °C, 3 belastete Adern:*

Querschnitt $q_\text{n} = 2,5\,\text{mm}^2$: $I_Z = 21\,\text{A}$
Querschnitt $q_\text{n} = 25\,\text{mm}^2$: $I_Z = 85\,\text{A}$

Der Leitungsquerschnitt hat sich um den Faktor 10 erhöht, die Strombelastbarkeit um den Faktor 4. Wie ist das zu erklären?

f) Welchen Einfluss hat die Umgebungstemperatur auf die Strombelastbarkeit? Warum ist das so?

g) Erläutern Sie den Einfluss der Häufung auf die Strombelastbarkeit.

h) Bei Benutzung eines Winkelschleifers fordert Ihr Meister Sie auf, die Leitungstrommel vollständig abzuwickeln, bevor das Elektrowerkzeug eingeschaltet wird.
Warum tut er das?

i) Bei der Installation einer Leitung, die auf einer Länge von 55 m einer Umgebungstemperatur von 25 °C ausgesetzt wird, wird diese auf einer Länge von 80 cm an einer Trockenkammer vorbeigeführt (Temperatur 45 °C).
Wie groß ist der Umrechnungsfaktor für die Umgebungstemperatur?

j) Den Schutz vor Überlastung und Kurzschluss übernehmen Schmelzsicherungen der Betriebsklasse gG.
Was bedeutet gG?
Bestimmen Sie die Bemessungsstromstärke der Sicherungen für die Druckhaltepumpe.
Welche Kennfarbe haben diese Sicherungen?
Bei Schmelzsicherungen unterscheidet man zwischen D-System und DO-System.

Anwendung

Worin bestehen die Unterschiede?
Bei Schmelzsicherungen sind die Begriffe Diazed und Neozed geläufig.
Was bedeuten sie?
Erläutern Sie den Aufbau und die Wirkungsweise von Schmelzsicherungen.

k) *Der Bemessungsstrom der Sicherungen soll bei Motorstromkreisen bei normalen Anlaufbedingungen etwa das 2-fache des Motor-Bemessungsstromes betragen.*
Trifft diese Forderung beim Druckhaltepumpen-Motor zu? Wenn nicht, welche Konsequenzen wären dann notwendig?

l) *Der Bemessungsstrom des Überstrom-Schutzorgans (z. B. einer Schmelzsicherung) muss stets geringer oder höchstens gleich der Strombelastbarkeit der Leitung sein.*
Trifft das zu? Begründen Sie diese Forderung.

m) Im Motor der Druckhaltepumpe tritt ein Körperschluss auf.
Was versteht man unter einem Körperschluss?
In der Technik verwendet man den Begriff „vollkommener Körperschluss". Was versteht man darunter?
Innerhalb welcher Zeit muss das vorgeschaltete Überstrom-Schutzorgan (hier die Schmelzsicherung) abschalten?
Welche Abschaltzeiten gelten bei diesem Netzsystem?

Dargestellt sind die Zeit-Strom-Kennlinien von gG-Sicherungen nach DIN VDE 0636 (Bild 1, Seite 22).

Erläutern Sie die Kennlinien für die Sicherung mit dem Bemessungsstrom 16 A (grau). Warum sind zwei Kennlinien angegeben?
Skizzieren Sie den Fehlerstromkreis bei Körperschluss in dem gegebenen Netzsystem.

Bei Körperschluss fließt im Fehlerstromkreis ein Strom von 160 A. In welcher Zeit muss das vorgeschaltete Überstrom-Schutzorgan des Druckhaltepumpen-Motors ansprechen?
Entspricht diese Zeit den Bestimmungen?

n) Welche Stromstärke wird in der Zuleitung zum Druckhaltepumpen-Motor gemessen?
Welcher Spannungsfall ΔU tritt dabei auf?
Entspricht der errechnete Wert von ΔU den Bestimmungen?
Wenn nein, was wäre zu tun?
Welcher Leistungsverlust tritt in der Leitung auf? Geben Sie den Leistungsverlust auch in Prozent an.

o) Für den Motorschutz wird ein Motorschutzrelais eingesetzt.
Auf welchen Wert stellen Sie das Motorschutzrelais ein?

4. Die Förderpumpe soll angeschlossen werden (Leitung zwischen Pumpenmotor und Verteilung).

a) Welche Leitung wählen Sie aus?

b) Die Leitung wird in Elektro-Installationsrohr verlegt; Umgebungstemperatur 25 °C.
Bestimmen Sie den Leitungsquerschnitt.

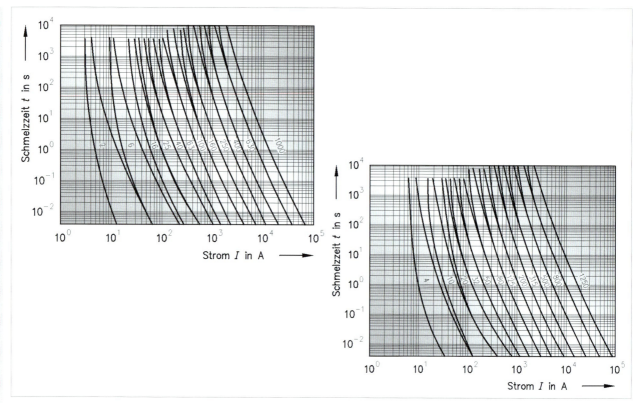

1 Zeit-Strom-Kennlinien von Sicherungen

c) Bestimmen Sie den Bemessungsstrom der Schmelzsicherungen.

d) Auf welchen Wert ist die Motorschutzeinrichtung einzustellen? Stern-Dreieck-Anlauf des Motors.

e) Skizzieren Sie die Schaltung des Motors und geben Sie die technischen Daten der Betriebsmittel in der Skizze an.

f) Kann die Bemessungsleistung des Sternschützes geringer gewählt werden als die von Netz- und Dreieckschütz? Wenn ja, begründen Sie Ihre Antwort.

5. Für die Absicherung der Steckdose 230 V/16 A wird ein Leitungsschutzschalter B16A verwendet.

a) Welche Vorteile haben Leitungsschutzschalter im Vergleich zu Schmelzsicherungen?

b) Was versteht man unter der Freiauslösung von LS-Schaltern?

c) Welche Forderung gilt für das Schaltvermögen von LS-Schaltern?

d) Beschreiben Sie die Montage des LS-Schalters.

e) LS-Schalter schalten Betriebsströme und arbeiten unter Kurzschlussbedingungen. Was bedeutet das?

f) Erläutern Sie die Beschriftung des LS-Schalters.

2 Beschriftung eines LS-Schalters

g) Bitte erläutern Sie die Tabellenangaben.

Ausschalt-vermögen	Strombegrenzungsklasse	
	1	3
3000 A	31000	15000
6000 A	100000	35000
10000 A	240000	70000

h) LS-Schalter werden mit unterschiedlichen Auslösecharakteristiken angeboten (Bild 3).
Erläutern Sie die Unterschiede am Beispiel der dargestellten Auslösekennlinien.

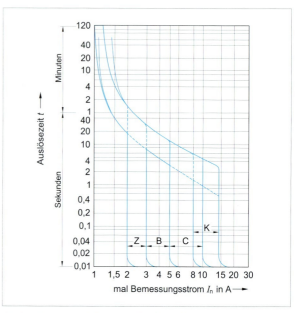

3 Auslösekennlinien von LS-Schaltern

Anwendung

Was versteht man unter Back-up-Schutz?
Geben Sie typische Anwendungsbeispiele für die Auslösecharakteristiken an.

6. Für die Absicherung der Förderpumpe und für die Einspeisung werden NH-Sicherungen (Niederspannungs-Hochleistungs-Sicherungssysteme) verwendet.

a) Erläutern Sie den Aufbau eines solchen Sicherungssystems.

b) NH-Sicherungen dürfen nur von Elektrofachkräften oder unterwiesenen Personen bedient bzw. eingesetzt oder ausgewechselt werden.
Was ist eine Elektrofachkraft und eine unterwiesene Person?
Beschreiben Sie genau die Vorgehensweise beim Austausch einer NH-Sicherung.
Welche Gefährdung kann dabei auftreten?
Wie kann die Bedienungssicherheit von NH-Sicherungen erhöht werden?

c) Im Schaltplan (Bild 1, Seite 20) sind die Sicherungen F1.2 mit „0" und die Sicherungen F1.1 mit „4" bezeichnet.
Erläutern Sie diese Kennzeichnung.
Sind diese Angaben korrekt?

d) Welche Aufgabe haben Sicherungslasttrenner?
Wie sind sie aufgebaut? Worauf ist beim Schalten besonders zu achten?

e) Erläutern Sie die Angaben der Tabelle 1 (NH-Sicherungen).

f) Für Motorstromkreise werden oftmals gG-Sicherungseinsätze verwendet, wenn sich ihre Kennlinien eignen, dem Anlaufstrom standzuhalten.
Sicherungseinsätze mit der Bezeichnung gM sind speziell für höhere Anlaufströme ausgelegt.
Erläutern Sie diese Aussage.

7. Wählen Sie ein geeignetes Kabel bzw. eine geeignete Leitung für die Einspeisung aus. Bestimmen Sie die Bemessungsstromstärke der Sicherung F1.1 und der Sicherung in der Hauptverteilung.
Worum handelt es sich bei dem Betriebsmittel Q1.0 (Bild 1, Seite 20)?

Anwendung

8. In elektrischen Anlagen ist Selektivität gefordert.

a) Was bedeutet das für die dargestellte Verteilung (Bild 1, Seite 20)?

b) Man unterscheidet zwischen Stromselektivität und Zeitselektivität. Erläutern Sie diese Begriffe.

c) Bedingungen für die Selektivität von Sicherungen:

Die Kennlinien dürfen sich an keiner Stelle berühren. Dies wird erreicht, wenn die vorgeschaltete Sicherung mindestens den 1,6-fachen Bemessungsstrom der nachgeschalteten Sicherung hat.

Bitte erläutern Sie die Aussage und überprüfen Sie die Schaltung (Bild 1, Seite 20).

d) Welche Bedingungen gelten für die Selektivität von Leitungsschutzschaltern?
Überprüfen Sie die Schaltung (Bild 1, Seite 20).

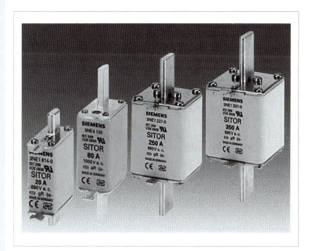

1 NH-Sicherungen

Tabelle 1
Kenndaten von NH-Sicherungen

Größe	Bemessungsstrom Unterteile A	Bemessungsstrom Einsätze A	Länge mm	Bemessungs-Verlustleistung (500 V) W	Leiterquerschnitt mm^2	
					min	max
00	100	35 – 100	78	7,5	16	50
0	160	35 – 160	125	16	35	95
1	250	80 – 250	135	23	70	150
2	400	125 – 400	150	34	150	300
3	630	315 – 630	150	48	2 × (40 × 5)	
4	1000	500 – 1000	200	90	2 × (60 × 5)	
4a	1250	500 – 1250	200	110	2 × (80 × 5)	

Übung und Vertiefung

1. Geben Sie die wesentlichen Unterschiede zwischen den Netzsystemen TN, TT und IT an.
Skizzieren Sie den Aufbau der einzelnen Netzsysteme.

2. Im TN-C-S-System wird ein so genannter PEN-Leiter verwendet.
Wie wird dieser Leiter noch bezeichnet?
Wie ist er farblich zu kennzeichnen?
Welchen Vorteil und welchen Nachteil hat dieses Netzsystem?

3. Bevorzugt wird heute das TN-S-System.
Warum ist das so?

4. Der Gesamterdungswiderstand aller Erder soll im TN-System den Wert 2 Ω nicht überschreiten.
Warum ist das so?
Welche Folge hätte ein geringerer und welche Folge ein höherer Erdungswiderstand?

5. Die Abschaltbedingung im TN-System lautet:

$$Z_s \cdot I_a \leq U_0$$

Z_s ist die Impedanz der Fehlerschleife; also des Stromkreises, der vom Fehlerstrom durchflossen wird. I_a der Abschaltstrom des Überstrom-Schutzorgans und U_0 die Spannung gegen Erde.

a) Was ist technisch günstiger? Z_s ist gering oder Z_s ist groß.

b) Wie wird Z_s bezeichnet? Manchmal ist von Schleifenimpedanz und manchmal von Schleifenwiderstand die Rede.
Sind beide Begriffe technisch in Ordnung?

c) Angenommen, die Schleifenimpedanz würde 1,4 Ω betragen.
Wie groß wäre dann I_a? Ist dieser Strom nicht viel zu groß?

d) Angenommen, die Schleifenimpedanz würde 400 Ω betragen. Wie groß ist dann I_a? Bitte beurteilen Sie diesen Wert.

e) Dargestellt sind die Zeit-Strom-Bereiche für Leitungsschutzsicherungen (Bild 1, Seite 22).
In welcher Zeit löst eine 10-A-Sicherung bei $Z_s = 1,4\,\Omega$ und bei $Z_s = 400\,\Omega$ aus?
Beurteilen Sie diese Ergebnisse.
Welche maximale Schleifenimpedanz ist bei Absicherung mit 10 A (Schmelzsicherung) und $U_N = 400\,V$ zulässig?
Bestimmen und begründen Sie den Wert.

f) Jede Sicherung wird durch zwei Kennlinien beschrieben.
Was bedeutet das?
Welche Kennlinie verwenden Sie, wenn Sie die Auslösezeit der Sicherung bestimmen wollen?
Annahme: Auslösestrom 50 A. In welcher Zeit muss eine 4-A-Sicherung spätestens ansprechen?

6. Welche Bestimmungen gelten für die Abschaltzeiten im TN-System? Bei Verteilungsstromkreisen in Gebäuden und Stromkreisen mit nur ortsfesten Betriebsmitteln gilt eine Abschaltzeit von $t_a \leq 5$ s.
Warum ist diese relativ große Abschaltzeit zulässig?

7. In einem TN-System wirkt ein Körperschluss wie ein Kurzschluss und muss das vorgeschaltete Überstrom-Schutzorgan innerhalb der vorgeschriebenen Abschaltzeit zum Ansprechen bringen. Dazu muss ein ausreichend großer Fehlerstrom fließen, der durch die Schleifenimpedanz bestimmt wird.

Zur Kontrolle der Wirksamkeit dieser Schutzmaßnahme kann die Schleifenimpedanz bestimmt werden.

Ihr Ausbilder übergibt Ihnen hierzu folgende Skizze und bittet Sie um Erläuterung. Schreiben Sie dabei genau auf, wie die Messung durchzuführen ist.

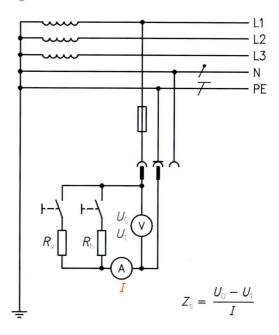

$$Z_s = \frac{U_0 - U_1}{I}$$

8. Die Messschaltung nach 7. wird verwendet, um die Impedanz oder Fehlerschleife eines Steckdosenstromkreises zu messen.
Messwerte: $U_0 = 228\,V$, $U_1 = 216\,V$, $I = 6,5\,A$.

a) Wie groß ist die Schleifenimpedanz Z_s?

b) Wie beurteilen Sie den Leitungsschutz mit einer 16-A-Schmelzsicherung (gG)?

c) $\Delta U = U_0 - U_1 = 228\,V - 216\,V = 12\,V$
Wo tritt dieser Spannungsfall von 12 V auf?

d) Statt der Schmelzsicherung wird ein Leitungsschutzschalter B10A eingesetzt. Wie beurteilen Sie diese Maßnahme?

9. Welchen Wert darf die Schleifenimpedanz in einer elektrischen Anlage mit 230-V-Bemessungsspannung höchstens haben, damit eine Schmelzsicherung 16 A (gG) innerhalb von 200 ms abschaltet?
Welchen maximalen Wert darf Z_s bei Einsatz eines Leitungsschutzschalters B16 A, C16 A haben?
Worin besteht der wesentliche Unterschied zwischen der B- und C-Charakteristik von LS-Schaltern?

10. Wird ein Stromkreis mit 14 A belastet, nimmt die Spannung um 14,2 V ab. Die Bemessungsspannung beträgt 400 V.

a) Welchen Wert hat der Schleifenwiderstand?

b) Welchen Bemessungsstrom sollte die vorgeschaltete Sicherung höchstens haben, wenn innerhalb von 200 ms abgeschaltet werden muss?

11. In einem TN-C-System kommt es zu einer Unterbrechung des PEN-Leiters (Darstellung auf Seite 25 oben).
Was ist die Folge?
Begründen Sie die Forderung, dass PEN-Leiter und Neutralleiter allein keine Schaltglieder und keine Überstrom-Schutzorgane enthalten dürfen.
Für den PEN sind Mindestquerschnitte vorgesehen.
Warum ist das so und wie groß ist der Mindestquerschnitt?
Bei welchen Querschnitten sind PE- und N-Leiter getrennt zu verlegen?

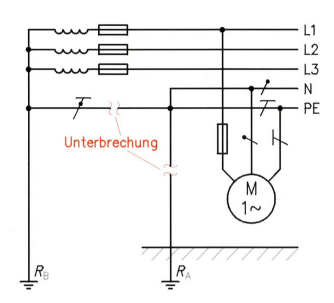

12. Im TT-System wird ein Körperschluss zu einem Erdschluss.
Erläutern Sie diese Aussage mit Hilfe einer Skizze.
Im TT-System fließt der Fehlerstrom immer über das Erdreich.
Wie beurteilen Sie dies?
Welche Konsequenzen hat das?

13. Im TT-System sind die notwendig niedrigen Erdwiderstände bei Verwendung von Überstrom-Schutzorganen mit Bemessungsströmen über 6 A wirtschaftlich nicht erreichbar.
Warum ist das so? Was folgt daraus?

14. Welche Abschaltzeiten gelten im TT-System?

15. Erdungsbedingung im TT-System:

$$R_A \cdot I_a \leq U_L$$

U_L Vereinbarte Grenze der dauernd zulässigen Berührungsspannung
I_a Strom, der innerhalb der vorgeschriebenen Zeit die Abschaltung bewirkt
R_A Erdungswiderstand der Körper

Bitte erläutern Sie diese Erdungsbedingung genau.
Welche Werte gelten für U_L?

16. Der Widerstand des Fehlerstromkreises beträgt 123 Ω; einschließlich Widerstand des Erdreiches.

a) Welchen Wert hat der Fehlerstrom?

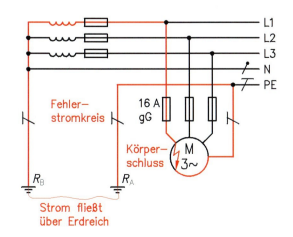

b) Spricht die 16-A-Schmelzsicherung an?

c) Spricht die Sicherung innerhalb der vorgeschriebenen Zeit an?

d) Welche Schlussfolgerung ziehen Sie?

17. Schaltung zur messtechnischen Bestimmung des Erdungswiderstandes.

Messwerte: Spannung 17,8 V
Strom 0,26 A

a) Wie groß ist der Erdungswiderstand?

b) Welcher maximale Erdungswiderstand ist zulässig, wenn bei 50 V ein Strom von höchstens 30 mA fließen darf?

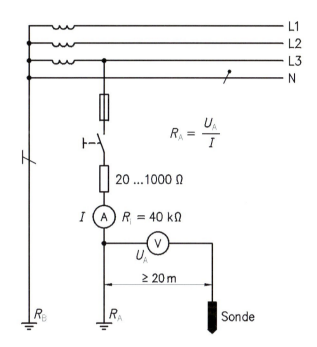

18. Der Erdungswiderstand einer Anlage wird mit 42 Ω gemessen.
Welche Werte können die Fehlerströme bei $U_L = 50$ V und $U_L = 25$ V annehmen? Unter welchen Voraussetzungen ist $U_L = 25$ V anzunehmen?

19. In felsigem Boden (spezifischer Widerstand $\rho = 2500\,\Omega \cdot m$) ist ein 20 m langer Banderder verlegt. Sein Erdungswiderstand beträgt 720 Ω. Der Banderder wird um 30 m verlängert.

a) Wie groß ist der Erdungswiderstand nach der Verlängerung?

b) Es wird eine Erdungswiderstandsmessung durchgeführt. Welchen Wert darf der Spannungsmesser anzeigen, wenn der Strommesser 120 mA anzeigt?

20. Ein Elektromotor und ein Heizgerät sind durch einen gemeinsamen Schutzleiter geschützt.

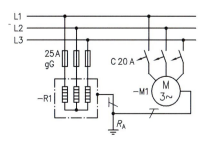

a) Welcher Strom gewährleistet jeweils die Abschaltung der Verbrauchsmittel in 5 s?

b) Dimensionieren Sie den Schutzleiter.

21. Wie ist ein IT-System aufgebaut? In welchen Anlagen sind IT-Systeme zulässig und zweckmäßig?

22. Die Erdungsbedingung im IT-System lautet:

$$R_A \cdot I_d \leq U_L$$

U_L Vereinbarte Grenze der dauernd zulässigen Berührungsspannung

I_d Fehlerstrom nach Auftreten des ersten Fehlers zwischen Außenleiter und Körper

R_A Erdungswiderstand des Erders

Erläutern Sie die Erdungsbedingung.

23. Welche Abschaltzeiten gelten im IT-System?
Was ist zu tun, wenn die Abschaltzeiten nicht eingehalten werden können?

24. Wie kann im IT-System die Wirksamkeit des zusätzlichen Potenzialausgleichs nachgewiesen werden?

25. Welche Aufgabe hat die Isolationsüberwachung im IT-System?

26. Im IT-System führt der erste Fehler nicht zu einer Abschaltung.
Erläutern Sie anhand einer Skizze, warum das so ist.

5.3 Steckdosenstromkreis mit RCD ausstatten

Auftrag

Die Steckdose (Schaltplan Seite 20) soll mit einem RCD ausgestattet werden.

Ihr Meister fordert Sie auf, einen geeigneten RCD auszuwählen und zu installieren.

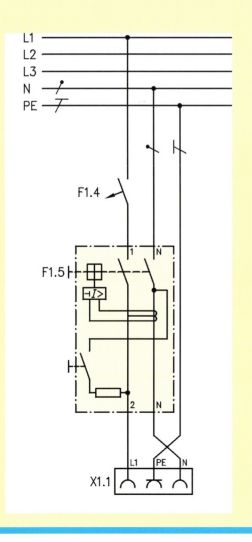

Anwendung

1. Überprüfen Sie den Anschluss des RCD.
Ist er korrekt?

2. Was bedeutet die Abkürzung RCD, für die auch die Bezeichnung *Fehlerstrom-Schutzeinrichtung* gebräuchlich ist?

3. Beschreiben Sie das Wirkungsprinzip der Fehlerstrom-Schutzeinrichtung (Summenstromwandler).

4. Der RCD schaltet in Sekundenbruchteilen bei 50 – 75 % des Bemessungs-Differenzstromes $I_{\Delta n}$ ab.
Er schützt gegen das Bestehenbleiben zu hoher Fehlerströme (10 – 500 mA) und gegen die Entstehung elektrisch gezündeter Brände (max. 300 mA).
Außerdem ermöglicht er den Schutz bei direktem Berühren (Personenschutz) bei 30 mA.
Erläutern Sie diese Aussagen.
Welchen Vorteil bieten RCDs mit $I_{\Delta n} = 10\,\text{mA}$?

5. Unter welcher Voraussetzung stellt der RCD einen Schutz bei direktem Berühren (Zusatzschutz) nach DIN VDE 0100 – 410 dar?

6. An die Steckdose X1.1 wird ein kleiner mobiler Kompressor (Schutzklasse I) angeschlossen.
Was bedeutet Schutzklasse I?
Skizzieren Sie den Fehlerstromkreis, wenn im Kompressormotor ein Körperschluss auftritt.

7. In welchen Netzsystemen kann ein RCD eingesetzt werden?
Welche zwingenden Voraussetzungen sind dabei notwendig?
Ist der Einsatz eines RCD für die Steckdose X1.1 zulässig?

8. Sind RCDs in der Lage Überströme abzuschalten?
In dem Falle wäre der LS-Schalter F1.4 verzichtbar.
Nehmen Sie Stellung dazu.
Wenn doch eine Überstrom-Schutzeinrichtung notwendig ist, worauf ist dann bei ihrer Auswahl zu achten?

9. Kenndaten von RCDs (Auswahl) in der folgenden Tabelle.

Anwendung

Tabelle 1
RCD mit Kurzschlussvorsicherung

I_n in A	16	25	40	63	100	125	160
I_K in kA	1,5	1,5	1,5	2	3,5	2	4
Kurzschlussvorsicherung (max.) in A							
Neozed	63	80	80	100	–	–	–
Diazed	50	63	63	80	100	–	–
NH	63	80	80	100	125	125	160

Erläutern Sie die Tabellenangaben:
Wählen Sie einen geeigneten RCD aus, wenn der LS-Schalter B16A weiterhin verwendet wird.

10.

$I_{\Delta n}$	R_A in Ω	
	$U_L = 50$ V	$U_L = 25$ V
10 mA	5000	2500
30 mA	1666	833
100 mA	500	250
300 mA	166	83
500 mA	100	50

Erläutern Sie die Tabellenangaben.
Welchen Bemessungs-Differenzstrom wählen Sie?
Ein RCD mit $I_{\Delta n} = 30$ mA hat einen maximal zulässigen Erdungswiderstand von 1666 Ω. Wie kommt dieser Wert zustande?
Kann dieser Wert bei Einsatz in der Verteilung der Sprinkleranlage (Seite 20, Bild 1) erreicht werden?
Begründen Sie Ihre Aussage genau.

11. In welcher Zeit muss der RCD spätestens auslösen? In welcher Zeit wird er vermutlich auslösen?

12. Erstellen Sie einen Arbeitsplan zum Einbau des RCD in die Verteilung. Welche Hilfsmittel benötigen Sie mit Ausnahme des zweipoligen RCD?

13. Mit Hilfe des Prüftasters kann die Funktion des RCD (nicht die Funktion der Schutzschaltung!) getestet werden.
Erläutern Sie genau, was geschieht, wenn der Prüftaster betätigt wird.

14. Dargestellt ist ein vierpoliger RCD (Bild 1).
Da kein zweipoliger RCD verfügbar ist, fordert man Sie auf, einen vierpoligen RCD einzusetzen.
Ist das möglich?
Wenn ja, beschreiben Sie den Anschluss.

15. Ein Kollege teilt Ihnen mit, dass der RCD mit geringem Differenz-Bemessungsstrom problematisch sein kann, da er auch ohne Fehler auslösen kann.
Vor allem dann, wenn eine große Anzahl elektrischer Verbraucher gleichzeitig betrieben werden.
Hat er da Recht?
Wenn ja, was wäre zu tun?

Anwendung

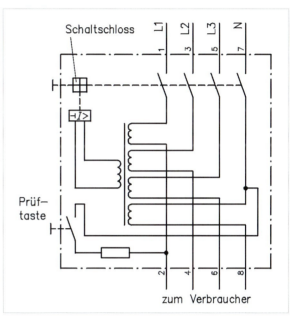

1 Schaltung eines vierpoligen RCD

16. In Anlagen mit hohem Gefährdungspotenzial wird die Reihenschaltung von RCDs vorgeschlagen.
Macht das Sinn?
Worin liegt eventuell der Vorteil?

17. Bei einem RCD fließt ein Fehlerstrom mit dem 5-fachen Wert des Bemessungs-Differenzstromes $I_{\Delta n}$.
In welcher Zeit muss der RCD auslösen?

18. Was versteht man unter selektiven RCDs und wozu werden sie eingesetzt?
Bei welchem Wert von $I_{\Delta n}$ erreichen selektive RCDs eine Auslösezeit von ≤ 200 ms?

19. Welche Bedeutung haben folgende Beschriftungen (Bild 2)?

2 Beschriftungen auf einem RCD

Anwendung

20. Erläutern Sie den Schaltplan.

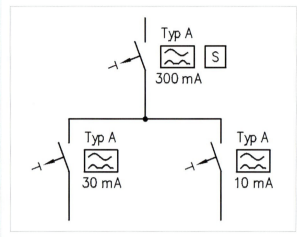

1 Schaltung von drei RCDs

21. In einem Messprotokoll ist für die Inbetriebnahme einer elektrischen Anlage mit RCD folgende Tabelle enthalten:

Messung	Sollwert	Messwert	in Ordnung
Netzspannung	230 V	227 V	
Berührungsspannung	≤ 50 V	1,6 V	
Auslösestrom	< 30 mA	14 mA	
Auslösezeit	< 200 ms	0,11 s	

Entsprechen die angegebenen Sollwerte den Vorgaben?
Bei der Überprüfung des Steckdosenstromkreises ergeben sich die rot eingetragenen Messwerte.
Ist der Stromkreis mit RCD in Ordnung?

Übung und Vertiefung

1. Durch RCDs werden Betriebsmittel allpolig vom Netz getrennt, wenn eine gefährlich hohe Berührungsspannung am Gehäuse des Betriebsmittels auftritt.

a) Was bedeutet allpolige Trennung?

b) Skizzieren Sie den Aufbau eines RCD und beschreiben Sie die Wirkungsweise.

c) Angeboten werden zweipolige und vierpolige RCDs. Worin besteht der Unterschied?

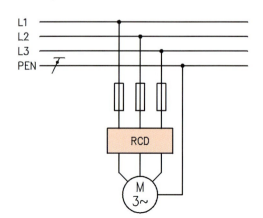

2. Einsatz eines RCD in einem TN-C-System.
Ist die Schaltung zulässig?
Wenn nicht, nehmen Sie bitte die notwendigen Änderungen vor.
Welche Forderungen werden an den Einsatz eines RCD im TN-System gestellt?
Unter welchen Voraussetzungen ist der Einsatz eines RCD in diesem Netzsystem sinnvoll?

3. Typische Kenndaten eines RCD sind Bemessungsstrom und Bemessungs-Differenzstrom.
Bitte erläutern Sie diese Kenndaten.
Welche besondere Bedeutung haben dabei RCDs mit $I_{\Delta n} \leq 30$ mA?

4. Welche Bestimmungen gelten bezüglich Auslöseströmen und Auslösezeiten bei RCDs?
Berücksichtigen Sie dabei auch die selektiven RCDs.

5. Worin besteht der wesentliche Unterschied zwischen RCDs und Differenzstrom-Schutzeinrichtungen?

6.

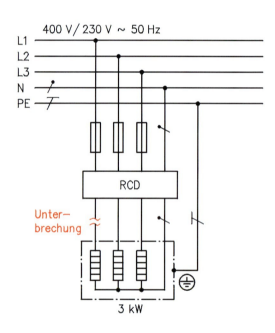

a) Ist der RCD korrekt angeschlossen?

b) Arbeitet der RCD noch einwandfrei, wenn ein Außenleiter unterbrochen ist?

c) Wie groß ist die Leistung des Verbrauchsmittels bei einem unterbrochenen Außenleiter?

d) Zusätzlich fällt auch noch der N-Leiter aus (Unterbrechung). Arbeitet der RCD dann noch einwandfrei? Wie groß ist dann die Leistung des Verbrauchsmittels?

7. Eine elektrische Anlage hat einen Erdungswiderstand von 42 Ω. Welche Werte können die Fehlerströme $U_L = 50$ V und $U_L = 25$ V annehmen? Welche RCDs wären in beiden Fällen zu wählen?

8. Eine elektrische Anlage 230 V/50 Hz ist durch einen RCD mit $I_{\Delta n} \leq 30$ mA geschützt.
Bei unterbrochenem Schutzleiter wird die Fehlerspannung durch einen Körperwiderstand (Mensch) von 1500 Ω und einen Übergangswiderstand am Standort von 350 Ω überbrückt.
Bei welcher Berührungsspannung U_B löst der RCD aus?
Ist eine Auslösung überhaupt gewährleistet?

9. Eine elektrische Anlage (230 V/50 Hz) ist durch einen RCD mit $I_{\Delta n} \leq 0{,}3$ A geschützt.
Bei Auftreten eines Fehlers beträgt die Berührungsspannung 72 V. Eine Messung des Erdungswiderstandes ergibt 760 Ω.

a) Mit welchem Fehlerstrom ist zu rechnen?

b) Welcher Bemessungs-Differenzstrom wäre notwendig, um die Anlage zu schützen? Welche Berührungsspannung kann dabei dann auftreten?

10. In einer Maschinenhalle ist der größte Teil der Maschinen über 4-adrige Leitungen und ein anderer Teil über 5-adrige Leitungen angeschlossen.
Diese Maschinen sollen an einen neuen Produktionsstandort gebracht werden, an dem der Versorgungsnetz-Betreiber einen TT-Niederspannungsanschluss bereitgestellt hat. Ein Fundamenterder ist eingebracht.
Können die Maschinen (mit PEN-Leiter) am TT-Netz betrieben werden?
Wenn ja, welche Maßnahmen sind erforderlich?
Ist diese Vorgehensweise sinnvoll?

11. Zum Beispiel auf Campingplätzen (DIN VDE 0100 Teil 708) dürfen nur drei Überstrom-Schutzeinrichtungen je RCD installiert werden.
Gilt diese Forderung ganz allgemein?
Welche diesbezüglichen Planungsgrundsätze sind technisch sinnvoll?

12. Man unterscheidet zwischen Basisschutz, Fehlerschutz und Zusätzlichem Schutz.

a) Erläutern Sie diese Begriffe.

b) Geben Sie Beispiele an, bei denen ein zusätzlicher Schutz durch RCD mit $I_{\Delta n} \leq 30$ mA gefordert wird.

c) Welche Bedeutung haben RCDs beim Brandschutz? Beachten Sie dabei, dass eine umgesetzte Leistung von $P \geq 60$ W Brände hervorrufen kann.

13. Erläutern Sie folgende Begriffe:

a) Fehlerstrom-Schutzschalter Typ A oder B (RCCB, früher FI) ohne eingebauten Überstromschutz.

b) Fehlerstrom-Schutzschalter Typ A oder B (RCBO, früher FI/LS) mit eingebautem Überstromschutz.

c) Ortsfeste Fehlerstromschutzeinrichtung zur Erhöhung des Schutzpegels (SRCD).

d) Ortsveränderliche Fehlerstrom-Schutzeinrichtungen (PRCD).

14. Was ist beim Einsatz von elektronischen Betriebsmitteln in Stromkreisen mit RCD besonders zu beachten? Welche Maßnahmen sind erforderlich?

15. Welchen Zweck erfüllen kurzzeitverzögerte RCDs?

16. Wozu dienen allstromsensitive RCDs vom Typ B?

17. Dargestellt (siehe unten links) ist eine Verteilung, bei der die Verbraucherstromkreise auf mehrere RCDs aufgeteilt sind, was grundsätzlich sehr sinnvoll ist.
Ist die Verteilung fachgerecht aufgebaut? Wenn nein, welche Änderungen sind unbedingt notwendig?
Beachten Sie, dass die Verteilung vereinfacht dargestellt wurde.

18. Damit RCDs nicht überlastet werden, muss der Gleichzeitigkeitsfaktor bzw. der Belastungsfaktor der elektrischen Anlage ermittelt werden.
Was versteht man darunter?

19. Wenn ein RCD im TN-System eingesetzt wird, muss die Aufteilung des PEN in PE und N vor dem RCD vorgenommen werden.
Warum ist dies zwingend notwendig?

20. Die Berührungsspannung ist zu hoch (TT-System mit RCD).
Was ist zu tun?

21. Wie beurteilen Sie die unten rechts dargestellte Schaltung in Hinblick auf die Wirksamkeit des RCD?

22. Bei Betätigung des Prüftasters löst der RCD nicht aus. Woran kann das liegen? Was ist zu tun?

23. Obgleich RCD und Erdungswiderstand einwandfrei sind, tritt eine Berührungsspannung von über 100 V auf.
Der RCD löst dabei nicht aus. Woran kann das liegen?

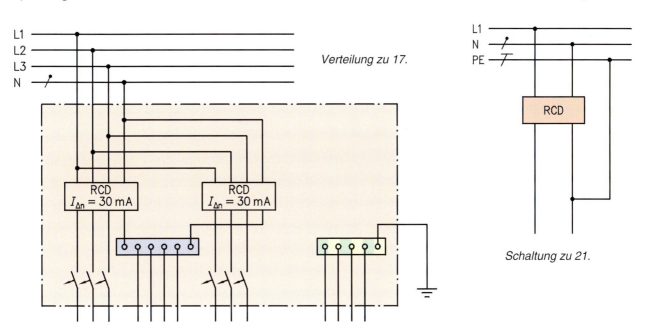

Verteilung zu 17.

Schaltung zu 21.

5.4 Gleichspannungsversorgung reparieren

Auftrag

Im Schaltschrank zur Umsetzeranlage befinden sich u.a. drei Netzteilplatinen mit vorgeschalteten Transformatoren.
Die Schaltungen dienen zur Spannungsversorgung diverser Gleichspannungskomponenten.
Die Schaltung ist funktionsuntüchtig und soll repariert werden.

Anwendung

1. Das Gleichspannungs-Netzteil liefert am Ausgang eine konstante Gleichspannung von $U = 24$ V; es soll ein Strom von $I = 2$ A entnommen werden können. Zur Spannungsanpassung ist der Netzteilplatine ein Transformator vorgeschaltet.

a) Für eine Ersatzbeschaffung der vorgeschalteten Transformatoren liegt Ihnen eine Katalog-/Datenblattseite vor (Tabelle 1, Seite 31).
Wählen Sie einen geeigneten Transformator für diese Anwendung aus.
Begründen Sie Ihre Auswahl.

b) Den Transformatoren ist jeweils eine Geräte-Feinsicherung 5×20 mm vorgeschaltet.
Welche Sicherungen in Bezug auf Charakteristik und Auslösestrom müssen vorrätig sein?

c) Sie überprüfen die Primär- und Sekundär-Spannung des Transformators.
Welche Leerlaufspannung stellt sich sekundärseitig ein, wenn primärseitig 240 V gemessen werden? (Datenblatt beachten)

d) Der Hersteller gibt im Datenblatt verschiedene Leistungen für die Transformatoren an.
Erläutern Sie die unterschiedlichen Angaben.

e) Beschreiben Sie die im Datenblatt angegebene Schutzart und Schutzklasse.

f) Der Primäranschluss des Transformators hat vier Anschlussklemmen: 0 V, 230 V, +11 V / –11 V.
Erklären Sie an einem Beispiel ($U_1 = 240$ V) den Sinn dieser Anschlussmöglichkeiten.

Anwendung

1 Anschluss eines Transformators

g) Im Ersatzteillager finden Sie Kleintransformatoren mit unten stehenden Daten und dazugehörigem Anschlussschema.
Ist ein Trafo dieser Art für diesen Anwendungsfall verwendbar? Wenn ja, welche Verdrahtung müssen Sie noch vornehmen?

h) Welcher Verdrahtungsfehler wurde gemacht, wenn der Transformator sekundärseitig keine Spannung abgibt?

Tabelle 1
Technische Daten des Transformators

Eingangsspannung Input voltage	**230 V**
Frequenzbereich Frequency range	50 – 60 Hz
Leerlaufverluste (typ.) No-load loss (typ.)	3,5 W
Ausgangsspannung/Bestellnr. Output voltage/Order no.	**2м6 V: EL 50/6** **2м9 V: EL 50/9** **2м12 W: EL 50/12** **2м15 W: EL 50/15** **2м18 W: EL 50/18**
Leerlaufspannung (ca. x Faktor) No-load voltage (ca. x factor)	1.15
Leistung Power	**50.0 VA**

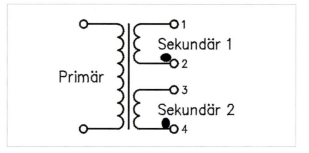

2 Wicklungen des Transformators

Anwendung

Tabelle 1
Daten von Transformatoren (Ausschnitt Datenblatt)

Typ Type	ST 20/23/12*	ST 20/23/24*	ST 63/23/12	ST 63/23/24
Eingangsspannung Input voltage	**230 V**	**230 V**	**230 V**	**230 V**
Anzapfungen Eingang ($\pm$) Tappings Input ($\pm$)	11 V	11 V	11 V	11 V
Frequenzbereich Frequency range	50 – 60 Hz	50 – 60 Hz	50 – 60 Hz	50 – 60 Hz
Ausgangsspannung Output voltage	**12 V**	**24 V**	**12 V**	**24 V**
Leerlaufspannung (ca. x Faktor) No-load voltage (ca. x factor)	110	110	110	110
Leistung VDE (DB $\cos_{phi} = 1$) Power VDE (DB $\cos_{phi} = 1$)	**20 VA**	**20 VA**	**63 VA**	**63 VA**
Leistung VDE (DB $\cos_{phi} = 0{,}5$) Power VDE (DB $\cos_{phi} = 0{,}5$)	42 VA	42 VA	110 VA	110 VA
Leistung Power	20 VA	20 VA	63 VA	63 VA
Prüfzeichen Approvals	C-UL-US, ENBC 10 NDEI	C-UL-US, ENEC 10 NDEI	C-UL-US, ENBC 10 NDEI	C-UL-US, ENEC 10 NDEI
Schutzart Protection index	IP 00	IP 00	IP 00	IP 00
Schutzklasse (vorbereitet) Safety class (prepared)	I	I	I	I
Kühlart Cooling method	**Selbstkühlung** by self-cooling	**Selbstkühlung** by self-cooling	**Selbstkühlung** by self-cooling	**Selbstkühlung** by self-cooling
Umgebungstemperatur max. Ambient temperature max.	40 $^\circ$C	40 $^\circ$C	40 $^\circ$C	40 $^\circ$C
Isolierstoffklasse Class of Insulation System	**VDE-B, UL-105**	**VDE-B, UL-105**	**VDE-B, UL-106**	**VDE-B, UL-105**
Prüfspannung Test voltage	**mind. 2500 V, 50 Hz** min. 2500 V, 50 Hz	**mind. 2500 V, 50 Hz** min. 2500 V, 50 Hz	**mind. 2500 V, 50 Hz** min. 2500 V, 50 Hz	**mind. 2500 V, 50 Hz** min. 2500 V, 50 Hz
Wirkungsgrad Efficieny	81 %	81 %	84 %	84 %
Bauart Type	**offen** open type	**offen** open type	**offen** open type	**offen** open type

2. Auf der Platine befindet sich am Eingang der Netzteilschaltung (Bild 1) ein Brückengleichrichter (T2 bis T5).

Technische Daten des Brückengleichrichters siehe Seite 32.

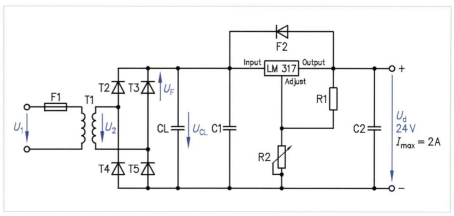

1 Schaltung der Spannungsversorgung (Netzteilschaltung)

Tabelle 1
Technische Daten des Brückengleichrichters

Silicon-Bridge Rectifiers   **Silizium-Brückengleichrichter**

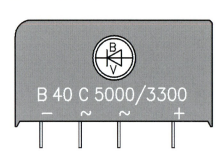

B 40 C 5000/3300

Characteristics   **Kennwerte**

Max. fwd. current without cooling fin Dauergrenzstrom ohne Kühlblech	$T_A = 50\,°C$	R-load C-load	I_{FAV} I_{FAV}	4.0 A 3.3 A
Max. current with cooling fin 300 cm^2 Dauergrenzstrom mit Kühlblech 300 cm^2	$T_A = 50\,°C$	R-load C-load	I_{FAV} I_{FAV}	5.8 A 5.0 A
Leakage current – Sperrstrom	$T_j = 25\,°C$	$V_R = V_{PRM}$	I_R	< 10 µA
Thermal resistance junction to ambient air Wärmewiderstand Sperrschicht – umgebende Luft			R_{thA}	< 20 K/W[1)]

Type Typ	Max. admissible load capacitor max. zulässiger Ladekondensator C_L [µF]	Min. required protective resistor min. erforderl. Schutzwiderstand R_t [Ω]
B40C 5000-3300	10000	0.5
B80C 5000-3300	5000	1.0
B125C 5000-3300	2500	2.0

Maximum ratings   **Grenzwerte**

Type Typ	Alternating input voltage Eingangswechselspannung V_{VRMS} [V]	Repetitive peak reverse voltage Periodische Spitzensperrspannung V_{RRM} [V]
B40C 5000-3300	40	80
B80C 5000-3300	80	160
B125C 5000-3300	125	250

Anwendung

a) Der Gleichrichter trägt die Typ-Bezeichnung „B80 C5000/3300".
Geben Sie die korrekte Bedeutung dieser Codierung an.

b) Welche periodische Spitzensperrspannung hat in dieser Anwendung jede Diode zu übernehmen? Wie groß ist der Abstand zum im Datenblatt angegebenen Wert?

c) Das Datenblatt schreibt für den Betrieb des Brückengleichrichters einen maximal zulässigen Ladekondensator C_L und einen minimal erforderlichen Schutzwiderstand R_t vor. Überprüfen Sie in der Schaltung (Bild 1, Seite 31), ob diese Bedingungen eingehalten worden sind.

d) Beschreiben Sie die Notwendigkeit der Begrenzung der Kondensatorkapazität und geben Sie den Grund an für das Vorschalten eines Schutzwiderstandes.

Anwendung

e) Die Durchlasskennlinie der Gleichrichterdioden ist in Bild 1, Seite 33 dargestellt.
Welcher Spannungsfall tritt pro Brückenzweig im Gleichrichter auf, wenn dem Netzteil ein Strom von $I_d = 2\,A$ entnommen wird? ($T_j = 25\,°C$)

f) Das Datenblatt zum Brückengleichrichter enthält das in Bild 2, Seite 33 dargestellte Schaubild.
Im Gleichrichter entsteht eine Sperrschichttemperatur von $T_j = 100\,°C$.
Darf dem Gleichrichter dann noch ein Strom von $I = 2\,A$ entnommen werden?
Entscheiden Sie dies nach einer ausführlichen Rechnung.

g) Welchen maximalen Strom könnte man laut Kennlinie (Bild 2, Seite 33) der Gleichrichterbrücke bei einer Temperatur von 25 °C ohne Kühlblech entnehmen?

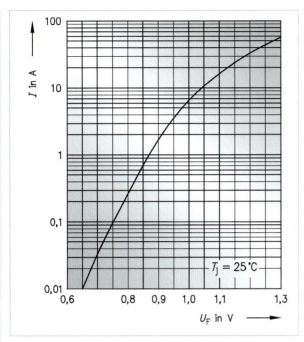

1 *Durchlasskennlinie der Gleichrichterdioden*

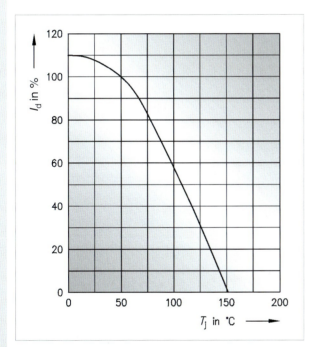

2 *Kennlinie zu Aufgabe 2.f)*

h) Berechnen Sie die Verlustleistung P_{tot} der Gleichrichterbrücke bei einem Laststrom von $I_d = 2\,A$.

i) Welchen thermischen Widerstand muss das Kühlblech haben, damit dem Gleichrichter 5 A entnommen werden können? ($T_j = 100\,^{\circ}C$, $T_A = 25\,^{\circ}C$)

j) Die elektronischen Bauteile auf der Netzplatine sollen durch eine superflinke Sicherung geschützt werden.
Wenn die Sicherung im Fehlerfall ausgelöst hat, soll dies durch eine rote LED auf der Platine angezeigt werden.

Ergänzen Sie den Schaltplan um die notwendigen Bauelemente. Berechnen Sie den erforderlichen Vorwiderstand für die Leuchtdiode, wenn die LED mit $U_F = 2{,}2\,V$ und $I_d = 20\,mA$ betrieben werden soll.

3. Der B2-Gleichrichter liefert am Ausgang eine pulsierende Gleichspannung. Diese Mischspannung besteht aus einer Gleichspannung und einer überlagerten Wechselspannung (Brummspannung, ripple).

a) Berechnen Sie den Gleichspannungsanteil der pulsierenden Spannung hinter dem Gleichrichter, wenn kein Ladekondensator nachgeschaltet ist.

b) Ermitteln Sie die Höhe der Brummspannung in $V_{\text{Spitze-Spitze}}$ (V_{SS}) der pulsierenden Spannung.

c) Erläutern Sie, warum diese Spannung nicht dem Spannungsregler zugeführt werden kann.

d) Dem Gleichrichter ist ein Elko mit $C = 4700\,\mu F$ nachgeschaltet, das Netzteil ist nicht belastet.
Welche Höhe und welchen Verlauf hat die Spannung am Kondensator?

e) Das Netzteil wird mit $I = 2\,A$ belastet.
Berechnen Sie die Brummspannung am Kondensator in V_{SS}.

f) Die Spannung am Eingang des Spannungsreglers muss immer mindestens 2 V höher sein als am Ausgang.
Überprüfen Sie, ob das in diesem Fall gewährleistet ist; geben Sie die minimale Differenz $U_E - U_A$ an.

Elektrolytkondensatoren sind innerhalb einer elektronischen Schaltung als Verschleißteile anzusehen. Vor allem in warmen oder heißen Schaltungen ist die Verdunstung der Elektrolyten im Elko ein Problem.

Die Wärme muss dabei nicht nur von außen in den Kondensator dringen. Die Wärme entsteht auch innerhalb des Gehäuses durch den Verlustleistungswiderstand R_{ESR}.

R_{ESR} bezeichnet den inneren Verlustwiderstand eines Kondensators. ESR ist die Abkürzung für die englische Bezeichnung Equivalent Series Resistance.

Datenblattauszug eines Elektrolytkondensators auf Seite 34.

Die überlagerte Wechselspannung verursacht einen Wechselstrom durch den Innenwiderstand und erzeugt Wärme. Die Eigenwärme verursacht Verdunstung des Elektrolyten, was eine Vergrößerung des Widerstandes zur Folge hat.

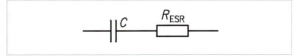

3 *Innerer Verlustwiderstand des Kondensators*

Für Elektrolytkondensatoren gilt die Regel, dass sich die Lebensdauer durch 10 K Temperaturerhöhung halbiert (Seite 34).

g) Berechnen Sie die maximale Wärmeleistung, die im Ladekondensator der vorliegenden Schaltung bei $85\,^{\circ}C$ umgesetzt wird.

h) Erklären Sie, warum mit zunehmender Erwärmung des Kondensators der überlagerte Wechselstrom abnimmt.

Tabelle 1
Datenblattauszug Elektrolytkondensatoren

U	C	Ab-messungen	$ESR_{100\,Hz}$	$ESR_{100\,Hz}$	$\tan\delta_{100\,Hz}$	$Z_{10\,kHz}$	Überlagerter Wechselstrom 100 Hz	
[V]	[μF]	∅ × L [mm]	20 °C typ. [mΩ]	20 °C max. [mΩ]	20 °C max. [%]	20 °C max. [mΩ]	85 °C [A]	105 °C [A]
63	220	10 × 30	400	600	8	400	0,9	0,5
63	470	14 × 30	200	300	9	200	1,4	0,8
63	1000	16 × 39	120	180	11	120	2,2	1,2
63	2200	25 × 36	95	142	22	95	3,1	1,7
63	3300	25 × 49	50	75	16	50	4,8	2,7
63	4700	25 × 49	40	60	18	40	5,4	3,0
63	6800	35 × 49	35	52	29	35	6,9	3,8

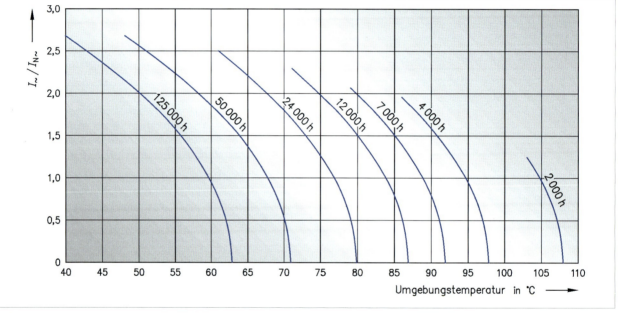

1 *Lebensdauer eines Kondensators*

i) Welche Bedeutung hat die Angabe „tan δ in %" im Datenblatt?

j) Die Lebensdauer (useful-life) eines Kondensators ist abhängig von der Temperatur, die im Kondensator herrscht und vom Wechselstrom, der den Kondensator belastet (Bild 1).
Nehmen Sie an, der fließende Wechselstrom entspricht dem Bemessungsstrom.
Welche zu erwartende Betriebsdauer in Jahren hat ein Elko dann, wenn ständig 60 °C (80 °C, 40 °C) im Innern des Elkos herrschen?

k) Im Begleittext des Herstellers wird gesagt:
Bei Erhöhung der Kondensatortemperatur um 10 K halbiert sich die Lebensdauer.
Überprüfen Sie diese Aussage mit Hilfe des Diagramms für den Fall $I_{\sim} = I_{N\sim}$.

l) Übersetzen Sie den nachfolgenden Text ins Deutsche.

Polarity	Make sure that polar capacitors are connected with the right polarity. If the opposite polarity were to be applied, this would cause an electrolytic process resulting in the formation of a dielectric layer on the cathode foil. In this case strong internal heat generation and gas emission may occur and destroy the capacitor.
	Polar capacitors do not tolerate a voltage reversal. Incorrect polarities of up to 1,5 V are, however, permissible for short periods of time as the formation of a damaging oxide layer on the cathode only starts at voltage of this magnitude.
Reverse voltage	Aluminium electrolytic capacitors are polar capacitors. Where necessary, voltages of opposite polarity should be prevented by connecting a diode. The diode´s conductingstate voltage of approximately 0,8 V is permissible. Reverse voltages ≤ 1,5 V are tolerable for a duration of less than 1 second, but not in continuous or repetitive operation.

Tabelle 1
Festspannungsregler, Absolute Maximum Rating (für LM 317)

ABSOLUTE MAXIMUM RATING

Symbol	Parameter	Value	Unit
V_{i-o}	Input-output Differential Voltage	40	V
I_O	Output Current	Internally Limited	
T_{op}	Operating Junction Temperature for: LM117 LM217 LM317	− 55 to 150 − 25 to 150 0 to 125	°C °C °C
P_{tot}	Power Dissipation	Internally Limited	
T_{stg}	Storage Temperature	− 65 to 150	°C

Tabelle 2
Festspannungsregler, Electrical Characteristics (für LM 317)

ELECTRICAL CHARACTERISTICS ($V_i - V_o = 5\,V, I_o = 500\,mA$, $I_{MAX} = 1.5\,A$ and $P_{MAX} = 20\,W$, unless otherwise specified)

Symbol	Parameter	Test Conditions	LM117/LM217			LM317			Unit
			Min.	Typ.	Max.	Min.	Typ.	Max.	
$I_{o(max)}$	Maximum Load Current	$V_i - V_o \leq 15\,V$ $P_D < P_{MAX}$	1.5	2.2		1.5	2.2		A
		$V_i - V_o = 40\,V$ $P_D < P_{MAX}$ $T_j = 25\,°C$		0.4			0.4		A

Tabelle 3
Festspannungsregler, Thermal Data (für LM 317)

THERMAL DATA

Symbol	Parameter		TO-3	TO-220	ISOWATT220	D²-PAK	Unit
$R_{thj-case}$ $R_{thj-amb}$	Thermal Resistance Junction-case Thermal Resistance Junction-ambient	Max. Max.	4 35	3 50	4 60	3 62.5	°C/W °C/W

Anwendung

4. Der Baustein LM 317 ist ein Festspannungsregler, der die eingestellte Spannung am Ausgang konstant hält.
Die Spannungsdifferenz zwischen Eingang und Ausgang muss folglich am dynamischen Innenwiderstand des Spannungsreglers abfallen.

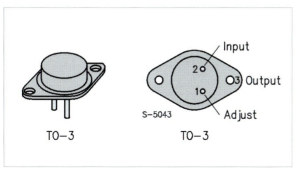

1 Festspannungsregler, Bauform und Anschlüsse

Anwendung

DESCRIPTION

The LM117/LM217/LM317 are monolithic integrated circuit in TO-220, ISOWATT220, TO-3 and D²PAK packages intended for use as positive adjustable voltage regulators.

They are designed to supply more than 1.5 A of load current with an output voltage adjustable over a 1.2 to 37 V range.

The nominal output voltage is selected by means of only a resistive divider, making the device exceptionally easy to use and eliminating the stocking of many fixed regulators.

a) Ermitteln Sie aus den Datenblattangaben für den Festspannungsregler LM 317 im TO-3 Gehäuse die Maximalwerte für:
- Ausgangsspannung
- Eingangsspannung

Anwendung

• Ausgangsstrom
• Verlustleistung
• Sperrschichttemperatur

b) Die Differenz zwischen Eingangs- und Ausgangsspannung am Regler beträgt ca. 5 V.
Welche Stromstärke kann dem Spannungsregler bei
einer Sperrschichttemperatur von 55 °C entnommen
werden (Bild 1)?

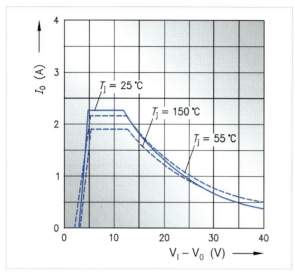

1 Strom in Abhängigkeit von der Spannungsdifferenz

Anwendung

c) Berechnen Sie den thermischen Widerstand des
Kühlkörpers, wenn dem Regler 2 A entnommen werden sollen und die Umgebungsluft mit 25 °C angenommen werden kann.

d) Welche Funktion hat die parallel zum Regler ge-
schaltete Diode?

e) Der Netzteilplatine kann ein höherer Strom entnommen werden, wenn ein Leistungstransistor parallel zum Festspannungsregler geschaltet wird.
Erläutern Sie die Schaltung (Bild 2).

f) Berechnen Sie den Widerstand und die Leistung
von R1.

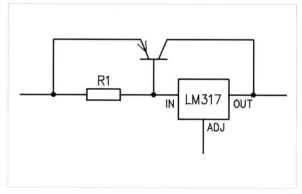

2 Spannungsregler mit Bypass-Transistor

5.5 Inbetriebnahme der Sprinkleranlage

Auftrag

*Die Sprinkleranlage einschließlich der nachträglich
installierten Steckdose ist in Betrieb zu nehmen.*

Die entsprechenden Protokolle sind anzufertigen.

Anwendung

1. Was muss nach DIN VDE 0100 – 610 vor der erstmaligen Inbetriebnahme nachgewiesen werden?
Wer muss diesen Nachweis erbringen?

2. Prüfungen im Sinne von DIN VDE 0100 – 610 umfassen alle Maßnahmen, die dem Nachweis dienen,
dass die gesamte Anlage den Anforderungen der
Norm VDE 0100 entspricht.
Nach welcher bewährten Dreiteilung werden diese
Prüfungen durchgeführt?
Beachten Sie, dass DIN VDE 0100 – 610 nur noch
eine Zweiteilung enthält, die auf dem englischen Begriff „testing" beruht. Diese Zweiteilung hat praktisch
aber noch keinen Eingang in die Anwendung gefun-
den.

3. Für den Praktiker ist die Besichtigung ein sehr
wichtiger Prüfungsbestandteil. Sie erfolgt teilweise
bereits während der Installationsarbeiten.

Anwendung

So wird beim Anschluss eines Motors geprüft, ob die
Arbeit fachgerecht durchgeführt wurde, bevor die
Klemmkastenabdeckung aufgeschraubt wird.
Eine spätere, erneute Besichtigung (nach erneutem
Entfernen der Abdeckung) ist dann nicht mehr not-
wendig.
Beschreiben Sie, wie Sie die Besichtigung bei Inbe-
triebnahme der Sprinkleranlage durchführen. Denken
Sie dabei auch an die Dokumentation.

4. Nur Elektrofachkräfte dürfen Prüfungen nach DIN
VDE 0100 – 610 durchführen. Sie müssen außerdem
Erfahrungen beim Prüfen elektrischer Anlagen besit-
zen.
Was versteht man unter einer Elektrofachkraft, unter
einer unterwiesenen Person und unter einem Laien?

5. Was ist zu tun, wenn die Besichtigung nicht zur Zu-
friedenheit des Prüfers ausfällt?

6. Nach dem Besichtigen kommt das Erproben.
Wie gehen Sie diesbezüglich bei der Erprobung der
Sprinkleranlage vor?

7. Die Erprobung darf nicht mit einer Funktionskontrolle der Anlage verwechselt werden.
Erläutern Sie den Unterschied.

8. Messen ist die Feststellung von Werten zwecks Beurteilung und Nachweis der Wirksamkeit von Schutzmaßnahmen. Dazu müssen laut DIN VDE 0100 – 610 Messgeräte verwendet werden, die den Anforderungen von DIN EN 61557 genügen oder die gleichen Sicherheits- und Leistungsmerkmale haben.

Welche Messungen sind bei der Inbetriebnahme notwendig?

Erstellen Sie hierzu eine Tabelle und geben Sie die notwendigen Messungen bei folgenden Schutzmaßnahmen an: SELV, PELV, Schutzklasse II, Schutztrennung, Überstrom-Schutzeinrichtungen, RCD.

Unterscheiden Sie dabei auch zwischen dem TN- und dem TT-System.

9. Welche Messungen sind bei der Inbetriebnahme der Sprinkleranlage erforderlich?

10. Beschreiben Sie, wie Sie die Durchgängigkeit des Schutzleitersystems bei der Sprinkleranlage überprüfen (Messgerät und Messvorgang).
Bei welchen Schutzmaßnahmen ist diese Messung sinnvoll?

11. Ihr Meister äußert die Vermutung, dass im TN-C-S-System PE und N am Verbraucherabgang vertauscht sind.
Wie können Sie das feststellen? Die Anlage wurde zuvor spannungsfrei geschaltet.

12. Warum sind Multimeter im Widerstandsmessbereich für die Messung „Durchgängigkeit des Schutzleitersystems" ungeeignet?

13. Welche Vorteile hat die Messung „Durchgängigkeit des Schutzleitersystems"? Welche Grenzwerte gelten bei dieser Messung?

14. Wie wird die Schleifenimpedanz gemessen?

15. Welcher Zusammenhang besteht zwischen der Schleifenimpedanz und dem Kurzschlussstrom?

16. Messen Sie bei der Inbetriebnahme den Schleifenwiderstand oder die Schleifenimpedanz?

17. Machen Sie sich in Ihrem Ausbildungsbetrieb kundig. Welches Messgerät wird dort zur Bestimmung des Schleifenwiderstandes verwendet? Schreiben Sie eine Bedienungsanleitung.
Beschreiben Sie genau, wie Sie die Schleifenimpedanzmessung bei der Sprinkleranlage durchführen.

18. Welche Anforderungen sind an Schleifenimpedanz-Messgeräte zu stellen? Welche Sicherheitsaspekte sind während des Messvorganges zu berücksichtigen? Welche Fehler können bei der Messung auftreten?

19. Ihr Meister sagt Ihnen, dass aus Sicherheitsgründen vor der Messung der Schleifenimpedanz die „Prüfung der durchgehenden Verbindung des Schutzleiters" durchgeführt werden soll.
a) Worum handelt es sich bei dieser Prüfung?
b) Wie wird sie durchgeführt?

c) Welchen Vorteil bringt es, sie vor der Schleifenimpedanzmessung durchzuführen?

20. Beschreiben Sie, wie Sie die Schleifenwiderstandsmessung bei der Sprinkleranlage durchführen.
Angenommen, es ergibt sich ein Messwert von 0,75 Ω. Welche Folgerungen ziehen Sie daraus?

21. Ihr Meister sagt Ihnen, dass es einen Unterschied macht, ob die Schleifenimpedanz im unbelasteten Zustand der Anlage (z. B. in den Betriebsferien) oder bei Belastung gemessen wird.
Er teilt Ihnen mit, dass sich die Schleifenimpedanz um etwa 4 % je 10 K Leitungstemperaturerhöhung verändert.
Wenn der Messwert von 0,75 Ω nach Aufgabe 20 im unbelasteten Zustand gemessen wurde, welche Auswirkungen hat dann eine belastungsbedingte Leitertemperatur von 70 °C?

22. Was kann getan werden, wenn die Schleifenimpedanz nicht den erforderlichen Wert erreicht und Fehler in der Anlage ausgeschlossen werden können?

23. Was versteht man in Zusammenhang mit der Isolation unter dem Begriff Leckstrom?
Ein Leckstrom bedeutet einen Energieverlust.
Ist der zulässig?

24. Erläutern Sie den Begriff Isolationswiderstand in Zusammenhang mit dem Begriff Leckstrom.

25. Warum wird der Isolationswiderstand mit Hilfe von Gleichspannung (250 V, 500 V, 1000 V) gemessen?
Warum ist eine Messung mit Wechselspannung nicht möglich?

26. Welche Mindestwerte gelten für den Isolationswiderstand und mit welcher Gleichspannung wird gemessen?
a) SELV-, PELV-Stromkreise
b) Stromkreise bis 500 V; mit Ausnahme von SELV und PELV.
c) Stromkreise mit Spannungen über 500 V.

27. In DIN VDE 0100 – 610 steht die Isolationswiderstandsmessung in ihrer Wertigkeit an erster Stelle. Warum ist das so?

28. Beschreiben Sie genau, wie Sie den Isolationswiderstand bei der Sprinkleranlage messen.
Wie bereiten Sie die Anlage vor und wo führen Sie die Messung durch? Welche Mindestwerte gelten hier?

29. Was ist zu tun, wenn der Messwert des Isolationswiderstandes geringer als die geforderten Mindestwerte sind?

30. Wie gehen Sie vor, wenn die Stromkreise bei der Isolationsmessung elektronische Baugruppen enthalten?

Anwendung

31. Welchen Einfluss können Messfehler auf die Isolationswiderstandsmessung haben?
Wie groß müsste unter diesen Umständen der Messwert nach Aufgabe 21 mindestens sein?

32. Grundsätzlich ist es zulässig, den Isolationswiderstand mit angeschlossenen Verbrauchsmitteln zu messen.
Wenn die geforderten Werte allerdings nicht erreicht werden, muss die Messung ohne angeschlossene Verbrauchsmittel wiederholt werden.
Sie wollen die Leitung zur Pumpe mit angeschlossenem Motor messen (Seite 19).
Welche Werte erwarten Sie bei dieser Messung?

33. Welche Anforderungen sind an Isolations-Messgeräte gemäß DIN EN 61557 – 2 zu stellen?

Da Sie in den Prüfungen sicherlich eine Isolationsmessung durchführen müssen, sollten Sie sich mit dem Messgerät in Ihrem Betrieb vertraut machen.
Mit einem solchen Gerät gehen Sie dann auch in die praktische Prüfung.

34. Bedingungen für das Auslösen einer Fehlerstrom-Schutzeinrichtung (RCD):

$$R_A \cdot I_{\Delta n} \leq U_L \quad \text{(TT-System)}$$

Bitte erläutern Sie diese Bedingung.

35. Bei einem Serviceauftrag sehen Sie folgende Schaltung.

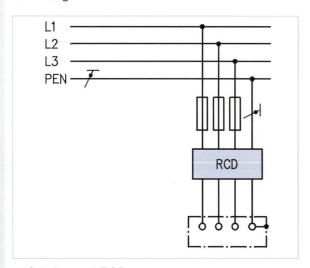

1 Schaltung mit RCD

Wie beurteilen Sie diese?
Welche Maßnahmen ergreifen Sie, wenn die Schaltung nicht in Ordnung ist?

36. Aufgabe 34 zeigt die Auslösebedingung für das TT-System.
Wie lautet die Auslösebedingung für das TN-System?
Bitte erläutern Sie diese.

37. Ihr Meister sagt Ihnen, dass die Berührungsspannung bei Fehlerstrom-Schutzeinrichtungen im TN-System sehr gering ist. Bei der Messung ist hier eine Anzeige praktisch nicht möglich.
Warum ist das so und was bedeutet das in der Praxis?

Anwendung

38. Was ist bei Fehlerstrom-Schutzeinrichtungen zu besichtigen und was zu erproben?

39. Beim Messen von Fehlerstrom-Schutzeinrichtungen ist die Wirksamkeit der Schutzmaßnahme durch Erzeugung eines Differenzstromes von maximal $I_{\Delta n}$ mit geeigneten Messgeräten nachzuweisen.

a) In welchem Netzsystem gilt diese Forderung?

b) Wie kann der Nachweis praktisch erfolgen?

40. Hinter dem RCD ist ein Fehlerstrom I_F hervorzurufen, mit dessen Hilfe zwei Nachweise erbracht werden müssen:

1. RCD muss spätestens bei Erreichen von $I_{\Delta n}$ auslösen.
2. U_L darf bei $I_{\Delta n}$ nicht überschritten werden.

a) Bitte erläutern Sie diese beiden Forderungen.

b) Angenommen, die Wirksamkeit der Schutzmaßnahme wurde hinter dem RCD an einer Stelle nachgewiesen. Reicht das als Prüfung aus?
Wenn nein, was ist zusätzlich zu tun?

41. Wie kann messtechnisch der Nachweis $I_\Delta \leq I_{\Delta n}$ erbracht werden?
Beschreiben Sie zwei Möglichkeiten.

42. Wie kann messtechnisch der Nachweis $U_B \leq U_L$ erbracht werden?
Beschreiben Sie zwei Möglichkeiten.
Bewerten Sie auch die beiden Möglichkeiten.

43. Die Auslösezeit von Fehlerstrom-Schutzeinrichtungen muss bei der Erstprüfung nicht zwingend ermittelt werden.
Es reicht aus, wenn die Einhaltung der maximal zulässigen Auslösezeit angezeigt wird.
Welchen Vorteil hat es, wenn ein Messgerät auch die Auslösezeit anzeigt?

44. Bild 2 zeigt das Prinzip einer Messschaltung.
Erläutern Sie die Wirkungsweise.
Welche Messfehler dürfen dabei auftreten?

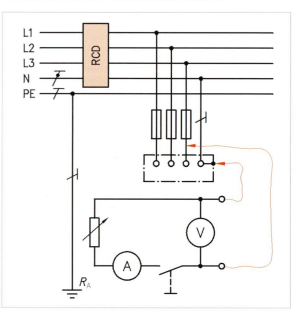

2 Prüfung einer Fehlerstrom-Schutzeinrichtung

Anwendung

45. Machen Sie sich mit der Bedienung des in ihrem Betrieb verwendeten Prüfgerätes vertraut, das Sie wahrscheinlich in der Prüfung verwenden werden.

Beschreiben Sie, wie Sie die Prüfung des Steckdosenstromkreises bei der Sprinkleranlage vornehmen.

46. Sämtliche Messergebnisse (nicht nur die der RCD-Prüfung) sind zu dokumentieren.

a) Welches Formblatt wird in Ihrem Betrieb hierzu verwendet?

b) Erstellen Sie eventuell ein eigenes Formblatt.

c) Tragen Sie alle Prüfungsergebnisse ein.

d) Wer muss (bzw. darf) das Formblatt mit den Prüfungsergebnissen unterschreiben?

Anwendung

47. Wenn nun alles in Ordnung ist, versehen Sie den Schaltschrank der Sprinkleranlage noch mit einem Aufkleber und weisen den zuständigen Abteilungsleiter ein.

a) Welchen oder welche Aufkleber verwenden Sie?

b) Beschreiben Sie, worauf bei der Einweisung zu achten ist.

6 Geräte und Baugruppen in Anlagen analysieren und prüfen

6.1 Störungssuche in einer Torsteuerung

Auftrag

Die Steuerung eines Rolltores wurde von einem Kollegen neu verdrahtet. Eine Inbetriebnahme hat noch nicht stattgefunden.

Da dieser Kollege anderweitig eingesetzt werden soll, werden Sie gebeten, den Auftrag weiter zu bearbeiten.

Der Kollege übergibt Ihnen hierzu eine Handskizze, die den Schaltungsaufbau zeigt. Weitere Dokumentationselemente sind noch nicht vorhanden.

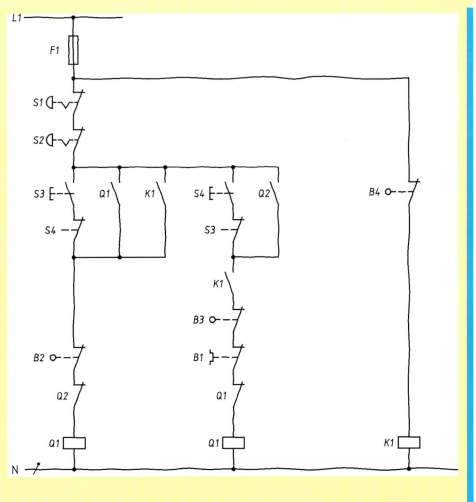

Anwendung

1. Da es sich bei Ihrem Kollegen auch um einen Auszubildenden handelt, beschließen Sie, seine Skizze zunächst einmal sorgfältig zu überprüfen.

a) Welche Aufgabe hat das Betriebsmittel F1?
Der Kollege hat die Bemessungsstromstärke 6 A (Kennfarbe grün) vorgesehen.
Als Verdrahtungsleitung wurde 1 mm² mit der Farbe rot gewählt.
Ist das in Ordnung?

b) Worum handelt es sich bei den Betriebsmitteln S1 und S2?
Welche Anforderungen sind an diese Betriebsmittel zu stellen?
Warum wurden zwei in Reihe geschaltet?
Ist die Reihenschaltung in Ordnung?
Erläutern Sie die Angaben.
Wählen Sie ein geeignetes Bauelement aus.

Anwendung

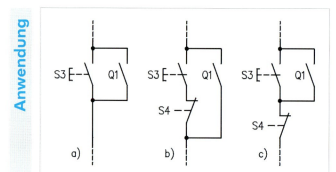

3 Schaltungsvarianten zu 1.c)

Erläutern Sie die Angaben.
Sind die Kontaktelemente hier brauchbar?
Welche Anzahl wird benötigt?

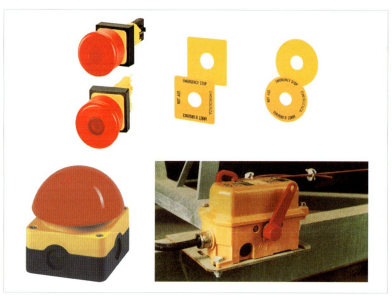

1 Not-Aus-Befehlsgeräte

c) Worum handelt es sich bei den Bauelementen S3 und S4?
Welche Aufgabe haben diese Bauelemente in der Schaltung?
Erläutern Sie den Unterschied zwischen den drei Schaltungen (Bild 3).
Wäre der Einsatz der Variante c) in Bild 3 bei der Torsteuerung nicht sinnvoller?
Begründen Sie die Antwort bitte genau.

Anwendung

d) B1 und B2 sind Grenztaster (Positionsschalter).
Welche Aufgabe haben sie in der Schaltung?
Dargestellt in Bild 1, Seite 41 ist ein Positionsschalter mit Kuppenstößel (IP66).
Erläutern Sie die Angaben.
Wählen Sie einen geeigneten Typ aus.
Was bedeutet die Angabe IP66?

2 Kontaktelemente

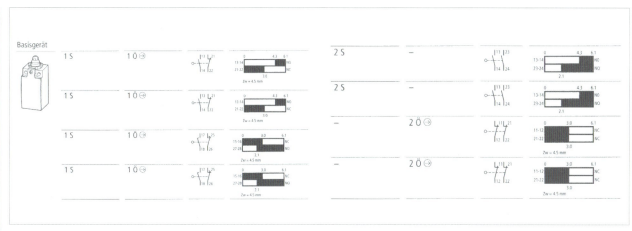

1 Positionsschalter mit Kuppenstößel

Anwendung

e) Angeboten werden Positionsschalter mit elektronisch einstellbarem Schaltpunkt.
Machen Sie sich über Aufbau und Anwendungsmöglichkeiten kundig (z. B. im Internet) und verfassen Sie einen kurzen Fachbericht für den Werkstattgebrauch.

f) Außerdem werden analoge elektronische Positionsschalter angeboten.
Erstellen Sie auch hierzu einen kurzen Fachbericht, der einen späteren Einsatz im Betrieb vorbereitet und erleichtert.
Im Rahmen Ihrer Recherche stoßen Sie sicherlich u.a. auf folgende Kennlinie des analogen elektronischen Positionsschalters.

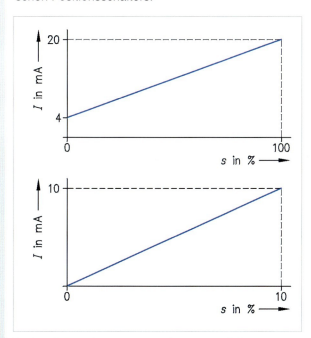

2 Kennlinien eines analogen Positionsschalters

Welche Aussage machen diese Kennlinien?
Worin besteht der wesentliche Unterschied zwischen beiden Kennlinien?
Worin unterscheiden sich die digitalen und analogen Signale?
Unter welchen Einsatzvoraussetzungen ist der Strom 4 – 20 mA besser als die Spannung 0 – 10 V?
Macht der Einsatz dieser Positionsschalter bei der Torsteuerung Sinn?

Anwendung

g) Vorgesehen sind drei Schütze.
Die zwingend notwendige Kontaktverriegelung der Schütze Q1 und Q2 ist im Plan eingetragen.
Vor Ort stellen Sie fest, dass K1 von der Sicherheitsleiste des Tores (B4) geschaltet wird.

Welche Aufgabe hat die Sicherheitsleiste beim Torantrieb?
Der Kollege hat hier die Öffnerfunktion verdrahtet.
Ist das korrekt?
Worin unterscheidet sich K1 von Q1 bzw. Q2?

h) Worum handelt es sich bei B3?
Ihr Kollege hat B3 nur in den Strompfad zum Schütz Q2 eingeschaltet.
Macht das Sinn oder ist das sogar zwingend notwendig?
Welchen Einfluss hat diese Entscheidung auf die Schaltungsfunktion?

2. Sie beschließen, die Schaltung zu testen.

a) Zunächst einmal stellen Sie das Motorschutzrelais ein. Dem Leistungsschild des Motors entnehmen Sie folgende Daten: $\Delta 400\,V$; $0{,}75\,kW$; $1400\,1/min$; $1{,}95\,A$; $\cos \varphi = 0{,}8$
Dabei stellen Sie fest, dass es sich um einen Getriebemotor handelt.
Warum ist hier ein Getriebemotor sinnvoll?
Auf welchen Wert stellen Sie das Motorschutzrelais ein?

b) Noch ist die Schaltung spannungslos.
Führen Sie Messungen durch, bevor Sie sie an Spannung legen? Wenn ja, welche Messungen?

c) Nun legen Sie die Schaltung an Spannung. Sie beschließen, nur den Steuerstromkreis zu testen.
Sie schrauben die Steuersicherung F1 ein. Das Tor befindet sich im geöffneten Zustand.
Nun nehmen Sie nacheinander folgende Handlungen vor (Tabelle 1, Seite 42).

Ergänzen Sie die Spalte „Istzustand", indem Sie den Schaltungsentwurf sorgfältig analysieren.

Wenn „Sollzustand" und „Istzustand" nicht übereinstimmen, liegt ein „Servicefall" vor. Dann haben Sie folgende Aufgaben:

Anwendung

Tabelle 1
Checkliste zum Test der Schaltung (Auszug)

Nr.	Handlung	Sollzustand	Istzustand
1.	Schaltung an Spannung legen	K1 zieht an	K1 zieht an
2.	S4 (Tor schließen) betätigen	Q2 zieht an und geht in Selbsthaltung	Tor schließt (Q2 zieht an)
3.	Tor ist geschlossen (B3 betätigt)	Q2 fällt ab	
4.	S3 (Tor öffnen)	Q2 zieht an und geht in Selbsthaltung	
5.	Tor ist offen (B2 betätigt)	Q2 fällt ab	

- Schaltplan Ihres Kollegen überarbeiten (wenn der Fehler in der Schaltung liegt)
- Schaltung umverdrahten (Vorgehensweise beschreiben)

Welchen Fehler hat der Kollege gemacht?

d) Nun wurde die Schaltung von Ihnen in Stand gesetzt. Testen Sie sie erneut durch Nutzung der Tabelle 1.

In der Tabelle 1 sind nicht die Wirkungen
- der Sicherheitsleiste
- des Motorschutzes
- der Tasterverriegelungen
- des Not-Aus
berücksichtigt.
Natürlich sind auch diese zu testen.
Nehmen Sie diese Ergänzungen der Tabelle nach 2.c) vor.

Anwendung

3. Wenn die Steuerung nun ordnungsgemäß funktioniert:

a) Dokumentieren Sie Haupt- und Steuerstromkreis als Vorlage für das CAD-Büro.

b) Führen Sie die Inbetriebnahme durch und protokollieren Sie die Ergebnisse (Formblätter im Betrieb). Beschreiben Sie die Vorgehensweise in der richtigen Reihenfolge.
Wem legen Sie die Protokolle zur Unterschrift vor?

4. Nach einiger Zeit informiert Sie der zuständige Abteilungsleiter darüber, dass sich in den Phasen, in denen das Tor häufig bewegt wird, der Motor stark erwärmt. Außerdem „gibt er merkwürdige Geräusche von sich".
Beschreiben Sie genau die Vorgehensweise bei den Servicearbeiten.

6.2 Tor mit Kleinsteuerung ausrüsten

Auftrag

Es wird beabsichtigt, auf Dauer sämtliche Betriebstore mit preiswerten Kleinsteuerungen auszurüsten, um sie gegebenenfalls später zu vernetzen.

Sie werden beauftragt, in der Werkstatt ein „Modell Torsteuerung" zu entwickeln und zu testen. Dazu bauen Sie die Steuerung auf eine Montageplatte auf.

Für den Test verwenden Sie anschließbare Positionsschalter, wobei auch die Sicherheitsleiste beim Test durch einen Positionsschalter nachgebildet wird.

Sämtliche Befehlsgeber und Positionsschalter werden über eine Klemmleiste mit der Steuerung verbunden.

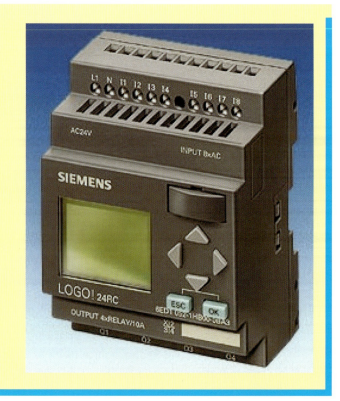

Anwendung

1. Erstellen Sie die Materialliste und vervollständigen Sie den Aufbauplan der Steuerung.

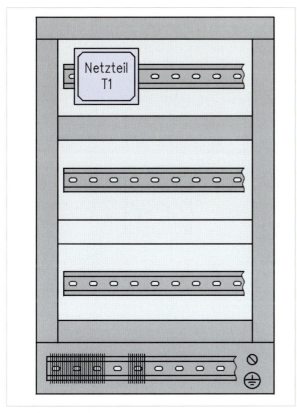

1 Aufbauplan der Torsteuerung

2. Dargestellt ist der Anschluss der Spannungsversorgung (Netzteil).

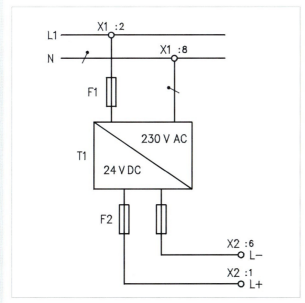

2 Spannungsversorgung (Netzteil)

a) Welche Aufgabe hat die Spannungsvsichersorgung?

b) Welche Anforderungen sind an die Spannungsversorgung zu stellen?

c) Die Spannungsversorgung hat keinen Schutzleiteranschluss.

Anwendung

Woran liegt das? Wurde er vielleicht vergessen?
Welches Zeichen würden Sie auf dem Gehäuse von T1 „suchen"?

d) Aus welchen Funktionseinheiten besteht die Spannungsversorgung?
Skizzieren Sie ein Blockschaltbild und beschreiben Sie die Wirkungsweise der einzelnen Elemente.

e) Worauf ist bezüglich der Belastbarkeit der Spannungsversorgung zu achten?
Welche Belastbarkeit ist im vorliegenden Fall mindestens erforderlich?

f) Warum ist der Gleichstromkreis zweipolig abgesichert (F2)?
Welche Alternative zur zweipoligen Absicherung ist denkbar?
Warum sollte diese Alternative über eine trennbare Verbindung erfolgen?
Warum darf die Trennung der Verbindung nur mit Hilfe von Werkzeugen möglich sein?

g) Spannungsversorgung einer Steuerung (Bild 1, Seite 44).

Welche Aufgabe hat das Betriebsmittel Q1?
Ist es zulässig, dass der N-Leiter geschaltet wird?
Wenn ja, welche Forderung ist dabei zu beachten?
Muss Q1 zwingend allpolig schalten?

Worum handelt es sich beim Betriebsmittel F3?
Ist die Schaltung korrekt?
Wählen Sie aus einem Katalog oder mit Hilfe des Internets ein geeignetes Betriebsmittel aus.

Welche Aufgabe hat die Erdung des AC-Steuerstromkreises?
Ist sie korrekt ausgeführt?

Warum ist der Eingangskreis der Spannungsversorgung T2 zweipolig abgesichert, der Ausgangskreis aber nur einpolig?
Ist das in Ordnung?
Wenn nein, nehmen Sie die notwendigen Änderungen vor.

h) Im Lager sind zwei unterschiedliche Spannungsversorgungsgeräte mit den in Tabelle 1, Seite 45 dargestellten technischen Daten.

Überprüfen Sie, welches Gerät brauchbar ist oder ob evtl. ein anderes Gerät bestellt werden muss.
Gegebenenfalls können auch zwei Geräte parallel geschaltet werden.

Was ist bei der Parallelschaltung von Spannungsquellen (Spannungsversorgungen) unbedingt zu beachten?

Warum lautet die Herstellerempfehlung:
LS-Schalter
  • > 6 A   D-Charakteristik
  • > 10 A   C-Charakteristik
Welche Auswahl treffen Sie?

Was besagt die Angabe „Restwelligkeit < 250 V_{SS}"?

Welche Vorteile hat die Potenzialtrennung?

Was bedeutet die Angabe SELV (denken Sie an die Erdung)?

Anwendung

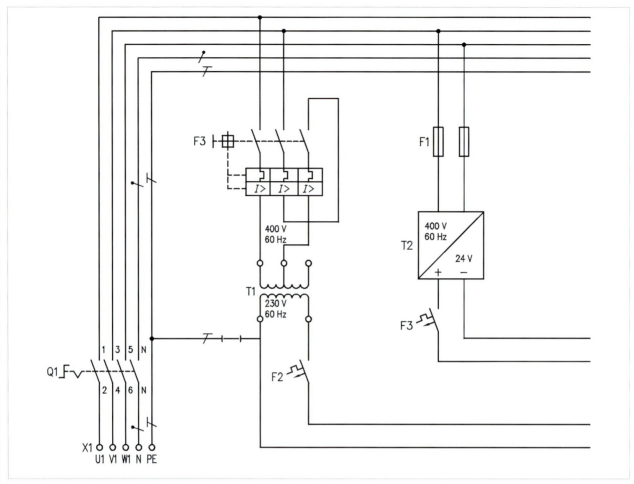

1 *Spannungsversorgung einer Steuerung*

i) Erläutern Sie die Angaben zur Elektromagnetischen Verträglichkeit.
Es handelt sich hier zwar um einen Versuchs-Werkstattaufbau, doch welche Regeln gelten für einen EMV-gerechten-Schaltschrankaufbau?
Beachten Sie dabei besonders die Anordnung der Betriebsmittel im Schaltschrank.

j) Wählen Sie geeignete Schütze aus. Notieren Sie deren wesentliche technische Daten.
Folgende Schaltung der Schützspulen wird vorgeschlagen.
Welchem Zweck dient sie?
Welche alternativen Beschaltungen sind auch möglich?
Ist die Beschaltung zwingend?

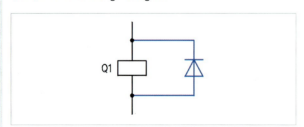

2 *Beschaltung eines Schützes*

k) Zum Funktionstest schließen Sie ein 24-V-Schütz an 24-V-Gleichspannung an. Nach kurzer Zeit stellen Sie Geruchs- und Rauchentwicklung fest.

Anwendung

Woran liegt das?
Worauf ist bei der Schützauswahl unbedingt zu achten?
Ein anderes Schütz schließen Sie an 24-V-Wechselspannung an. Die Spulenspannung des Schützes beträgt 24 V.
Das Schütz zieht nicht ordnungsgemäß an.
Woran wird das liegen?

3. Dargestellt ist der Hauptstromkreis der Steuerung (Bild 1, Seite 46).
a) Welchen Leiterquerschnitt installieren Sie?
b) Wählen Sie ein geeignetes Betriebsmittel F1 aus.
c) Wählen Sie geeignete Schütze Q1 und Q2 aus.
d) Ist die Schaltung richtig verdrahtet?
e) Wenn Q1 angezogen ist, arbeitet der Motor im Linkslauf. Wenn Q2 angezogen ist, arbeitet der Motor im Rechtslauf.
Gewünscht wird das genau umgekehrte Verhalten.
Was ist zu tun?
Wie kann die Richtung des Drehfeldes geprüft werden?

4. Sie skizzieren den Anschluss der Kleinsteuerung (Bild 1, Seite 45).
Als Sie den Plan dem Meister vorlegen, äußert der sich sehr unzufrieden.
Er meint, dass nicht einmal die „elementarsten Sicherheitsbestimmungen" berücksichtigt wurden.

Anwendung

Tabelle 1
Spannungsversorgung, technische Daten

	24 V / 1,3 A	24 V / 2,5 A
Eingangsspannung	120 – 230 V AC	
Zulässiger Bereich	85 – 264 V AC	
Zulässige Netzfrequenz	47 – 63 Hz	
Spannungsausfallüberbrückung	40 ms bei 187 V AC	
Eingangsstrom Einschaltstrom (25 °C)	0,48 – 0,3 A < 15 A	0,85 – 0,5 A < 30 A
Geräteschutz	intern	
Empfohlener LS-Schalter in der Netzzuleitung	> 6 A Charakteristik D > 10 A Charakteristik C	
Ausgangsspannung Gesamttoleranz Einstellbereich Restwelligkeit	24 V DC ± 3 % 22,5 – 25,8 V DC < 250 mV$_{SS}$	
Ausgangsstrom Überstrombegrenzung	1,3 A 1,6 A	2,5 A 2,8 A
Wirkungsgrad	> 80 %	
Parallelschaltbar zur Leistungserhöhung	ja	
Elektromagnetische Verträglichkeit Funkentstörgrad Störfestigkeit	 EN 50081-1, EN 55022 Klasse B EN 50082-2	
Potenzialtrennung primär/sekundär	ja (SELV)	
Schutzklasse	II	
Schutzart	IP20	
Montage	auf Hutschiene	

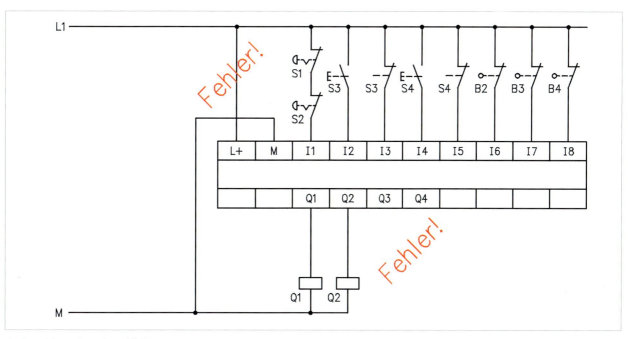

1 Anschlussplan einer Kleinsteuerung

Anwendung

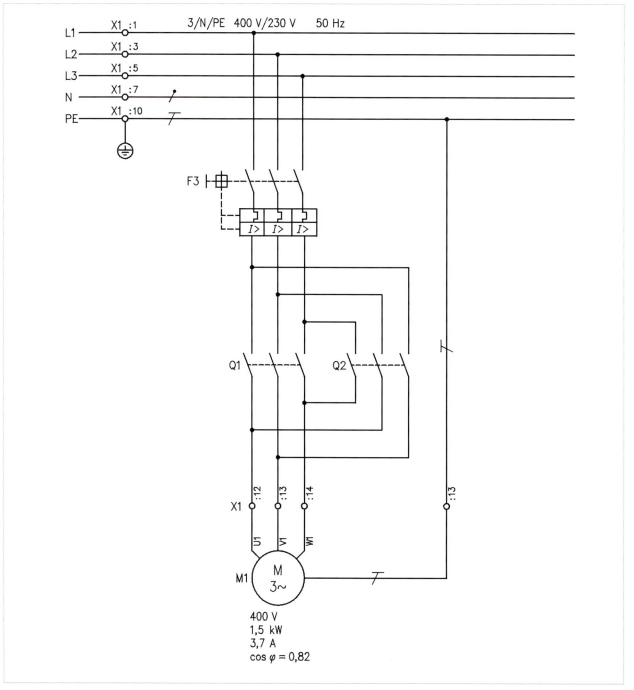

1 Hauptstromkreis einer Steuerung (Planungsentwurf)

a) Nehmen Sie hierzu Stellung und überarbeiten Sie den Plan.

b) Welche Bestimmungen gelten für den Not-Aus?

c) Welche Bestimmungen gelten für den Anschluss der Hauptschütze Q1 und Q2 (Wendeschaltung der Torsteuerung)?

d) Sind die Befehlsgeber mit Tasterverriegelung (S3, S4) richtig angeschlossen?
Welche Bestimmungen gelten hier?

e) Ihr Meister skizziert den in Bild 2 dargestellten Anschluss der Kleinsteuerungsausgänge Q1 und Q2.

Erläutern Sie die Funktionen.

Was ist an (1), (2) und (3) anzuschließen?

Anwendung

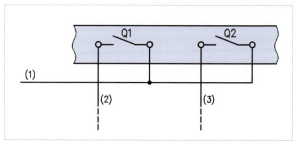

2 Kleinsteuerungsausgänge

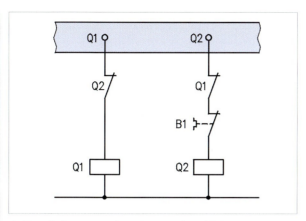

1 Beschaltung von Ausgängen einer Kleinsteuerung

f) Analysieren Sie die Schaltungsskizze (Bild 1).
Welche Aufgabe haben die Öffner von Q1 und Q2?
Welche Aufgabe hat der Öffner B1?
Thermische Überstromauslöser verfügen über einen Wechsler (Bild 2).

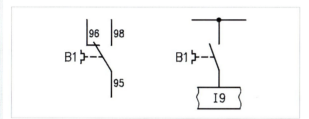

2 Wechsler eines Überstromauslösers

Wenn der Motorschutz angesprochen hat, soll der Eingang den Signalzustand „1" erhalten.
Erarbeiten Sie eine technische Lösung.

Die Grundausstattung der Kleinsteuerung hat 8 Eingänge (I1 – I8).
Was ist zu tun, wenn 9 Eingänge benötigt werden?

Welche Regeln gelten bei der Montage und Verdrahtung einer Kleinsteuerung?

5. Not-Aus-Einrichtungen dürfen nicht direkt an einen Eingang der Kleinsteuerung angeschlossen werden.

a) Stimmt diese Aussage? Wenn ja, warum ist das so?

b) Analysieren Sie die in Bild 3 dargestellte Schaltung.
Welche Aufgabe hat der Taster S5?
Man sagt, K1 arbeitet nach dem Ruhestromprinzip.
Was meint man damit?
Warum ist das notwendig?
Ist Drahtbruchsicherheit gegeben?

c) Vorgeschlagen wird die in Bild 1, Seite 48 dargestellte Alternativbeschaltung.
Analysieren Sie diese.
Ist sie gleichwertig wie die Schaltung nach 5.b)?

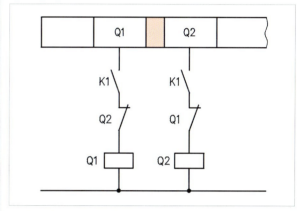

4 Beschaltung der Ausgänge (siehe auch Bild 3)

d) Ihr Meister erklärt Ihnen, dass die Not-Aus-Schaltung nach 5.b) den absolut minimalen Fall der Problemlösung darstellt.

In der Praxis werden z. B. die Schaltung nach Bild 1, Seite 48 oder ein Not-Aus-Schaltgerät verwendet.

Sie betätigen S2 in Bild 1, Seite 48.
Beschreiben Sie die Abläufe.

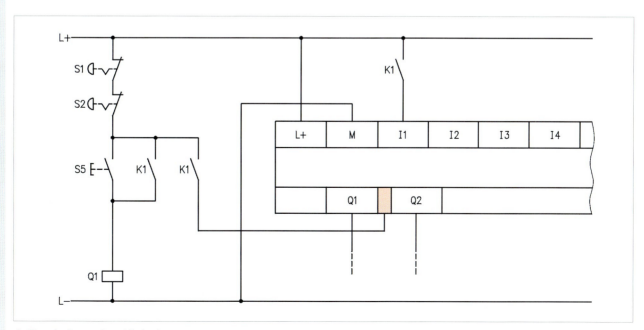

3 Beschaltung einer Kleinsteuerung

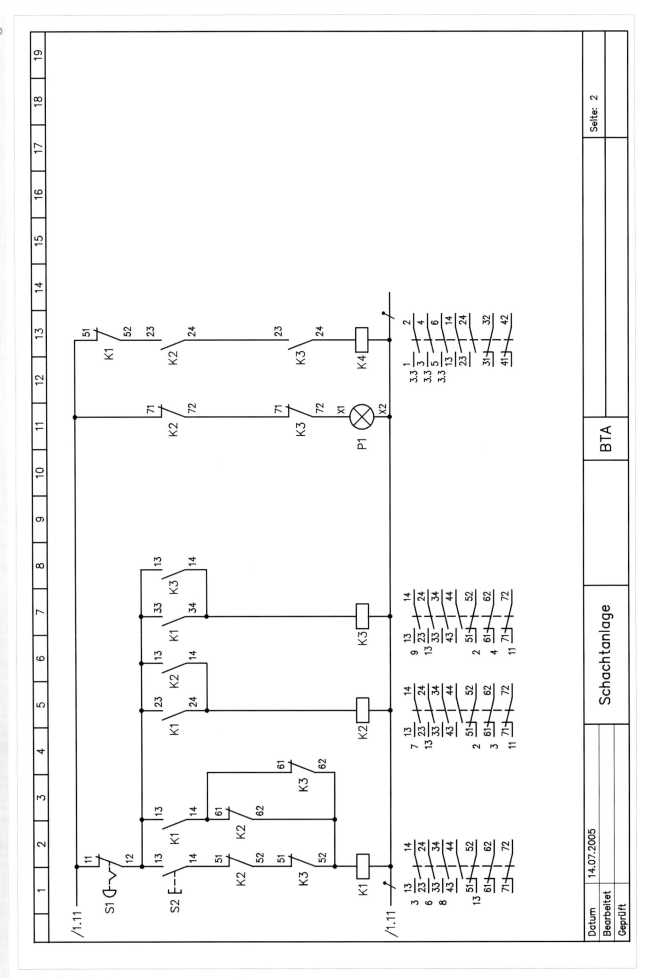

1 Not-Aus-Schaltung

Anwendung

e) Welchen Zustand haben die Schütze, nachdem der Vorgang nach a) beendet ist?
Welche Aufgabe hat dabei das Hilfsschütz K4?

f) Erläutern Sie die Kontaktpläne der Schütze (stehen unterhalb der Schütze K1 – K4).
Sind sie korrekt?
Wozu dienen sie?
Welche alternative Bezeichnung ist denkbar?

g) Welche Aufgabe hat die Meldelampe P1?
Wählen Sie ein geeignetes Betriebsmittel für den Einbau in den Schaltschrank aus.
Welche Farbe muss die Meldelampe haben?
Ist die Schaltung der Meldelampe in Ordnung?
Erfüllt sie so ihren Zweck?
Wenn nicht, nehmen Sie die notwendigen Änderungen vor.

6. Für die weitere Funktionsanalyse gehen Sie von der in Bild 1, Seite 50 dargestellten Schaltung aus.

a) Für den Eingang I9 ist ein Erweiterungsgerät notwendig.
Bei der Vielzahl der Betriebstore stellt das eine gewisse Kostenbelastung dar.
Wenn möglich, wäre eine Einsparung dieser Erweiterung also sehr sinnvoll.
Sehen Sie die Möglichkeit?

b) Am Eingang I8 ist die Sicherheitsleiste des Tores angeschlossen. Sie hat das Referenzkennzeichen B4.
Machen Sie sich (z. B. im Internet) über die Arbeitsweise solcher Sicherheitsleisten kundig und erstellen Sie einen kurzen Fachbericht für Ihren Ausbilder.
Ist das Schaltzeichen für die Sicherheitsleiste B4 in Bild 1 korrekt.
Nehmen Sie eventuell notwendige Änderungen vor.

Anwendung

c) Wie beurteilen Sie die „Wirkung" des Schützes K1 auf die Schütze Q1 und Q2?
Würden Sie hier eine Änderung vornehmen?

d) Nachdem Sie diese überarbeitete Steuerung dem Meister erneut vorlegen, äußert der sich unzufrieden mit der Schaltung der Sicherheitsleiste.

Er möchte, dass die Sicherheitsleiste elektromechanisch wirkt; so wie die Not-Aus-Raster über das Schütz K1.
Zur Verständigung skizziert er Ihnen die in Bild 1 dargestellte Schaltung.

Welche Aufgabe hat das Schütz K2?
Welchen Zustand nimmt K2 an, wenn die Sicherheitsleiste betätigt wird?
Was passiert dann in der Steuerung?

Bei der Analyse der Schaltung stoßen Sie auf folgendes Problem:
• Tor fährt abwärts (Q2 = 1).
• Sicherheitsleiste wird dabei betätigt (K2 = 0).
• Das Schütz Q2 fällt dann ab; das Tor „bleibt stehen".

Diese bis hierher beschriebene Abfolge ist gewollt.
Nun soll allerdings bei betätigter Sicherheitsleiste das Tor nicht nur unverzüglich stoppen; es soll sich auch wieder öffnen, um ein eventuelles Einklemmen zu verhindern.
Doch selbst wenn das Steuerungsprogramm diese Handlung veranlasst, kann das Schütz Q1 nicht anziehen, da dies durch das abgefallene Schütz K2 verhindert wird.

Die Schaltung ist also noch nicht fertig.
Nehmen Sie die notwendigen Änderungen vor und dokumentieren Sie diese.

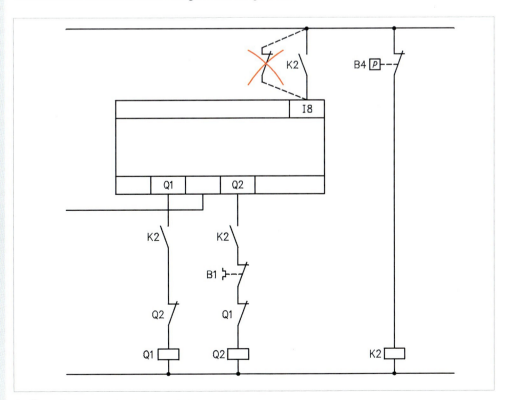

1 Überarbeitete Schaltung zu 6.d)

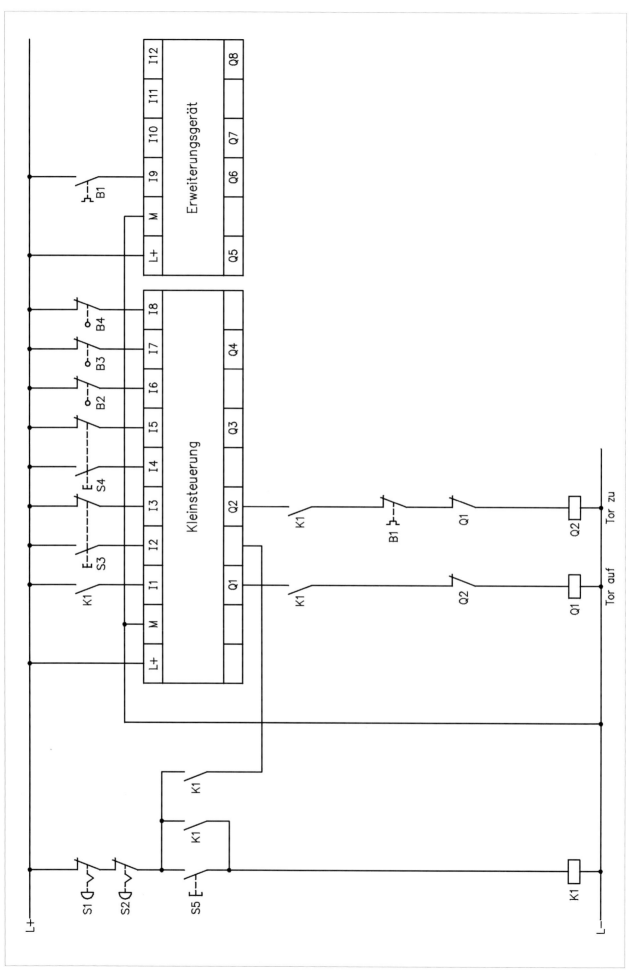

1 Schaltung der Kleinsteuerung für den Torantrieb

Anwendung

Ein Kollege schlägt Ihnen vor, den Öffner B1 aus dem Stromkreis des Schützes Q2 herauszunehmen und in den Stromkreis des Schützes K2 einzubauen (Reihenschaltung von B4 und B1).
Nehmen Sie dazu bitte Stellung.

Für die Grenztaster B2 und B3 sind Öffner gefordert. Zurzeit sind aber nur Schließer verfügbar.
Dürfen diese eingesetzt werden?

e) Erstellen Sie die Arbeitsplanung für die nachträgliche Installation des Schützes K2.

f) Während der Installationsarbeit nehmen Sie bereits eine Besichtigung vor.
Was bedeutet das und worauf achten Sie dabei besonders?

g) Während der Durchführung erteilt Ihnen der Meister noch den Auftrag, eine Rundumleuchte zu installieren, ohne hierzu einen weiteren Ausgang zu belegen.
Erstellen Sie einen Arbeitsplan und skizzieren Sie die Lösung.

h) Die bisherigen Lösungsskizzen waren noch relativ unvollkommen, bzw. auf das jeweilige Teilproblem beschränkt.
Erstellen Sie die Gesamtdokumentation für die „Hardwareverdrahtung".

7. Die Schaltung ist verdrahtet. Nun benötigt die Kleinsteuerung noch ein Steuerungsprogramm.

Da Sie noch keine Erfahrung mit dem Programmieren von Kleinsteuerungen haben, bitten Sie einen Kollegen, Ihnen ein Programm zu schreiben.
Dazu schaut er sich zunächst einmal intensiv Ihre Verdrahtungsarbeit und die zugehörige Dokumentation an, um eine Zuordnungsliste zu erstellen.

Zuordnungsliste

Referenz-kennzeichen	Ein-/Ausgangs-bezeichnung	Kommentar
K1	I1	Not-Aus-Eingang von K1
S3(S)	I2	Tor auf, Schließer
S3(Ö)	I3	Tor auf, Öffner
S4(S)	I4	Tor zu, Schließer
S4(Ö)	I5	Tor zu, Öffner
B2	I6	Tor ist offen, Öffner
B3	I7	Tor ist geschlossen, Öffner
K2	I8	Sicherheitsleiste, Schütz K1 (Schließer)
B1	I9	Motorschutz (Schließer)
Q1	Q1	Tor öffnen
Q2	Q2	Tor schließen

a) Kommen wir zunächst noch einmal auf den Motorschutz B1 zurück.

Nach wie vor sind 9 Eingänge verwendet, was ein Erweiterungsgerät bedeuten würde.
Besteht wirklich keine Möglichkeit, mit kostensparenden 8 Eingängen auszukommen?

Anwendung

Wie auch immer, wir arbeiten hier zunächst mit den 9 Eingängen der Zuordnungsliste weiter.

In diesem Zusammenhang sieht Ihr Ausbilder noch ein Problem. Im Hauptstromkreis der Steuerung (Bild 1, Seite 46) ist das Betriebsmittel F3 eingezeichnet. Sie aber haben bei Ihrer Arbeit immer von Anschlüssen 95-96-98 in Verbindung mit dem Motorschutz gesprochen.
Hat der Meister hier Recht? Liegt da ein Problem vor? Wenn ja, müssen Sie die Dokumentation überarbeiten.

b) Ihr Kollege übergibt Ihnen einen Funktionsplan als Grundlage für die Programmierung der Kleinsteuerung.
Beachten Sie hierbei die Zuordnungsliste.
Hat die Steuerung Speicherverhalten?
Bitte erläutern Sie dies genau.
Was geschieht, wenn die Sicherheitsleiste anspricht?
Welche Wirkung hat die Betätigung des Not-Aus?
Wie wird die Tasterverriegelung verwirklicht?
Ist sie im Steuerungsprogramm sinnvoll?
Ist die Negation bei der Verriegelung der Ausgänge richtig?

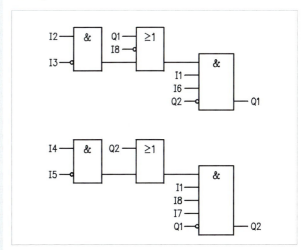

1 *Erster Funktionsplanentwurf der Torsteuerung*

c) Sie entschließen sich, das Steuerungsprogramm etwas „professioneller" mit Hilfe von Speichern zu schreiben.

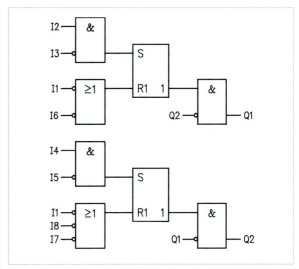

2 *Zweiter Funktionsplanentwurf der Torsteuerung*

Anwendung

Überprüfen Sie den Funktionsplan genau.
Sind insbesondere die Negationen in jedem Fall richtig?
Beschreiben Sie die Funktion eines Speichers.
Welcher Speichereingang ist vorrangig?
Woran ist das zu erkennen?

Ihr Meister behauptet, dass beide Funktionspläne nicht identisch (in Bezug auf ihre Funktion) sind.
Das Problem liegt in der Verriegelung, behauptet er.
Analysieren Sie die Situation und ändern Sie den Funktionsplan.

d) Nun wird das Programm für die Kleinsteuerung geschrieben (Bild 1).

Analysieren Sie das Programm.
Entspricht es dem in Bild 2, Seite 51 dargestellten Funktionsplan?
Wie beurteilen Sie die Übersichtlichkeit des Steuerungsprogramms?
Natürlich werden Sie das Programm mit Hilfe eines Programmiergerätes (PC mit entsprechender Software) erstellen und in die Kleinsteuerung übertragen.
Beschreiben Sie genau Ihre Vorgehensweise.

e) Der Programmtest kann im Vorfeld mit Hilfe eines Simulators (Bestandteil der Programmiersoftware) erfolgen.
Beschreiben Sie die Arbeit mit dem Simulator.
Erstellen Sie eine Checkliste für einen kompletten Programmtest mit Hilfe des Simulators.
Ausgangszustand: Tor ist geschlossen.

Anwendung

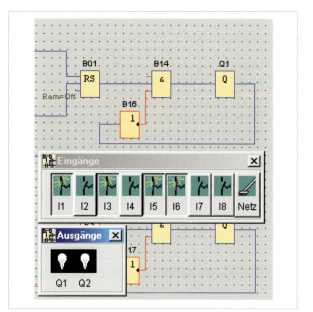

2 Simulation des Steuerungsprogramms

f) Danach wird das Programm „real" getestet.
In diesem Fall bedeutet es, dass die Simulation wie unter e) durch Betätigung der Signalgeber und Positionsschalter etc. erfolgt.
Beschreiben Sie auch hier die genaue Vorgehensweise.

g) Welche Maßnahmen umfasst die Inbetriebnahme?
Welche Messungen mit welchen erwarteten Ergebnissen sind notwendig?

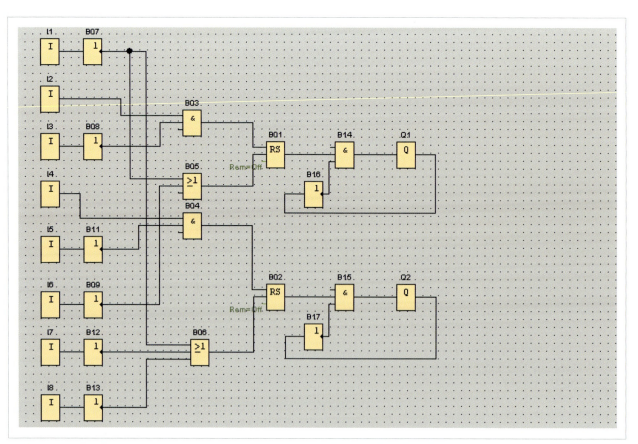

1 Programm für Kleinsteuerung

6.3 Laufkatze reparieren und erweitern

Auf dem Holzplatz des Betriebes ist für die Entladung von angelieferten Baumstämmen eine Laufkatze installiert. Die Steuerung ist nicht mehr funktionstüchtig.

Sie erhalten die Schaltpläne und werden von Ihrem Meister mit der Reparatur beauftragt.

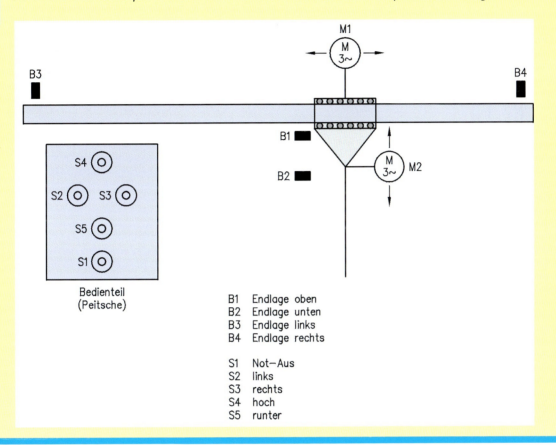

Bedienteil
(Peitsche)

B1   Endlage oben
B2   Endlage unten
B3   Endlage links
B4   Endlage rechts

S1   Not–Aus
S2   links
S3   rechts
S4   hoch
S5   runter

1. Zunächst analysieren Sie (noch in der Werkstatt) die Ihnen ausgehändigten Schaltpläne (*Seite 1* und *Seite 2*, dargestellt auf den Seiten 54 und 55).

a) Das Betriebsmittel Q1 schaltet vierpolig. Ist es zulässig, dass hier der N-Leiter auch geschaltet wird? Welche Bestimmungen gelten hier?

b) Die beiden Drehstrommotoren M1 und M2 mit den angegebenen Leistungen werden in Wendeschaltung betrieben.
Sind die beiden Hauptstromkreise in Ordnung? Ist ihr Aufbau korrekt?

c) Ihr Meister teilt Ihnen mit, dass der Hauptstromkreis komplett in 1,5 mm² Cu verdrahtet sei.
Ist das in Ordnung?
Begründen Sie Ihre Antwort genau.

d) Der Steuerstromkreis *(Seite 2)* zeigt die Schaltung der vier Hauptschütze Q1 bis Q4.
Worin liegt die Besonderheit dieser Schaltung?

e) Was passiert, wenn zum Beispiel S2 und S3 gleichzeitig betätigt werden?
Sind hier eventuell Änderungen notwendig?

f) Kann die Laufkatze über die jeweiligen Endlagen hinaus gefahren werden?

g) Welche Aufgabe haben die Betriebsmittel F1 und F2 im Steuerstromkreis (*Seite 2*)?
Sind sie fachgerecht bezeichnet?
Muss der Hauptstromkreis (*Seite 1*) diesbezüglich ergänzt werden?

h) F1 und F2 sind in Reihe geschaltet.
Welche Auswirkungen hat das auf die Schaltungsfunktion? Ist das hier sinnvoll?
Welche Alternative wäre möglich?

i) Der Leitungsquerschnitt des Steuerstromkreises beträgt 1 mm² Cu. Er ist mit 6 A (F3) abgesichert.
Ist das in Ordnung?
Welche Farbe müssen die Adern haben?

2. Ihr Meister fordert Sie auf, im Rahmen der Reparatur die Steuerung so zu ändern, dass unter keinen Umständen zwei Verfahrbewegungen (z. B. „rechts" und „hoch") zur gleichen Zeit ausgeführt werden dürfen.
Dies hätte in der Vergangenheit beinahe einen Unfall zur Folge gehabt.
Ändern Sie den Steuerstromkreis dementsprechend.

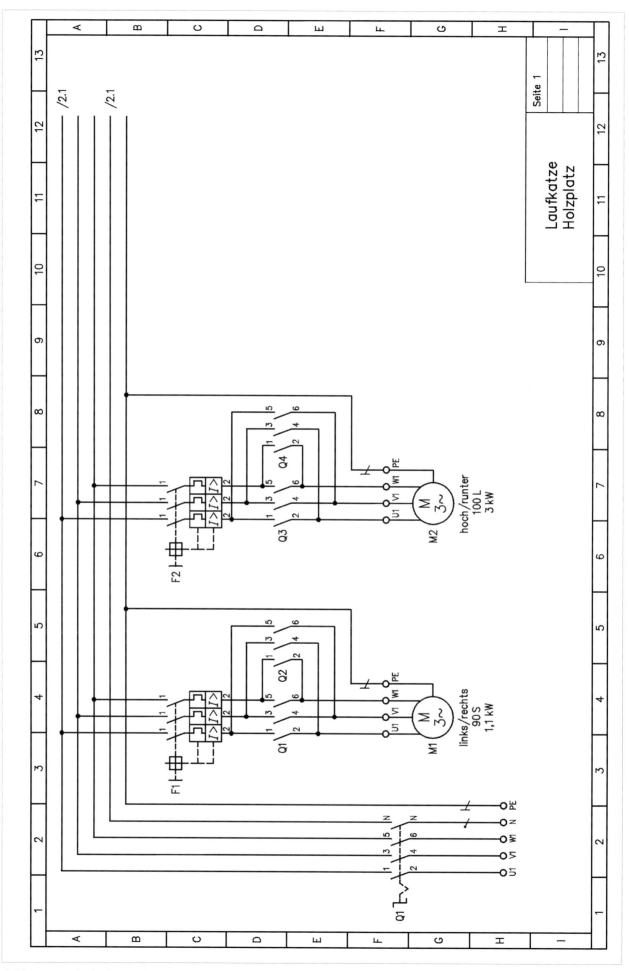

1 Hauptstromkreis der Laufkatze

Anwendung

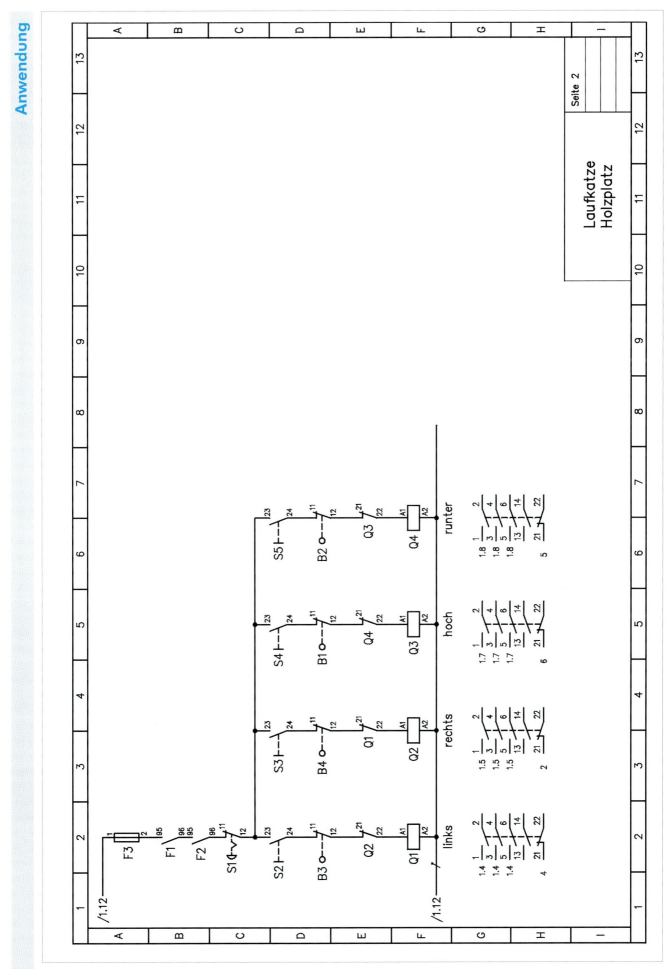

1 Steuerstromkreis der Laufkatze

3. Nach diesen Vorüberlegungen gehen Sie vor Ort, um die Laufkatze zunächst einmal zu reparieren.

Der zuständige Abteilungsleiter erläutert Ihnen den Fehler: Die Laufkatze kann nicht mehr nach oben gefahren werden. Im Übrigen „wird das Seil stramm gezogen", wenn nicht vorher der Taster „hochfahren" losgelassen wird.

Beschreiben Sie Ihre Vorgehensweise bei der Fehlersuche und bei der Reparatur.

4. Ihr Meister bittet Sie, zu überlegen, ob für die Steuerung der Laufkatze auch eine Kleinsteuerung eingesetzt werden kann.
Er fordert Sie auf, eine diesbezügliche Planung zu erarbeiten.

a) Sie bitten zunächst einen Kollegen, das Steuerungsprogramm zu erstellen. Dieser übergibt Ihnen folgenden Funktionsplan.

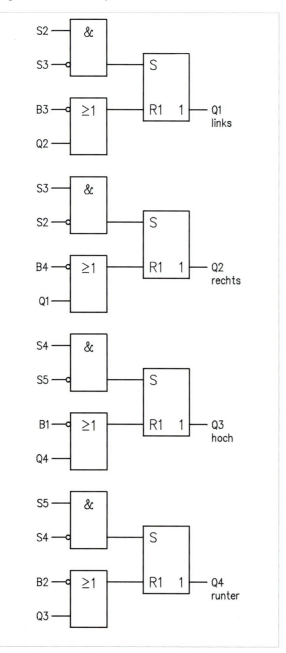

1 Funktionsplan der Laufkatze (Entwurf)

Obgleich Sie noch keine große Erfahrung auf diesem Gebiet haben, finden Sie den Entwurf Ihres Kollegen „merkwürdig".
Dabei stört nicht so sehr, dass er die Referenzkennzeichen der Schützsteuerung verwendet hat.
Das erleichtert sogar den Bezug zur Schützschaltung (Seite 55).
Sie wundern sich vielmehr über die Speicher. Bei der Schützschaltung ist nämlich keine Selbsthaltung zu erkennen.

Wie würde die Schützschaltung für den Funktionsplan Q1 aussehen?
Skizzieren Sie bitte die Schaltung und beurteilen Sie die Unterschiede bei der Laufkatze.

b) Sie sprechen Ihren Kollegen daraufhin an.
Er äußert Unverständnis und macht folgende Skizze.

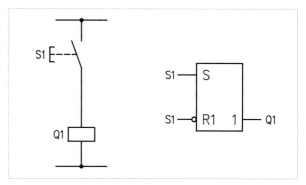

2 Tippbetrieb mit Speicher

Auch mit einem Speicher lässt sich Tippbetrieb verwirklichen, erläutert er Ihnen.

Stimmt das grundsätzlich?
Ist das sinnvoll?
Ist der Funktionsplan unter diesen Voraussetzungen brauchbar?

c) Wenn Sie mit dem Ergebnis nicht zufrieden sind, dann erstellen Sie bitte einen ordnungsgemäßen Funktionsplan für die Kleinsteuerung.
Berücksichtigen Sie dabei auch den Not-Aus sowie F1 und F2.
Schreiben Sie in diesem Zusammenhang auch eine Zuordnungsliste.

d) Erstellen Sie den Anschlussplan der Kleinsteuerung unter strenger Beachtung aller sicherheitsrelevanten Vorschriften.
Auf die Darstellung der Spannungsversorgung können Sie hierbei verzichten.

6.4 Schachtmagazin reparieren

*Ein Kollege von Ihnen hat ein Magazin mit 5 Schächten (Fallmagazin) aufgebaut und in Betrieb genommen.
Auf Anforderung kann ein bestimmter Schacht (1 – 5) vor den Pneumatikschieber gefahren werden. Der Pneumatikschieber kann dann Werkstücke in der gewünschten Anzahl ausstoßen.
Die Maschine ist bereits in Funktion. Während des Betriebes tritt ein Fehler auf. Die Schachtanlage läuft auf den Grenztaster B5 auf und kann danach nicht mehr bewegt werden. Auch ein Ausschalten der Steuerung mit anschließendem Neustart bringt keinen Erfolg.*

Ursache der Störung ist ein defekter Initiator (induktiver Näherungssensor) B1. Dadurch konnte die Schachtanlage über die Endposition hinaus fahren und wurde durch den Sicherheitsgrenztaster B5 gestoppt.

Da der Kollege in Urlaub ist, werden Sie gebeten, die Reparatur durchzuführen.

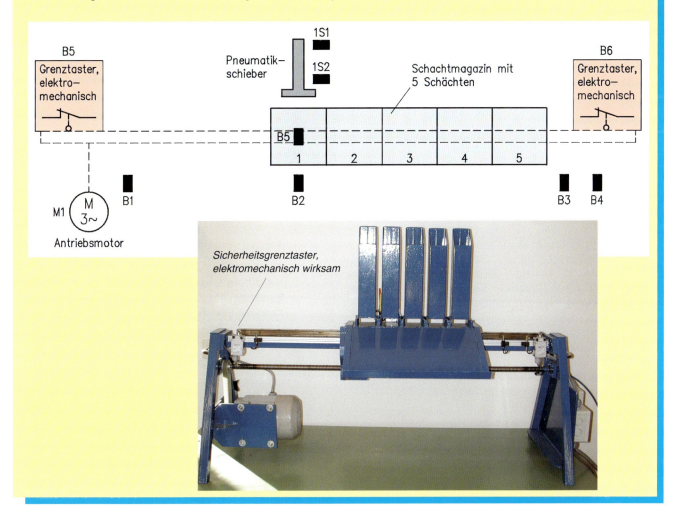

1. Vor Ort lassen Sie sich vom zuständigen Abteilungsleiter die Situation genau erläutern:
Die Maschine sei plötzlich über die vorgesehene Endposition hinaus gefahren und danach nicht mehr zu bewegen.
Zunächst überprüfen Sie die Wirkung des induktiven Näherungssensors.

a) Was versteht man unter einem induktiven Näherungssensor?

b) Erläutern Sie seine grundsätzliche Funktionsweise.

c) Auf welche Materialien spricht der induktive Näherungssensor an?

1 Induktiver Näherungssensor an der Schachtanlage

Anwendung

d) Welche Vorteile hat der induktive Näherungssensor gegenüber einem elektromechanischen Grenztaster?

e) Dennoch wurden an der Maschine neben den induktiven Näherungssensoren auch zwei elektromechanische Grenztaster angebaut.
Warum hat man hier keine berührungslos (kontaktlos) wirkenden Sensoren eingesetzt?

f) Erläutern Sie kurz folgende Begriffe bei induktiven Näherungssensoren:

- Einschaltpunkt, Ausschaltpunkt, Hysterese
- Aktive Fläche
- Schaltfrequenz
- Verpolschutz

g) Ermöglicht der Näherungssensor eine unmittelbare Funktionskontrolle?
Zum Beispiel dadurch, dass Sie eine Schraubendreherklinge in die Nähe der aktiven Fläche bringen?
Worauf ist bezüglich des Unfallschutzes bei solchen eventuell möglichen Tests besonders zu achten?

h) Sie öffnen den Klemmkasten X5. Hier sind sämtliche 24-V-Bauelemente der Maschine verdrahtet.
Der Näherungssensor B1 ist wie in Bild 1 angeschlossen.
Ist der Anschluss in Ordnung?
Stimmt die eingetragene Klemmenbezeichnung an B1?

Es steht Ihnen ein Multimeter zur Verfügung.
Beschreiben Sie genau, wie Sie messen, dass die Klemme X5:24 bei „Betätigung" des Sensors 24 V DC führt. Bedenken Sie dabei, dass Sie allein die Servicearbeiten durchführen.

Messergebnisse
Sensor „betätigt":   24,6 V
Sensor „unbetätigt":   0 V
Welche Schlussfolgerung ziehen Sie daraus?

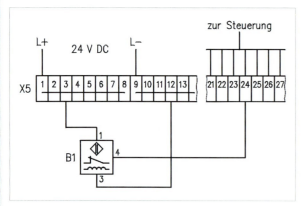

1 Klemmleiste X5

i) Beschreiben Sie Ihre weitere Vorgehensweise bei der Fehlersuche.
Welche Messungen führen Sie anschließend durch?
Welche Fehlerursachen sind wahrscheinlich?

j) Der Sensor B2 hat drei Anschlussleitungen.
Welche Farben haben die einzelnen Adern?
Werden auch induktive Näherungssensoren mit zwei Anschlussleitungen angeboten?

Anwendung

k) Übersetzen Sie den Text.

Housing materials
Alongside the standard chrome-plated brass barrel versions, there are the following threaded barrel housing styles:
For applications requiring enhanced resistance against chemicals and sudden temperature variations (e.g. during cleaning processes in the food and beverage industry), stainless steel and plastic barrel Uprox® sensors are the ideal choice. The teflon-coated brass versions offer extra protection against sparks and weldsplatter as experienced in the automotive industry during car body welding. The metal encapsulated Uprox® sensors provide the highest degree of protection against chemicals and mechanical stress as occuring, for example, in the tooling industry.

Ring type and slot type sensors
Slot type sensors enable reliable detection of a target whose distance to the active face is not clearly defined upon side approach.
Ring-type sensors with static or dynamic output are typically used to detect small parts and wires.

Dual sensors
Dual sensors serve for position detection of valve actuators. The advantages of these devices are simplified mounting and wiring procedures.

Inductive sensors for special applications

- **Magnetic field immune sensors (weld-field immune)**
  Apart from the Uprox® sensors with standard magnetic field immunity,TURCK offers special inductive sensor versions with a ferrite-core featuring magnetic field immunity.

- **Sensors with analogue output**
  Inductive sensors with analogue output provide a current or voltage signal which is relative to the sensing distance. They are suited for simple control tasks.

- **Sensors with extended temperature range**
  Special inductive sensors can be used at temperatures from – 40°C or up to +100°C.

- **Sensors for high pressures**
  Pressure resistant inductive sensors withstand pressures of up to 500 bar; their area of application is position detection in hydraulic cylinders.

- **Sensors with selective features**
  Inductive sensors with selective features are designed to detect non-ferrous metals.

Anwendung

l) Erläutern Sie die technischen Daten des Sensors.

General data

Supply voltage U_B	10 – 30 V DC
Rated operational current I_e	200 mA
No-load current I_0	≤ 15 mA
Degree of protection	IP 67
Insulation class	2
Switching indication	LED

Materials and cable cross sections

Sensor housing	chrome-plated brass
Active face	PA12-GF30
End cap	EPTR
Cable	LiYY
– Cross section	$3 \times 0{,}34\,\text{mm}^2$

m) Übersetzen Sie den Text und erläutern Sie die Kennlinie.

Namur sensors acc. to EN 50227 (formerly DIN 19234)

NAMUR sensors according to EN 50227 are polarized 2-wire sensors which change their internal resistance depending on the distance of the target (constant distance/current characteristic). They are designed for use with external amplifiers, which convert the current changes into a binary output signal.

Advantage

- *Usable in explosion hazardous areas in conjunction with an approved switching amplifier*

- *Optional permanent wire-breakage and short-circuit detection*

Nominal operation values

- The nominal operating values are defined in the EN 50227 as follows

  $U_0 = 8.2\,\text{VDC}$ |activated $\leq 1.2\,\text{mA}$

  $R_i = 1000\,\Omega$ |de-activated $\geq 2.1\,\text{mA}$

- TURCK NAMUR sensors are specified precisely in the middle of the "NAMUR-window" at 1.55 mA for s_n and 1.75 mA for $s_n + \Delta s$ (see characteristics).

- Reverse polarity protected

- Hysteresis H 1 ... 10 %

- Temperature drift
  $< \pm 10\,\%$ (norm. temperature range $-25 ... + 70\,^\circ\text{C}$)

  $< \pm 20\,\%$ (extended temperature range $-40/-25 ... +100/120\,^\circ\text{C}$)

- Repeat accuracy $R < 2\,\%$

Environmental conditions

- Degree of protection (IEC 60529/EN 600529) IP67

- Pollution degree 3

- Shock resistance $30 \times g$ (11 ms)

- Vibration resistance 55 Hz (1 mm)

Anwendung

Application in Ex-areas

If sensors with output characteristics acc. to EN 50227 (NAMUR) are used in Ex-areas (hazardous areas) they must be connected to approved switching amplifiers with intrinsically safe control circuits.
TURCK offers a wide range of switching amplifiers approved by PTB for the series multimodul®, multisafe® and multicart®.

- Coding: ...-YOX-...
  (approved for use in Ex-areas, zone 1, according to VDE 0165)

- Supply and output via approves external switching amplifiers

Series- or parallel connection of NAMUR sensors

Not permitted with TURCK switching amplifiers.

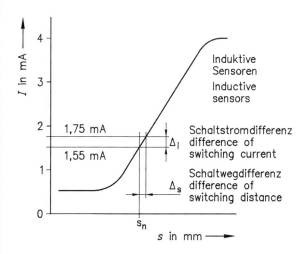

n) Sie werden aufgefordert, sich über magnet-induktive Näherungssensoren kundig zu machen und einen kurzen Fachbericht über Einsatzmöglichkeiten im Betrieb zu erstellen.
Nutzen Sie hierzu z. B. das Internet.

o) Bei Näherungssensoren findet man die Begriffe „minusschaltend" und „plusschaltend".
Was wird dadurch ausgesagt?

p) Dürfen Näherungsschalter mit elektromechanisch wirkenden Schaltern parallel geschaltet werden?
Beschaffen Sie sich die notwendigen Informationen und nehmen Sie dazu Stellung.

Anwendung

2. Im Inneren des Schaltschrankes befindet sich eine „Handsteuerung", die nur mit einem Schlüsselschalter von Fachkräften aktivierbar ist.

Mit dieser Handsteuerung soll u.a. das Magazin von den Grenztastern wieder heruntergefahren werden können.

1 Handsteuerung im Schaltschrankinneren

Grundsätzliche Funktionen:

- Magazin fährt im Linkslauf über B1 hinaus.

- Der Grenztaster B5 schaltet den Antriebsmotor M1 aus.

- Die Taste mit dem „Pfeil rechts" der Handsteuerung leuchtet (Leuchttaster). Nur nach rechts kann man den linken Grenztaster nämlich wieder verlassen.

- Erst nach Betätigung des Schlüsselschalters soll die Betätigung der Taste „Pfeil rechts" eine Verfahrbewegung des Motors starten.
  Genau dies funktioniert aber nicht: Die Meldelampe im Taster leuchtet zwar; eine Betätigung des Tasters zeigt allerdings keine Wirkung.

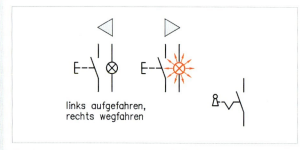

2 Handsteuerung, Schacht auf Positionsschalter

a) Da Sie noch keine große Erfahrung mit Steuerungsprogrammen haben, überprüft Ihr Meister das Programm und teilt Ihnen mit, dass das Programm in Ordnung ist.

Bei einer zuvor funktionstüchtigen Maschine sind die Fehler auch nur relativ selten im Steuerungsprogramm selbst zu suchen. Schon eher in der angeschlossenen Peripherie (Sensoren, Aktoren und deren Verdrahtung).

Der Meister hinterlässt Ihnen eine Skizze, die die Wirkung der beiden Positionsschalter (Grenztaster) verdeutlicht (Bild 1, Seite 61).

Welchen Signalzustand hat das Hauptschütz Q6, wenn nach Anlegen der Betriebsspannung 230 V zwischen L1 und N S2 noch nicht betätigt wurde?

Anwendung

Was passiert, wenn S2 betätigt wird?
Wenn nun der Grenztaster B5 betätigt wird: Welche Auswirkungen hat das auf das Schütz Q6?

b) Worin liegt das Problem, wenn das Magazin auf einen der beiden Grenztaster B5, B6 aufgefahren ist? Wird der Motor M1 dann vom Netz getrennt? Wenn ja, wodurch wird er vom Netz getrennt?

c) Wenn das Magazin wieder vom Grenztaster gefahren werden soll (Handsteuerung nach Betätigung des Schlüsselschalters), muss der Motor hierzu wieder an Spannung gelegt werden.
Erarbeiten Sie hierfür eine Lösung.

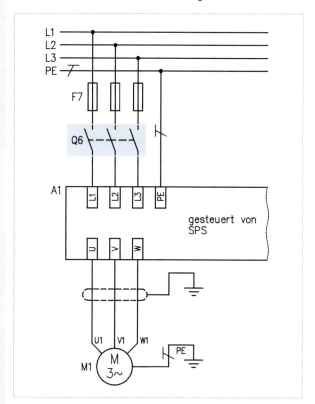

3 Wirkung des Hauptschützes Q6

Es geht an dieser Stelle nur um die elektromechanische Lösung außerhalb des Steuerungsprogramms. Eventuelle Programmänderungen gehören nicht zu diesem Auftrag.

3. In der Schaltung nach Bild 3 ist zu erkennen, dass die Motorzuleitung abgeschirmt ist. Es ist also eine entsprechende Leitung zu verwenden.

a) Wählen Sie eine geeignete Leitung aus.

b) Welchen Zweck hat die Abschirmung?

c) Worauf ist bei der Abschirmung besonders zu achten?

d) Erläutern Sie den Begriff EMV.

e) Unterscheiden Sie zwischen Störquelle und Störsenke.

f) Erläutern Sie, wie die Störung sich zwischen Störquelle und Störsenke ausbreitet..

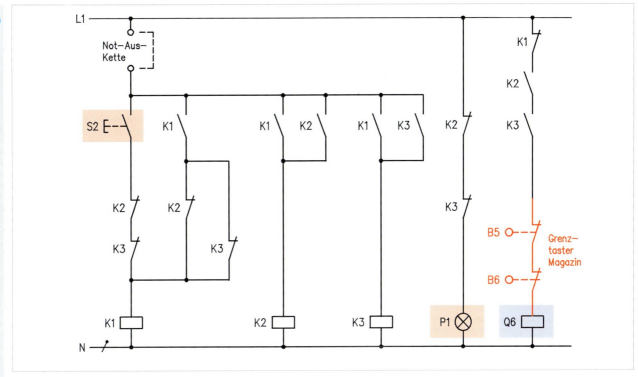

1 Wirkung der Positionsschalter (Grenztaster)

g) Die Störenergie kann übertragen werden durch:
  • Galvanische Kopplung
  • Kapazitive Kopplung
  • Induktive Kopplung
  • Elektromagnetische Kopplung

Nennen Sie die wesentlichen Unterscheidungsmerkmale.
Welche Maßnahmen zur Verringerung oder Vermeidung sind jeweils möglich?
Beschreiben Sie auch deren Wirkung.

h) Beschreiben Sie die Maßnahme „Abschirmung gegen kapazitive Beeinflussung".

i) Wie lassen sich magnetische Felder abschirmen?

j) Unterscheiden Sie zwischen leitungsgebundenen und abgestrahlten Störungen. Was versteht man unter Wellenschirmung?

k) Übersetzen Sie den Text.

Equipment
■ Anechoic chamber
The EMC laboratory incorporates an anechoic chamber with a reflecting floor (ground plane) for measurement of field strength according to all regulations at distances up to 10 m.

The anechoic chamber is partially lined with shaft absorbers on its walls and ceiling to create a testing environment that is free from reflections.
For examinations of immunity it is possible to generate fields of some 20 V/m at a distance of 2 m. Depending on the application, extra mobile absorbers can be wheeled in for walls or the floor. The chamber ist also suitable for testing large objects, even complete computer installations or automobiles.

■ Shielded enclosures
For investigations of conducted interference there are two shielded enclosures with three test stations.

To ensure precise and reproducible measures results at all time, test facilities are calibrated annually and regulary examined with inhouse reference standards.

Each of the three test stations can work either with its own or with automated, central instrumentation. All results are documented by a plotter.

Test equipment for radiated EMC	
Emission	
Test receivers	10 kHz ... 1000 MHz
LISNs	4 × 100 A
Antennas	10 kHz ... 1000 MHz
Spectrum analyzers	0 GHz ... 18 GHz
Absorbing clamps	30 MHz ... 1000 MHz
Immunity	
Signal generators	10 kHz ... 1000 MHz
Power amplifiers	25 W ... 250 W
Antennas, directive couplers, extra absorbers	

Test equipment for conducted EMC	
Emission	
Test receivers	10 kHz ... 30 MHz
LISNs	4 × 100 A
Harmonic meters	... 8 A
Oscilloscopes, probes, current probes	

Anwendung

Immunity	
Signal generators	10 kHz ... 30 MHz
Power amplifiers	25 W ... 250 W
Pulse generators	ESD EN 61000-2
	Burst EN 61000-4
	Surge EN 61000-5
Coupling networks, capacitive clamps	

l) Sie werden beauftragt, den Schaltschrank der Maschine auf EMV-gerechten Aufbau hin zu überprüfen. Erstellen Sie hierzu eine Checkliste.

6.5 Druckerhöhungsanlage für Brandschutz installieren

Auftrag

Für die Versorgung von Brandschutzeinrichtungen in einem 20 m höher liegenden Produktionsort sind zwei Pumpen vorgesehen, die von Drehstrommotoren unterschiedlicher Leistung angetrieben werden.

Pumpe 1:   Antriebsmotor   4 kW
Pumpe 2:   Antriebsmotor   2,2 kW

Der Druck soll ca. 5 bar betragen.

Im Allgemeinen schafft das die Pumpe 1 allein. Wenn allerdings innerhalb von 60 s der Druck durch Pumpe 1 nicht erreicht wurde, schaltet zusätzlich die leistungsschwächere Pumpe 2 zu.

Die Anlage ist bereits mehrere Jahre in Betrieb, so dass die Pumpen während der Betriebsferien überholt werden sollen. Diese Stillstandzeit soll auch für die elektrische Überarbeitung genutzt werden.

Der Bemessungsdruck beträgt 5 bar. Der Druck darf zwischen 4,5 bar und 5 bar schwanken.

Wenn Druck

≤ 4,5 bar :   Beide Pumpen einschalten
≤ 4,7 bar :   Pumpe 1 einschalten
≤ 4,9 bar :   Pumpe 2 einschalten

Wenn beide Pumpen gleichzeitig eingeschaltet werden, dann soll zunächst Pumpe 1 und 5 Sekunden später Pumpe 2 eingeschaltet werden.

Anwendung

1. Zunächst einmal analysieren Sie die Schaltpläne der „alten" Pumpenanlage (Seite 63 und 64).
Ihr Meister teilt Ihnen vorher mit, dass er nicht sicher ist, dass die Pläne dem aktuellen Stand der Anlage entsprechen.

a) *Seite 1* (Seite 63)
Was bedeutet die Angabe HYSLY $4 \times 2,5\,mm^2$?
Müssen die Leitungen ausgewechselt werden?
Nennen Sie Ihre Entscheidungskriterien.

Anwendung

b) *Seite 1:*
F1: $I_n = 16$ A; F2: $I_n = 10$ A.
Wie beurteilen Sie dies?
Die Leitungen sind im Elektro-Installationsrohr verlegt. Die Umgebungstemperatur kann mit 25 °C angenommen werden.

c) *Seite 1:*
Die Motorschutzeinrichtungen sind wie folgt eingestellt:
B1: 9,3 A; B2: 5 A
Wie beurteilen Sie dies?

d) Schaltplan *Seite 2:*
Welche Aufgabe hat das Hilfsschütz K1?

e) Schaltplan *Seite 2:*
Welche Aufgabe hat die Hupe P4?
Wozu dient der Schlüsselschalter S3 in diesem Stromkreis?
Ist die Schaltung der Hupe sinnvoll?
Welchen Unterschied macht es, wenn der „Stromkreis Hupe" direkt hinter der Steuersicherung F3 abgegriffen wird?
Wäre das zulässig?
Was wäre die Folge, wenn der Schlüsselschalter entfernt würde?

f) *Seite 2:*
Welche Aufgabe hat das Zeitrelais K2 in der Schaltung?
Beschreiben Sie den genauen Funktionsablauf.

g) Sind B1 und B2 richtig geschaltet?
Ein Kollege schlägt vor, sie in Reihe hinter der Steuersicherung zu schalten. Wie beurteilen Sie dies?

h) Beschreiben Sie genau den Funktionsablauf der Steuerung und vergleichen Sie ihn mit der geforderten Funktion des Auftrages.

i) Bei den Schaltungsunterlagen finden Sie die dargestellte Handskizze, die einen Schaltungsteil in geänderter Form zeigt.
Analysieren Sie die Funktion und beurteilen Sie die Brauchbarkeit.

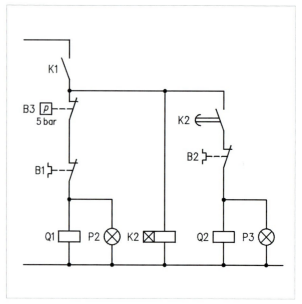

1 *Handskizze zu i)*

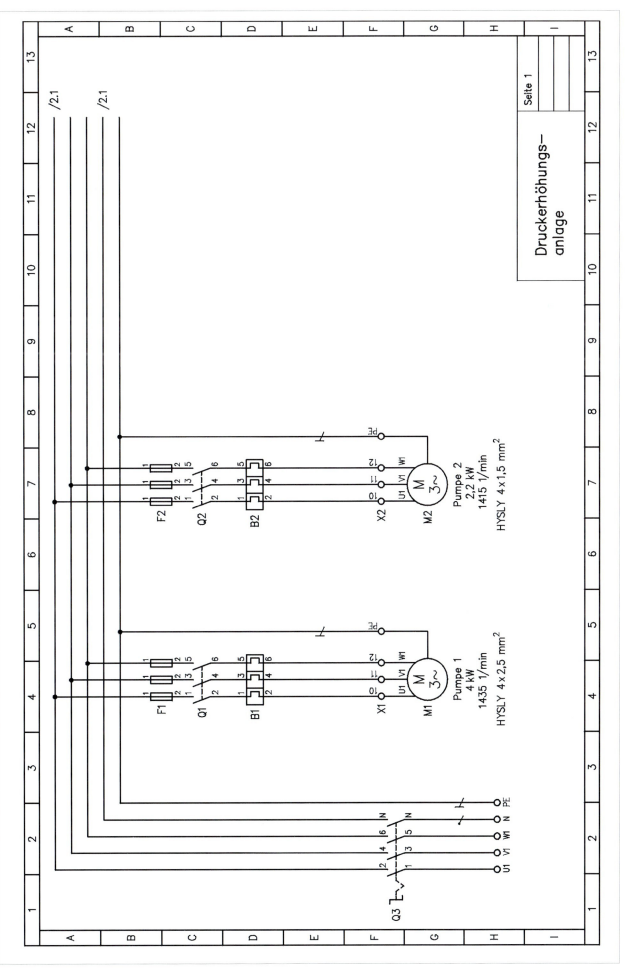

1 Pumpenanlage, Hauptstromkreis

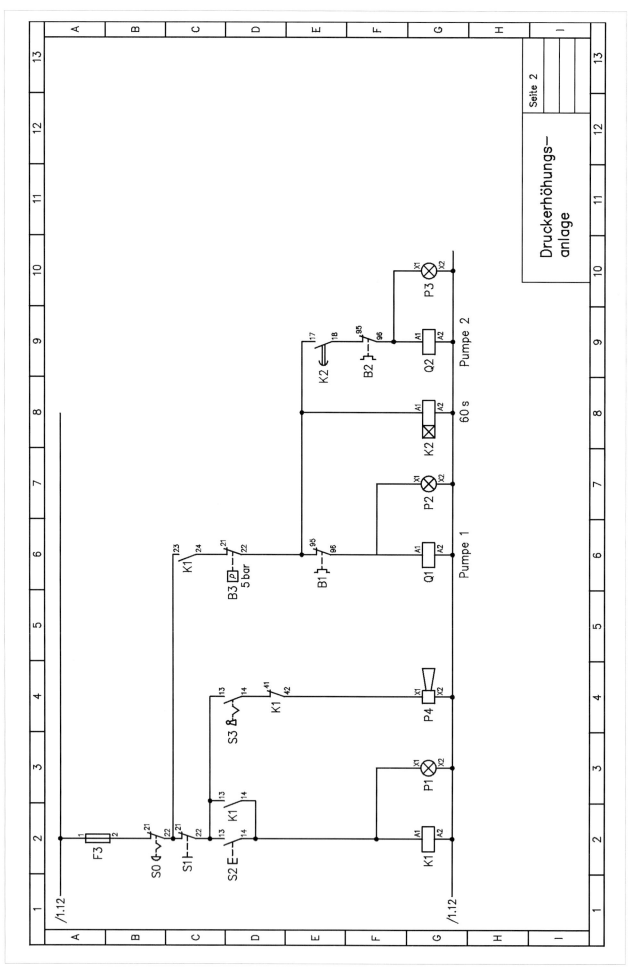

1 Pumpenanlage, Steuerstromkreis

Anwendung

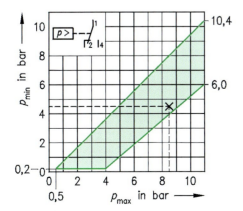

1 Schaltungen zu k)

j) Ein Kollege bittet Sie, zu zeigen, wie der Strom in der Zuleitung berechnet wird, wenn nur M1 eingeschaltet ist und wenn beide Motoren eingeschaltet sind.
Außerdem fragt er Sie, welchen Einfluss das Zuschalten des zweiten Motors auf den Leistungsfaktor der Anlage hat.
Kann der Leistungsfaktor der Anlage auch messtechnisch ermittelt werden?
Beschreiben Sie die Vorgehensweise.

k) In der Schaltung ist ein Druckwächter eingesetzt. In den Herstellerunterlagen finden sich die in Bild 1 dargestellten Schaltungsbeispiele.
Bitte erläutern Sie diese Schaltungen. Worin liegt der wesentliche Unterschied?

l) Technische Daten des eingesetzten Druckwächters:
– *Druckrohrflansch R 1/4"*
– *IP65 mit Kabelverschraubung*
– *Eine isolierte Schutzklemme*
– *Zwei Leitungseinführungen*
– *Neopren-Membran*
– *Hilfsschalter nach IEC/EN 60947-1*
– *1 Wechsler*
– *Einstellbereich von 2 bis 10 bar*
– *Maximaler Betriebsdruck 15 bar*

min. Schaltdifferenz: 0,3 bar
Beispiel:
Ausschaltdruck 8,5 bar
Einschaltdruck 4,5 bar

– *Minimale Schaltdifferenz 0,3 bar*
– *Aus- und Einschaltdruck getrennt stufenlos einstellbar. Alle innerhalb der gerasterten Diagrammfläche liegenden Schnittpunkte können eingestellt werden.*

Bitte erläutern Sie die Angaben.
Ist dieser eingesetzte Druckwächter für die geplante Erweiterung weiterhin brauchbar?

2. Im Rahmen der Servicearbeiten wird der auf 20 m Höhe angeordnete Wassertank vom Technischen Überwachungsverein überprüft.

Nachdem der Flansch abgeschraubt wurde, stellte der Leiter der Metallabteilung fest, dass sich im Kesselinneren im Laufe der Jahre ein Belag gebildet hat, der nun entfernt werden muss. Dazu muss ein Mitarbeiter in den Kessel „kriechen".
Er benötigt Licht im Kessel und möchte eine Bohrmaschine mit rotierender Stahlbürste zur Reinigung einsetzen.

Ihr Meister bittet Sie, sämtliche sicherheitstechnischen Maßnahmen (elektrischer Art) für die Kesselreinigung zu ergreifen und zu überwachen.

Beschreiben Sie genau Ihre Vorgehensweise und erläutern Sie auch deren theoretische Hintergründe.

3. Die geänderte Funktion der beiden Pumpen ist zu erarbeiten (siehe Auftrag Seite 62).

a) Das „Innenleben" des Schaltschrankes wird demontiert. Die Motorzuleitungen werden ausgewechselt.
Beschreiben Sie die genaue Vorgehensweise.

b) Aus dem Magazin (eventuell durch Bestellung) sind die benötigten Betriebsmittel für die geänderte Steuerung zu beschaffen.
Erstellen Sie eine Materialliste, wobei „Verbrauchsmaterialien" (z. B. Aderendhülsen und Verdrahtungsleitungen) nicht aufgenommen werden müssen.

c) Der vorhandene Druckwächter kann nicht mehr eingesetzt werden.
Warum ist das so?
Welche Anforderungen sind an den neuen Druckwächter zu stellen?

Tabelle 1
Varianten einer Kleinsteuerung

Mit Display	Versorgung	Eingänge	Ausgänge	Bemerkung
ja	12/24 V DC	8 digital [1]	4 Relais 230 V; 10 A	
ja	24 V DC	8 digital [1]	4 Transistoren 24 V; 0,3 A	keine Uhr
ja	24 V AC	8 digital	4 Relais 230 V; 10 A	
ja	115 – 240 V AC/DC	8 digital	4 Relais 230 V; 10 A	
nein	12/24 V DC	8 digital [1]	4 Relais 230 V; 10 A	keine Tastatur
nein	24 V AC	8 digital	4 Relais 230 V; 10 A	keine Tastatur
nein	115 – 240 V AC/DC	8 digital	4 Relais 230 V; 10 A	keine Tastatur

[1] davon alternativ nutzbar 2 Analogeingänge (0 – 10 V)

d) Mit einer Schützsteuerung kann die geänderte Steuerungsaufgabe (zumindest wirtschaftlich) nicht realisiert werden. Sie benötigen eine Kleinsteuerung. Welche Anforderungen sind an die Kleinsteuerung zu stellen?
Für welche Betriebsspannung der Kleinsteuerung entscheiden Sie sich?

e) Tabelle 1 zeigt unterschiedliche Varianten einer Kleinsteuerung.
Wählen Sie eine geeignete Variante aus.
Welchen wesentlichen Nachteil haben die Ausgänge mit Transistoren?

f) Reichen die Ein- und Ausgänge der Kleinsteuerung nach e) aus? Wenn nicht, ist ein Erweiterungsmodul notwendig?
Wählen Sie gegebenenfalls ein Modul aus der Liste aus.

Tabelle 2
Erweiterungsmodule einer Kleinsteuerung

Versorgung	Eingänge	Ausgänge
12/24 V DC	4 digital	4 Relais [3]
24 V/DC	4 digital	4 Transistoren
115 – 240 V AC/DC	4 digital [1]	4 Relais [3]
12/24 V DC	2 analog 0 – 10 V oder 0 – 20 mA [2]	keine

[1] Keine unterschiedlichen Phasen innerhalb der Eingänge erlaubt.

[2] 0 – 10 V, 0 – 20 mA sind wahlweise anschließbar.

[3] Die Summenschaltleistung über alle vier Relais ist maximal 20 A.

g) Technische Daten des eingesetzten Druckwächters.
Welcher Typ ist für den gedachten Einsatz brauchbar? Was bedeutet „Ausgangssignal, analog" 0 – 10 V und 4 – 20 mA?
Die Kleinsteuerung hat ein Eingangssignal von 0 – 20 mA. Was bedeutet das?
Worin liegt der Unterschied zu 4 – 20 mA?

1 Druckwächter

Tabelle 3
Technische Daten des Druckwächters

Druckwächter	Typ 1 1 – 10 bar	Typ 2 1 – 10 bar
Versorgungsspannung	10 – 30 V AC 16 – 32 V DC	15 – 30 V DC
Stromaufnahme, max.	30 mA bei AC 20 mA bei DC	30 mA
Ausgangssignal, analog	0 – 10 V kurzschlussfest gegen Masse	4 – 20 mA kurzschlussfest gegen Masse
Bürde	—	≤ 470 Ω
Schaltleistung	100 mA maximal < = 35 V DC über Potentiometer einstellbar	
Hysterese	5 – 10 % von EW	
Ansprechzeit	> 100 ms	

Warum wird beim Druckwächter „Typ 2" eine Bürde von ≤ 470 Ω gefordert?

Anwendung

h) Erstellen Sie eine Zuordnungsliste für Verdrahtung und Programmierung der Steuerungsaufgabe.

i) Die Kleinsteuerung benötigt eine Spannungsversorgung. Die Betriebsmittel gemäß Zuordnungsliste müssen angeschlossen werden.
Machen Sie sich kundig, wie die Kleinsteuerung zu verdrahten ist und skizzieren Sie den Anschlussplan.
Klären Sie vor allem, wie der Analogausgang des Druckwächters an die Kleinsteuerung angeschlossen werden muss.
Erläutern Sie die dargestellte Schaltung.

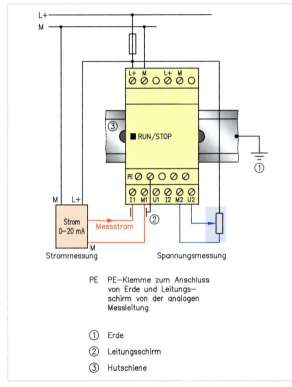

1 Analoges Erweiterungsmodul für Kleinsteuerung

j) Für die Analogeingänge der Kleinsteuerung finden Sie folgende technische Angaben.

Analogeingänge

Anzahl	2
Eingangsbereich	0 – 10 V oder 0 – 20 mA
Auflösung	10 bit
Leitungslänge geschirmt und verdrillt	10 m
Fehlergrenze	± 1,5 %

Was bedeutet die Angabe „Auflösung 10 bit"?
Ist diese Auflösung besser oder schlechter als eine Auflösung von 8 bit?

Welche EMV-Maßnahmen sind bei der Übertragung analoger Signale zu ergreifen?
Nehmen Sie dazu ausführlich Stellung.

Was bedeutet die Angabe „Fehlergrenze ±1,5 %"?
Welche Konsequenzen ziehen Sie daraus bei der technischen Anwendung (z. B. beim Druckwächtersignal)?

k) Erläutern Sie die Schaltung.

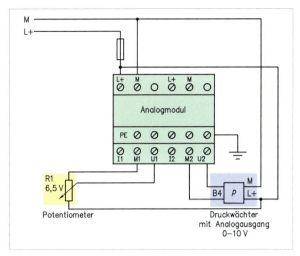

2 Analoganschluss

Was kann mit dem Potentiometer R1 eingestellt werden?
Wozu wäre diese Schaltung technisch nutzbar?

4. Im Handbuch der Kleinsteuerung finden Sie folgende Information.

Analogkomparator
Der Ausgang wird eingeschaltet, wenn die Differenz Ax – Ay den parametrierten Sollwert überschreitet.
Siehe Tabelle 1, Seite 68.

a) Der Hersteller hat den Angaben zum Analogkomparator folgendes Diagramm beigefügt.
Erläutern Sie das Diagramm.

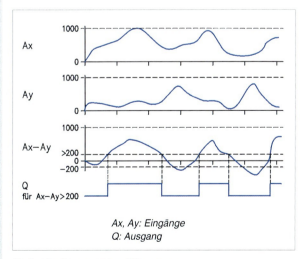

3 Analogkomparator, Diagramm

b) Erläutern Sie die Größen Gain und Offset.
Beschaffen Sie sich die notwendigen Informationen zum Beispiel aus dem Internet.

c) An einen Analogeingang wird der Analogausgang des Druckwächters angeschlossen. Was schließen Sie an den anderen Analogeingang an?

d) Der Hersteller der Kleinsteuerung gibt folgende Beziehung an.

Anwendung

Tabelle 1
Analogkomparator

Symbol	Beschaltung	Erläuterung
Ax ─── ΔA ─── Q Ay ─── Par ───	Eingänge Ax und Ay	An Ax und Ay werden die Analogsignale angelegt, deren Differenz ausgewertet werden soll.
	Par Parameter	Verstärkung in % (Gain) Wertebereich 0 – 1000 % Offset Wertebereich ± 999 Schwellwert
	Ausgang Q	Der Ausgang wird auf „1" gesetzt, wenn die Differenz Ax – Ay den eingestellten Schwellwert überschreitet.

$$[(Ax + Offset) \cdot Gain] - [(Ay + Offset) \cdot Gain]$$
$$> Schwellwert, dann\ Q = 1.$$
Erläutern Sie diese Beziehung.

e) Ein Kollege übergibt Ihnen das dargestellte Steuerungsprogramm, das er in Eile erstellt hat (Bild 1, Seite 69).
Analysieren Sie die Funktion des Programms.
Erfüllt es die Anforderungen des Auftrages (Seite 62)?
Wenn nicht, nehmen Sie die notwendigen Ergänzungen/Änderungen vor und dokumentieren Sie diese.
Welche Parameter wählen Sie für die Analogkomparatoren B01 bis B03?

f) Beschreiben Sie, wie Sie das Steuerungsprogramm in die Kleinsteuerung übertragen.
Welche Hilfsmittel werden benötigt?

5. Zeitplanung des Auftrages:

Tätigkeiten	geplante Zeit	benötigte Zeit
Analyse und Planung des Arbeitsauftrages	2,5 h	
Bestückung des Schaltschrankes	1,5 h	
Montage des Schaltschrankes	1 h	
Verdrahtung der Teilsysteme	2,5 h	
Programmierung der Kleinsteuerung	1,5 h	
Prüfung und Inbetriebnahme	1,5 h	
Erstellung der Dokumentation	1 h	

Beurteilen Sie die angegebenen Zeiten kritisch.
Begründen Sie eventuelle Änderungen genau.

6. Dargestellt ist ein Auszug aus dem Prüfprotokoll der Anlage (Seite 70).

Anwendung

Ergänzen Sie das Protokoll um sämtliche wichtigen Punkte der Inbetriebnahme.

Beschreiben Sie genau, wie und mit welchen Hilfsmitteln Sie diese Inbetriebnahme durchführen.

Welche Unterlagen muss die Dokumention umfassen?

6.6 Kompressor mit Softstarter ausrüsten

Auftrag

Softstarter sind für das kontrollierte Starten und Stoppen von Drehstrom-Asynchronmotoren konzipiert. Sie bieten erhebliche Vorteile gegenüber herkömmlichen Anlassverfahren (z. B. Stern-Dreieck-Anlassschaltung).

Sie werden beauftragt, einen 11-KW-Kompressor mit einem Softstarter auszurüsten

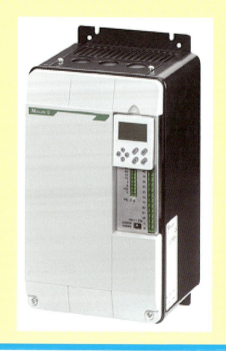

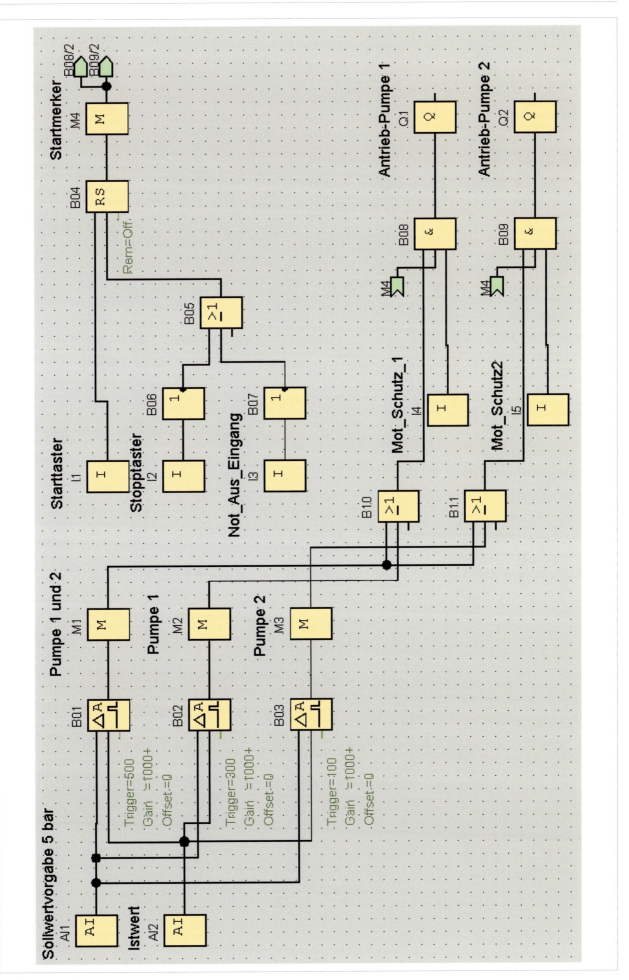

1 Programm für Kleinsteuerung

Anwendung

Prüfprotokoll	
Seite:	*Datum:*
Anlagenbezeichnung: Druckerhöhungsanlage	
Sichtkontrolle	

Elektrische Betriebsmittel

Leitungen fachgerecht verlegt ☐ in Ordnung ☐ nicht in Ordnung

Bauteile funktionsgerecht montiert ☐ in Ordnung ☐ nicht in Ordnung

Bauteile beschriftet
(Übereinstimmung mit Dokumentation) ☐ in Ordnung ☐ nicht in Ordnung

Klemmen fest angezogen ☐ in Ordnung ☐ nicht in Ordnung

Schutzleiter angeschlossen ☐ in Ordnung ☐ nicht in Ordnung

Überstromschutz in Ordnung ☐ in Ordnung ☐ nicht in Ordnung

Motorschutz richtig eingestellt ☐ in Ordnung ☐ nicht in Ordnung

Mechanik

Schraubverbindungen fest angezogen ☐ in Ordnung ☐ nicht in Ordnung

Keine scharfen Ecken und Kanten ☐ in Ordnung ☐ nicht in Ordnung

Bohrungen entgratet ☐ in Ordnung ☐ nicht in Ordnung

Schutzeinrichtungen vorhanden ☐ in Ordnung ☐ nicht in Ordnung

Datum: *Geprüft:*   *Freigegeben:*

Anwendung

1. a) Der Kompressor wird von einem 11-kW-Drehstrom-Asynchronmotor angetrieben.
Beschreiben Sie die Vorteile aus „elektrischer" und „mechanischer" Sicht, wenn statt des Stern-Dreieck-Anlassverfahrens ein Softstarter eingesetzt wird.

b) Erstellen Sie jeweils eine Materialliste für den Anschluss eines Drehstrommotors mit Stern-Dreieck-Anlassverfahren bzw. mit Softstarter.

c) Vergleichen Sie die Wirtschaftlichkeit (Investitions- und Folgekosten) der beiden Anlassverfahren.
Beachten Sie dabei die Material-, Installations- und Wartungskosten.

2. Auf dem Leistungsschild des Kompressormotors steht unter anderem: $P = 11\,\text{kW}$; $U = 400\,\text{V}\,\Delta$.
Der Kompressor benötigt für den Antrieb das Bemessungsmoment $M_N = 28\,\text{Nm}$.
Das Anlaufmoment des Kompressors wird angegeben bei 4 bar Kesseldruck mit $M_A = 0{,}8\,M_N$.
Weitere Motordaten bitte einem Tabellenbuch entnehmen.

a) Welcher Leiterstrom stellt sich bei Bemessungsbetrieb ein?

b) Überprüfen Sie, ob der Motor mit dem Stern-Dreieck-Anlassverfahren gestartet werden kann.
Welcher Anlaufstrom würde sich einstellen?

c) Welcher Anlaufstrom stellt sich in der Zuleitung ein, wenn der Motor von einem Softstarter mit Bemessungsmoment gestartet wird?

3. Zentrale Komponenten eines Softstarters sind p-Gate-Thyristoren in Wechselwegschaltung.

a) Könnten statt der Thyristoren auch Leistungstransistoren den Softstart übernehmen?
Erklären Sie in diesem Zusammenhang den Unterschied zwischen Transistoren und Thyristoren.

b) Unter welchen Voraussetzungen sind Thyristoren in Vorwärtsrichtung, bzw. in Rückwärtsrichtung geschaltet?

c) Im Softstarter befinden sich Thyristoren mit nachfolgenden Daten (Auszüge aus dem zugehörigen Datenblatt).

		I_{RRM}/I_{DRM} 120 °C mA
V_{RRM}/V_{DRM} max. repetitive peak and off-state voltage	800 V	
V_{RSM}, maximum non repetitive peak reverse voltage	900 V	10

1 Softstarter, technische Daten

Technische Daten auf Seite 72.

Ermitteln Sie folgende Kenndaten aus dem Datenblatt:

- *Spitzensperrspannung in Rückwärtsrichtung*
- *Periodische Spitzensperrspannung in Vorwärts- und Rückwärtsrichtung*
- *Mittlerer Strom in Vorwärtsrichtung*
- *Effektivwert des Stromes in Vorwärtsrichtung*
- *Gatespannung*
- *Anstiegsgeschwindigkeit der Spannung beim Einschalten*
- *Anstiegsgeschwindigkeit des Stromes beim Einschalten*
- *Steuerverlustleistung (maximale, mittlere)*
- *Maximal erforderlicher Zündstrom bei einer Sperrschichttemperatur von 25 °C*
- *Maximale Gatespannung, die nicht zur Zündung führt (Bedingungen)*
- *Maximaler Gatestrom, der nicht zur Zündung führt (Bedingungen)*

4. Der Bemessungsstrom eines Drehstromasynchronmotors mit $P = 11\,\text{kW}$ beträgt laut Tabellenbuch $I_N = 22{,}5\,\text{A}$.

a) Welchen Strom muss jeder Thyristor im Softstarter übernehmen?

b) Der Softstarter wird am 400-V-Netz betrieben.
Welche Blockier- und welche Sperrspannungen müssen die Thyristoren übernehmen?

c) In der Betriebsanleitung gibt der Hersteller des Softstarters Anweisung zur Überprüfung der Thyristoren:

STROMKREISTEST:

Durch dieses Verfahren wird der Stromkreislauf des Starters inklusive SCR, Zündrahmen und Leiterplatte getestet.

- Entfernen Sie die eingehende Stromversorgung (L1, L2, L3 und Steuerspannung) vom Starter.
- Entfernen Sie die Motorleitungen (T1, T2, T3) vom Starter.
- Messen Sie mit einem 500-VDC-Isolationsprüfgerät (Niedrigspannungs-Ohmmeter oder Multimeter sind nicht geeignet) den Widerstand zwischen dem Eingang und dem Ausgang auf jeder Phase (L1-T1, L2-T2, L3-T3). Der Widerstand sollte sich um 33 kΩ bewegen.
- Wenn der über den SCR gemessene Widerstand unter 10 kΩ gemessen wird, sollte der SCR ersetzt werden.

SCR = Silicon-controlled-rectifier

Erläutern Sie, warum dieser Test mit Gleichspannung durchgeführt werden muss.
Warum sind Multimeter für diese Überprüfung nicht geeignet?

Anwendung

Major Ratings and Characteristics

Characteristics		30TPS..	Units
$I_{T(AV)}$	Sinusoidal waveform	20	A
I_{RMS}		30	A
V_{RRM}/V_{DRM}		up to 1600	V
I_{TSM}		300	A
V_T	@ 20 A, $T_J = 25°C$	1.3	V
dv/dt		500	V/µs
di/dt		150	A/µs
T_J		– 40 to 125	°C

Package Outline

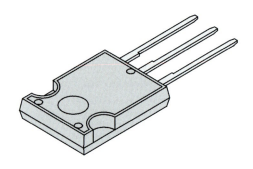

Triggering

Parameters		30TPS..	Units	Conditions
P_{GM}	Max. Peak Gate Power	8.0	W	
$P_{G(AV)}$	Max. Average Gate Power	2.0	W	
$+ I_{GM}$	Max. Peak Positive Gate Current	1.5	A	
$- V_{GM}$	Max. Peak Negative Gate Voltage	10	V	
I_{GT}	Max. Required DC Gate Current	60	mA	Anode supply = 6 V, resistive load, $T_J = -10°C$
	to Trigger	45		Anode supply = 6 V, resistive load, $T_J = 25°C$
		20		Anode supply = 6 V, resistive load, $T_J = 125°C$
V_{GT}	Max. Required DC Gate Voltage	2.5	V	Anode supply = 6 V, resistive load, $T_J = -10°C$
	to Trigger	2.0		Anode supply = 6 V, resistive load, $T_J = 25°C$

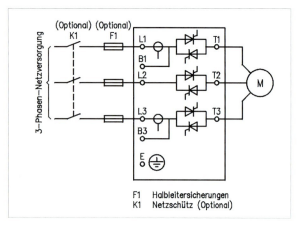

1 Softstarter, Thyristoren in Antiparallelschaltung

3-Phasen-Netzversorgung

(Optional) (Optional)
K1   F1

F1   Halbleitersicherungen
K1   Netzschütz (Optional)

5. Der Hersteller gibt in der Betriebsanleitung Anweisungen zur Überprüfung, dass der Softstarter korrekt arbeitet:

Anwendung

LAUFTEST:
Durch dieses Verfahren wird das korrekte Funktionieren des Starters während des Laufens getestet.

• *Messen Sie die Spannung über jede Phase (L1-T1, L2-T2, L3-T3) des Softstarters. Ein Spannungsabfall von etwa 2 VAC oder weniger zeigt an, dass der Starter ordnungsgemäß funktioniert.*

a) Das Multimeter soll zur Messung in die Stellung AC gebracht werden.
Erläutern Sie die Notwendigkeit dieser Einstellung. Welchen Wert würde das Multimeter in der Stellung VDC anzeigen?

b) Errechnen Sie aus den gegebenen Werten die Verlustleistung des Leistungsteils, wenn der 11-KW-Motor im Bemessungsbetrieb arbeitet.

c) Berechnen Sie mit mittleren Werten (Datenblattauszug) die gesamte Steuerleistung der Thyristoren.

d) Das Prinzip des Softstarts ist die Spannungsabsenkung durch Phasenanschnitt.

Anwendung

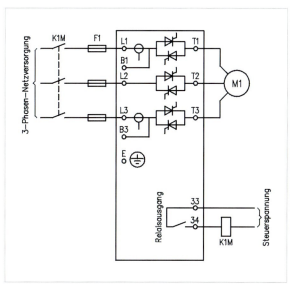

1 Softstarter mit Bypass-Schütz, Zeit-Ablauf-Diagramm

Fertigen Sie eine Skizze mit dem zeitlichen Verlauf für eine Phase mit einem Steuerwinkel von 45 Grad an: Spannung an der Last, Spannung an der Wechselwegschaltung, Strom durch die Last.

6. Der Hersteller macht zur Schaltung nach Bild 1 folgende Angaben:

„Ein Bypass-Schütz kann eingesetzt werden, um den Starter während des Betriebes zu umgehen. Zum Anschluss des Bypass-Schützes stehen die Stromschienen B1 und B3 zur Verfügung. Diese Bypassanschlüsse ermöglichen es dem Startergerät, den vollständigen Motorschutz und die laufenden Überwachungsfunktionen zu gewährleisten, wenn das Bypass-Schütz geschlossen ist. Relaisausgang C kann programmiert werden, um den Betrieb des Bypass-Schützes zu steuern.“

a) Der Relaisausgang C ist programmiert wie im Bild 1 dargestellt.
Erläutern Sie anhand der Schaltung und des Zeit-Ablauf-Diagramms die einzelnen Betriebsphasen.

b) Wichtige Herstellerempfehlung:
„Wird der Softstarter in einem unbelüfteten Schaltschrank betrieben, sollte er mit einem Bypass-Schütz betrieben werden.“
Begründen Sie diese Herstellerempfehlung.

c) Die Klemmen B1 und B3 sind hinter Stromwandlern angeschlossen (siehe Bild 1), damit die Überwachungsfunktionen trotz Überbrückung des Starters erhalten bleiben.
Nennen Sie fünf Überwachungsfunktionen, die der Softstarter übernehmen kann.

Anwendung

d) Der Hersteller warnt in der Betriebsanleitung vor einem Phasentausch beim Anschluss des Bypass-Schützes.
Was ist zu erwarten, nachdem am Schütz K2M ein Phasentausch vorgenommen wurde?

7. Laut Pflichtenheft muss vor den Softstarter ein Netzschütz eingebaut werden.
Laut Hersteller darf das Netzschütz nur stromlos geschaltet werden.
Dies wird durch entsprechende Parametrierung eines internen Relaiskontakts ermöglicht.
Der interne Kontakt darf das Schütz also erst abschalten, wenn der Motor vom Softstarter zum Stillstand gebracht wurde.

2 Softstarter mit Netzschütz

a) Welche Vorteile sehen Sie darin, ein Netzschütz einzubauen?

b) Welcher Gebrauchskategorie muss das Netzschütz entsprechen?

c) Welche nachteiligen Folgen sind zu erwarten, wenn das Netzschütz unter Last abschaltet?

d) Der interne Kontakt A wird so programmiert, dass das Netzschütz korrekt angesteuert wird.
Entscheiden Sie anhand des Zeit-Ablauf-Diagramms nach Bild 1, welcher der Zeitabläufe (1–2–3) die Schaltpunkte des Netzschützes richtig wiedergibt.

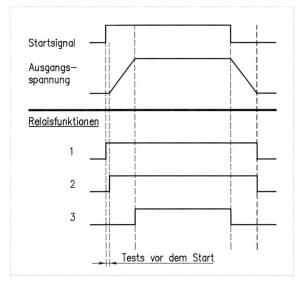

1 Softstarter, Zeit-Ablauf-Diagramm

8. Im Gegensatz zur „In-Line"-Schaltung eines Softstarters (siehe Schaltung zu Aufgabe 7), ist auch eine „In-Delta"-Schaltung mit einem Softstarter möglich. Dazu müssen alle sechs Wicklungsenden zugänglich sein.

a) Der Kompressormotor ($P = 11\,\text{kW}$) wird mit der „In-Delta"- Schaltung gestartet.
Berechnen Sie den Strom durch den Softstarter bei Bemessungsbetrieb.

b) Nennen Sie einen Vorteil und einen Nachteil dieser Schaltungsvariante.

c) Kann die Anlage ohne Netzschütz betrieben werden? Begründung.

d) Am Motor wurden die Zuleitungen an U2 und V2 vertauscht.
Was ist zu erwarten?

9. Aus den Herstellerangaben:
„*Die Gleichstrombremsfunktion verringert die Abbremszeit des Motors, indem an die Motoranschlüsse ein Gleichstrom angelegt wird, nachdem ein Stopp-Befehl gegeben wurde. Diese Funktion macht es erforderlich, dass zwischen den Ausgängen T2 und T3 ein Relais geschaltet wird.*" (Bild 3)

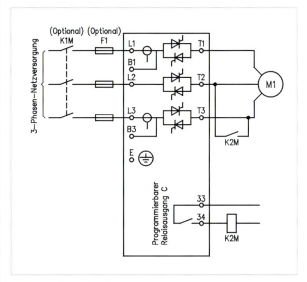

3 Softstarter, Relais

a) Erläutern Sie die Funktion der Gleichstrombremsung.

b) Der Hersteller warnt: „*Die Thyristoren werden bei falschem Anschluss des Relais (T1 – T2 oder T1 – T3) zerstört, wenn eine Gleichstrombremsung erfolgt.*" Erklären Sie den Grund für diese Warnung.

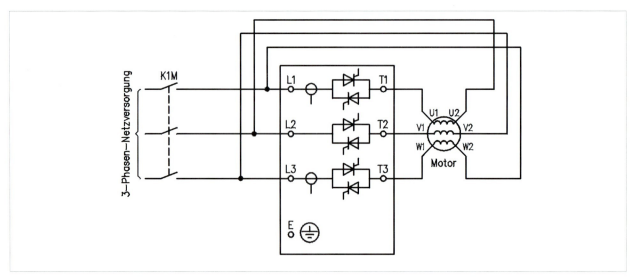

2 In-Delta-Schaltung

Anwendung

c) Alternativ zur Gleichstrombremsung kann ein Softstopp installiert werden.

Dieser Softstopp ist für sehr träge Lasten geeignet. Dazu ist es erforderlich, ein weiteres externes Schütz und einen Rotationssensor zu installieren.

Beschreiben Sie das Prinzip dieser Softbremsung.

Erklären Sie die Funktion des Rotationssensors.

d) Bei der Gleichstrombremsung (Aufgabe 8) wird der Motor stark erwärmt. Dies ist bei der Softbremsung nicht der Fall.

Erklären Sie die Zusammenhänge.

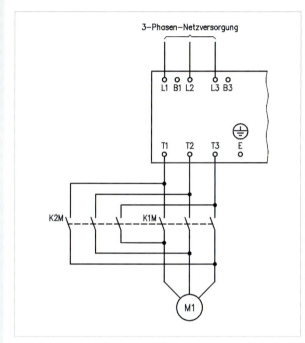

1 Softstarter, Bremsung

10. Nachfolgend ist ein Auszug aus der Parameterliste eines Softstarters dargestellt.

Geben Sie zu den ausgewählten Parametern deren Bedeutung an.

Programmierung

Nummer	Parametername
1	Motorbemessungsstrom
2	Strombegrenzung
3	Stromgrenze – Start
4	Start-Rampenzeit
5	Stopp-Rampenzeit
6	Motorwärmekapazität
7	Phasenunsymmetrieempfindlichkeit
8	Alarmmeldung Min-Strom
9	Alarmmeldung Motorüberlast
10	Alarm bei zu langer Startzeit
11	Drehfeld
12	Phasenunsymmetrieschutzverzögerung
13	Verzögerung Alarm Min-Strom

Anwendung

14	Verzögerung Alarm Motorüberlast
15	Wiederanlaufverzögerung
16	Kick-Start (Momentenanhebung)
17	Sanftstopp-Profil
18	Gleichstrombremse-Bremszeit
19	Gleichstrombremse-Bremsdrehmoment
20	Ort/Fernbedienungsmodus
21	Korrektur Stromanzeige
22	Serielle Kommunikation – Baudrate
23	Serielle Kommunikation – Teilnehmeradresse

34	Min-Strom-Meldung Relais B
35	Max-Strom-Meldung Relais B
36	Relais A – Funktionszuordnung
37	Relais B – Funktionszuordnung
38	Relais C – Funktionszuordnung
39	Automatischer Reset – Fehlertypen
40	Automatischer Reset – Zahl der Resets
41	Automatischer Reset – Resetverzögerung Gruppe 1 und 2
42	Automatischer Reset – Resetverzögerung Gruppe 3
45	Alarm-Abschaltung
46	Passwort
47	Passwort ändern
48	Parametersperre
49	Werkseinstellung laden
50	Unterfrequenz Schutz Verzögerung

11. Analysieren Sie die Funktion der Schaltungen (nach Herstellerunterlagen), Bild 1, 2, Seite 76.

Klären Sie zuvor den Begriff Halbleiterschütz.

Worin besteht der wesentliche Unterschied zum herkömmlichen kontaktbehafteten Schütz?

Nennen Sie bevorzugte Einsatzgebiete.

12. Analysieren Sie die Funktion der Schaltung mit Softstarter (nach Herstellerunterlagen); Bild 1, Seite 77 und Bild 1, Seite 78.

Anwendung

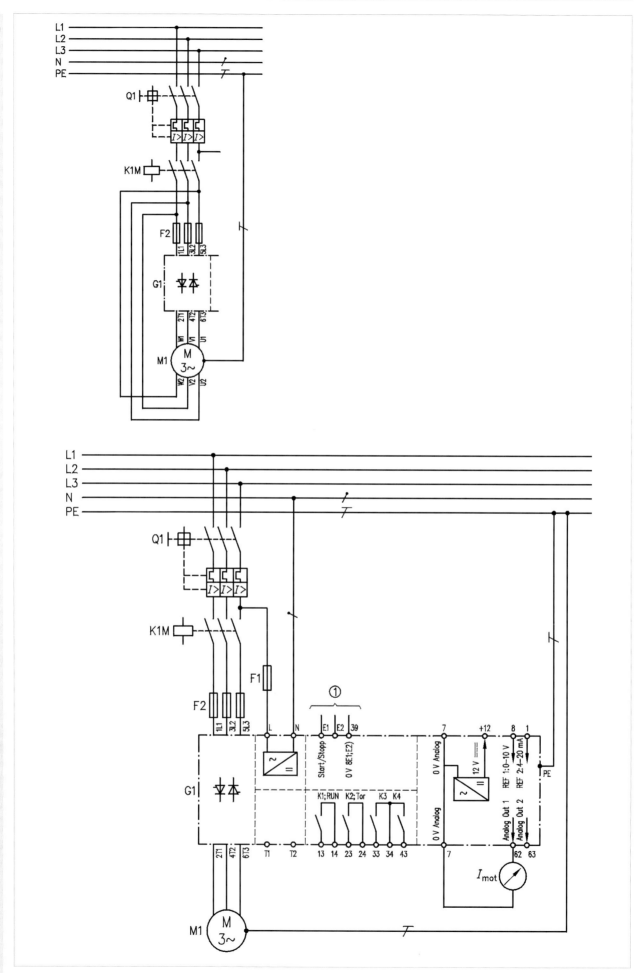

1 *Schaltungen mit Softstarter*

Anwendung

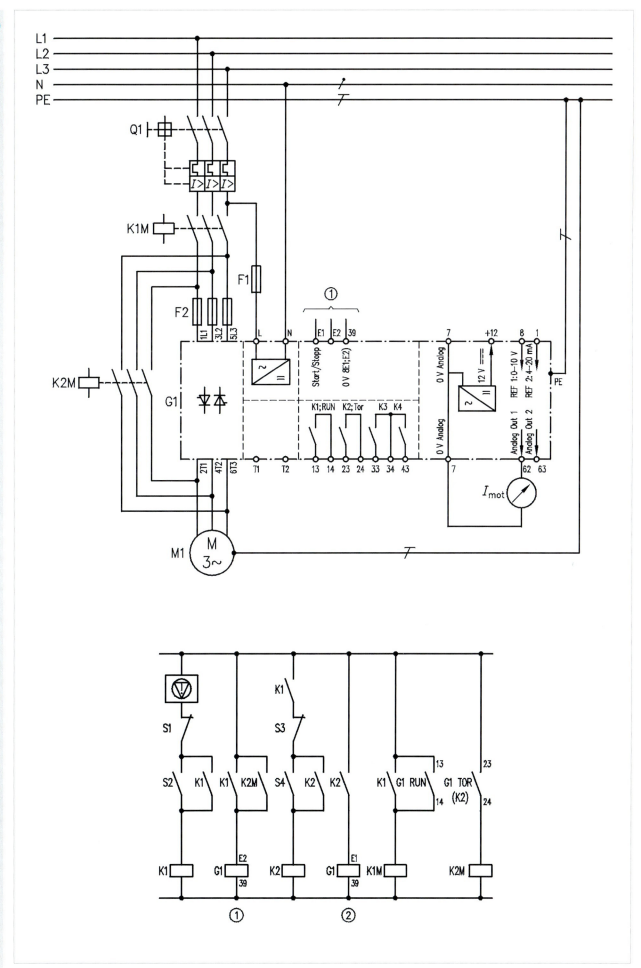

1 Schaltung mit Softstarter

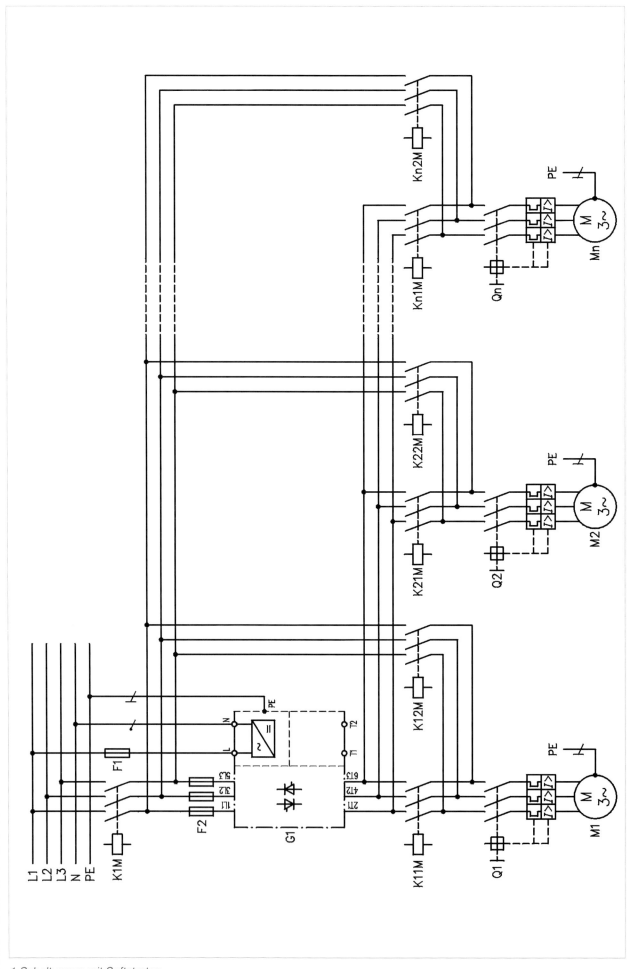

1 Schaltungen mit Softstarter

7 Steuerungen für Anlagen programmieren und realisieren

7.1 Rollmagazin für die Metallwerkstatt programmieren

Auftrag

Aus Platzgründen wurde vor längerer Zeit in der Metallwerkstatt ein Rollmagazin installiert, das die für die Service-arbeiten notwendigen Materialien (Normteile usw.) in 10 unterschiedlichen „Fächern" bereithält.

Diese Anlage soll modernisiert werden, da sie in letzter Zeit einen hohen Serviceaufwand erfordert. Außerdem soll eine SPS-Steuerung eingesetzt werden.

Um den zukünftigen Serviceaufwand so gering wie möglich zu halten, soll der Einsatz der Sensorik auf ein Minimum beschränkt werden.

Folgende Forderungen werden an die überarbeitete Steuerung gestellt:

• Einsatz einer SPS.

• Minimale Sensorik (berührungslos schaltend).

• Eingabe der „Fachnummer" durch Drehschalter (1 – 10).

• Zwei Drehrichtungen des Antriebsmotors, damit das gewünschte „Fach" schnellstmöglich angefahren werden kann.

• Einhaltung der Sicherheitsbestimmungen.

Der Schaltplan des Rollmagazins ist auf den Seiten 80 und 81 dargestellt.
Sinnvollerweise wird der Gesamtauftrag in mehrere Teilaufträge unterteilt.

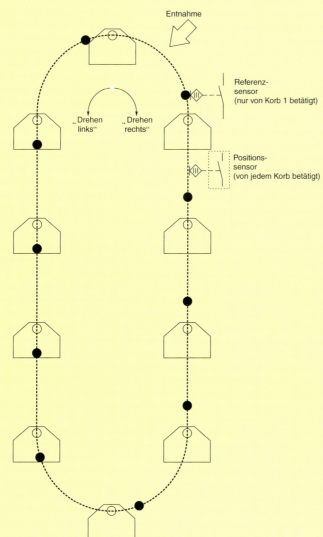

Modell des Rollmagazins

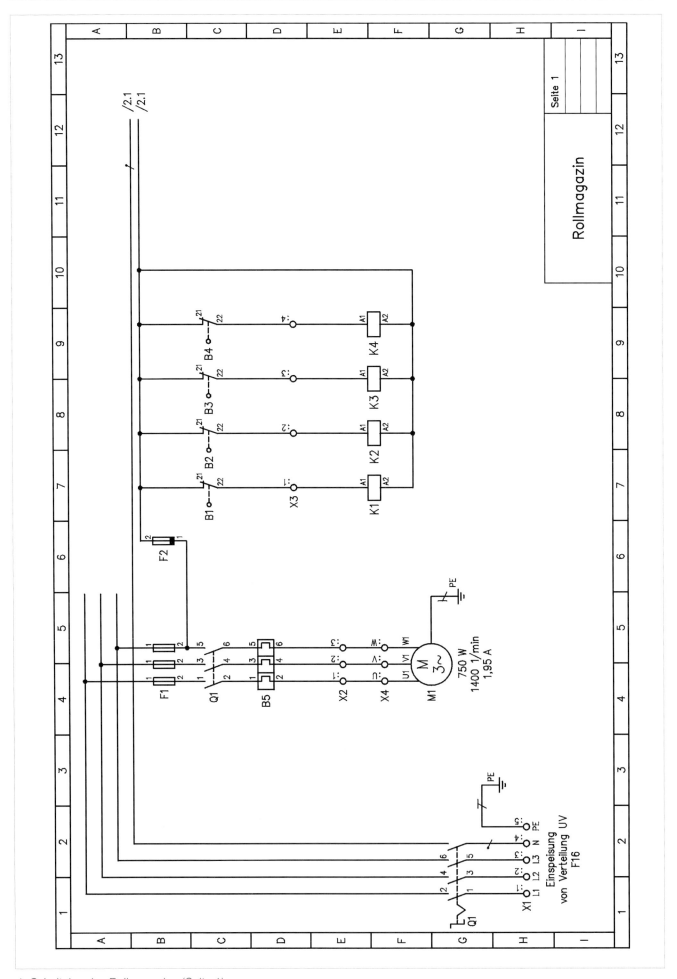

1 Schaltplan des Rollmagazins (Seite 1)

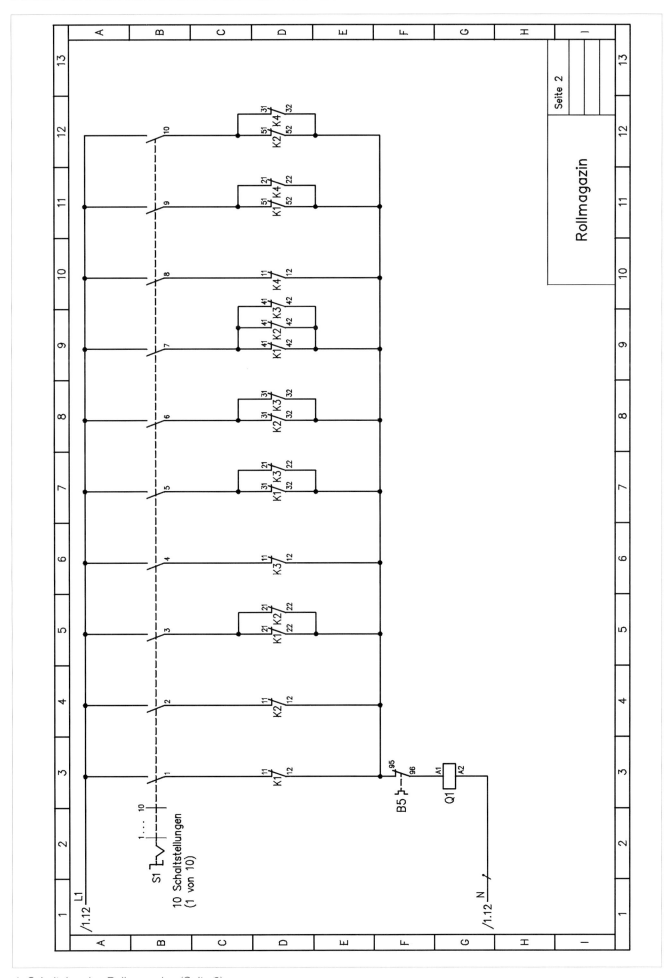

1 Schaltplan des Rollmagazins (Seite 2)

Anwendung

7.1.1 Logik der bestehenden Anlage analysieren

1. Sie erhalten die Schaltpläne der bestehenden Anlage (Seite 80 und 81).

a) Welche Aufgabe hat die Schmelzsicherung F2?
Was bedeutet die Schwärzung im Symbol?
Warum wurde bei F1 auf die Schwärzung verzichtet?

b) Welche Funktion haben die Schütze K1 bis K4?
Zur Hilfestellung skizziert Ihnen ein Kollege hierzu folgende Wahrheitstabelle.

B4	B3	B2	B1	K4	K3	K2	K1
0	0	0	0	1	1	1	1
0	0	0	1	1	1	1	0
0	0	1	0	1	1	0	1
0	0	1	1	1	1	0	0
0	1	0	0	1	0	1	1
0	1	0	1	1	0	1	0
0	1	1	0	1	0	0	1
0	1	1	1	1	0	0	0
1	0	0	0	0	1	1	1
1	0	0	1	0	1	1	0
1	0	1	0	0	1	0	1
1	0	1	1	0	1	0	0
1	1	0	0	0	0	1	1
1	1	0	1	0	0	1	0
1	1	1	0	0	0	0	1
1	1	1	1	0	0	0	0

Welche Aussage macht die Wahrheitstabelle?
Stellen Sie den Zusammenhang mit der Schaltung zur Ansteuerung der Schütze K1 bis K4 her.
Neben der Wahrheitstabelle kennt man in der Steuerungstechnik die Funktionstabelle.
Erläutern Sie die Unterschiede.

Beschreiben Sie die Logik der Schaltung (Bild 1).

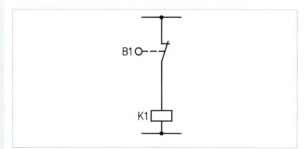

1 Grenztaster und Hilfsschütz

Wenn B1 unbetätigt ist, hat das Schütz K1 den Signalzustand „1".

Was bedeutet diese Aussage?
Was versteht man allgemein unter dem Begriff Signalzustand?

Welche Signalzustände kann das Schütz K1 annehmen?

Anwendung

Welche der beiden Darstellungen (Bild 2) entspricht der Schützschaltung? Begründen Sie Ihre Aussage.

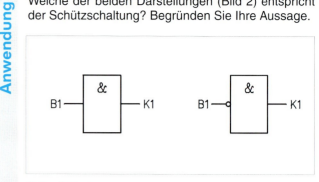

2 Logikplan

c) Steuerung „Rollmagazin" (Seite 2):
Prüfen Sie kritisch die Darstellung. Ist sie korrekt?

S1 steht auf Stellung „1" (Bild 3).

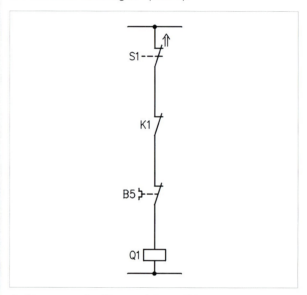

3 Steuerung des Hauptschützes Q1

Das Schütz Q1 zieht an. Der Motor M1 wird eingeschaltet.
Beschreiben Sie den darauf folgenden Ablauf.

Welcher Funktionsplan entspricht der Schützsteuerung (Bild 4)?
Begründen Sie die Entscheidung genau.

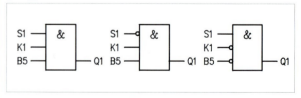

4 Funktionsplanentwürfe für Q1

d) Annahme: „Fach 1" steht in Entnahmeposition.
Welches der Hilfsschütze K1 bis K4 ist angezogen?
Nun wird der Schalter S1 von Stellung „1" auf Stellung „3" gebracht.

Beschreiben Sie genau die Abläufe.
Welche Hilfsschütze (K1 bis K4) sind angezogen, wenn „Fach 3" in Entnahmeposition gebracht wurde?

Anwendung

Welcher Funktionsplan entspricht dem Stromlaufplanausschnitt für „Fach 3"? Siehe Stromlaufplan *Seite 2* (Seite 81).
Begründen Sie genau Ihre Entscheidung.

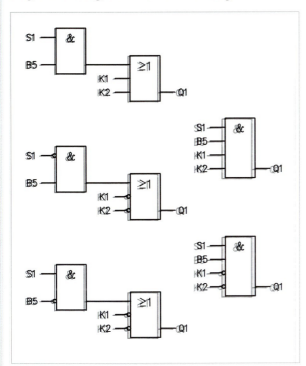

1 Funktionsplanentwürfe für Q1

Information

Logische Verknüpfungen

UND (AND)

Sämtliche Eingänge müssen den Signalzustand „1" führen, damit der Ausgang den Signalzustand „1" annimmt.

ODER (OR)

Mindestens ein Eingang muss den Signalzustand „1" führen, damit der Ausgang den Signalzustand „1" annimmt.

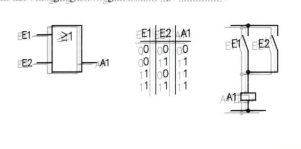

e) Um die Funktion der Schaltung nachzuvollziehen, kann eine Checkliste verwendet werden.

Schaltstellung S1	B1	B2	B3	B4	K1	K2	K3	K4	Q1	Kommentar
1	0	1	1	1	1	0	0	0	0	steht in Pos. 1
gerade in Stellung 2 gebracht	1	1	1	1	0	0	0	0	1	verlässt Pos. 1
2	1	0	1	1	0	1	0	0	0	steht in Pos. 2

Bitte vervollständigen Sie die Checkliste.
Beurteilen Sie die Funktion der Schaltung.
Kann der Ihnen ausgehändigte Schaltplan *(Seite 1, 2)* die letzte Fassung der augenblicklich funktionstüchtigen Anlage sein?

f) Annahme: „Fach 7" in Entnahmeposition
  Schalter S1 wird auf Stellung „3"
  gebracht

Beschreiben Sie den Steuerungsablauf.

g) Erstellen Sie den Funktionsplan für die Steuerung (K1 bis K4 und Q1).

h) Schaltplan *Seite 2:*
Die Grenztaster B1 bis B4 müssen betätigt werden, wenn die einzelnen „Fächer" in Entnahmeposition fahren.

Beschreiben Sie genau, wie diese Betätigung mechanisch erfolgen muss.

NICHT (NOT)

Der Ausgang nimmt stets den entgegengesetzten Signalzustand des Einganges an.

Eingang „0" → Ausgang „1"
Eingang „1" → Ausgang „0"

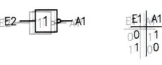
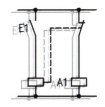

Beispiel

1. Ermitteln Sie die Wahrheitstabelle und die Schützschaltung für folgenden Funktionsplan.

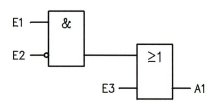

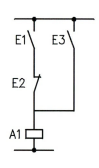

Wahrheitstabelle

E1	E2	E3	A1
0	0	0	0
0	0	1	1
0	1	0	0
0	1	1	1
1	0	0	1
1	0	1	1
1	1	0	0
1	1	1	1

2. Das Schütz K1 kann u.a. nur dann anziehen, wenn mindestens eines der beiden Schütze K2, K3 abgefallen ist.

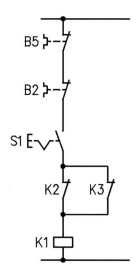

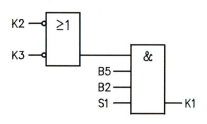

7.1.2 Geänderte Steuerung planen

Anwendung

1. Die elektromechanisch betätigten Grenztaster B1 bis B4 (Positionserkennung) sollen nicht mehr verwendet werden.

Sie überlegen also, diese durch 4 induktive Näherungssensoren zu ersetzen, was natürlich auch eine entsprechende Anpassung der „Betätigungsmechanik" zur Folge haben würde.

a) Zunächst schauen Sie sich die verwendeten Hilfsschütze genau an.
   Technische Daten:
   AC15
   220/230/240 V: $I_e = 6$ A
   22E

Danach treffen Sie eine Auswahl der einzusetzenden induktiven Näherungssensoren.

Für welchen Sensor entscheiden Sie sich?

Wozu sind die Korrekturfaktoren angegeben?

Die Herstellung des Sensorträgers übernimmt die Metallabteilung.
Fertigen Sie hierzu eine technische Skizze an, die Sie dem Leiter der Metallabteilung aushändigen können.

Sorge macht Ihnen die Belastung der Näherungssensoren durch die Hilfsschütze. Genauer, durch den Spulenstrom der Hilfsschütze. Diese Angabe finden Sie aber nicht auf dem Schütz.

Induktive Näherungssensoren		
	Typ1	Typ
Normen	IEC/EN 60947-5-2	IEC/EN 60947-5-2
Bemessungsschaltabstand bündig nicht bündig	1,5 mm 2 mm	2 mm –
Bemessungsbetriebsspannung	10 – 30 V DC	10 – 300 V AC
Netzfrequenz	–	20 – 250 Hz
Bemessungsbetriebsstrom	< 200 mA	< 100 mA
Anzeige Schaltzustand	LED	LED
Bauform	M8 × 1	M12 × 1
Abstand Sensor zu Sensor bündig nicht bündig	2 × d 3 × d	2 × d –

Korrekturfaktoren × S_N

Baustahl	1,0
Chrom-Nickel	≈ 0,9
Messing	≈ 0,5
Aluminium	≈ 0,45
Kupfer	≈ 0,4
Stahlblech, verzinkt	≈ 0,85
Edelstahl, je nach Legierung	1,0 – 0,1

Sie schauen in den Herstellerunterlagen nach.
Ist der Näherungssensor überlastet?

Einspannungsspule 50 Hz	Anzug 24 VA/19 W
	Halten 4 VA/1,2 W

b) Ihr Meister teilt Ihnen mit, dass bei geplantem Einsatz einer SPS mit einer Spannung von 24 V DC gearbeitet wird.
Die „alten" Schütze sind dann nicht mehr brauchbar.
Sie werden durch 24-V-DC-Schütze ersetzt.

DC-betätigt	Anzug = Halten 3 W

Welchen Näherungssensor setzen Sie ein?
Ist er überlastet?

2. Für die Steuerung wird eine SPS benötigt. Sie sollen eine geeignete SPS auswählen.

a) Bei der SPS unterscheidet man zwischen Kompaktsteuerungen und modularen Steuerungen.
Worin besteht der wesentliche Unterschied?
Wofür entscheiden Sie sich?

b) Für die Entscheidungsfindung ist auch die notwendige Anzahl der Eingänge und Ausgänge wichtig.
Wie viele Ein- und Ausgänge werden für die Bearbeitung des Auftrages (Seite 79) benötigt?
Erstellen Sie eine Zuordnungsliste.

c) Eine wesentliche Kenngröße der SPS ist die Zykluszeit.
Was versteht man darunter?
Ist die Zykluszeit hier von besonderer Bedeutung?
Welche Kriterien gelten hierbei ganz allgemein?
Wie wird die Zykluszeit angegeben?

d) Dargestellt sind die technischen Daten einer CPU (Auszug Seite 86).
Welche Aussage machen die technischen Daten bezüglich der Zykluszeit?
Ist die Zykluszeit auch von der Programmlänge abhängig?
Wozu kann die Zykluszeitüberwachung technisch genutzt werden?

e) Spannungsversorgung der CPU:
Welche Anforderungen sind an die Spannungsversorgung zu stellen?
Zur Verfügung stehen Spannungsversorgungsbaugruppen AC 120/230 V → DC 24 V mit folgenden Ausgangsströmen:
2 A, 5 A, 10 A.

Wählen Sie eine Baugruppe aus.

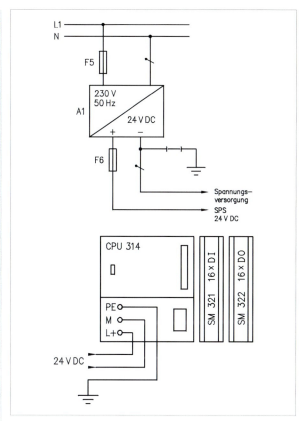

1 Spannungsversorgung einer CPU

f) Technische Daten einer Digitaleingabebaugruppe.

Anzahl der Eingänge	16
Bemessungsspannung zulässiger Bereich	DC 24 V 20,4 – 28,8 V
Eingangsspannung	
Bemessungswert • für „1"-Signal • für „0"-Signal	DC 24 V 15 bis 30 V – 3 bis + 5 V
Potenzialtrennung	Optokoppler
Eingangsstrom bei „1"-Signal	7 mA
Leitungslänge • ungeschirmt • geschirmt	600 m 1000 m
Verlustleistung	3,5 W

Erläutern Sie die einzelnen Angaben.
Was versteht man unter Potenzialtrennung?

Erläutern Sie die Wirkungsweise eines Optokopplers.

Wie erfolgt die Spannungsversorgung der Eingabebaugruppe?

Tabelle 1
Technische Daten einer CPU

Arbeitsspeicher	24 KByte
Echtzeituhr	ja
Programmiersprache	STEP7
Programmierorganisation	linear, strukturiert
Bausteinarten	OB, FB, FC, DB, SFB, SFC
Bausteinanzahl max.	128 FC, 128 FB, 127 DB
Programmbearbeitung	• freier Zyklus OB1 • zeitgesteuert OB35 • uhrzeitgesteuert OB10 • alarmgesteuert OB40 • Anlauf OB100
Operationsvorrat	Binäre Verknüpfungen, Klammerbefehle, Ergebniszuweisung, Speichern, Zählen, Laden, Transferieren, Vergleichen, Schieben, Rotieren, Sprungfunktion
Systemfunktionen (SFC)	Alarm- und Fehlerbearbeitung, Daten kopieren, Uhrenfunktionen, Diagnosefunktionen, Baugruppenparametrierung
Bearbeitungszeiten für • Bitoperationen • Wortoperationen • Zeit-/Zähloperationen	 0,3 – 0,6 µs 1 µs 12 µs
Zykluszeitüberwachung	150 ms (Voreinstellung), einstellbar 1 – 6000 ms
Merker	2048
• davon remanent mit Batterie	0 – 2048 (M0.0 – M255.7), einstellbar
• davon remanent ohne Batterie	0 – 2048 (M0.0 – M255.7), einstellbar
Zähler	64
Zählbereich	1 – 999
Zeiten	128
Zeitbereich	10 ms – 9990 s
Summe digitale E/A	512 Kanäle
Summe analoge E/A	64 Kanäle
Anzahl Baugruppen je System	32
Versorgungsspannung • Bemessungswert • Zulässiger Bereich	 DC 24 V 20,4 – 28,8 V
Stromaufnahme	1 A
Einschaltstrom	8 A
Verlustleistung	8 W

g) Technische Daten Digitalausgabebaugruppe.

Anzahl der Ausgänge	16
Zulässiger Bereich der Lastspannung	20,4 – 28,8 V DC
Ausgangsspannung bei „1"-Signal	L+ – 0,8 V
Potenzialtrennung	Optokoppler
Ausgangsstrom • bei „1"-Signal (60 °C) Mindestwert • bei „0"-Signal	0,5 A 5 mA 0,5 mA
Summenstrom der Ausgänge (je Gruppe)	2 A
Lampenlast	max. 5 W
Schaltfrequenz der Ausgänge • ohmsche Last • induktive Last • Lampenlast	max. 100 Hz max. 0,5 Hz max. 100 Hz
Begrenzung der induktiven Abschaltspannung auf	L+ – 48 V
Kurzschlussschutz	elektronisch

Was bedeutet Summenstrom der Ausgänge?
Was versteht man unter Lampenlast?
Erläutern Sie die Angabe „Begrenzung der induktiven Abschaltspannung".
Grundsätzlich werden die Ausgabebaugruppen mit Schalttransistoren oder mit Relais angeboten. Beschreiben Sie die Unterscheidungsmerkmale.

h) Ihr Meister bittet Sie, die Anlage so zu planen, dass nur eine Eingangs- und eine Ausgangsbaugruppe (natürlich neben CPU und Spannungsversorgung) benötigt werden. 10 Leuchttaster für die „Fächerwahl" kommen dann wohl kaum in Frage. Außerdem soll nur ein Näherungssensor für die Positionserkennung der Fächer sowie ein Referenzsensor (Fach 1 in Entnahmeposition) verwendet werden.

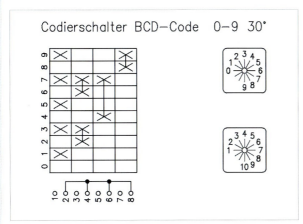

1 Codierschalter

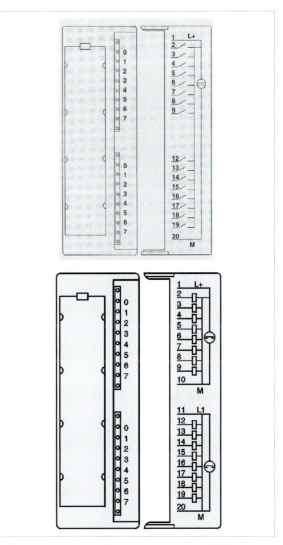

2 Eingabe- und Ausgabebaugruppe einer SPS

Für die Eingabe des gewünschten Faches schlägt er einen Codierschalter im BCD-Code 0 – 9 30° vor.
In den Herstellerunterlagen finden Sie hierzu die in Bild 1 dargestellten Angaben.

Sie verwenden allerdings das Beschriftungsfeld 1 – 10 statt 0 – 9, da dies unmittelbar den Fachnummern entspricht.

Ist dieser Codierschalter verwendbar?
Wie viele Eingänge (SPS-Baugruppe) werden benötigt?
Welche Signalzustände haben die Eingänge bei *Fach 0*?
Stellt das ein Problem dar?

Anschlusspläne und Bedienfeld sind in Bild 1, Seite 88 dargestellt.

S1 Codierschalter
B1 Ind. Näherungssensor; Position
B2 Ind. Näherungssensor; Referenz
K1 Not-Aus-Schütz
B3 Motorschutz
S2 Enter-Taster; Betätigung nach Einstellung an S1
S3 Taster Referenz anfahren
S4 Quittierung Störung
S5 Schalter, Steuerung EIN/AUS

Anwendung

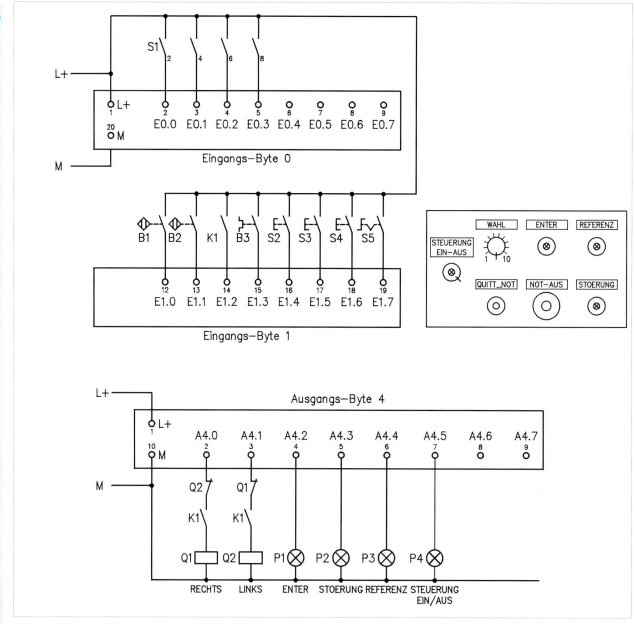

1 *Anschlusspläne SPS und Bedienfeld des Rollmagazins*

Erläutern Sie anhand der Anschlusspläne der SPS die Funktion der Steuerung.

Welche Aufgabe hat die Referenzfahrt?

Warum wird ein Enter-Taster verwendet?

Taster und Meldelampe „QUITT-NOT" sind Bestandteil des Not-Ausschaltkreises. Sie wirken nicht auf die SPS.
Skizzieren Sie den Not-Aus-Schaltkreis mit diesen Bauelementen.

Welche Farben ordnen Sie den Leuchttastern zu?

Dem Bedienfeld ist die Klemmleiste X3 zugeordnet. Erstellen Sie den Schaltplan.

Erstellen Sie die Zuordnungsliste als Arbeitsmittel für die Programmierung.

7.1.3 Referenzfahrt programmieren

1. Sie werden beauftragt, die Referenzfahrt des Rollmagazins zu programmieren.

Referenzfahrt:
• Taster REFERENZ kurz drücken
• Melder REFERENZ leuchtet
• Magazin bewegt sich im Rechtslauf bis Erreichen des Sensors Referenz-Position
• Melder REFERENZ erlischt

Referenzfahrt ist nur möglich, wenn
• Schalter STEUERUNG EIN/AUS auf EIN
• sich das Magazin nicht bewegt
• Motorschutz nicht angesprochen hat
• Not-Aus nicht betätigt wurde

Sie erhalten den folgenden Programmentwurf.

Anwendung

Netzwerk 1: *Meldung STEUERUNG EIN/AUS*

```
U   E1.7
=   A4.5
```

Netzwerk 2: *Referenzfahrt im Rechtslauf*

```
U   E1.7
U   E1.5
UN A4.0
UN A4.1
S   A4.0
O   E1.1
ON E1.2
O   E1.3
ON E1.7
R   A4.0
```

Netzwerk 3: *Meldung Referenz*

```
U   E1.7
UN A4.0
UN A4.1
=   A4.4
```

Beachten Sie die Anschlusspläne auf Seite 88; beziehungsweise die von Ihnen erstellte Zuordnungsliste.

a) Um welche Programmiersprache handelt es sich hier?
Wie beurteilen Sie diese Programmiersprache im Vergleich zu weiteren möglichen Sprachen?
Worin liegt die besondere Bedeutung dieser Programmiersprache?

b) Das Programm ist schlecht lesbar, da immer die Anschlusspläne oder die Zuordnungsliste herangezogen werden müssen.
Erhöhen Sie die Lesbarkeit durch Kommentierung nach folgendem Prinzip:

Netzwerk 1: *Meldung STEUERUNG EIN/AUS*

```
U   E1.7     //Steuerung EIN/AUS
=   A4.5     //Meldung Steuerung EIN/AUS
```

c) Darstellung von Netzwerk 1 in anderen Programmiersprachen.

```
U   E1.7
=   A4.5
```

E1.7 ─┤ & ├─ A4.5

```
       E1.7              A4.5
│──────┤ ├──────────────( )──────│
```

1 Netzwerk in verschiedenen Programmiersprachen

Anwendung

Benennen Sie die einzelnen Programmiersprachen.
Stellen Sie das gesamte Programm in sämtlichen Programmiersprachen dar.
Beurteilen Sie die „Lesbarkeit" der einzelnen Programmiersprachen.

d) Worin besteht der wesentliche Unterschied zwischen Netzwerk 2 und Netzwerk 3?
Welches Speicherverhalten hat der Ausgang A4.0? Ist das hier sinnvoll?
Was wäre zu tun, wenn ein anderes Speicherverhalten gewünscht ist? Gilt das für alle Programmiersprachen?

e) **Netzwerk 3:**

```
U   E1.7     //Steuerung EIN/AUS
UN A4.0      //RECHTSLAUF
UN A4.1      //LINKSLAUF
=   A4.4     //Meldung REFERENZ
```

Beschreiben Sie genau die Abarbeitung dieses Steuerungsprogramms.
Skizzieren Sie die Arbeitsweise einer SPS mit Hilfe eines Programmablaufplans.

Erläutern Sie die Begriffe Status, Abfrageergebnis, Verknüpfungsergebnis (VKE) und Erstabfrage.

In Netzwerk 1 ist programmiert:

```
U   E1.7
=   A4.5
```

Ist das gleichwertig mit:

```
O   E1.7
=   A4.5
```

Begründen Sie Ihre Aussage genau.

Was versteht man unter Abfrageoperation und Verknüpfungsschritt?

Mit dem Programm von Netzwerk 3 (Meldung Referenzfahrt) ist Ihr Meister nicht einverstanden.
„Das funktioniert nicht richtig", äußert er sich.

Analysieren Sie das Netzwerk.
Wann soll die Meldelampe leuchten, wann leuchtet sie laut Netzwerk 3?

Dazu testen Sie das „Ausgangsprogramm" zunächst mit Hilfe einer Checkliste. Dabei ergibt sich der auf Seite 90 dargestellte Eintrag.

Analysieren Sie die Checkliste.
Nehmen Sie die notwendigen Programmkorrekturen vor.

Für die Meldelampe Referenz wird Ihnen folgende Lösung vorgeschlagen.
Wie beurteilen Sie diese Lösung?

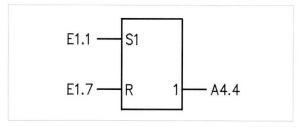

2 Lösungsvorschlag: Meldelampe Referenz

Anwendung

Checkliste Referenzfahrt

1.	Ausgangssituation Magazin in beliebiger Position	E1.2 = 1 (Not-Aus-Eingang SPS)		
	Handlung	Reaktion	richtig	falsch
2.	E1.7: 0 → 1	A4.4 = 1 A4.5 = 1	X	
3.	E1.5: 0 → 1→ 0	A4.4 = 0 A4.0 = 1		X
4.	E1.1: 0 → 1	A4.0 = 1 A4.4 = 1		X
5.	E1.7: 1→ 0	alles aus	X	
6.	1. – 3. wiederholen			
7.	E1.2: 0 → 1	A4.0 = 0	X	
8.	1. – 3. wiederholen			
9.	E1.3: 1→ 0	A4.0 = 0	X	

Ein Kollege schlägt Ihnen eine weitere Lösung vor. Nehmen Sie dazu Stellung.

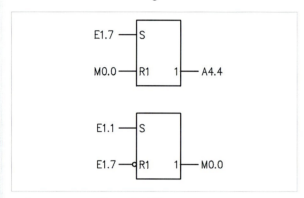

1 Lösungsvorschlag: Meldelampe Referenz

Erstellen Sie die zugehörige Anweisungsliste.

f) Entwickeln Sie das komplett überarbeitete Programm und testen Sie es.

Anwendung

2. Nun soll das Programm mit Hilfe eines Programmiergerätes (PG) eingegeben werden.
Beschreiben Sie genau (in der richtigen Reihenfolge), wie dabei vorzugehen ist.

Beurteilen Sie bitte die Hardwarekonfiguration (dargestellt in Bild 2).

Welche Bedeutung haben die Einträge unter E-Adresse und A-Adresse?

Wie groß ist die Belastbarkeit der einzelnen Ausgänge? Stellt das hier ein Problem dar?

3. Eine Steueranweisung besteht aus Operationsteil und Operandenteil.
Was bedeutet das?
Erläutern Sie dies am Beispiel U E1.7.

Die Operandenteile sind im verwendeten Programm Hardwareadressen (z. B. E1.7, A4.0). Dies ist relativ unleserlich.

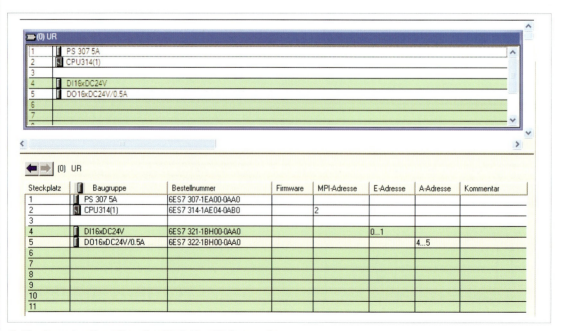

2 Hardwarekonfiguration des Projektes Rollmagazin

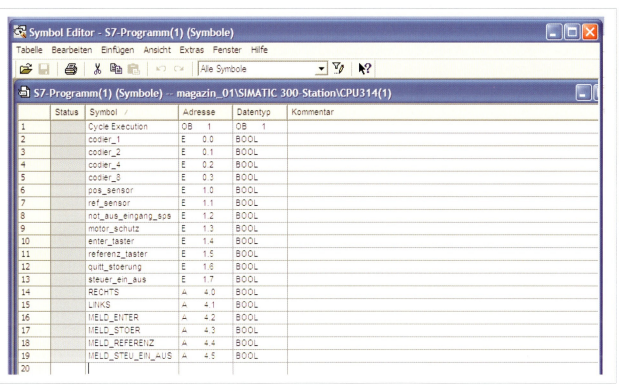

1 Symboltabelle des Projektes Rollmagazin (Auszug)

Besser ist die Verwendung von Variablennamen, die in der Symboltabelle deklariert werden (Bild 1).

Was bedeutet die Angabe Cycle Execution bei OB1? Was versteht man unter einer Variablen (einem Symbol)? Was versteht man unter einem Datentyp? Was bedeutet Datentyp BOOL?

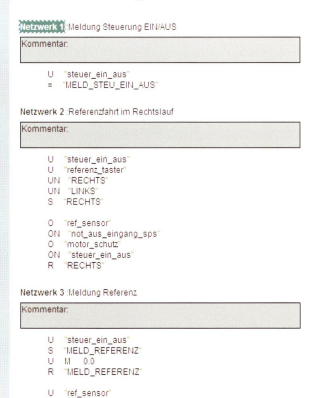

Sie erkennen, dass M0.0 noch nicht symbolisch dargestellt wurde. Was versteht man unter Merkern? Wozu dienen sie?
M0.0 soll den Variablennamen "hilfs_merker_referenz" erhalten.
Beschreiben Sie die Vorgehensweise.
Warum sind die Variablennamen (die symbolischen Namen) in Anführungszeichen gesetzt?
Erläutern Sie folgende Begriffe: Sprachelemente, reservierte Schlüsselworte, Bezeichner.

4. Laufzeitüberwachung der Referenzfahrt:
Wenn die Referenzposition in 30 Sekunden nicht erreicht wurde, schaltet der Antriebsmotor aus und es wird eine Störungsmeldung ausgegeben (Meldelampe Störung).

a) Beurteilen Sie folgenden Programmentwurf.

```
U    referenz_taster
U    RECHTS
L    S5t#30s
SE   T1

U    T1
S    MELD_STOER
R    RECHTS
U    quitt_stoerung
R    MELD_STOER
```

Stellen Sie das Netzwerk als Funktionsplan dar.

Es handelt sich hier um die Zeitfunktion „Einschaltverzögerung SE". Dargestellt ist das Prinzip der Einschaltverzögerung in Bild 1, Seite 92.

Worin besteht das Problem bei der Anwendung dieser Zeitfunktion SE?

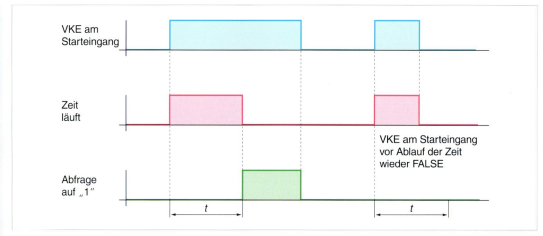

1 Prinzip der Einschaltverzögerung

Information

Programmierung mit SPS

UND-Funktion

Funktionsplan (FUP) Kontaktplan (KOP) Anweisungsliste (AWL)

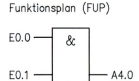

```
U   E0.0
U   E0.1
=   A4.0
```

ODER-Funktion

Funktionsplan (FUP) Kontaktplan (KOP) Anweisungsliste (AWL)

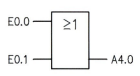

```
O   E0.0
O   E0.1
=   A4.0
```

NICHT-Funktion (Negation)

Funktionsplan (FUP) Kontaktplan (KOP) Anweisungsliste (AWL)

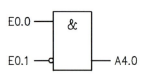

```
U   E0.0
UN  E0.1
=   A4.0
```

Speicher
Vorrangiges Rücksetzen

Funktionsplan (FUP) Kontaktplan (KOP) Anweisungsliste (AWL)

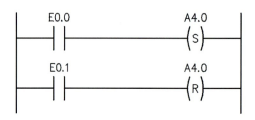

```
U   E0.0
S   A4.0

U   E0.1
R   A4.0
```

Information

Speicher

Vorrangiges Setzen

Funktionsplan (FUP)	Kontaktplan (KOP)	Anweisungsliste (AWL)

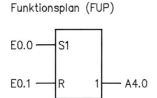

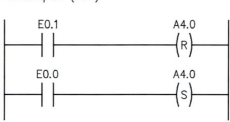

```
U  E0.1
R  A4.0

U  E0.0
S  A4.0
```

Vorsicht!

Die Darstellung des vorrangigen Rücksetzens bzw. vorrangigen Setzens wird bei dem Programmiersystem der Steuerungshersteller abweichend dargestellt.

Zum Beispiel:

SR-Speicher (vorrangiges Rücksetzen)

RS-Speicher (vorrangiges Setzen)

---

b) Erweiterter Programmentwurf:

```
U   referenz_taster
U   RECHTS
S   hilfs_merk_ref_zeit

O   quitt_stoerung
O   ref_sensor
R   hilfs_merk_ref_zeit

U   hilfs_merk_ref_zeit
L   S5t#30s
SE  T1

U   T1
S   MELD_STOER

U   quitt_stoerung
R   MELD_STOER
```

Welche Aufgabe hat die Variable *hilfs_merk_ref_zeit*?

Welche Veränderung wurde durch Verwendung dieser Variablen am Programm vorgenommen?

Ist die Überwachungszeit nun funktionstüchtig?
Wenn nicht, nehmen Sie bitte die notwendigen Änderungen vor.

c) Statt der Variablen *hilfs_merk_ref_zeit* kann auch (professioneller) die Zeitfunktion „speichernde Einschaltverzögerung" verwendet werden.
Dargestellt ist das Signal-Zeit-Diagramm einer speichernden Einschaltverzögerung in Bild 1, Seite 94.

Erläutern Sie den Unterschied zur Einschaltverzögerung.
Programmieren Sie die Überwachungszeit mit dieser Zeitfunktion. Überprüfen Sie das Programm.

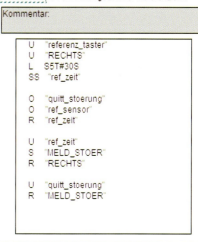

Anwendung

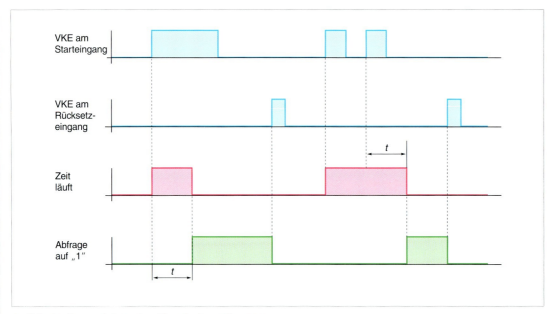

1 *Prinzip der speichernden Einschaltverzögerung*

Statt dem Operanden T1 steht nun im Programm die Variable *ref_zeit*.
Beschreiben Sie, welche Handlungen hierzu notwendig waren.
Welchen Datentyp hat die Variable *ref_zeit* ?

Im bisher entwickelten Steuerungsprogramm steht zweimal die Variable RECHTS als Ergebniszuweisung (R RECHTS).

```
O    "ref_sensor"
ON   "not_aus_eingang_sps"
O    "motor_schutz"
ON   "steuer_ein_aus"
R    "RECHTS"
```

Netzwerk 3 :Meldung Referenz

Kommentar:

```
U    "steuer_ein_aus"
S    "MELD_REFERENZ"
U    "hilfs_merker_referenz"
R    "MELD_REFERENZ"

U    "ref_sensor"
S    "hilfs_merker_referenz"
UN   "steuer_ein_aus"
R    "hilfs_merker_referenz"
```

Netzwerk 4 :Überwachungszeit der Referenzfahrt

Kommentar:

```
U    "referenz_taster"
U    "RECHTS"
L    S5T#30S
SS   "ref_zeit"

O    "quitt_stoerung"
O    "ref_sensor"
R    "ref_zeit"

U    "ref_zeit"
S    "MELD_STOER"
R    "RECHTS"
```

Anwendung

Ist das zulässig? Begründen Sie Ihre Antwort ganz genau, indem Sie die Abarbeitung eines SPS-Programms beachten.
Was ist zu tun, wenn das Probleme macht? Ergänzen bzw. ändern Sie das Programm entsprechend.

Erläutern Sie die Wirkungsweise der Zeitfunktion „Ausschaltverzögerung". Wie kann diese Zeitfunktion programmiert werden?
Kann auch mit der Zeitfunktion „Einschaltverzögerung" die Funktion einer Ausschaltverzögerung erreicht werden?

5. Ihr Meister teilt Ihnen mit, dass das Programm, „Referenzposition anfahren" nur „relativ kurzzeitig" benötigt wird.
Wenn das Magazin „ganz normal" arbeitet, ist das Referenzprogramm unnötig. Es sollte dann auch nicht mehr bearbeitet werden.

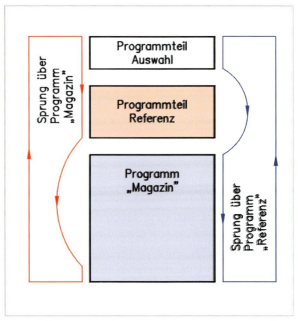

2 *Bearbeitung des Steuerungsprogramms*

Bild 2, Seite 94 zeigt den Programmaufbau. In Abhängigkeit von „Auswahl" wird entweder nur das Programm „Referenz" oder nur das Programm „Magazin" bearbeitet.

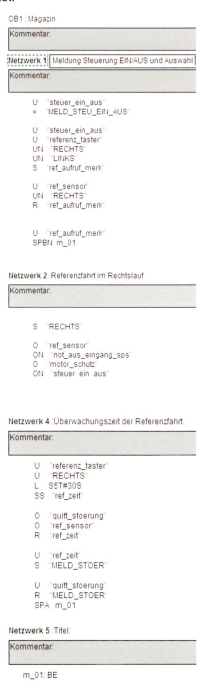

a) Analysieren Sie den Programmentwurf.
Wie beurteilen Sie die Funktion?

b) Erläutern Sie die Sprungfunktionen SPB, SPBN und SPA.
Welche Aufgabe haben Sprungfunktionen?
Worin unterscheidet sich ein absoluter Sprung von einem bedingten Sprung?
Welche Aufgabe haben Sprungmarken (Label)?
Erläutern Sie folgende Aussagen:
SPB: Sprung bei VKE = 1
SPBN: Sprung bei VKE = 0
Wie wird das VKE zur Sprungauswertung gebildet?
Erläutern Sie dies am Beispiel des Referenzprogramms.

c) Der Sprung *SPA m_01* in Netzwerk 4 scheint unsinnig, da ein Programm ohne Sprung ohnehin mit der Folgeanweisung fortgesetzt wird. Dennoch macht diese Anweisung Sinn.
Begründen Sie das.

d) Programmtest: Interessant sind
• Status des Operanden S...
• Verknüpfungsergebnis (VKE) V...
Erläutern Sie die dargestellte Situation. Was bedeutet sie für die Sprungbedingung *SPBN m_01*?

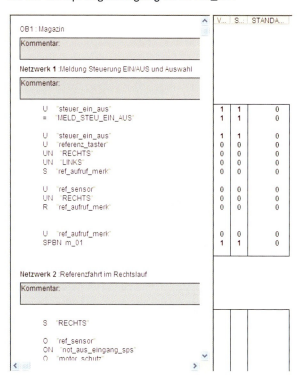

Warum finden sich in Netzwerk 2 keine Einträge? Worauf deutet das hin?

e) Nun hat sich eine Veränderung ergeben.

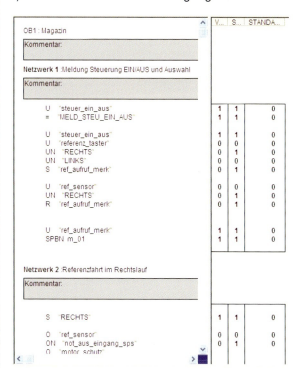

Anwendung

Wodurch wurde sie bewirkt? Was ist die aktuelle Situation?

f) Nach der unter e) durchgeführten Veränderung zeigt der Programmtest folgendes Bild.
Bitte erläutern Sie dies.

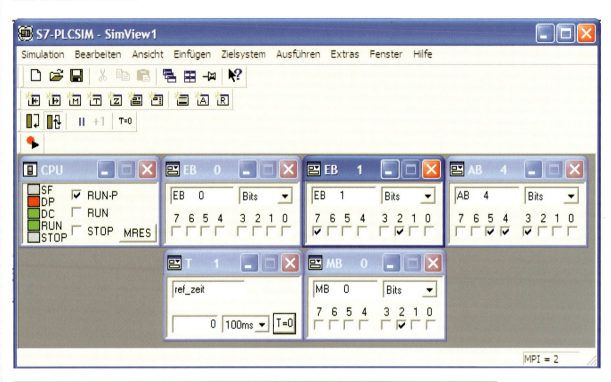

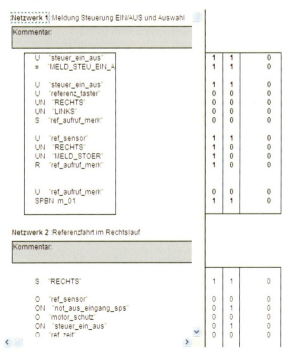

Anwendung

g) Programmtest: Nach einer weiteren Veränderung zeigt sich die im Simulator dargestellte Situation. Was ist passiert? Wie beurteilen Sie dies?

h) Stellt die links stehende Programmergänzung eine Lösung des Problems dar?

Beachten Sie besonders:

- Innerhalb der Überwachungszeit wird der Referenzsensor *(ref_sensor)* erreicht. Dann müsste die Meldelampe „Referenz" (MELD_REFERENZ) erlöschen. Geschieht das? Wenn nein, nehmen Sie die notwendigen Änderungen vor.
Damit Sie dies beurteilen können, ist das bislang entwickelte Programm zusammenhängend dargestellt. Beachten Sie dabei besonders die Variable *hilfs_merker_referenz.*

- Die Überwachungszeit kann ablaufen. RECHTS wird während der Referenzfahrt nicht ausgeschaltet. Erst die abgelaufene Überwachungszeit schaltet RECHTS aus. Die Störungslampe leuchtet dann. Was geschieht, wenn die Störung quittiert wird?

OB1: Magazin

Netzwerk 1: Meldung Steuerung EIN/AUS und Auswahl

```
U       steuer_ein_aus
=       MELD_STEU_EIN_AUS

U       steuer_ein_aus
U       referenz_taster
UN      RECHTS
UN      LINKS
S       ref_aufruf_merk

U       ref_sensor
UN      RECHTS
UN      MELD_STOER
R       ref_aufruf_merk

U       ref_aufruf_merk
SPBN m_01
```

Netzwerk 2: Referenzfahrt im Rechtslauf

```
S   RECHTS

O   ref_sensor
ON  not_aus_eingang_sps
O   motor_schutz
ON  steuer_ein_aus
O   ref_zeit
R   RECHTS
```

Netzwerk 3: Überwachungszeit der Referenzzeit

```
U   steuer_ein_aus
S   MELD_REFERENZ
U   hilfs_merker_referenz
R   MELD_REFERENZ

U   ref_sensor
S   hilfs_merker_referenz
UN  steuer_ein_aus
R   hilfs_merker_referenz
```

Netzwerk 4: Überwachungszeit der Referenzfahrt

```
U   referenz_taster
U   RECHTS
L   S5t#30s
SS  ref_zeit

O   quitt-stoerung
O   ref_sensor
R   ref_zeit

U   ref_zeit
S   MELD_STOER

U   quitt_stoerung
R   MELD_STOER
SPA m_01
```

Netzwerk 5:

```
m_01:  BE      //Baustein-Ende
```

Schaltet dann RECHTS wieder ein? Ohne, dass der Referenz-Taster erneut betätigt wird?
Läuft die Überwachungszeit erneut ab?

Was geschieht, wenn trotzdem der Referenz-Taster betätigt wird?

Danach wird der Sensor „Referenzposition" (*ref_sensor*) erreicht.
Welche Folge hat das? Welchen Signalzustand hat dann die Variable *ref_aufruf_merk*?
Beachten Sie besonders die Anweisung S RECHTS in Netzwerk 2.

Wenn das Programm nicht ordnungsgemäß arbeitet, nehmen Sie die notwendigen Änderungen vor.

6. Die Störungsmeldung MELD_STOER soll mit einer Frequenz von 1 Hz blinken.
Arbeiten Sie dies in das Steuerungsprogramm ein.

a) Erstellen Sie ein Blinkprogramm durch Verwendung von zwei Speichern.

b) Was versteht man unter Taktmerkern?
Wie können Taktmerker in einem Steuerungsprogramm verwendet werden?

c) Welche Lösung ist einfacher a) oder b)?

d) Wie beurteilen Sie die nachstehende Programmerweiterung?
M140.4 ist der Blinkmerker, dem natürlich auch ein Variablenname zugeteilt werden kann.

Netzwerk 4 :Überwachungszeit der Referenzfahrt

```
Kommentar:

    U   "referenz_taster"
    U   "RECHTS"
    L   S5T#30S
    SS  "ref_zeit"

    O   "quitt_stoerung"
    O   "ref_sensor"
    R   "ref_zeit"

    U   "ref_zeit"
    S   "stoerungs_merker"
    U   "stoerungs_merker"
    U   M   140.4        //Blinkmerker
    =   "MELD_STOER"

    U   "quitt_stoerung"
    R   "MELD_STOER"
    SPA  m_01
```

Beispiel

1.

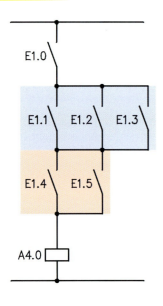

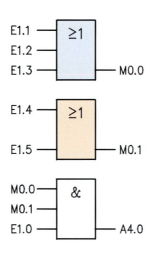

O E1.1	U E1.0
O E1.2	U(
O E1.3	O E1.1
= M0.0	O E1.2
O E1.4	O E1.3
O E1.5	)
= M0.1	U(
	O E1.4
U M0.0	O E1.5
U M0.1	)
U E1.0	= A4.0
= A4.0	

2.

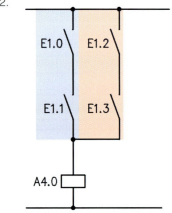

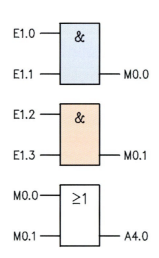

U E1.0	U E1.0
U E1.1	U E1.1
= M0.0	O(
	U E1.2
U E1.0	U E1.3
U E1.3	)
= M0.1	= A4.0
O M0.0	
O M0.1	
= A4.0	

Übung und Vertiefung

1. Erstellen Sie Anweisungsliste und Kontaktplan.

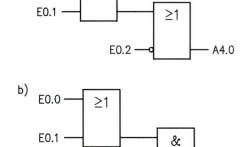

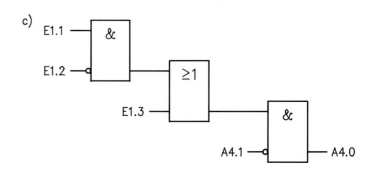

2. Erstellen Sie Anweisungsliste und Funktionsplan.

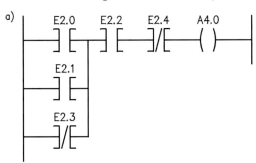

a)

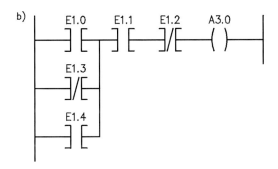

b)

3. Gesucht: AWL, FUP, KOP.

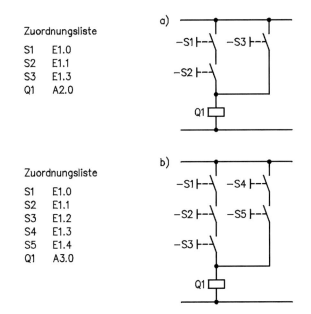

Zuordnungsliste

S1 E1.0
S2 E1.1
S3 E1.3
Q1 A2.0

a)

Zuordnungsliste

S1 E1.0
S2 E1.1
S3 E1.2
S4 E1.3
S5 E1.4
Q1 A3.0

b)

4. Entwickeln Sie die Anweisungsliste und den Kontaktplan.

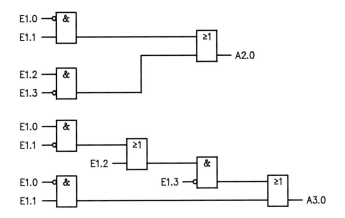

5. Entwickeln Sie die Anweisungsliste, den Kontaktplan und den Stromlaufplan.
Welche Aufgabe erfüllt die Steuerung?

E1.0 S1
E1.1 S2
A2.0 Q1

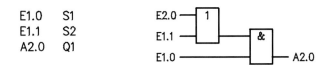

6. Welche Aufgabe hat die Steuerung? Entwickeln Sie FUP, KOP und AWL. Beurteilen Sie die Schaltung.

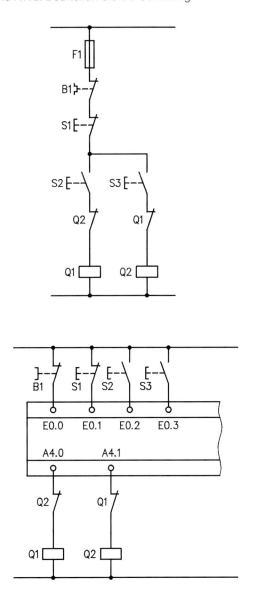

7. Erstellen Sie eine Zuordnungsliste.
Entwickeln Sie das Steuerungsprogramm in einer Programmiersprache Ihrer Wahl.

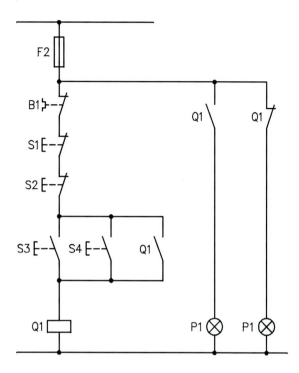

8. Eine Schützschaltung besteht aus zwei Hilfsschützen, einem Hauptschütz und einer Meldeleuchte.

Wenn der Taster S1 (Schließer) betätigt wird, zieht das Hilfsschütz K1 an und hält sich so lange selbst, wie der Taster betätigt wird. Gleichzeitig zieht das Hauptschütz Q1 an, hält sich selbst und schaltet die Meldeleuchte P1 ein.

Wenn der Taster S1 erneut betätigt wird, zieht das Hilfsschütz K2 an, solange der Taster betätigt bleibt. Dabei fällt das Hauptschütz Q1 ab und schaltet die Meldeleuchte P1 aus. Der beschriebene Vorgang ist beliebig oft wiederholbar.

a) Entwickeln Sie die Schützsteuerung.

b) Erstellen Sie die Zuordnungsliste.

c) Schreiben Sie die Anweisungsliste.

d) Entwickeln Sie den Funktionsplan.

e) Erstellen Sie den Kontaktplan.

9. Im untersten Stockwerk einer Tiefgarage sind drei Lüfter installiert, die durch Rauchmelder gesteuert werden.

Wenn ein Rauchmelder Signal gibt, arbeitet der erste Lüfter. Wenn zwei Rauchmelder Signal geben, arbeiten der zweite und dritte Lüfter.

Wenn sämtliche Rauchmelder Signal geben, sind alle Lüfter in Betrieb. Rauchmelder gibt Signal: „1"-Signal an die Steuerung.

a) Erstellen Sie die Zuordnungsliste.

b) Entwickeln Sie den Funktionsplan, und schreiben Sie die AWL.

c) Stellen Sie den Kontaktplan dar.

10. Am Eingang einer Werkhalle ist eine Luftschleuse angebracht, die aus drei Rolltüren besteht.

Jede Tür wird durch einen gesonderten Türöffner geöffnet (Schließer). Die Positionen „Tür auf" und „Tür zu" werden durch Grenztaster erfasst (Öffner).

Zwei gegenüberliegende Türen müssen stets geschlossen sein. Die Türen werden durch drehrichtungsumkehrbare Drehstrommotoren geöffnet und geschlossen.

a) Skizzieren Sie das Technologieschema.

b) Erstellen Sie die Zuordnungsliste.

c) Entwickeln Sie Funktionsplan und Anweisungsliste.

d) Skizzieren Sie den Anschluss der Signalgeber und Lastschütze an das Automatisierungsgerät.

e) Entwickeln Sie die Schützsteuerung.

11. Eine Bohrmaschine arbeitet, wenn der Bohrspindelantrieb eingeschaltet und zwei Taster gleichzeitig betätigt werden.

Die Grenzpositionen „oben" und „unten" werden durch Grenztaster (Öffner) erfasst.

Wenn die beiden Taster gleichzeitig betätigt wurden und dann wieder losgelassen werden, fährt die Bohrmaschine wieder hoch. Die Bohrmaschine darf nur arbeiten, wenn der Bohrer nicht abgebrochen ist.

Ein NOT-HALT-Raster ist selbstverständlich vorzusehen.

a) Skizzieren Sie das Technologieschema mit den notwendigen Signalgebern.

b) Erstellen Sie die Zuordnungsliste.

c) Entwickeln Sie Funktionsplan und Anweisungsliste.

d) Erstellen Sie den Kontaktplan.

e) Der Motor (aufwärts/abwärts) hat eine Bemessungsleistung von 2,2 kW, der Bohrspindelantriebsmotor von 5,5 kW. Welchen Bemessungsstrom müssen die Schmelzsicherungen haben? Welche Leitungsquerschnitte sind zu verlegen? Auf welchen Wert müssen die Überstromschutzeinrichtungen der Motoren eingestellt werden?

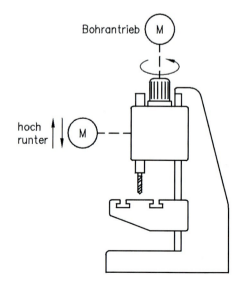

12. Erläutern Sie die Wirkungsweise der Steuerung.
Entwickeln Sie Funktionsplan und Anweisungsliste.

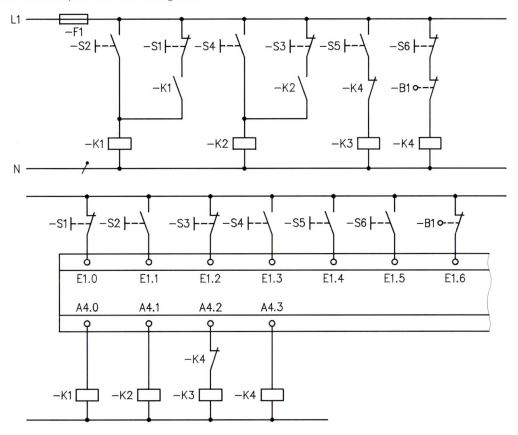

13. Für einen Kübelaufzug ist ein Steuerungsprogramm zu entwickeln.

Der Kübel wird aus einem Behälter beladen und transportiert das Schüttgut nach oben. Der leere Kübel kehrt danach in Beladeposition zurück.

a) Wählen Sie die benötigten Betriebsmittel aus.

b) Erstellen Sie die Zuordnungsliste.

c) Entwickeln Sie das Steuerungsprogramm.

d) Erstellen Sie eine Checkliste zum Programmtest.

e) Entwickeln Sie die Schützsteuerung für diese Aufgabe.

f) Ist die Schützsteuerung wirtschaftlicher als die SPS?
Begründen Sie Ihre Antwort.

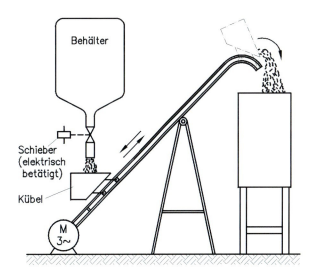

Information

Flankenauswertung

Die *Flankenauswertung* erkennt die *Änderung* eines Signalzustandes.

Positive Flanke (steigende Flanke)
Signal wechselt von „0" (FALSE) nach „1" (TRUE)

Negative Flanke (fallende Flanke)
Signal wechselt von „1" (TRUE) nach „0" (FALSE)

Positive Flanke

Wenn das *Verknüpfungsergebnis* (VKE) vor der Flankenauswertung von „0" nach „1" (von FALSE nach TRUE) wechselt, wird eine *positive Flanke* erkannt.

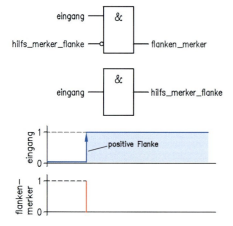

Anweisungsliste

  U   eingang
UN hilfs_merker_flanke
=   **flanken_merker**

  U   eingang
=   hilfs_merker_flanke

Programmierung

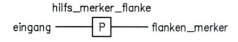

U   eingang
FP hilfs_merker_flanke
=   **flanken_merker**

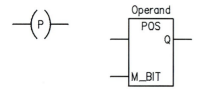

Negative Flanke

Wenn das VKE vor der Flankenauswertung von „1" (TRUE) nach „0" (FALSE) wechselt, wird eine *negative Flanke* erkannt.

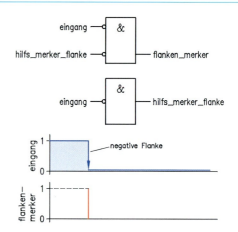

Anweisungsliste

UN eingang
UN hilfs_merker_flanke
=   **flanken_merker**

UN eingang
=   hilfs_merker_flanke

Programmierung

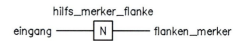

U   eingang
FN hilfs_merker_flanke
=   **flanken_merker**

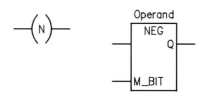

Lade- und Transferfunktionen

Diese Funktionen ermöglichen den *Informationsaustausch* zwischen verschiedenen Speicherbereichen. Dabei ist stets der Akkumulator 1 (Akku 1) der CPU beteiligt.

Laden L

Informationsfluss von einem Speicherbereich in den Akku 1. Operanden der Ladefunktion:

Byte (8 Bit)
Inhalt des Bytes steht rechtsbündig im Akku 1. Die nicht benötigten Akku-Bytes werden mit Nullen aufgefüllt.

Wort (16 Bit)
Inhalt des Wortes steht rechtsbündig in Akku 1. Das höher adressierte Byte steht ganz rechts, daneben das niedriger adressierte Byte. Die restlichen Bytes werden mit Nullen aufgefüllt.

Doppelwort (32 Bit)
Inhalt steht in Akku 1. Das am höchsten adressierte Byte steht ganz rechts, das am niedrigsten adressierte Byte ganz links im Akku.

Information

Beispiele

L EBO Geladen wird das Eingangsbyte 0.
Das sind die Eingänge E0.0 bis E0.7.

L AW4 Geladen wird das Ausgangswort 4.
Das sind die Ausgänge A4.0 bis A4.7
und A5.0 bis A5.7

L MW60 Laden eines Merkerwortes;
Merker M60.0 bis M60.7 und M61.0 bis M61.7.
Also die Merkerbytes (MB) MB60 und MB61.

Konstanten laden

L 240 Laden einer Integer-Zahl (ganzzahlig)
L 6.5 Laden einer Real-Zahl

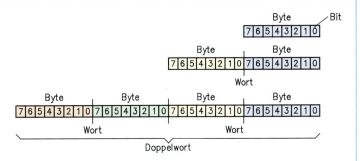

Transferieren T

Transferoperationen werden unabhängig vom VKE ausgeführt. Der Akkuinhalt verändert sich bei Transferfunktionen nicht.

Nach Ausführung der Funktion steht der Wert in Akku 1 und im angegebenen Zieloperanden. Der Akkuinhalt wird also kopiert.

Transfer zu den Eingängen

TEB Eingangsbyte
TEW Eingangswort
TED Eingangsdoppelwort

Transfer zu den Ausgängen

TAB Ausgangsbyte
TAW Ausgangswort
TAD Ausgangsdoppelwort

Transfer zu den Merkern

T MB Merkerbyte
T MW Merkerwort
T MD Merkerdoppelwort

Prinzip

Lade Operand 1

Lade Operand 2

Arithmetische Funktion

Transferiere Ergebnis

Arithmetische Funktion

Arithmetische Funktion	Datentyp INT	Datentyp REAL
Addition	+I	+R
Subtraktion	-I	-R
Multiplikation	*I	*R
Division	/I	/R

Arithmetische Funktionen

Zwei digitale Werte werden nach den Grundrechenarten verknüpft, die in den Akkumulatoren 1 und 2 stehen. Das Ergebnis steht im Akkumulator 1.

Operand 1   arithmetische Fkt.   Operand 2 = Ergebnis

```
L   Operand 1
L   Operand 2
arithm. Funktion
T   Ergebnis
```

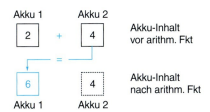

Vergleichsfunktionen

Die in Akku 1 und Akku 2 stehenden digitalen Werte werden miteinander verglichen. Abhängig vom Vergleichsergebnis wird unter anderem das Verknüpfungsergebnis (VKE) beeinflusst.

Operand 1   Vergl. Fkt.   Operand 2 = Ergebnis

Prinzip

Lade Operand 1

Lade Operand 2

Vergleichsfunktion

= Ergebnis

Vergleichsfunktion Vergleich auf ...	Datentyp INT	Datentyp REAL
gleich	==I	==R
ungleich	<>I	<>R
größer	>I	>R
größer oder gleich	>=I	>=R
kleiner	<I	<R

Anwendung

7.1.4 Eingabe der gewünschten Fachnummer

1. Der Codierschalter (Seite 87) ist an die Eingänge E0.0 – E0.3 angeschlossen.
In der Symboltabelle stehen folgende diesbezügliche Einträge:

codier_1   E0.0   BOOL
codier_2   E0.1   BOOL
codier_4   E0.2   BOOL
codier_8   E0.3   BOOL

a) Bitte erläutern Sie diese Einträge. Warum lautet die Indizierung 1–2–4–8 und nicht 1–2–3–4?

b) In Netzwerk 5 wird programmiert:

m_01:   L   EB 0
         T   sollwert

In der Symboltabelle wurde eingetragen:

sollwert   MW60   INT

Erläutern Sie MW60 und INT.
Könnte statt INT auch REAL verwendet werden?
Welche maximale Zahl kann in der Variablen *sollwert* gespeichert werden?
Worin unterscheidet sich eine Variable vom Datentyp INT von einer booleschen Variable?
Was bewirkt die Steueranweisung *L EB 0*?

Was versteht man unter Akkumulatoren in Zusammenhang mit einer CPU?
Welche Aufgabe haben diese Akkumulatoren?
Was zeigt die Darstellung des Programmtestes?
Welchen Wert hat EB 0 und welcher Wert steht in Akkumulator (Akku) 1?

Was bewirkt die Steueranweisung *T sollwert*?
Wie läuft der Datentransportvorgang ab?

Erläutern Sie die dargestellte Information beim Programmtest.

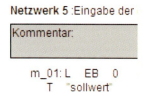

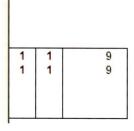

Anwendung

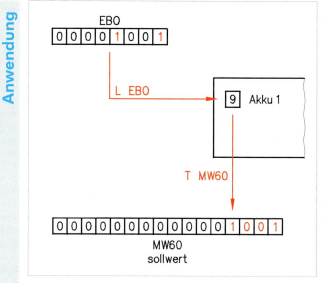

1 Laden und Transferieren von Daten über Akku 1

Erläutern Sie die Information der Grafik (Bild 1).
Könnte statt MW60 auch MB60 verwendet werden?
Worin liegt der Unterschied?

c) Der Codierschalter ermöglicht Einstellungen von 0 – 9 (beschriftet mit der Fachnummer 1 – 10).

0	0	0	0	0	1
0	0	0	1	1	2
0	0	1	0	2	3
0	0	1	1	3	4
0	1	0	0	4	5
0	1	0	1	5	6
0	1	1	0	6	7
0	1	1	1	7	8
1	0	0	0	8	9
1	0	0	1	9	10

Welche Aussage macht die Tabelle?
Welche Folgerungen ziehen Sie daraus?

Anwendung

Das Programm in Netzwerk 5 wird wie folgt ergänzt:

m_01:   L   EB 0
         L   1
         +I
         T   sollwert

Ein Programmtest ergibt die auf Seite 105 dargestellte Situation.

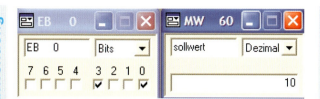

Erläutern Sie die Arbeitsweise des Programms.
Was bedeutet +I?
Welche diesbezüglichen Operationen sind noch möglich?
Ist damit die Verwendung des Codierschalters denkbar?

d) Erläutern Sie den Programmablaufplan (Bild 1) und testen Sie das Programm.

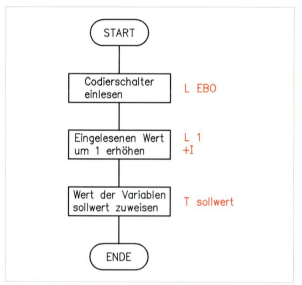

1 Wert von Codierschalter in Variable "sollwert"

7.1.5 Ermittlung der aktuellen Fachnummer

1. Die Steuerung muss die Information erhalten, welches „Fach" aktuell in Entnahmeposition steht.
Hieraus ergibt sich nämlich die Verfahrbewegung LINKS oder RECHTS zum gewünschten „Fach".

Diese aktuelle Fachnummer soll *istwert* genannt werden.

a) Beurteilen Sie den Programmablaufplan (Bild 2).

Nach der durchgeführten Referenzfahrt muss die Variable *istwert* auf den Integerwert 1 gebracht werden. Nach der Referenzfahrt steht nämlich „Fach" 1 in Entnahmeposition.

Ergänzen Sie das Programm, nachdem Sie die Symboltabelle um folgenden Eintrag erweitert haben:

   istwert   MW62   INT

Die Variable *sollwert* wurde zuvor bereits wie folgt deklariert.

   sollwert   MW60   INT

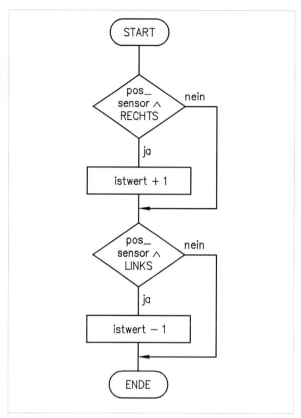

2 Ermittlung der aktuellen Fachnummer, PAP

Macht es Sinn, MW61 (scheinbar) nicht zu verwenden?
Nehmen Sie bitte Stellung dazu.

b) Dem Programmablaufplan entsprechend, schlägt ein Kollege Ihnen folgende Lösung vor.

```
U      pos_sensor
U      RECHTS
SPBN m_02

L      istwert
L      1
+I
T      istwert

m_02: U    pos_sensor
U      LINKS
SPBN m_03

L      istwert
L      1
-I
T      istwert

m_03:  ...
```

Überprüfen Sie das Programm. Tragen Sie die Sprungmarken in den Programmablaufplan ein.
Ist SPBN richtig oder müsste SPB verwendet werden?
Was ist der Unterschied zwischen den beiden bedingten Sprunganweisungen?

c) Nach der durchgeführten Referenzfahrt ergibt sich beim Programmtest die auf Seite 106 dargestellte Situation.
Beurteilen Sie diese.
Arbeitet das Programm einwandfrei?

Anwendung

Ist für die Variable *sollwert* auch eine Eingabe größer als 10 möglich?
Wenn ja, ist dafür zu sorgen, dass jede Eingabe > 10 zum *sollwert* =10 führt (Bild 1).

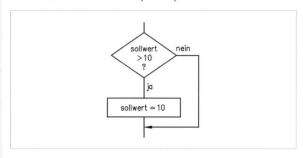

1 Sollwert größer als 10, PAP

Wie beurteilen Sie das diesbezügliche Programm? Beachten Sie dabei auch die Informationen des Simulators.

Anwendung

Beobachtung:
Die Variable *istwert* wird „schnell" hochgezählt.

A4.1:   *LINKS*
E0.0:   *pos_sensor*

Beobachtung:
Die Variable *istwert* wird „schnell" heruntergezählt.

Dies entspricht nicht den Vorstellungen.
Bei jedem Erreichen des *pos_sensors* soll der *istwert*
• bei Rechtslauf um 1 erhöht werden,
• bei Linkslauf um 1 verringert werden.

Und zwar jeweils nur um den Wert 1. Aktuell zählt der *istwert* so lange hoch bzw. runter, wie der *pos_sensor* den booleschen Wert TRUE (den Signalzustand „1") hat.

Ihr Meister schlägt Ihnen vor, eine Flankenauswertung zu programmieren.

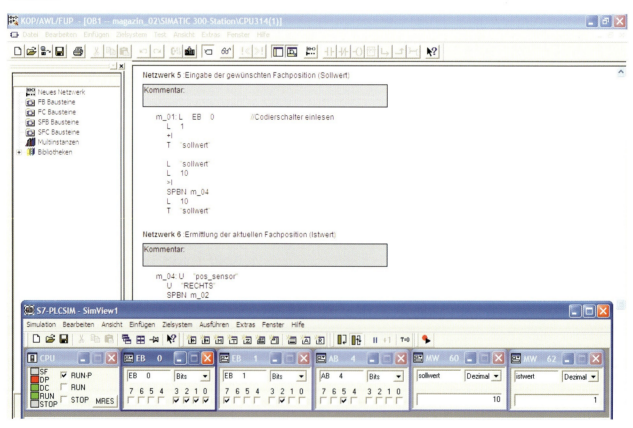

d) Nun kann das Programm nach b) getestet werden. Hierzu können Sie die Ausgänge RECHTS bzw. LINKS auf „1"-Signal setzen und die Variable *pos_sensor* auf „1"-Signal bringen.

A4.0:   *RECHTS*
E0.0:   *pos_sensor*

Anwendung

Was versteht man unter einer Flankenauswertung? Man unterscheidet positive und negative Flanken. Nehmen Sie dazu bitte Stellung.
Flanken ermöglichen mehr als nur die Abfrage z. B. eines Sensors auf sein statisches Signal. Was ist damit gemeint?

```
U   E0.0
UN  M0.0
=   M0.1
U   E0.0
=   M0.0
```

Erläutern Sie die Abarbeitung dieses Programms.
Wie ist hier der Flankenmerker benannt?
Welche Aufgabe hat der andere Merker?
Handelt es sich hier um eine positive oder eine negative Flanke?
Skizzieren Sie das Signal-Zeit-Diagramm für obiges Programm.

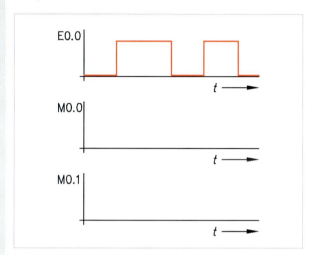

1 Flankenbildung, Signal-Zeit-Diagramm

e)

Netzwerk 6: Ermittlung der aktuellen

Kommentar:

```
m_04: U   "pos_sensor"
      FP  "hilfs_merk_fla_pos"
      =   "flanke_pos_sensor"

      U   "flanke_pos_sensor"
      U   "RECHTS"
      SPBN m_02

      L   "istwert"
      L   1
      +I
      T   "istwert"

m_02: U   "flanke_pos_sensor"
      U   "LINKS"
      SPBN m_03

      L   "istwert"
      L   1
      -I
      T   "istwert"
```

Die Flankenbildung *pos_sensor* wurde in AWL programmiert. Ist das Programm korrekt?
Wie würde die Flankenbildung in FUP aussehen?
Wie ist eine negative Flanke zu programmieren?
Könnte hier auch eine negative Flanke verwendet werden?
Worum handelt es sich bei der Darstellung?

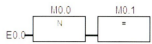

f) Nennen Sie Anwendungsbeispiele für die Flankenauswertung.
Wären dabei Alternativen zur Flankenauswertung möglich?

7.1.6 Drehrichtung (Wegoptimierung)

1. Nach der Referenzfahrt ist *istwert* = 1.
Der *sollwert* kann eingegeben werden.

Hieraus ist nun eine Vorfahrbewegung abzuleiten, die das gewünschte Magazinfach auf kürzestem Weg in Entladeposition bringt.
Ihr Meister übergibt Ihnen einen diesbezüglichen Programmablaufplan.

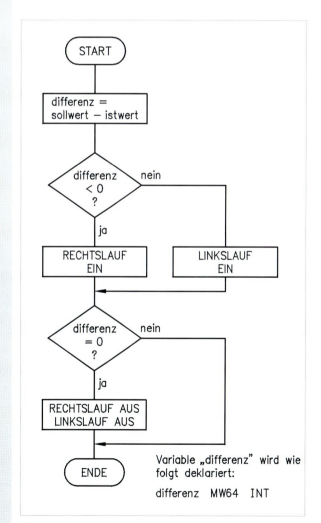

2 Drehrichtung, Programmablaufplan

Ihr Meister bespricht mit Ihnen folgende Skizze zur Verdeutlichung.

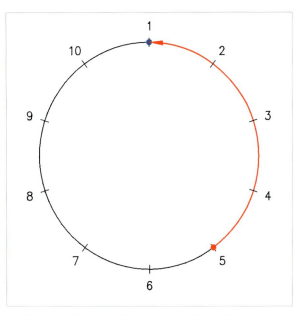

1 Magazin: Fach 5 in Entnahmeposition bringen

Nach Referenzfahrt:
  istwert = 1
Eingegebener Sollwert:
  sollwert = 5

  differenz = *sollwert* − *istwert* = 5 − 1 = 4

4 ist nicht kleiner als Null → LINKSLAUF EIN
Nach 4 Flanken am *pos_sensor* ist Fach 4 in Entnahmeposition.

Wenn
  istwert = *sollwert*,
dann ist
  differenz = 0 → LINKSLAUF AUS

Dieser Ablauf entspricht dem Programmablaufplan und scheint funktionstüchtig.

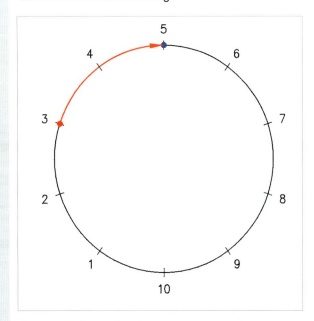

2 Magazin: Fach 3 in Entnahmeposition bringen

  istwert = 5
  sollwert = 3

  differenz = *sollwert* − *istwert* = 3 − 5 = − 2 (< 0)

Die *differenz* ist negativ (< 0) → RECHTSLAUF EIN

Nun zeigt sich ein erstes Problem:
Die Differenz ist negativ. Durch die Rechenoperation:

  differenz := 10 + *differenz*
     8 := 10 + (− 2)

ergibt sich eine positive Differenz. Das Ergebnis 8 ist durchaus brauchbar, allerdings nur für LINKSLAUF.

Wenn *differenz* > 5 sollte die Drehrichtung gewechselt werden, damit die kürzeste Verfahrbewegung erreicht werden kann.

a) Überprüfen Sie den überarbeiteten Programmablaufplan (Bild 1, Seite 109) kritisch. Nehmen Sie gegebenenfalls die notwendigen Änderungen vor.

b) Bei der Formulierung *differenz* := 10 + *differenz* handelt es sich um eine Wertzuweisung (Wertzuweisungszeichen :=).
Was versteht man unter einer Wertzuweisung im Unterschied zu einer Gleichung?

Zur Hilfestellung ist obige Wertzuweisung als AWL dargestellt:

```
L  10
L  differenz
+I
T  differenz
```

c)

Netzwerk 7 : Drehrichtung und Wegoptimierung

```
Kommentar:


m_03: L    "sollwert"
      L    "istwert"
      -I
      T    "differenz"

      L    "differenz"
      L    0
      >I
      SPBN m_05

      L    10
      L    "differenz"
      +I
      T    "differenz"

m_05: L    "differenz"
      L    5
      >I
      SPBN m_06
      S    "links_merker"
      SPA  m_07

m_06: L    10
      L    "differenz"
      -I
      T    "differenz"
      S    "rechts_merker"

m_07: L    "differenz"
      L    0
      ==I
      SPBN m_08
      R    "links_merker"
      R    "rechts_merker"
```

Entspricht das Programm dem Programmablaufplan? Bitte analysieren Sie es genau und nehmen Sie eventuell notwendige Änderungen vor.

Warum wurden im Programm die Variablen (Merker) *links_merker* und *rechts_merker* verwendet?

Wie ist mit diesen Variablen weiter zu verfahren?

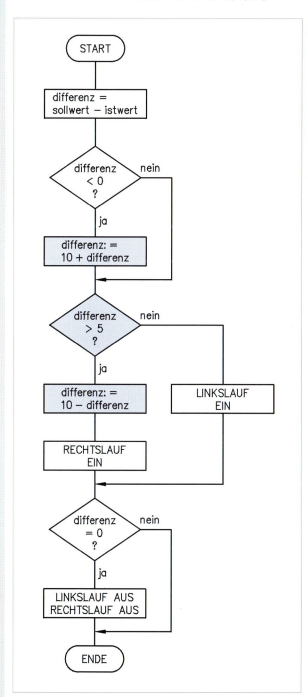

1 Modifizierter Programmablaufplan

d) Programmtest
Das erstellte Programm soll nun getestet werden.

2. Bei den nachträglichen Änderungen im Lauf der Entwicklungsarbeit hat die Übersichtlichkeit ein wenig gelitten. Zum Beispiel bei der „Reihenfolge" der Sprungmarken. Doch das ist bei Erstentwicklungen nicht ungewöhnlich und kann später leicht geändert werden.

Um diese Servicearbeit durchführen zu können, ist der aktuelle Entwicklungsstand des Programms hier komplett angegeben.

OB1 : Magazin

Kommentar:

Netzwerk 1 :Meldung Steuerung EIN/AUS und Auswahl

Kommentar:

```
U    "steuer_ein_aus"
=    "MELD_STEU_EIN_AUS"

U    "steuer_ein_aus"
U    "referenz_taster"
UN   "RECHTS"
UN   "LINKS"
S    "ref_aufruf_merk"

U    "ref_sensor"
UN   "RECHTS"
UN   "MELD_STOER"
UN   "MELD_REFERENZ"
R    "ref_aufruf_merk"


U    "ref_aufruf_merk"
SPBN m_01
```

Netzwerk 2 :Referenzfahrt im Rechtslauf

Kommentar:

```
U    "referenz_taster"
S    "ref_rechts_merk"

O    "ref_sensor"
O    "ref_zeit"
R    "ref_rechts_merk"

L    1
T    "istwert"
T    "sollwert"
```

Netzwerk 3 :Meldung Referenz

Kommentar:

```
U    "steuer_ein_aus"
S    "MELD_REFERENZ"
U    "hilfs_merker_referenz"
R    "MELD_REFERENZ"

U    "ref_sensor"
S    "hilfs_merker_referenz"
UN   "steuer_ein_aus"
R    "hilfs_merker_referenz"
```

Netzwerk 4 :Überwachungszeit der Referenzfahrt

Kommentar:

```
U    "referenz_taster"
U    "RECHTS"
L    S5T#30  E1.5 / referenz_taster
SS   "ref_zeit"

O    "quitt_stoerung"
O    "ref_sensor"
R    "ref_zeit"

U    "ref_zeit"
S    "stoerungs_merker"
U    "stoerungs_merker"
U    M   140.4      //Blinkmerker 1 Hz
=    "MELD_STOER"


U    "quitt_stoerung"
R    "MELD_STOER"
SPA  m_01
```

Netzwerk 5 :Eingabe der gewünschten Fachposition (Sollwert)

Kommentar:

```
m_01: U    "enter_taster"
      FP   "hilfs_merk_fla_enter"
      =    "pos_flanke_enter"
      SPBN m_04

      L    EB   0
      T    "sollwert"

      L    "sollwert"
      L    1
      +I
      T    "sollwert"

      L    "sollwert"
      L    10
      >I
      SPB  m_04
      L    10
      T    "sollwert"
```

Netzwerk 6 :Ermittlung der aktuellen Fachposition (Istwert)

Kommentar:

```
m_04: U    "pos_sensor"          //Flankenerkennung am Positionssensor
      FP   "hilfs_merk_fla_pos"
      =    "flanke_pos_sensor"

      U    "flanke_pos_sensor"
      U    "LINKS"
      SPBN m_02

      L    "istwert"
      L    1
      +I
      T    "istwert"

m_02: U    "flanke_pos_sensor"
      U    "RECHTS"
      SPBN m_03

      L    "istwert"
      L    1
      -I
      T    "istwert"

m_03: L    "istwert"
      L    11
      ==I
      SPBN m_09
      L    1
      T    "istwert"

m_09: L    "istwert"
      L    0
      ==I
      SPBN m_10
      L    10
      T    "istwert"
```

Netzwerk 8 :Ausgabe der Befehle

Kommentar:

```
m_08: O    "ref_rechts_merk"
      O    "rechts_merker"
      UN   "links_merker"
      U    "not_aus_eingang_sps"
      UN   "motor_schutz"
      U    "steuer_ein_aus"
      =    "RECHTS"

      U    "links_merker"
      UN   "rechts_merker"
      U    "not_aus_eingang_sps"
      UN   "motor_schutz"
      U    "steuer_ein_aus"
      =    "LINKS"
```

Symbol Editor - [S7-Programm(1) (Symbole) -- magazin_02\SIMATIC 300-Station\CPU3

Tabelle Bearbeiten Einfügen Ansicht Extras Fenster Hilfe

Alle Symbole

	Status	Symbol	Adresse /	Datentyp	Kommentar
1		RECHTS	A 4.0	BOOL	
2		LINKS	A 4.1	BOOL	
3		MELD_ENTER	A 4.2	BOOL	
4		MELD_STOER	A 4.3	BOOL	
5		MELD_REFERENZ	A 4.4	BOOL	
6		MELD_STEU_EIN_AUS	A 4.5	BOOL	
7		codier_1	E 0.0	BOOL	
8		codier_2	E 0.1	BOOL	
9		codier_4	E 0.2	BOOL	
10		codier_8	E 0.3	BOOL	
11		pos_sensor	E 1.0	BOOL	
12		ref_sensor	E 1.1	BOOL	
13		not_aus_eingang_sps	E 1.2	BOOL	
14		motor_schutz	E 1.3	BOOL	
15		enter_taster	E 1.4	BOOL	
16		referenz_taster	E 1.5	BOOL	
17		quitt_stoerung	E 1.6	BOOL	
18		steuer_ein_aus	E 1.7	BOOL	
19		hilfs_merker_referenz	M 0.0	BOOL	
20		hilfs_merk_ref_zeit	M 0.1	BOOL	
21		ref_aufruf_merk	M 0.2	BOOL	
22		stoerungs_merker	M 0.3	BOOL	
23		hilfs_merk_fla_pos	M 0.4	BOOL	
24		flanke_pos_sensor	M 0.5	BOOL	
25		links_merker	M 0.6	BOOL	
26		rechts_merker	M 0.7	BOOL	
27		hilfs_merk_fla_enter	M 1.0	BOOL	
28		pos_flanke_enter	M 1.1	BOOL	
29		ref_rechts_merk	M 1.2	BOOL	
30		sollwert	MW 60	INT	
31		istwert	MW 62	INT	
32		differenz	MW 64	INT	
33		Cycle Execution	OB 1	OB 1	
34		ref_zeit	T 1	TIMER	
35					

a) Beachten Sie Netzwerk 2:
Hier hat sich eine Änderung ergeben.
Die Variable *ref_rechts_merk* wurde eingeführt.
Was macht das für einen Sinn?

b) Beachten Sie Netzwerk 5:
Hier wurde eine positive Flanke des Enter-Tasters (*pos_flanke_enter*) gebildet.
Warum wurde das gemacht?

c) Beachten und erläutern Sie Netzwerk 8 „Ausgabe der Befehle".

d) Sind Linkslauf und Rechtslauf der Aufgabenerstellung entsprechend programmiert? Nehmen Sie dazu bitte Stellung.

e) Test des Programms mit Hilfe eines SPS-Systems oder Simulators:
• Programm laden
• STOP → RUN (P)

Die Situation ist auf Seite 111 dargestellt: Programm und Simulator.

Der *istwert* nimmt unmittelbar den Wert 10 an.
Woran liegt das? Beachten Sie dazu Netzwerk 6.
Hier wurde eine Ergänzung eingetragen.
Welchen Sinn hat diese Ergänzung?

Eine „Korrektur" findet nicht statt. Es wird die Referenzfahrt gestartet und durchgeführt. Sie arbeitet einwandfrei.

Nach durchgeführter Referenzfahrt ergibt sich folgende Situation (Darstellung des Simulators auf Seite 111).

Die Variablen *sollwert* und *istwert* haben den Wert 1, die Differenz ist 0.

Eingabe: $sollwert = 4 \rightarrow differenz = 4 - 1 = 3$

Wenn der Enter-Taster betätigt wird, ergibt sich die auf Seite 112 (oben) dargestellte Situation.

Anwendung

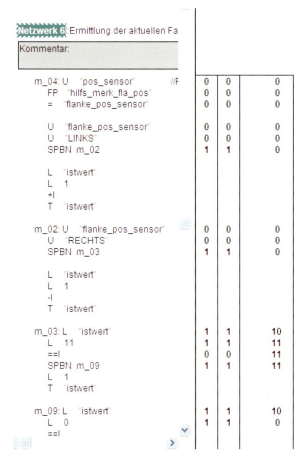

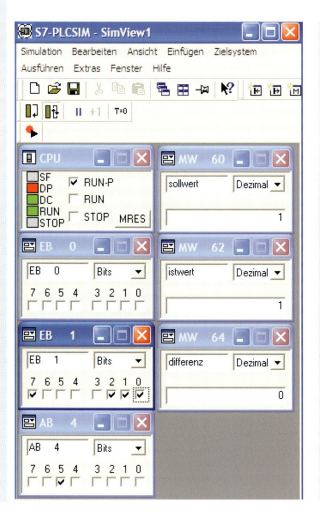

Anwendung

Beachten Sie, dass die hellgrau eingetragenen Werte bedeuten, dass die entsprechenden Programmteile momentan nicht mehr bearbeitet werden. Sie werden aktuell übersprungen.

Warum nimmt die Variable *sollwert* den Wert 10 an? Was ist zu tun, um dieses Problem zu beseitigen?

Nach der Korrektur wird erneut folgende Eingabe gemacht:

  sollwert = 4 und Enter

Es ergibt sich die auf Seite 104 (unten) dargestellte Situation.

Das Problem ist gelöst. Der Linkslauf wird eingeschaltet. Nach drei positiven Flanken am Positionssensor ist *differenz* = 0 und der Linkslauf wird ausgeschaltet.

Situation:

sollwert = 4 *istwert* = 4 *differenz* = 0

Neue Eingabe: *sollwert* = 10

Nach Betätigung von Enter zeigt sich:

sollwert = 10 *istwert* = 4 *differenz* = 3
RECHTSLAUF

Dies entspricht den Forderungen. Nach 4 Flanken am Positionssensor ist Fach 4 in Entnahmeposition.

Situation:
sollwert = 10 *istwert* = 10 *differenz* = 0
RECHTSLAUF AUS

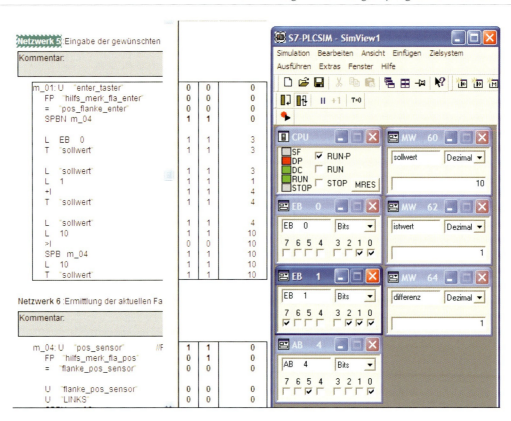

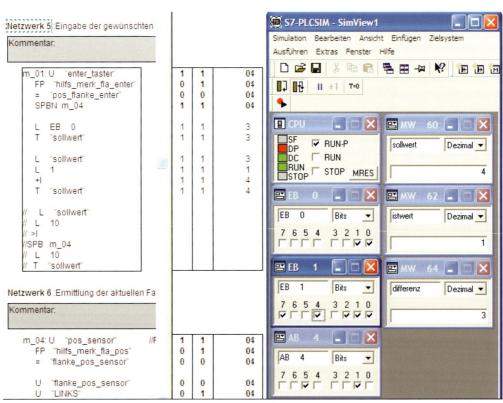

Neue Eingabe: *sollwert* = 6

Nach Betätigung von Enter:

sollwert = 6   *istwert* = 10   *differenz* = 4
RECHTSLAUF EIN

Nach 4 Flanken am Positionssensor wird die Variable *differenz* = 0 und der Antriebsmotor ausgeschaltet.

Das Programm ist funktionstüchtig.

f) Nachdem Sie Ihren Meister über den Stand der Arbeiten unterrichtet haben, zeigt der sich noch nicht ganz zufrieden. Zum Beispiel bemängelt er:

- *Keine Kommentierung des Programms.*
- *Testfunktionen müssen über „reine Logik" hinausgehen.*
- *Wirksamkeit des Not-Aus ist sorgfältig zu testen.*
- *Wirksamkeit der Verriegelungen ist zu testen.*
- *Was passiert, wenn der Schalter „Steuerung EIN/AUS" während des Betriebes ausgeschaltet und danach wieder eingeschaltet wird?*

Überprüfen Sie das Steuerungsprogramm sorgfältig.

g) Der Sicherheitsbeauftragte des Betriebes bemängelt die Unfallgefahr bei Betrieb des Magazins. Nämlich, wenn bei sich drehendem Magazin in ein Fach hineingegriffen wird. Erarbeiten Sie hierfür eine Lösung.

7.2 Rollmagazin strukturiert programmieren

Auftrag

Nachdem Sie das Programm „Magazin" dem Meister vorgestellt haben, äußert er sich unzufrieden mit dem „Programmierstil".
Er bemängelt besonders, dass das gesamte Programm im OB1 geschrieben wurde.
Und dort natürlich in einer einzigen Programmiersprache (nämlich AWL).

Er bittet Sie, das Programm in strukturierter Form zu erstellen. Zur Verdeutlichung fertigt er folgende Skizze an.

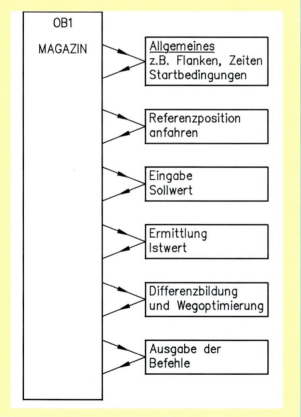

Anwendung

1. Strukturierte Programmierung kann im weitesten Sinne mit der Unterteilung eines Buches in Kapiteln usw. verglichen werden.
Erläutern Sie diese Aussage unter Berücksichtigung der von Ihrem Meister erstellten Skizze.

2. Strukturelemente eines Programms sind Organisationsbaustein, Funktionsbaustein, Funktion, Datenbaustein.
Erläutern Sie dies bitte.
Welche Hierarchie gilt bei diesen Strukturelementen?

Anwendung

3. Worin besteht der wesentliche Unterschied zwischen Funktionsbausteinen und Funktionen?

4. Worauf ist bei der Programmierung von Funktionen zu achten?

5. Worauf ist bei der Programmierung von Funktionsbausteinen zu achten?
Welche Bedeutung haben dabei die Instanz-Datenbausteine?

6. Welche Regeln gelten beim Aufruf von Funktionen und Funktionsbausteinen?
Kann zum Beispiel eine FC einen FB aufrufen?

7. Auftragsskizze siehe Auftrag:
Legen Sie bei den einzelnen Strukturelementen fest, ob sie als FB oder als FC programmiert werden sollen und entscheiden Sie sich für eine Programmiersprache.
Beachten Sie dabei, dass jeder Baustein in der für die Problemlösung optimalen Programmiersprache erstellt werden kann.
Beachten Sie weiterhin, dass es im Allgemeinen nicht die eine, perfekte Lösung gibt. Vielmehr wird oftmals die „Handschrift" des Programmierers deutlich.

8. Baustein „Allgemeines":

Geplante Inhalte: *Steuerung EIN/AUS,*
Meldung Steuerung EIN/AUS,
Flanke Positionssensor,
Überwachungszeit(en)

Beachten Sie, dass jeder Baustein im Laufe der Programmierung jederzeit um weitere Elemente ergänzt werden kann. Geplant wird eine Funktion (FC1) in der Programmiersprache FUP.

a) Bevor Sie mit der Programmierarbeit beginnen, müssen Sie ein Projekt anlegen.
Wie gehen Sie dabei vor?

b) Erstellen Sie die Funktion in der Programmiersprache FUP. Sie können sich dabei auf die oben genannten Inhalte beschränken.

FC1 : Allgemeines

Netzwerk 1 :Steuerung ein- und auschalten

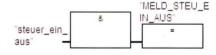

Netzwerk 2 :Positive Flanke Steuerung ein/aus

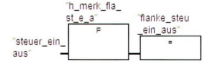

Netzwerk 3 :Positive Flanke Positionsensor

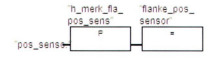

Netzwerk 4 :Überwachungszeit Referenzfahrt

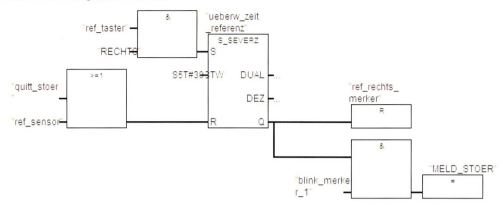

c) Als Grundlage für den Programmtest ist die FC1 (Allgemeines) hier so angegeben, wie sie sich bei Erstellung mit Hilfe eines Programmiersystems ergibt. Kleine Einschränkungen bei der Lesbarkeit entsprechen der Praxis und werden daher hier bewusst in Kauf genommen.
Beurteilen Sie das Programm.
Wie groß ist die Zeitvorgabe zur Überwachung der Referenzfahrt?

d) Sie wollen die Funktion testen. Dabei stellt sich kein Erfolg ein. Es scheint so, als wäre kein Programm vorhanden.
Woran kann das liegen?

e) Nachdem Sie den OB1 entsprechend ergänzt haben, nehmen Sie den Programmtest erneut vor.
Dabei nehmen Sie u.a. folgende Handlungen vor:
• *Ausgang RECHTS (A4.0) auf den Signalzustand „1"* *bringen*
• *Eingang ref_taster (E1.5) kurz auf „1" bringen*
• *Zeit laufen lassen*

Nach Ablauf der Zeit ergibt sich unten stehendes Bild. Dargestellt ist die Hellphase des Blinkmerkers

Entspricht dies Ihren Vorstellungen?
• *Eingang quitt_stoer (E1.6) auf „1" bringen (Taster).* *Die Störungsmeldung muss erlöschen.*
Trifft das zu?

• *Im Regelfall wird während der ablaufenden Überwa-* *chungszeit der ref_sensor (E1.1) den Signalzu-* *stand „1" annehmen. Dann darf die Zeit nicht weiter* *ablaufen.*

Netzwerk 3 :Positive Flanke Positionsensor

Netzwerk 4 :Überwachungszeit Referenzfahrt

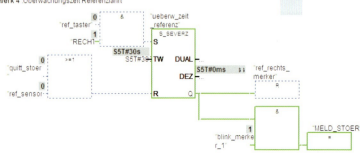

Funktioniert das einwandfrei?

Folgende Ergänzung wird gewünscht:
Die Überwachungszeit soll nur ablaufen können, wenn auch der Schalter *steuer_ein_aus* (E1.7) den Signalzustand „1" hat, also eingeschaltet ist.
Führen Sie diese Änderung aus.

9. *Baustein „Referenzfahrt":*
Dargestellt ist der Steuerungsentwurf FC2.

FC2 : Referenzfahrt

Netzwerk 1 :Im Rechtslauf bis Referenzsensor

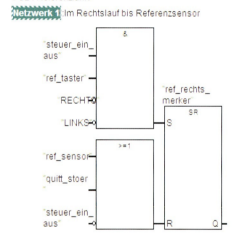

Netzwerk 2 :Sollwert auf 1 setzen

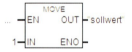

Netzwerk 3 :Istwert auf 1 setzen

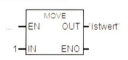

Bitte beurteilen Sie dieses Programm. Ist es funktionstüchtig?

Beschreiben Sie die Wirkungsweise der beiden MOVE-Boxen.
Was bedeutet EN und ENO?
Warum werden diese Elemente hier nicht genutzt?

Anwendung

Die Meldelampe „Referenz" ist zu programmieren. Dies erfolgt „nachträglich" in FC1 (Allgemeines). Führen Sie diese Arbeit durch.

Beurteilen Sie in diesem Zusammenhang den dargestellten Entwurf.

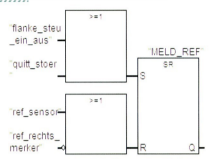

Netzwerk 5 :Meldelampe Referenz anfahren

Beim Programmtest stellt sich heraus, dass schon beim Übergang von STOP auf RUN (P) die Variablen *sollwert* und *istwert* auf den Wert 1 gebracht werden.
Ist das ein Problem?
Wenn ja, ist eine Änderung zu programmieren.
Stellt der dargestellte Programmausschnitt eine Lösung dar?

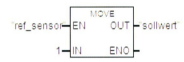

Netzwerk 2 :Sollwert auf 1 setzen

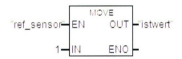

Netzwerk 3 :Istwert auf 1 setzen

Die bislang programmierten Funktionen werden im OB1 bei jedem Programmzyklus (unbedingt) aufgerufen.
Dargestellt sind die Funktionsaufrufe in AWL.

OB1 : Magazin

Kommentar:

Netzwerk 1 :Allgemeines

Kommentar:

        CALL "Allgemeines"

Netzwerk 2 :Referenz anfahren

Kommentar:

        CALL "REFERENZ"

Anwendung

Die Funktion *REFERENZ* (FC2) wird aber nur zur Durchführung der Referenzfahrt benötigt. Danach nicht mehr.
Also wäre sicherlich ein *bedingter Bausteinaufruf* sinnvoll. Dabei wird der Baustein nur dann aufgerufen, wenn die Aufrufbedingung den booleschen Wert TRUE hat.

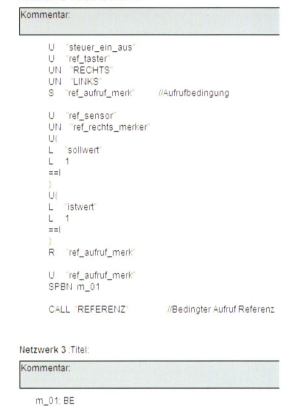

Netzwerk 2 :Referenz anfahren

Kommentar:

    U   "steuer_ein_aus"
    U   "ref_taster"
    UN "RECHTS"
    UN "LINKS"
    S   "ref_aufruf_merk"   //Aufrufbedingung

    U   "ref_sensor"
    UN "ref_rechts_merker"
    U(
    L   "sollwert"
    L   1
    ==I
)
    U(
    L   "istwert"
    L   1
    ==I
)
    R   "ref_aufruf_merk"

    U   "ref_aufruf_merk"
    SPBN m_01

    CALL "REFERENZ"   //Bedingter Aufruf Referenz

Netzwerk 3 :Titel:

Kommentar:

    m_01: BE

Beurteilen Sie den dargestellten bedingten Bausteinaufruf.
Welche Aufgabe hat der Merker *ref_aufruf_merk*?
In die Rücksetzbedingungen des *ref_aufruf_merk* ist die Steueranweisung UN *ref_rechts_merker* eingebaut. Welchen Zweck hat das?
Welche besonderen Probleme können sich bei bedingten Bausteinaufrufen ergeben?
Beschreiben Sie diese Probleme am Beispiel des hier vorliegenden bedingten Aufrufs.

Analysieren Sie die dargestellte Situation beim Programmtest (dargestellt auf Seite 116 oben).

10. *Baustein „Eingabe Sollwert"*
Dargestellt ist die Funktion FC3 in der Programmiersprache FUP (Seite 116).
Was bedeutet JMPN?
Was bedeutet RET? Ist diese Steueranweisung unter allen Umständen zwingend?
Wenn nein, warum wird sie dann hier verwendet?
Welche Aufgabe hat der *dauer_1_merker*?
Wie würden Sie einen solchen Merker programmieren?
Wofür würden Sie ihn generell einsetzen?

Anwendung

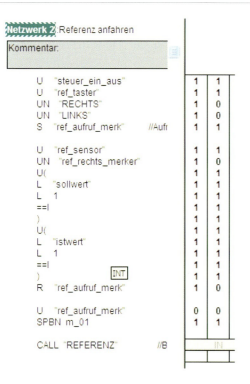

Netzwerk 2 :Referenz anfahren

Kommentar:

U	"steuer_ein_aus"		1	1
U	"ref_taster"		1	1
UN	"RECHTS"		1	0
UN	"LINKS"		1	0
S	"ref_aufruf_merk"	//Aufr	1	1
U	"ref_sensor"		1	1
UN	"ref_rechts_merker"		1	0
U(			1	1
L	"sollwert"		1	1
L	1		1	1
==I			1	1
)			1	1
U(			1	1
L	"istwert"		1	1
L	1		1	1
==I		INT	1	1
)			1	1
R	"ref_aufruf_merk"		1	0
U	"ref_aufruf_merk"		0	0
SPBN	m_01		1	1
CALL	"REFERENZ"	//B	IN	

FC3 : Sollwerteingabe (Fachnummer)

Netzwerk 1 :Kein Sprung bei Flanke Enter-Taster

Netzwerk 2 :Sollwert von Codierschalter

Netzwerk 3 :Sollwert um 1 erhöhen

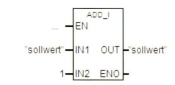

Netzwerk 4 :Rückkehr zum aufrufenden Baustein

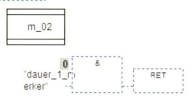

Der Merker hat im vorliegenden Fall den Signalzustand „0".
Dennoch funktioniert das Programm.
Wie kann das sein?
Wie wäre der Merker zu programmieren, wenn er unter allen Umständen den Signalzustand „1" führen sollte?

Anwendung

Ein Kollege schlägt Ihnen vor, die FC3 einfacher zu programmieren.
So wie nachstehend dargestellt.

FC3 : Sollwerteingabe (Fachnummer)
Netzwerk 1 :Sollwert von Codierschalter

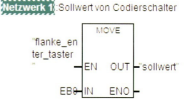

Netzwerk 2 :Sollwert um 1 erhöhen

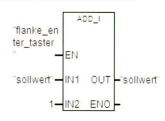

Funktioniert das?
Welche Bedeutung haben dabei die Eingänge EN?

In diesem Zusammenhang kommen Sie auf die Idee, den bedingten Bausteinaufruf „Referenzfahrt" in FUP zu programmieren.

Die Aufrufbedingung wirkt dann auf den Eingang EN.
Ist das möglich?

11. *Baustein: Ermittlung Istwert*
Bei diesem Baustein handelt es sich um einen Zähler, der in Abhängigkeit von der Drehrichtung des Magazins aufwärts (vorwärts) oder abwärts (rückwärts) zählt.

a) Um was für einen Zähler handelt es sich hier?
Beschreiben Sie genau die Wirkungsweise.
Wie sind die Ein- und Ausgänge zu parametrieren?
Wie kann die Funktion des Zählers getestet werden?
Berücksichtigen Sie dabei besonders den Eingang S.
Welchen Signalzustand hat der Zählerausgang Q, wenn der Zählwert noch nicht erreicht ist?
Wie ändert sich der Signalzustand von Q, wenn der Zählwert erreicht ist? Wie wird der Zählwert eingegeben? Ist dieser Zähler hier brauchbar?

Netzwerk 4 :Ermittlung der aktuellen Position (Istwert)

Kommentar:

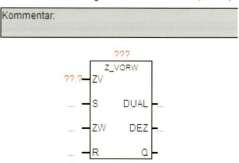

b) Wie arbeitet dieser Zähler? Ist er hier brauchbar?

Netzwerk 4 :Ermittlung der aktuellen Position (Istwert)

Kommentar:

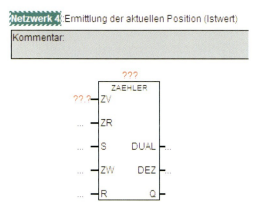

c) Worum handelt es sich bei diesem Zähler?

Netzwerk 4 :Ermittlung der aktuellen Position (Istwert)

Kommentar:

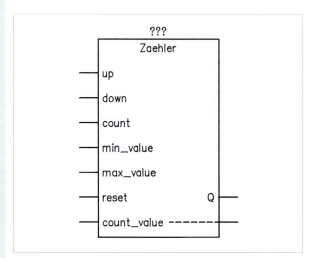

d) Ihr Meister schlägt Ihnen einen ganz anderen Weg vor.
Sie sollen den Funktionsbaustein *Zähler* in der Programmiersprache SCL (Strukturierter Text) maßgeschneidert entwickeln und hier einsetzen.

e) Was versteht man unter der Programmiersprache SCL?
Wofür ist sie besonders gut einsetzbar?
Machen Sie sich mit den grundsätzlichen Regeln dieser Programmiersprache vertraut.

```
              ???
            Zaehler

    —— up

    —— down

    —— count

    —— min_value

    —— max_value

    —— reset           Q ——

    —— count_value ———————
```

1 Funktionsbaustein Zähler, Formalparameter

f) Entwicklung des Bausteins *Zähler*:
Beachten Sie, dass die Variablennamen vom Anwender gewählt werden können.

Man spricht hier von den Formalparametern des Bausteins.
Was versteht man darunter?
Welche Aufgabe haben die Formalparameter?

```
 1  FUNCTION_BLOCK FB1 //ZAEHLER
 2
 3    var_input
 4      up          :    bool;
 5      down        :    bool;
 6      count       :    bool;
 7      reset       :    bool;
 8      min_value   :    int;
 9      max_value   :    int;
10    end_var
11
12    var_output
13      Q           :    bool;
14    end_var
15
16    var_in_out
17      count_value :    int;
18    end_var
19
20
```

Nachdem im Quellordner die Quelle ZAEHLER geöffnet wurde, erstellen Sie die Variablendeklaration.

Erläutern Sie die Deklaration.
Was bedeutet insbesondere var_in_out?
Warum wird der aktuelle Zählwert *count_value* so deklariert?
Sind Änderungen bzw. Ergänzungen notwendig?

Dargestellt ist der Programmteil der ZAEHLER-Quelle (Seite 118).
Auf das Schlüsselwort *begin* kann u.U. verzichtet werden.
Erläutern Sie das Programm. Erstellen Sie den zugehörigen Programmablaufplan.
Wie beurteilen Sie die Funktion des Programms?

Alternativ kann der Funktionsbaustein auch unabhängig von einem SPS-Programmiersystem mit einem herkömmlichen Texteditor erstellt werden. Der Dateiname muss dann den Zusatz *.scl* haben (Seite 118).

Netzwerk 4 :Ermittlung der aktuellen Position (Istwert)

Kommentar:

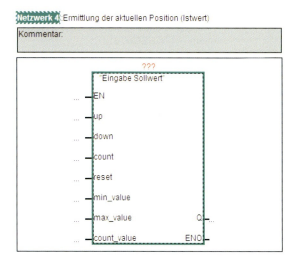

Anwendung

```
20   begin
21
22     if count & up then count_value := count_value + 1; end_if;
23
24     if count & down then count_value := count_value - 1; end_if;
25
26     if up & count_value = min_value or down & count_value := max_value then Q := 1; end_if;
27
28     if reset then Q := 0; end_if;
29     if reset & down then count_value := max_value; end_if;
30     if reset & up then count_value := min_value; end_if;
31
32   END_FUNCTION_BLOCK
```

```
 Datei   Bearbeiten   Suchen   Fenster   Optionen   Hilfe
                      C:\ZAEHLER_UP_DOWN.scl
 FUNCTION_BLOCK FB1  //COUNTER UP and DOWN

         var_input
                 up                  :         bool;
                 down                :         bool;
                 count               :         bool;
                 reset               :         bool;
                 min_value           :         int;
                 max_value           :         int;
         end_var

         var_output
                 Q                   :         bool;
         end_var

         var_in_out
                 count_value         :         int;
         end_var


         begin

             if count & up then count_value := count_value + 1; end_if;
             if count & down then count_value := count_value - 1; end_if;

             if up & count_value = max_value or down & count_value = min_value
                 then Q:= 1; end_if;

             if reset then Q := 0: end_if;
             if reset & up then count_value := min_value;
                 elsif reset & down then count_value := max_value;
             end_if;

 END_FUNCTION_BLOCK
```

Nach erfolgreicher Übersetzung steht die Quelle als Funktionsbaustein zur Verfügung und kann aufgerufen werden.

Netzwerk 4 :Ermittlung der aktuellen Position (Istwert)

Kommentar:

```
        CALL "Eingabe Sollwert" , DB1
        up      :="RECHTS"
        down     :="LINKS"
        count   :="pos_sensor"
        reset   :="flanke_steu_ein_aus"
        min_value :=1
        max_value :=10
        Q       :=
        count_value:="istwert"
```

Es empfiehlt sich der Aufruf in der Programmiersprache FUP.

Für den Programmtest wird obige Parametrierung in AWL vorgenommen.

Beim Programmtest fällt auf:

Anwendung

- *Wenn die Variable pos_sensor den Signalzustand „1" führt, läuft der Zählwert count_value kontinuierlich aufwärts bzw. abwärts.*

- *Für das Magazin wird ein geändertes Zählerverhalten benötigt:*
  Zählwert =11 → Zählwert = 1
  Zählwert = 0 → Zählwert =10

Nehmen Sie die Änderungen vor und parametrieren Sie den Baustein für die Magazinanwendung.
Eventuell kann es sinnvoll sein, für diese Anwendung eine spezielle SCL-Quelle zu erstellen. Wenn Sie sich dazu entschließen, dann erstellen Sie bitte auch den zugehörigen Programmablaufplan.

Netzwerk 4 :Ermittlung der aktuellen Position (Istwert)

Kommentar:

```
        CALL "ISTWERT_ERM" , "ist_wert_db"
        count   :="flanke_pos_sensor"
        up      :="LINKS"
        down     :="RECHTS"
        count_value:="istwert"
```

Angenommen, der geänderte Baustein hat die auf Seite 118 angegebenen Formalparameter, die bei diesem Aufruf mit den angegebenen Aktualparametern versehen werden. Welchen Aufbau hat dann die SCL-Quelle? Was versteht man allgemein unter Aktualparametern?

Testen Sie den Funktionsbaustein.

Beim Aufruf von Funktionsbausteinen ist ein Datenbaustein DB notwendig.

Welche Aufgabe haben die zugeordneten Instanz-Datenbausteine?

13. *Baustein: Ausgabe der Befehle*

Dieser Baustein wird hier in der Programmiersprache KOP erstellt.

Überprüfen Sie bitte die Funktion FC5 auf sachliche Richtigkeit.

Man kann sehr gut erkennen, warum ein Befehl ausgegeben wird, bzw. warum er nicht ausgegeben wird (Seite 120).

Hier kann zum Beispiel die Fehlersuche in strukturierten Programmen beginnen.

```
 1  function fc4 : void
 2  begin
 3
 4  differenz := sollwert - istwert;
 5
 6  if differenz < 0 then differenz := differenz + 10; end_if;
 7
 8  if differenz > 5 then differenz := 10 - differenz; rechts_merker := 1;
 9     else links_merker := 1;
10  end_if;
11
12  if differenz = 0 then rechts_merker := 0; links_merker := 0; end_if;
13  |
14  end_function
15
```

12. *Baustein: Differenzbildung und Wegoptimierung*

Auch diese Funktion wird in der Programmiersprache SCL programmiert.

Natürlich gilt das auch für in anderen Programmiersprachen erstellte Funktionen, doch KOP ist außerordentlich übersichtlich.

Warum wird der Befehl RECHTS nicht ausgegeben? Was würden Sie zuerst überprüfen (Seite 120)?

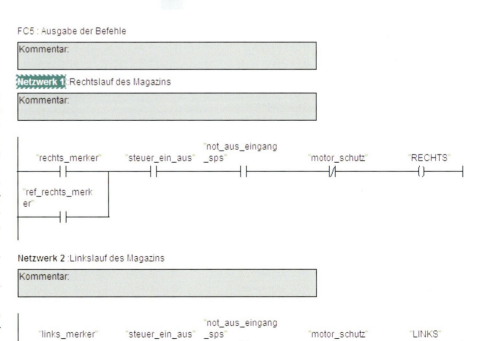

Erläutern Sie genau die Programmstruktur in den Zeilen 8 – 10, insbesondere die Wirkung von *else*. Was bedeutet die Angabe *void*?

Kommentieren Sie die einzelnen Strukturen der Funktion. Bei Servicearbeiten muss deren Aufgabe sofort ersichtlich sein.

Ist die Funktion in Ordnung?

Stimmt der Funktionsaufruf im OB1?

Warum wurde die Variable *flanke_enter_taster* hier eingebunden?

Erstellen Sie den Programmablaufplan für FC4.

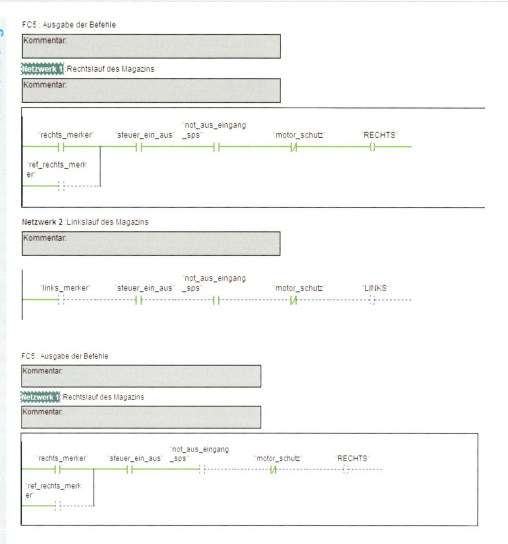

FC5 : Ausgabe der Befehle

Kommentar:

Netzwerk 1 :Rechtslauf des Magazins

Kommentar:

```
        "rechts_merker"   "steuer_ein_aus"   "not_aus_eingang
                                               _sps"          "motor_schutz"   "RECHTS"
            ┤ ├              ┤ ├               ┤ ├               ┤/├              ( )
     "ref_rechts_merk
      er"
            ┤ ├
```

Netzwerk 2 :Linkslauf des Magazins

Kommentar:

```
        "links_merker"    "steuer_ein_aus"   "not_aus_eingang
                                               _sps"          "motor_schutz"   "LINKS"
            ┤ ├              ┤ ├               ┤ ├               ┤/├              ( )
```

FC5 : Ausgabe der Befehle

Kommentar:

Netzwerk 1 :Rechtslauf des Magazins

Kommentar:

```
        "rechts_merker"   "steuer_ein_aus"   "not_aus_eingang
                                               _sps"          "motor_schutz"   "RECHTS"
            ┤ ├              ┤ ├               ┤ ├               ┤/├              ( )
     "ref_rechts_merk
      er"
            ┤ ├
```

Ref - [S7-Programm(1) (Querverweise) -- magazin_04\SIMATIC 300-Station\CPU314(1)]

Referenzdaten   Bearbeiten   Ansicht   Fenster   Hilfe

Gefiltert

Operand (Symbol)	Baustein (Symbol)	Art	Sprache	Verwendungsstelle			Verwendungsstelle		
⊞ A 4.0 (RECHTS)	FC1 (Allgemeines)	R	FUP	NW	5	/U			
⊞ A 4.1 (LINKS)	FC2 (REFERENZ)	R	FUP	NW	1	/UN			
A 4.3 (MELD_STOER)	FC1 (Allgemeines)	W	FUP	NW	5	/=			
A 4.4 (MELD_REF)	FC1 (Allgemeines)	W	FUP	NW	6	/R	NW	6	/S
A 4.5 (MELD_STEU_EIN_A...)	FC1 (Allgemeines)	W	FUP	NW	1	/=			
E 1.0 (pos_sensor)	FC1 (Allgemeines)	R	FUP	NW	3	/U			
⊞ E 1.1 (ref_sensor)	FC1 (Allgemeines)	R	FUP	NW	5	/O	NW	6	/O
E 1.2 (not_aus_eingang_s...)	FC5 (Befehle)	R	KOP	NW	1	/U	NW	2	/U
E 1.3 (motor_schutz)	FC5 (Befehle)	R	KOP	NW	1	/UN	NW	2	/UN
E 1.4 (enter_taster)	FC1 (Allgemeines)	R	FUP	NW	4	/U			
⊞ E 1.5 (ref_taster)	FC1 (Allgemeines)	R	FUP	NW	5	/U			
⊞ E 1.6 (quitt_stoer)	FC1 (Allgemeines)	R	FUP	NW	5	/O	NW	6	/O
⊞ E 1.7 (steuer_ein_aus)	FC1 (Allgemeines)	R	FUP	NW	1	/U	NW	2	/U
EB 0	FC3 (Sollwerteingabe)	R	FUP	NW	1	/L			
⊞ M 10.0 (flanke_steu_ein_...)	FC1 (Allgemeines)	R	FUP	NW	6	/O			
M 10.1 (h_merk_fla_st_e_a)	FC1 (Allgemeines)	W	FUP	NW	2	/FP			
⊞ M 10.2 (flanke_pos_sensor)	FC1 (Allgemeines)	W	FUP	NW	3	/=			
M 10.3 (h_merk_fla_pos_s...)	FC1 (Allgemeines)	W	FUP	NW	3	/FP			
⊞ M 10.4 (ref_rechts_merker)	FC1 (Allgemeines)	R	FUP	NW	6	/ON			
⊞ M 10.5 (ref_aufruf_merk)	OB1 (Cycle Execution)	R	AWL	NW	2	Anw 19 /U			
⊞ M 10.6 (flanke_enter_taster)	FC1 (Allgemeines)	W	FUP	NW	4	/=			
M 10.7 (h_merk_fla_enter)	FC1 (Allgemeines)	W	FUP	NW	4	/FP			
M 11.1 (links_merker)	FC5 (Befehle)	R	KOP	NW	2	/U			

Daten werden gefiltert angezeigt.

Anwendung

14. Das Programm ist (grob) erstellt und kann nun zusammenhängend getestet werden. Dabei fällt Ihnen auf:

- Die Referenzfahrt funktioniert einwandfrei.
  Die Meldelampe „Referenz" hat allerdings keine Funktion.
  Überprüfen Sie das bitte (Querverweise Seite 120).
  Die Meldung A4.4 wird in FC1 programmiert.
  Beim Programmtest ergibt sich hier das dargestellte Bild (Simulator).
  Nehmen Sie die notwendige Änderung vor.

Netzwerk 6 :Meldelampe Referenz anfahren

Kommentar:

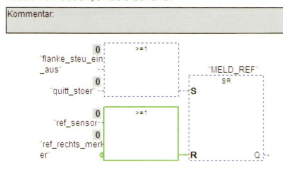

- Zeitüberschreitung bei der Referenzfahrt.
  Wie gewünscht, blinkt die Störungslampe und der Ausgang RECHTS (A4.0) wird ausgeschaltet.
  Wenn danach erneut der Referenztaster (E1.5) betätigt wird, wird Ausgang A4.0 sehr schnell ein- und ausgeschaltet (er „flattert").

  In FC5 (Ausgabe der Befehle) erkennt man, dass der Merker *ref_rechts_merker* „flattert". Also muss das Problem in FC2 (Referenzfahrt) liegen, da hier der *ref_rechts_merker* gebildet wird.
  Beheben Sie das Problem.

FC2 : Referenzfahrt

Behälter 1 des Magazins wird in Entnahmeposition gefahren.

Netzwerk 1 :Im Rechtslauf bis Referenzsensor

Kommentar:

- Überwachungszeit „Referenz" abgelaufen. Obiges Problem („Flattern") behoben.

  Betätigen Sie den Referenztaster, bevor Sie die Störung quittieren. Was passiert? Wenn Änderungen notwendig sind, führen Sie diese bitte durch.

- Annahme: Steuerung EIN (E1.7 = 1). Danach wird „irrtümlich" der ENTER-Taster (E1.4) betätigt.
  Was ist die Folge? Beheben Sie die sich eventuell ergebenden Probleme.

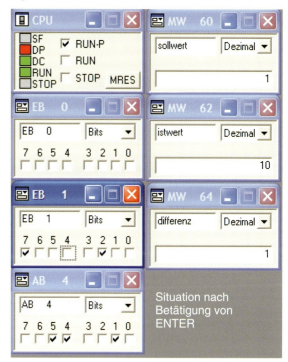

Situation nach Betätigung von ENTER

- Überprüfen Sie, ob eine Sollwert-Eingabe über den Codierschalter und ENTER möglich ist.
  Wird die Differenz richtig gebildet?
  Stimmt die Drehrichtung des Motors?
  Beurteilen Sie dies u.a. am Beispiel der nachstehenden Situation.

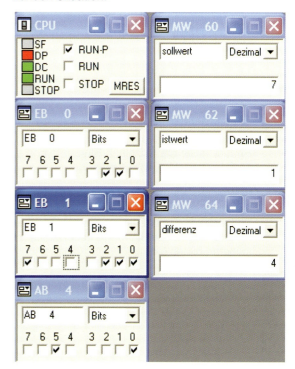

- Wenn nun eine positive Flanke am Positionssensor (E1.0) erkannt wird, muss sich der Istwert der Drehrichtung entsprechend verändern.

Funktioniert das?
Ist die Differenzbildung funktionstüchtig?
Nehmen Sie die notwendigen Servicearbeiten vor.

Beachten Sie dabei besonders den Aufruf des Bausteins „Differenzbildung und Wegoptimierung", der in FUP- und in automatisch umgewandelter AWL-Form dargestellt ist.

15. Kommentieren und dokumentieren Sie das in Stand gesetzte Programm.
Bauen Sie zuvor auch noch eine Überwachungszeit von 30 s für den Normalbetrieb (ähnlich wie bei der Referenzfahrt) ein.
Die Störungslampe soll bei Überschreitung dieser Überwachungszeit mit höherer Frequenz (als bei Referenzfahrt) blinken.
Auch diese Störung kann durch *quitt_stoer* (E1.6) quittiert werden.

16. Überprüfen Sie sämtliche Sicherheitsaspekte der Steuerung.

17. Ihr Meister informiert Sie darüber, dass zum Beispiel die Referenzfahrt auch in der Programmiersprache GRAPH 7 (als Ablaufsteuerung) programmiert werden kann.
Er sagt Ihnen, dass Ablaufsteuerungen besonders einfach zu erstellen sind und erhebliche Vorteile beim Service haben.

a) Ablaufsteuerungen bestehen aus Schritten, Transitionen und Befehlen (Aktionen).
Erläutern Sie die einzelnen Elemente und skizzieren Sie eine einfache Ablaufkette.

b) Welches Element wird durch das dargestellt Symbol beschrieben (Bild 1)?
Welche Aufgabe hat dieses Element?
Muss dieses Element zwingend den Anfang einer Ablaufkette bilden?

1 Element einer Ablaufkette

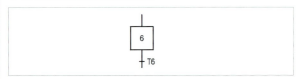

2 Element einer Ablaufkette

Information

Wichtige SCL-Strukturen

• *IF... THEN...*

Ein Zweig enthält keine Anweisungen

IF *bedingung* **THEN** *ANWEISUNG*; **END_IF**;

Wenn die Variable *bedingung* den booleschen Wert TRUE hat, wird die ANWEISUNG ausgeführt.
Bei *bedingung* = FALSE wird ANWEISUNG nicht ausgeführt.

Auch möglich:
IF *bedingung* =1 THEN...

Bei Abfrage der Bedingung auf „0" (FALSE):
IF *bedingung* = 0 THEN...
oder IF NOT *bedingung* THEN...

• *IF... THEN... ELSE...*

Beide Zweige enthalten Anweisungen.
Eine der beiden Anweisungen wird stets ausgeführt.

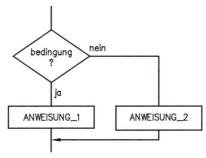

IF *bedingung* **THEN** *ANWEISUNG_1*;
  ELSE *ANWEISUNG_2*;
END_IF;

• *IF... THEN... ELSIF...*

Wenn eine Anweisung ausgeführt wird, werden die verbleibenden Abfragen nicht mehr bearbeitet.

IF *bedingung_1* **THEN** *ANWEISUNG_1*;
  ELSIF *bedingung_2* **THEN** *ANWEISUNG_2*;
    ELSIF *bedingung_3* **THEN** *ANWEISUNG_3*;
END_IF;

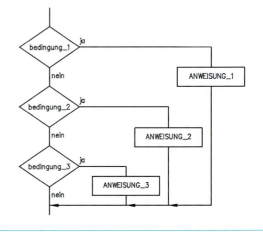

c) Zu jedem Schritt gehört eine Transition. Hier z. B. zum Schritt 6 die Transition T6 (Bild 2, Seite 122). Welche Aufgabe hat die Transition in der Ablaufkette?

d) Worum handelt es sich bei dem dargestellten Symbol (Blid 1)?
Welche Einträge sind in die beiden Felder des Symbols notwendig?

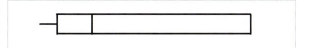

1 Symbol einer Ablaufkette

e) Was versteht man unter Bestimmungszeichen?
Welche unterschiedlichen Bestimmungszeichen kennen Sie?
Welche Wirkung haben sie?

f) Manche Befehle wirken nur an dem Schritt, an dem sie „hängen". Andere Befehle wirken „schrittübergreifend".
Nennen Sie die zugehörigen Bestimmungszeichen.

g) Beschreiben Sie die Abarbeitung der dargestellten Ablaufkette (Bild 2).
Ist der Befehl an Schritt 1 zulässig?
Wie viele Schritte können zu einem bestimmten Zeitpunkt aktiv sein?
Bei welchen Schritten wird der Befehl A4.1 ausgegeben?
Unter welchen Bedingungen wird der Befehl A4.3 ausgegeben?
Welcher Schritt ist der Nachfolger des 4. Schrittes?

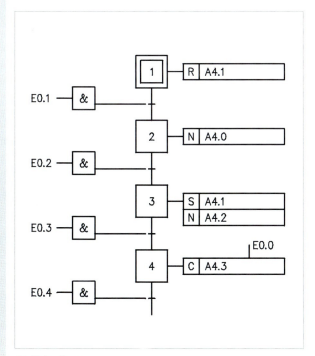

2 Ablaufkette

h) Jeder Schritt hat Speicherverhalten.
Ein Schritt wird gesetzt (aktiviert), wenn
- sein Vorgänger bereits aktiv ist
- UND die zugehörige Transition den booleschen Wert TRUE hat.

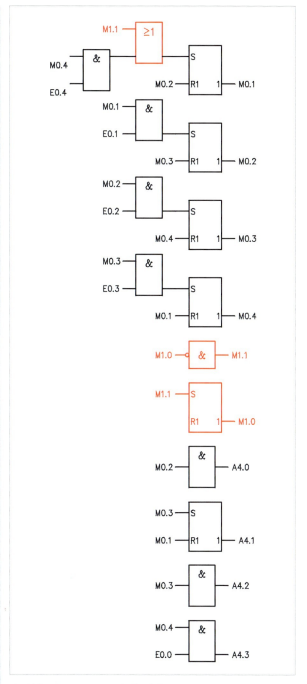

3 Ablaufsteuerung mit Speichern

Ein Schritt wird durch die Aktivierung seines Nachfolgeschrittes zurückgesetzt.
Somit kann eine Ablaufkette auch durch Speicher aufgebaut werden (Bild 3), was dann Vorteile hat, wenn
- *ein spezielles Programmiersystem nicht zur Verfügung steht,*
- *die eingesetzte CPU die Programmiersprache (z. B. GRAPH 7) nicht unterstützt.*

Jeder Schritt wird durch einen Speicher nachgebildet. 4 Schritte bedeuten 4 Speicher. M0.1 bis M0.4 sind Schrittmerker.

Welche Aufgabe haben in Bild 3 die rot dargestellten Elemente (M1.0, M1.1)?
Was wäre die Folge, wenn auf diese Elemente verzichtet würde?

Anwendung

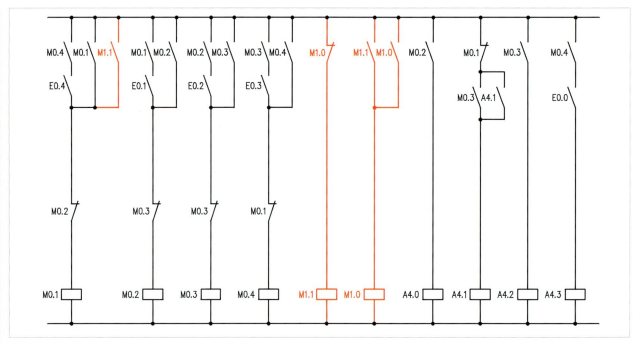

1 Ablaufsteuerung mit Schützen

Beschreiben Sie genau den Steuerungsablauf der Speicherdarstellung.
Worin liegt die routinemäßige Systematik?
Beschreiben Sie die Programmierung der Befehle.

Ablaufsteuerungen sind sehr servicefreundlich.
Angenommen, der 2. Schritt ist aktiv, der 3. Schritt kann aber nicht aktiviert werden:
Der Fehler liegt dann vermutlich in der zugeordneten Transition E0.2.

Anwendung

Überprüfen Sie, ob diese Servicefreundlichkeit auch noch bei der Speicherdarstellung der Ablaufsteuerung Bestand hat.

i) Die Servicefreundlichkeit der Ablaufsteuerungen wurde bereits vor Einsatz der SPS bei den Schützsteuerungen genutzt. In Altanlagen kann man auch heute noch auf solche Steuerungen treffen. Dargestellt ist eine Schützsteuerung mit dem Operanden der SPS (Bild 1). Dies erleichtert das Erkennen der Zusammenhänge.

Überprüfen Sie die Schaltung.
Welche Regeln beim Aufbau sind erkennbar?
Worin besteht die Servicefreundlichkeit?
Welche Funktion hat der rot dargestellte Schaltungsteil?
Arbeitet er einwandfrei oder sind Änderungen erforderlich?

j) Nun wird die Ablaufkette für die Referenzfahrt projektiert (Bild 2).
Skizziert wird ein erster Entwurf.
Wann wird Schritt 1 der Kette gesetzt?
Erläutern Sie die Transition zwischen Schritt 3 und Schritt 1.
(CMP bedeutet compare.)
Stellen Sie die Ablaufkette mit Speichern dar.

Programmieren Sie die Ablaufkette und testen Sie sie (Seite 125).
Wie erfolgt hier die Initialisierung?

Die Ablaufkette ist geschlossen.
Woran wird das hier deutlich?

2 Ablaufkette für Referenzfahrt

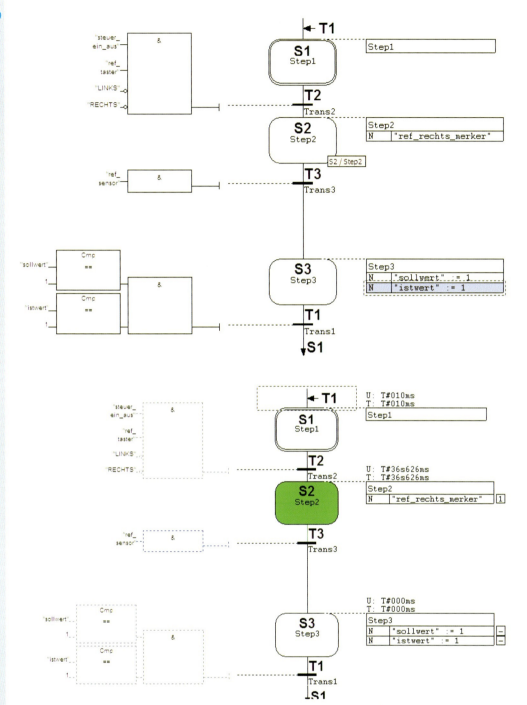

Welche Informationen ziehen Sie aus obigem Bild beim Programmtest?
Wenn der 3. Schritt (S3, Step3) nicht gesetzt würde, welche Fehlerursache würden Sie vermuten?

Die Ablaufkette wird wie dargestellt verändert. Ist sie noch funktionstüchtig?

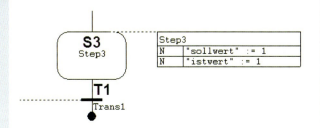

Ist die Lösung sogar vorteilhaft?
Welche wesentlichen Änderungen im Steuerungsablauf ergeben sich durch die Änderung?

Die Ablaufkette auf Seite 126 zeigt den Versuch, die Störungsmeldung bei Zeitüberschreitung der Referenzfahrt in die Ablaufkette einzubauen.

Wie wird diese Programmstruktur genannt?

Unter welchen Bedingungen kann der 4. Schritt (S4) gesetzt werden?

Kann dann noch der 3. Schritt (S3) gesetzt werden?

Wenn der 4. Schritt aktiviert wurde (Zeitüberschreitung), war die Referenzfahrt offensichtlich nicht erfolgreich.

Anwendung

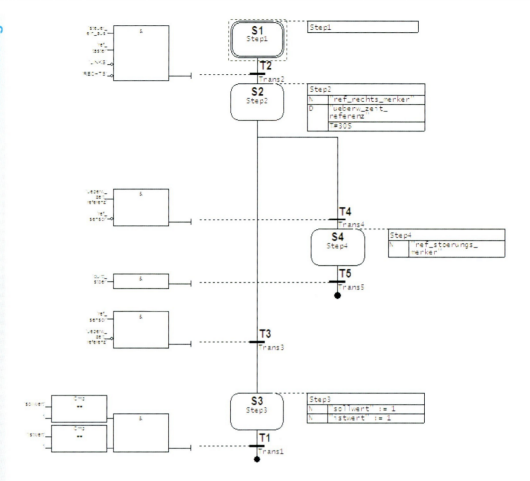

Anwendung

Was geschieht, wenn die Störungsmeldung quittiert wird (*quitt_stoer*)?

Kann die Referenzfahrt dann wiederholt werden? Wenn ja, unter welchen Bedingungen?

Wenn Sie eine Programmänderung für sinnvoll halten, dann führen Sie diese bitte durch. Ziel ist es hierbei, die Referenzfahrt bis zum erfolgreichen Abschluss durchführen zu können.

Erstellen Sie die Ablaufsteuerung „Referenzfahrt" in der Programmiersprache FUP (mit Speichern).
Beachten Sie dabei u.a. wie viele Nachfolger der 2. Schritt (S2) hat.

Eine umfangreiche Ablaufkette beginnt mit der Referenzfahrt (S2, S3).

Analysieren Sie die dargestellte Lösung (Bild 1).

Was passiert, wenn die Referenzfahrt erfolgreich durchgeführt wurde?

Ist diese Lösung als professionell anzusehen?

Möglicherweise ist die in Bild 1, Seite 127 dargestellte Programmierung professioneller.

Um welche Struktur handelt es sich? Prinzipiell kann die Struktur als Alternativverzweigung angesehen werden, wobei ein Zweig keine Schritte enthält.

Ist das Programm funktionstüchtig?

Stellen Sie das Programm mit Speichern dar.

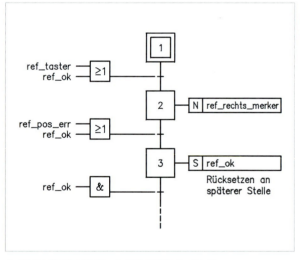

1 *Ablaufkette Referenzfahrt (Variante 1)*

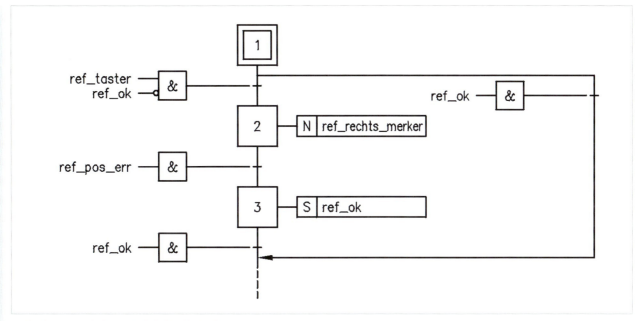

1 Ablaufkette Referenzfahrt (Variante 2)

Übung und Vertiefung

1. Im Betrieb finden sich für das Modell des Magazins noch folgende dargestellte Unterlagen (Seite128 bis 133).

Da diese Unterlagen älteren Datums sind, entspricht natürlich die Norm nicht immer dem aktuellen Stand.

Allerdings kommt dies in der Praxis häufig vor und stellt sicherlich kein nennenswertes Problem dar.

Das Modell ist bereits mit einer SPS ausgestattet. Außerdem ist ein Bedienpult vorhanden. Der Antrieb erfolgt über einen 12-V-Gleichstrommotor.

Die technischen Unterlagen sind nach Aussage des Meisters nicht mehr komplett, möglicherweise sogar fehlerhaft. In diesem Zusammenhang nennt Ihr Meister Blatt 3 (Eingangsbyte 1), auf dem er den Anschluss des Not-Aus problematisch findet.

Ihre Aufgabe besteht nun darin,

– *die vorliegenden Unterlagen zu sichten und zu überprüfen,*
– *das Programm zu testen,*
– *sämtliche Unterlagen in eine technisch aktuelle Fassung zu bringen,*
– *das Programm fachgerecht zu kommentieren,*
– *sämtliche Informationen zu einer Dokumentation zusammenzustellen,*
– *die Inbetriebnahme durchzuführen.*

Vor Beginn der Arbeiten erstellen Sie bitte eine Arbeits- und Zeitplanung.

Nach Abschluss des Projektes überprüfen Sie diese Planung mit dem realen Projektablauf.

Nennen und begründen Sie alle Abweichungen vom geplanten Ablauf.

Berücksichtigen Sie folgenden Projektablauf:

• *Analyse*
• *Planung*
• *Durchführung*
• *Bewertung*

Modell des Rollmagazins

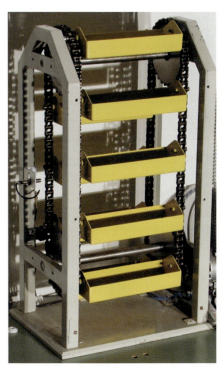

Laststromkreis (Wendeschaltung mit Geschwindigkeitssteuerung)

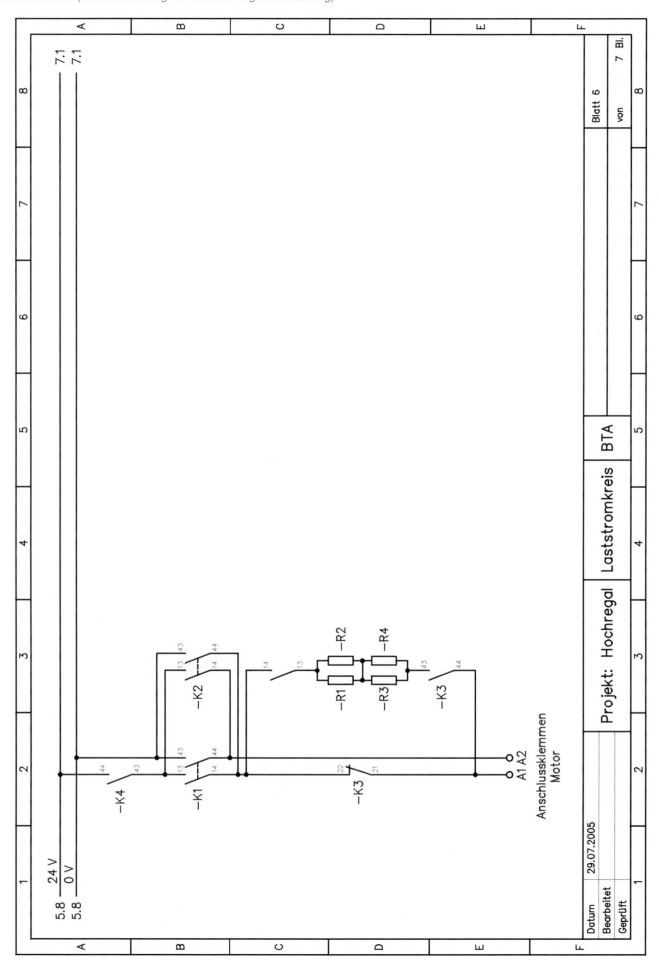

Beschaltung der Schütze

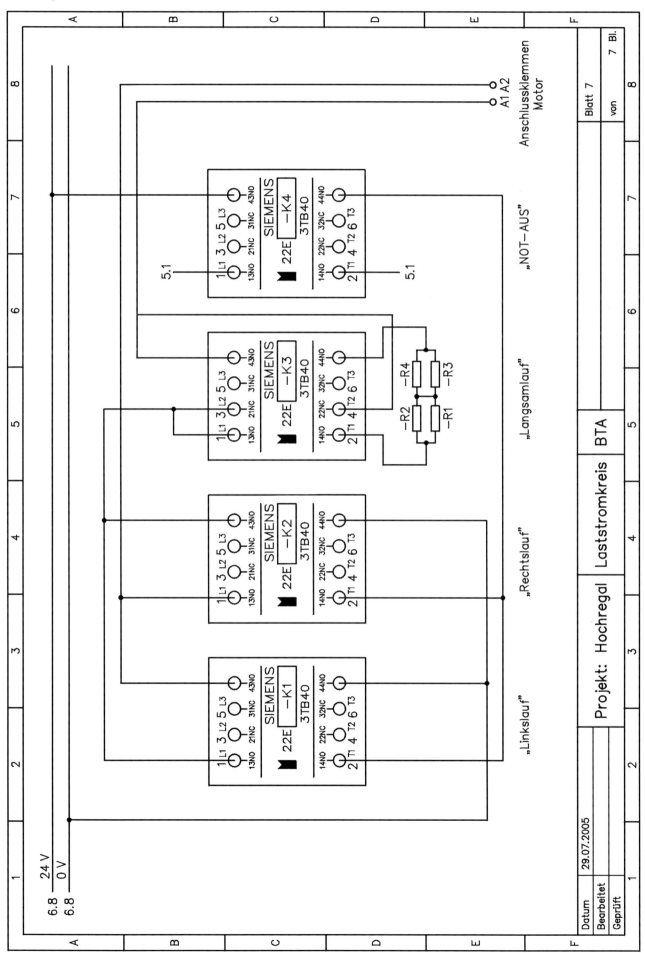

Eingangsbyte 1

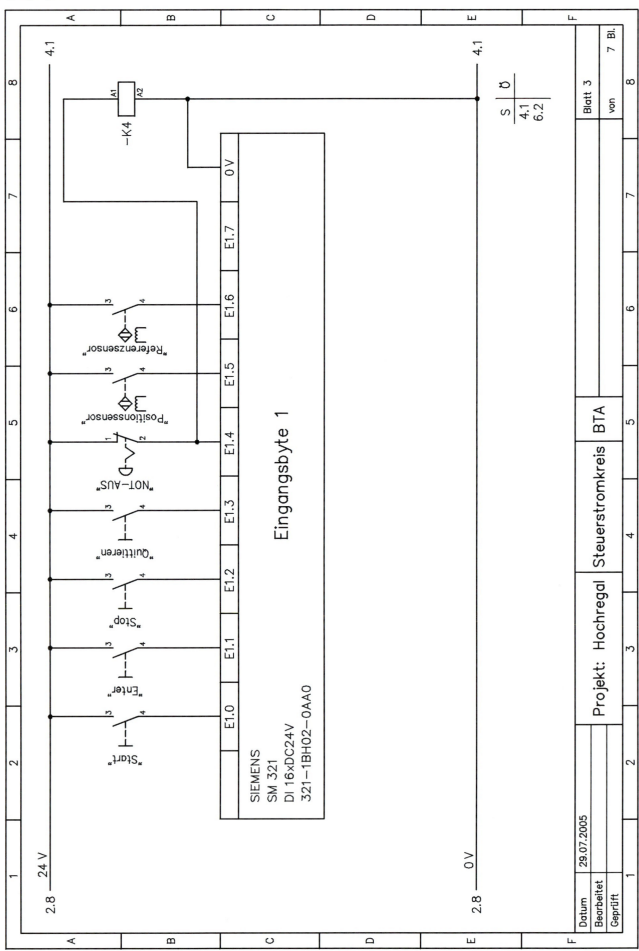

Ausgangsbyte 4

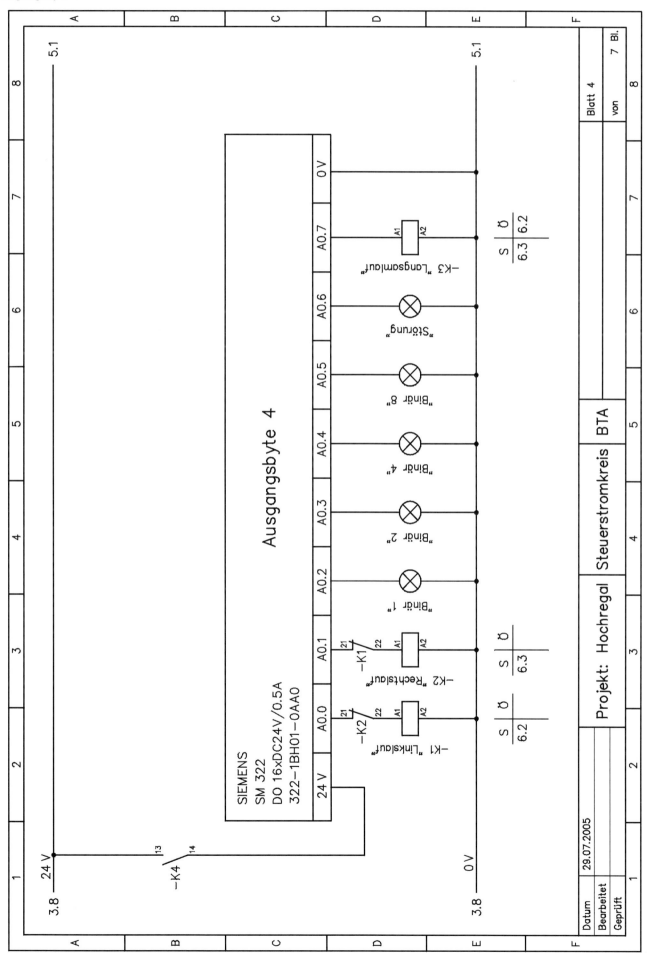

Klemmenplan

Klemmenplan "Hochregallager"

Klemmleiste Eingang

Bezeichnung	Klemme	Brücke	Klemme	Bezeichnung
Leuchtdrucktaster "Binär 1"	1		1	E 0.0 "binaer_1"
Leuchtdrucktaster "Binär 2"	2		2	E 0.1 "binaer_2"
Leuchtdrucktaster "Binär 4"	3		3	E 0.2 "binaer_4"
Leuchtdrucktaster "Binär 8"	4		4	E 0.3 "binaer_8"
Frei	5		5	E 0.4 "Frei"
Frei	6		6	E 0.5 "Frei"
Frei	7		7	E 0.6 "Frei"
Frei	8		8	E 0.7 "Frei"
Taster "Start"	9		9	E 1.0 "start"
Taster "Enter"	10		10	E 1.1 "enter"
Taster "Stop"	11		11	E 1.2 "stop"
Taster "Quitieren"	12		12	E 1.3 "quit"
Rasttaster "NOT - AUS"	13		13	E 1.4 "not_aus"
Schaltdraht Positionssensor	14		14	E 1.5 "pos_sensor"
Schaltdraht Referenztaster	15		15	E 1.6 "ref_taster"
Frei	16		16	E 1.7 "Frei"

Klemmleiste Ausgang

Bezeichnung	Klemme	Brücke	Klemme	Bezeichnung
A 4.0 "links"	1		1	Schütz K1 "Linkslauf"
A 4.1 "rechts"	2		2	Schütz K2 "Rechtslauf"
A 4.2 "meld_bin_1"	3		3	Meldelampe "Binär 1"
A 4.3 "meld_bin_2"	4		4	Meldelampe "Binär 2"
A 4.4 "meld_bin_4"	5		5	Meldelampe "Binär 4"
A 4.5 "meld_bin_8"	6		6	Meldelampe "Binär 8"
A 4.6 "meld_stoer"	7		7	Meldelampe "Störung"
A 4.7 "langsam"	8		8	Schütz K3 "Langsamlauf"
A 5.0	9		9	Frei
A 5.1	10		10	Frei
A 5.2	11		11	Frei
A 5.3	12		12	Frei
A 5.4	13		13	Frei
A 5.5	14		14	Frei
A 5.6	15		15	Frei
A 5.7	16		16	Frei

Klemmenplan

Klemmleiste 0V

Bezeichnung	Klemme	Brücke	Klemme	Bezeichnung
Gleichspannungsquelle 0V	1	●	1	SIEMENS S7- 300 CPU 314
			2	SIEMENS SM 321
	2	●	3	SIEMENS SM 322
			4	Frei
	3	●	5	Schütze Spulenanschlüsse A2
			6	Frei

Klemmleiste 24V

Bezeichnung	Klemme	Brücke	Klemme	Bezeichnung
Gleichspannungsquelle 24V	1	●	1	SIEMENS S7- 300 CPU 314
			2	SIEMENS SM 322
	2	●	3	Versorgung Taster
			4	Frei
	3	●	5	Frei
			6	Frei

Klemmleiste Motor

Bezeichnung	Klemme	Brücke	Klemme	Bezeichnung
Brückengleichrichter "+"	1		1	Motor A1
Brückengleichrichter "-"	2		2	Motor A2

Symboltabelle des Hochregallagers

Symbol	Adresse /	Datentyp
links	A 4.0	BOOL
rechts	A 4.1	BOOL
meld_bin_1	A 4.2	BOOL
meld_bin_2	A 4.3	BOOL
meld_bin_4	A 4.4	BOOL
meld_bin_8	A 4.5	BOOL
meld_stoer	A 4.6	BOOL
langsam	A 4.7	BOOL
binaer_1	E 0.0	BOOL
binaer_2	E 0.1	BOOL
binaer_4	E 0.2	BOOL
binaer_8	E 0.3	BOOL
start	E 1.0	BOOL
enter	E 1.1	BOOL
stop	E 1.2	BOOL
quit	E 1.3	BOOL
not_aus	E 1.4	BOOL
pos_sensor	E 1.5	BOOL
ref_taster	E 1.6	BOOL
bin_1	M 0.0	BOOL
bin_2	M 0.1	BOOL
bin_4	M 0.2	BOOL
bin_8	M 0.3	BOOL
start_merker	M 10.0	BOOL
flanke_pos_sensor	M 10.1	BOOL
flanke_links_aus	M 10.2	BOOL
flanke_rechts_aus	M 10.3	BOOL
links_merk	M 10.4	BOOL
rechts_merk	M 10.5	BOOL
langsam_merk	M 10.6	BOOL
ref_merker	M 10.7	BOOL
takt_merker	M 11.0	BOOL
flanke_start_merker	M 11.1	BOOL
referenz	M 11.2	BOOL
soll_pos	MW 20	INT
ist_pos	MW 22	INT
delta	MW 24	INT
Cycle Execution	OB 1	OB 1

Organisationsbaustein OB1

OB1: Hochregallager

Netzwerk 1: Vorbereiten der Steuerung

   CALL FB1, DB1

Netzwerk 2: Eingabe der Sollposition

   CALL FB2, DB2

Netzwerk 3: Ermittlung der Istposition

   CALL FB3, DB3

Netzwerk 4: Wegoptimierung

   CALL FB4, DB4

Netzwerk 5: Ausgabe der Befehle

   CALL FB5, DB5

Netzwerk 6: Referenzfahrt

```
U      M1.1
S      ref_merker

U      ref_merker
SPBN   ma_1

CALL   FB6, DB6
```

Netzwerk 7: Meldelampen

   ma_1: CALL FB7, DB7

FB1 : Vorbereiten der Steuerung

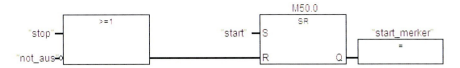

Netzwerk 1:Startmerker setzen

Netzwerk 2 :Flankenabfrage

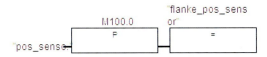

Netzwerk 3 :Flankenabfrage

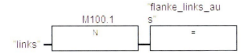

Netzwerk 4 :Flankenabfrage

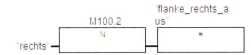

Netzwerk 5 :Flankenabfrage

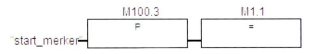

FB2 : Eingabe der Sollposition

Netzwerk 1:Titel:

```
U    "binaer_1"
S    "bin_1"

U    "binaer_2"
S    "bin_2"

U    "binaer_4"
S    "bin_4"

U    "binaer_8"
S    "bin_8"

U    "enter"
SPBN ma_2
L    MB    0
T    "soll_pos"

ma_2: O    "quit"


O    "flanke_rechts_aus"
O    "flanke_links_aus"
O(
L    MB    0
L    11
>=I
)
R    "bin_1"
R    "bin_2"
R    "bin_4"
R    "bin_8"
```

Netzwerk 6 :Flankenabfrage

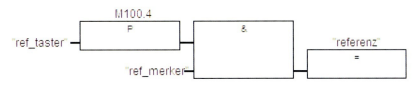

FUNCTION_BLOCK FB3

```
    begin
        if rechts & flanke_pos_sensor then ist_pos := ist_pos + 1; end_if;
        if links & flanke_pos_sensor then ist_pos := ist_pos + 1; end_if;

        if ist_pos > 10 then ist_pos :=  1; end_if;
        if ist_pos <   1 then ist_pos := 10; end_if;
```

END_FUNCTION_BLOCK

FUNCTION_BLOCK FB4

    BEGIN

        delta := soll_pos − ist_pos;

        if delta < 0 then delta := delta + 10; end_if;

        if delta > 5 then delta := 10 − delta; links_merk := 1;
          else rechts_merk := 1;
        end_if;

        if delta = 1 then langsam_merk := 1; end_if;

        if delta = 0 then links_merk := 0; rechts_merk := 0; langsam_merk $:\leq 0$; end_if;

END_FUNCTION_BLOCK

FUNCTION _BLOCK F6

    BEGIN
        if ref_merker then langsam := 1; rechts := 1; end_if;

        if ref_taster then langsam := 0; rechts := 0; soll_pos := 1; ist_pos := 1; end_if;

        if rechts := 0 & langsam = 0 & soll_pos = 1 & ist_pos = 1 then ref_merker := 0; end_if;

END_FUNCTION_BLOCK

FUNCTION_BLOCK FB7

    BEGIN

        if referenz then takt_merker := 1; end_if;
        if E0.0 or E0.1 or E0.2 or E.03 then takt_merker := 0; end_if;

        if start_merker then A4.6 := 0;

          else A4.6 := 1;

        end_if;

        A4.2 := takt_merker & M140.3 or bin_1;
        A4.3 := bin_2;
        A4.4 := bin_4;
        A4.5 := bin_8:

END_FUNCTION_BLOCK

2. Für die Bausteinbibliothek soll ein Impulserzeuger programmiert werden. Unabhängig von der Dauer des „1"-Signals am Impulseingang soll eine Impulsdauer von 100 ms erzeugt werden.

a) Erstellen Sie den Baustein in AWL.
b) Erstellen Sie den Baustein in FUP.

3. Außerdem ist für die Bausteinbibliothek ein Blinkgeber zu erstellen. Ein- und Auszeit sollen dabei variabel und parametrierbar sein, so dass der Baustein für unterschiedliche Aufgaben eingesetzt werden kann.

Solange der Eingang des Blinkgebers den booleschen Wert TRUE hat, soll der Ausgang des Blinkgebers mit der parametrierten Frequenz blinken.

Programmieren Sie den Baustein in AWL und FUP.
Erstellen Sie eine Checkliste zum Programmtest.

Blinker, Signal-Zeit-Diagramm

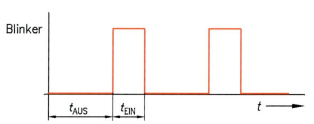

4. Beschreiben Sie die Wirkungsweise und erstellen Sie den zugehörigen Funktionsplan.

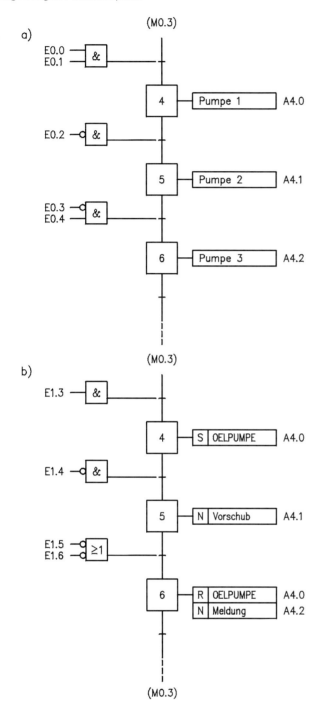

6. Zwecks Endkontrolle werden Produkte auf einem Transportband dem Prüfort zugeführt.

Dort wird eine Lichtschranke unterbrochen und das Band stoppt.

Nach der Prüfung wird ein Taster betätigt und das Band läuft wieder an.

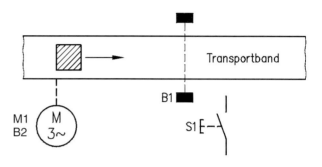

Symboltabelle

band_start	E1.1	BOOL	Taster Band einschalten, Schließer
motor_schutz_band	E1.2	BOOL	Motorschutz Bandantrieb, Öffner
band_halt	E1.3	BOOL	Lichtschranke Bandstopp, NO
TRANSPORT	A4.0	BOOL	Bandantrieb

a) Dokumentieren Sie den Anschluss der Betriebsmittel.
b) Entwickeln Sie das Steuerungsprogramm.
c) Erstellen Sie eine Checkliste zum Programmtest.

7. Erstellen Sie die zugehörigen Funktionspläne und Anweisungslisten für die Befehle (Aktionen) in Makrodarstellung.

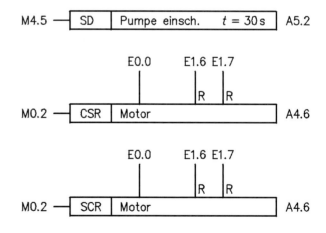

5. Stern-Dreieck-Anlassschaltung:
a) Entwickeln Sie das Programm in FUP.
b) Entwickeln Sie das Programm als Ablaufsteuerung.
Skizzieren Sie den Anschluss der Betriebsmittel an die SPS.

stopp	E1.1	BOOL	Stopptaster, Öffner
start	E1.2	BOOL	Starttaster, Schließer
mot_schutz	E1.3	BOOL	Motorschutz, Öffner
NETZ	A4.0	BOOL	Netzschütz
STERN	A4.1	BOOL	Sternschütz
DREIECK	A4.2	BOOL	Dreieckschütz

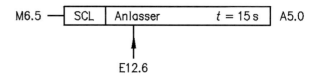

8. Erstellen Sie die zugehörigen Befehle in Makrodarstellung.

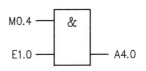

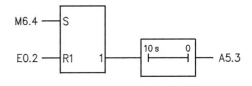

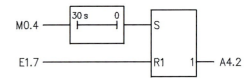

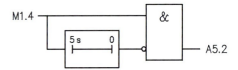

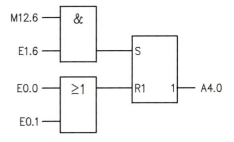

Nach weiteren 5 Minuten schaltet die Heizung aus, eine Minute später der Ventilator.

Das Tor öffnet sich und der Wagen kehrt in seine Ausgangsposition zurück. Der Steuerungsablauf wird durch Betätigung des Tasters S1 gestartet.

Bei Betätigung des Stopptasters S2 wird der Steuerungsablauf gestoppt.

Zuordnungsliste

B1	E1.1	Ausgangsposition
B2	E1.2	Trockenraum
B3	E1.3	Tor oben
B4	E1.4	Tor unten
S1	E1.5	Starttaster
S2	E1.6	Stopptaster
Q1	A4.0	Wagen fährt in Trockenraum
Q2	A4.1	Wagen fährt aus Trockenraum
Q3	A4.2	Tor AUF
Q4	A4.3	Tor ZU
Q5	A4.4	Heizung
Q6	A4.5	Ventilator

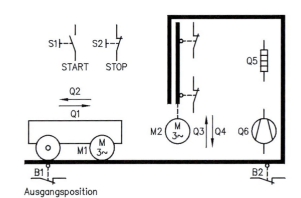

Ausgangsposition

9. Eine Schleuse besteht aus zwei Toren, die niemals gleichzeitig geöffnet werden dürfen.

Taster S1 wird betätigt:
Tor 1 öffnet sich und schließt wieder.
Anschließend öffnet sich Tor 2 und schließt wieder.

Taster S2 wird betätigt:
Die Vorgänge laufen in umgekehrter Reihenfolge ab.

Projektieren Sie die Anlage unter Berücksichtigung der notwendigen Sicherheitsbestimmungen.

Erstellen Sie die technische Dokumentation der Anlage.

Erstellen Sie auch eine Checkliste für den Programmtest.

10. Ein von einem drehrichtungsumkehrbaren Drehstrommotor angetriebener Wagen fährt zu trocknende Werkstücke in einen Trockenraum.
Wenn der Wagen in den Trockenraum gefahren ist, schließt die Tür und die Heizung wird eingeschaltet. 30 Sekunden später wird der Ventilator eingeschaltet.

a) Entwickeln Sie eine Funktion „Wendeschaltung", die bei diesem Projekt zweimal aufgerufen werden kann (Wagen und Tor).

b) Erstellen Sie das Steuerungsprogramm unter Anwendung dieser Funktion.

c) Erweitern Sie das Steuerungsprogramm um folgende Elemente:
• Not-Aus
• Meldung „Ventilator EIN"
• Meldung „Heizung EIN"
• Meldung „Störung"

d) Dokumentieren Sie das gesamte Projekt.

11. *Projektierung eines Reaktionsgefäßes.*

Aufgabe der Steuerung
In einem *Reaktionsgefäß* sollen zwei Flüssigkeiten miteinander vermischt und erwärmt werden.

Die Erwärmung erfolgt durch Sattdampf, der über die Ventile Q5 und Q7 zugeführt wird.

Technologieschema des Reaktionsgefäßes

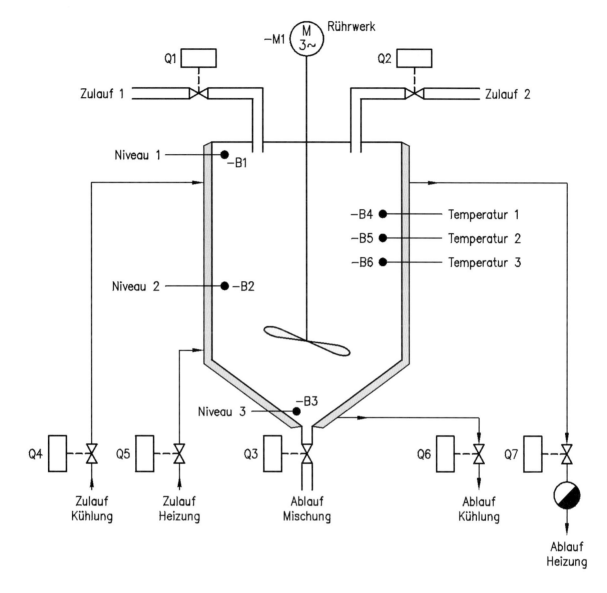

Bedienpult des Reaktionsgefäßes

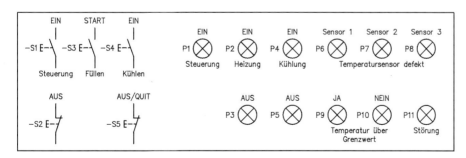

Über die Ventile Q4 und Q6 kann bei Bedarf ein Kühlmittel durch die doppelwandige Ummantelung des Gefäßes geleitet werden.

Das Niveau im Behälter wird durch die drei Sensoren B1, B2 und B3 erfasst. Die Sensoren B4 – B6 erfassen die Temperatur im Behälter.

Im Einzelnen hat die Steuerung folgende Aufgaben:

• Wenn der Behälter leer ist, öffnet das Ventil Q1 und die Flüssigkeit strömt in den Behälter.

• Wenn das Niveau 2 (siehe Technologieschema) erreicht ist, schließt das Ventil Q1 wieder. Das Ventil Q2 wird geöffnet und die Flüssigkeit 2 strömt in den Behälter. Gleichzeitig wird das Rührwerk eingeschaltet.

• Wenn das Niveau 3 erreicht ist, schließt sich Ventil Q2. Der Behälter ist dann ganz gefüllt.
Das Rührwerk arbeitet weiter; die Heizung wird durch Öffnen der Ventile Q5 und Q7 eingeschaltet.

- Nach einer Wartezeit von 15 min wird die Heizung ausgeschaltet (Ventile Q5 und Q7 schließen). Das Ventil Q3 wird geöffnet; der Behälter entleert sich.

- Wenn der Behälter entleert ist (Niveau 1), wird das Ventil Q3 geschlossen. Gleichzeitig wird das Rührwerk abgeschaltet. Ein neuer Füllvorgang kann beginnen.

- Wenn mindestens zwei der drei Temperatursensoren B4 – B6 eine zu hohe Temperatur signalisieren, wird die Heizung abgeschaltet. Gleichzeitig wird die Kühlung durch Öffnen der Ventile Q4 und Q6 eingeschaltet. In diesem Fall ist eine Alarmmeldung zu geben. Außerdem ist die Beendigung dieses Zustandes zu quittieren.

Hinweise zum Bedienpult

- S1 dient zum Einschalten, S2 zum Ausschalten der Steuerung. Der eingeschaltete Zustand wird durch die Meldeleuchte P1 angezeigt. Das Ausschalten der Steuerung ist erst wirksam, wenn der Behälter vollständig entleert wurde. Ein weiterer Füllvorgang findet dann nicht statt.

- Wenn die Steuerung eingeschaltet wurde, kann durch Betätigung von S3 der Füllvorgang eingeleitet werden.

- Mit S4 kann jederzeit die Kühlung eingeschaltet werden. Ist zu diesem Zeitpunkt die Heizung noch in Betrieb, wird sie zuvor ausgeschaltet. Die eingeschaltete Kühlung wird durch P4 signalisiert.

- Mit S5 kann die Kühlung ausgeschaltet werden. Einmal, nachdem sie mit S4 eingeschaltet wurde (AUS), zum anderen, wenn sie durch die Temperatursensoren eingeschaltet wurde (Quittierung).

- Ob die Kühlung ein- oder ausgeschaltet ist, wird durch die Meldelampen P4 und P5 signalisiert.

- Ob die Heizung ein- oder ausgeschaltet ist, wird durch die Meldelampe P2 bzw. P3 signalisiert.

- P9 zeigt an, ob die Temperatur über dem Grenzwert liegt. P10 leuchtet, wenn die Temperatur den Grenzwert noch nicht erreicht hat.

- Wenn nur zwei der drei Temperatursensoren eine zu hohe Temperatur signalisieren, ist ein Temperatursensor offensichtlich defekt. Welcher der drei Sensoren defekt ist, wird durch die Meldelampen P6, P7 und P8 angezeigt.

- Wenn eine Störung auftritt, leuchtet die Meldelampe P11.

a) Bedienpult:
Ordnen Sie den Bedien- und Anzeigeelementen die passenden Farben zu.

b) Erstellen Sie eine Funktion für die Ventilsteuerung.
Diese Funktion wird bei diesem Projekt sieben mal benötigt.

c) Entwickeln Sie das Steuerungsprogramm in strukturierter Form.

d) Dokumentieren Sie das Steuerungsprogramm.

12. Projekt Säge:
Ihr Meister übergibt Ihnen Technologieschema, Symboltabelle und Grobstruktur des Programms für eine Säge.

Diese Maschine wurde gebraucht gekauft und soll auf SPS umgerüstet werden.
Sie werden gebeten, diesen Auftrag einschließlich Inbetriebnahme durchzuführen.

Beachten Sie dabei die Punkte:
- Analyse
- Planung
- Durchführung
- Bewertung

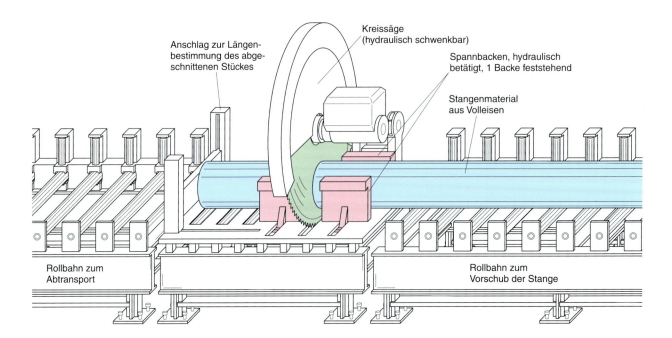

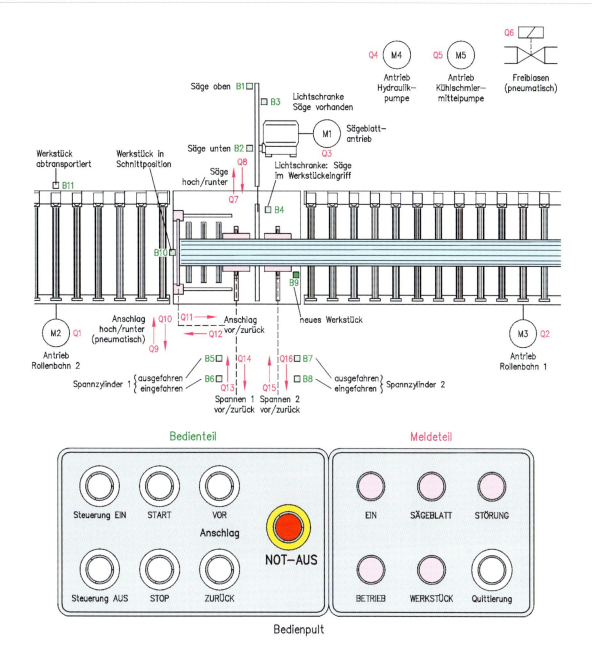

Symbol	Adresse	Datentyp	Kommentar
steuerung_ein	E0.0	BOOL	Taster „Steuerung Ein", Schließer
steuerung_aus	E0.1	BOOL	Taster „Steuerung Aus", Öffner
start	E0.2	BOOL	Starttaster, Schließer
stop	E0.3	BOOL	Stopptaster, Öffner
anschlag_vor	E0.4	BOOL	Taster „Anschlag vorfahren", Schließer
anschlag_zurueck	E0.5	BOOL	Taster „Anschlag zurückfahren", Schließer
not_aus	E0.6	BOOL	Not_Aus-Schütz, Schließer
MELD_STEU_EIN	A8.0	BOOL	Meldung „Steuerung EIN"
MELD_BETRIEB	A8.1	BOOL	Meldung „Betrieb"
MELD_SAEGE_BLATT	A8.2	BOOL	Meldung „Sägeblatt o.k."
MELD_WERKSTUECK	A8.3	BOOL	Meldung „Werkstück vorhanden"
MELD_STOERUNG	A8.4	BOOL	Störungsmeldung
quittierung	E0.7	BOOL	Quittierungstaster, Schließer
saege_oben	E1.0	BOOL	Grenztaster „Säge oben", Öffner
saege_unten	E1.1	BOOL	Grenztaster „Säge unten", Öffner
wst_in_schnitt	E1.2	BOOL	Grenztaster „Werkstück in Schnittposition", Öffner
zyl_1_aus	E1.3	BOOL	Spannzylinder 1 ausgefahren, Öffner
zyl_1_ein	E1.4	BOOL	Spannzylinder 1 eingefahren, Öffner
zyl_2_aus	E1.5	BOOL	Spannzylinder 2 ausgefahren, Öffner
zyl_2_ein	E1.6	BOOL	Spannzylinder 2 eingefahren, Öffner
anschlag_unten	E1.7	BOOL	Werkstückanschlag unten, Schließer (NO)
anschlag_oben	E4.0	BOOL	Werkstückanschlag oben, Schließer (NO)
saegeblatt_ok	E4.1	BOOL	Sägeblatt in Ordnung, Öffner (NC)
wst_abtransport	E4.2	BOOL	Werkstück abtransportiert, Öffner (NC)
saege_in_wst	E4.3	BOOL	Säge im Werkstückeingriff, Öffner (NC)
neues_wst	E4.4	BOOL	Neuer Rohling erforderlich, Öffner (NC)
mot_schutz_kuel	E4.5	BOOL	Motorschutz Kühlschmiermittelpumpe
mot_schutz_hydro	E4.6	BOOL	Motorschutz Hydraulikmotor
mot_schutz_saege	E4.7	BOOL	Motorschutz Sägeblattantrieb
mot_schutz_rolle_1	E5.0	BOOL	Motorschutz Rollenbahn 1
mot_schutz_rolle_2	E5.1	BOOL	Motorschutz Rollenbahn 2
mot_schutz_anschlag	E5.2	BOOL	Motorschutz Anschlag
ANTRIEB_SAEGE	A8.5	BOOL	Sägeblattantrieb
ANTRIEB_ROLL_2	A8.6	BOOL	Antrieb Rollenbahn 2
ANTRIEB_ROLL_1	A8.7	BOOL	Antrieb Rollenbahn 1
ANTRIEB_HYDRO	A9.0	BOOL	Antrieb Hydraulikmotor
ANTRIEB_KUEHL	A9.1	BOOL	Antrieb Kühlschmiermittelpumpe
FREIBLASEN	A9.2	BOOL	Freiblasen mit Druckluft
SAEGE_HOCH	A9.3	BOOL	Säge heben
SAEGE_RUNTER	A9.4	BOOL	Säge senken
ANSCHLAG_HOCH	A9.5	BOOL	Anschlag heben
ANSCHLAG_RUNTER	A9.6	BOOL	Anschlag senken
ANSCHLAG_VOR	A9.7	BOOL	Anschlag vorfahren
ANSCHLAG_ZURUECK	A12.0	BOOL	Anschlag zurückfahren
SPANNEN_1_EIN	A12.1	BOOL	Spannzylinder 1 ausfahren
SPANNEN_1_AUS	A12.2	BOOL	Spannzylinder 1 einfahren
SPANNEN_2_EIN	A12.3	BOOL	Spannzylinder 2 ausfahren
SPANNEN_2_AUS	A12.4	BOOL	Spannzylinder 2 einfahren

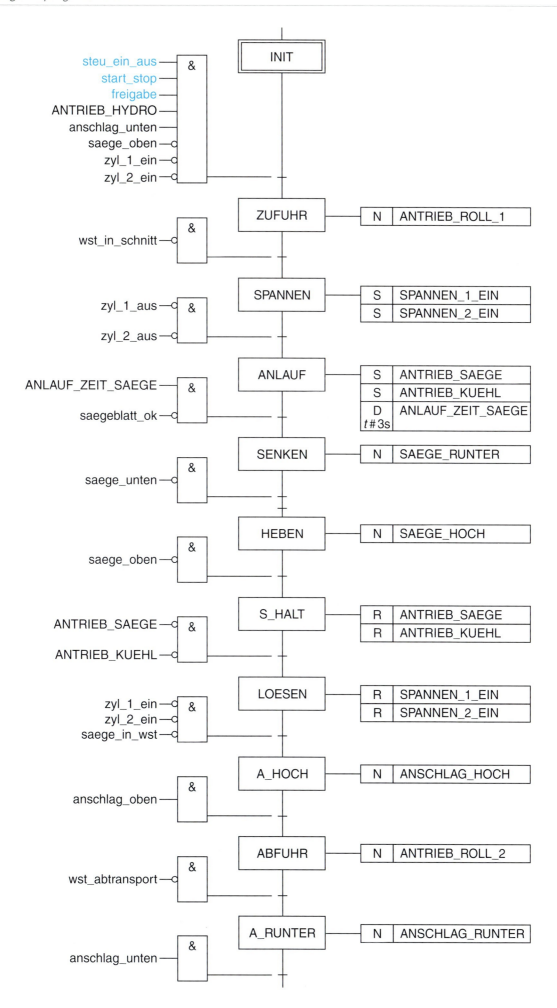

8   Antriebssysteme auswählen und integrieren

8.1 Hochfrequenz-Werkzeuge im Tischbau einsetzen

Auftrag

Im Tischbau des Betriebes werden viele handgehaltene Werkzeuge verwendet (Bohrmaschinen, Schrauber, Schleifmaschinen). Hier fällt ein erheblicher Servicebedarf an, da die Anschlussleitungen an den Einführungen in die Maschinen starken Belastungen ausgesetzt sind. In bestimmten Zeitabständen müssen diese Leitungseinführungen repariert werden.
Möglich wäre die Umstellung auf Druckluftwerkzeuge, wobei dann an jedem Arbeitsplatz Druckluft zur Verfügung zu stellen ist. Außerdem behindert der Druckluftschlauch zu den Werkzeugen bei diesem Einsatzfeld ein wenig das Handling.

In Absprache mit der Betriebsleitung plant Ihr Meister den Einsatz von Hochfrequenzwerkzeugen, die laut Herstellerangaben wesentliche Vorteile aufweisen:

– Robustheit

– Leistungsstärke

– Hohe Lebensdauer

– Leichte Handhabung und Bedienbarkeit

Allerdings erfordern diese Werkzeuge eine Spannungsversorgung mit von der Netzspannung abweichender Spannungshöhe und Frequenz:

– Frequenz 200 Hz   265 V, 135 V, 72 V, 42 V
– Frequenz 300 Hz   200 V, 72 V, 42 V

Von Herstellern werden empfohlen: 200 Hz, 135 V und 300 Hz, 200 V.

In jedem Fall ist für die Spannungsversorgung dieser Handwerkzeuge ein Frequenzumformer notwendig, der die benötigte Spannung bei der gewünschten Frequenz zur Verfügung stellt.

Der Hersteller schlägt hier einen Frequenzumformer vor, der aus einer Kombination von Asynchronmotor und Synchrongenerator besteht.
Ihr Meister bittet Sie auch zu überprüfen, ob statt des Synchrongenerators auch ein Schleifringläufermotor eingesetzt werden kann, der in vermutlich ausreichender Leistung noch zur Verfügung steht.

Sie erhalten den Auftrag, sich in diese Thematik einzuarbeiten und einen Lösungsvorschlag zu erarbeiten.

8.1.1 Antriebsmotor des Umrichters – Asynchronmotor

1. Was bedeutet asynchron?
Welche Maschinenelemente laufen asynchron?
Warum werden manche Elektromotoren als Asynchronmotoren bezeichnet?
Was ist typisch für diese Motoren?

2. Der Kurzschlussläufermotor zählt zur Gruppe der Asynchronmotoren. Seinen Namen verdankt er seinem Läufer, der hier in einer besonderen Form ausgebildet ist.
Wie ist ein Kurzschlussläufer aufgebaut?
Welchen wesentlichen Vorteil hat der Einsatz eines Kurzschlussläufers?

3. Wie ist die Ständerwicklung eines Drehstrom-Kurzschlussläufermotors aufgebaut?
Auf den Leistungsschildern verschiedener Kurzschlussläufermotoren stehen unter anderem folgende Angaben: 2935 1/min, 1450 1/min, 970 1/min.

a) Was bedeutet das für die jeweiligen Ständerwicklungen der Motoren?

b) Durch welche technische Angabe wird dieser Unterschied der Ständerwicklungen bezeichnet?

c) Warum spricht man bei Wicklungen im Allgemeinen von der Polpaarzahl und nicht von der Polzahl?

d) Die Ständerwicklung eines Motors hat die Polzahl 8. Wie groß ist die Polpaarzahl und was bedeutet das für die Drehfrequenz dieses Motors?

e) Welche maximale Drehfrequenz ist (ohne Einsatz von Umrichtern) bei Drehstrom-Kurzschlussläufermotoren an Netzfrequenz möglich?

f) Geben Sie bitte die Berechnungsgleichung an und erläutern Sie diese.

4. Aufgabe des Elektromotors ist es, eine Arbeitsmaschine (in unserem Fall einen Generator) anzutreiben. Er muss ein Drehmoment erzeugen.

a) Was versteht man unter einem Drehmoment?
Wie wird das Drehmoment bei Elektromotoren erzeugt?
Wie kann das Drehmoment eines Elektromotors berechnet werden?

b) Was versteht man unter dem Bemessungsmoment eines Motors? Das Bemessungsmoment eines Kurzschlussläufermotors ist mit 73 Nm angegeben. Die Bemessungsdrehfrequenz beträgt 24 1/s.

1 Drehstrom-Kurzschlussläufermotor

Wie groß ist die Bemessungsleistung des Motors?
Wie groß ist die Drehfrequenz des Motors in 1/min?

c) Erläutern Sie den Begriff Widerstandsmoment. Welcher Zusammenhang besteht zwischen Widerstandsmoment und Drehmoment des Antriebsmotors?

5. Betriebsbedingt haben Asynchronmotoren einen Schlupf.

a) Was versteht man unter Schlupfdrehzahl (Schlupfdrehfrequenz) und was unter Schlupf? Wie wird der Schlupf berechnet?

b) Die Bemessungsdrehfrequenz eines Asynchronmotors mit Käfigläufer ist mit 1455 1/min angegeben. Wie groß sind Schlupfdrehzahl und Schlupf?

c) Welche Werte gelten für den Bemessungsschlupf von Käfigläufermotoren?

d) Welche Beziehung besteht zwischen Schlupfdrehzahl und Frequenz des Läuferstromes (Läuferfrequenz)?

e) Wie groß ist die Läuferfrequenz eines 2-poligen Motors bei der Drehfrequenz 2940 1/min?
Welchen Wert hat die Läuferfrequenz, wenn der Motor gerade eingeschaltet wird (Läufer noch nicht in Bewegung)?
Wie ändert sich die Läuferfrequenz im Bereich $n = 0$ bis $n = n_N$?

f) Angenommen, ein Käfigläufermotor arbeitet mit Bemessungsdrehfrequenz. Die Belastung des Motors durch die anzutreibende Arbeitsmaschine wird nun plötzlich erhöht.
Welchen Einfluss hat das auf den Schlupf?
Welche technischen Vorgänge laufen danach ab?

6. Der Kurzschlussläufermotor zählt zur Gruppe der Induktionsmotoren.

a) Warum werden diese Motoren so bezeichnet?
Welchen wesentlichen Vorteil haben Induktionsmotoren?

b) Nachteilig wirkt sich der hohe Anzugsstrom aus.
Warum haben Induktionsmotoren einen hohen Anzugsstrom?
Durch welche Maßnahmen kann der hohe Anzugsstrom verringert werden?

c) Auch ohne externe Maßnahmen zur Verringerung des Anzugsstromes (z. B. Stern-Dreieck-Anlassschaltung) haben die Motorhersteller schon bei der Konstruktion auf eine Begrenzung Wert gelegt.
Welches Prinzip wird dabei ausgenutzt und welche Vorteile ergeben sich dadurch?
Machen solche konstruktiven Maßnahmen externe Anlassschaltungen entbehrlich?

7. Skizzieren Sie die Drehmomentkennlinie eines Drehstrommotors mit Käfigläufer.
Erläutern Sie die Begriffe Anzugsmoment, Sattelmoment, Kippmoment und Bemessungsmoment.
Was versteht man unter dem Lastmoment der Arbeitsmaschine? Der Motor durchläuft bei jedem Hochlaufen die Drehmomentkennlinie bis zu seinem stabilen Arbeitspunkt.

Anwendung

Wo liegt dieser stabile Arbeitspunkt (in Bezug auf Drehmoment- und Lastmoment-Kennlinie)?
Welche Voraussetzungen ermöglichen das Erreichen eines stabilen Arbeitspunktes?
Warum ist das Kippmoment des Motors größer als das Anzugsmoment?

8. Dargestellt ist das Leistungsschild des gewählten Antriebsmotors für den Umrichter.

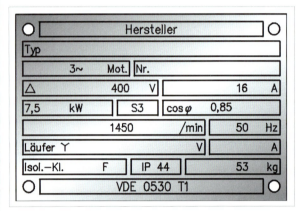

1 Leistungsschild

a) Wie groß ist die Bemessungsleistung dieses Motors? Welche Leistung kann der Motor bei Bemessungsbedingungen an der Welle abgeben?

b) Welche Leistung nimmt der Motor bei Bemessungsbedingungen aus dem Netz auf?

c) Wie groß ist der Wirkungsgrad des Motors? Wie beurteilen Sie diesen Wert?

d) Darf der Motor direkt angelassen werden?
Ist der Motor für Stern-Dreieck-Anlauf geeignet?
Nennen Sie Vor- und Nachteile des Stern-Dreieck-Anlaufs.

e) Ist der Stern-Dreieck-Anlauf für den Antrieb des Umrichter-Generators einsetzbar?

f) Skizzieren Sie Haupt- und Steuerstromkreis für den Antriebsmotor.

g) Wählen Sie sämtliche benötigten Betriebsmittel wirtschaftlich aus. Müssen zum Beispiel Stern- und Dreieckschütz die gleiche Bemessungsleistung haben?

h) Worauf ist beim Motorschutz besonders zu achten?

i) Sie sollen die Stern-Dreieck-Anlassschaltung nicht selbst verdrahten, sondern einen vorgefertigten Anlasser bestellen. Wählen Sie einen geeigneten Anlasser aus der Liste aus (Bild 2).

9. Auf dem Leistungsschild des Motors ist die Betriebsart S3 angegeben.
Was bedeutet das?
Ist diese Betriebsart bei dem geplanten Motoreinsatz zwingend?
Wenn der Motor bereits vorhanden ist, kann er trotzdem eingesetzt werden?

10. Benennen und beschreiben Sie die unterschiedlichen Betriebsarten der Elektromotoren.
Ihr Meister erklärt Ihnen, dass die Betriebsart etwas mit der thermischen Belastung der Motorwicklungen zu tun hat. Was meint er damit?
Hat der Motor mit der Betriebsart S3 eine „stabilere" Wicklungsisolation als ein Motor mit der Betriebsart S1? Begründen Sie Ihre Aussage genau.

11. Erklären Sie den Begriff relative Einschaltdauer. Was heißt ED = 100 %?
Was bedeutet die Angabe IP 44 für den Aufstellungsort des Motors? Betrachten Sie IP 44 als ausreichend?

Bausteine PKZM/NZM7 und DILM, Zuordnungsart „1"

Motordaten			Einstellbereich	
AC-3 380 V 400 V 415 V	Bemessungs-betriebsstrom 400 V	Bemessungs-kurzschluss-strom 400 – 415 V	Überlast-auslöser	Kurzschluss-auslöser
P kW	I_n A	I_q kA	I_r A	I_{rm} A
5,5	11,3	50	10 – 16	224
7,5	16	50	10 – 16	224
11	21,7	50	16 – 25	350
15	29,3	50	25 – 32	448
18,5	36	50	32 – 40	560
22	41	50	40 – 50	700
30	55	50	50 – 58	812
37	63	65	63 – 80	$(6 – 14 \times I_u)$
55	99	65	80 – 100	$(6 – 14 \times I_u)$
65	117	65	80 – 125	$(6 – 14 \times I_u)$
75	134	65	125 – 160	$(6 – 14 \times I_u)$
90	161	65	160 – 200	$(6 – 12 \times I_u)$
110	196	65	160 – 200	$(6 – 12 \times I_u)$

2 Stern-Dreieck-Starter

Anwendung

12. Welche Festlegungen gelten für die Kennzeichnung der Schutzart?
Worin besteht zum Beispiel der Unterschied zwischen den Schutzarten IP 44 und IP 66?

13. Was bedeutet die Angabe Isol.-Kl. F?
Man spricht in diesem Zusammenhang heute von Wärmeklassen nach EN 60034. Was bedeuten hier die Buchstaben B, F und H?
Durch welche Maßnahmen kann der Wicklungsschutz bei Elektromotoren technisch erreicht werden?
Ermöglichen Schmelzsicherungen einen ausreichenden Wicklungsschutz?
Worauf beruht der Vorteil von Kaltleiter-Temperaturfühlern?

14. Dargestellt ist die Explosionszeichnung eines Käfigläufermotors. Bezeichnen Sie die einzelnen Bauelemente (Nummern beachten).
Sie werden beauftragt, die Kugellager des Elektromotors auszutauschen, da der Motor Geräusche verursacht, die auf Lagerdefekte schließen lassen.

Erstellen Sie einen Arbeitsplan für den fachgerechten Austausch der Lager.
Erkennbar ist, dass die Läuferstäbe schräg in das Läuferblechpaket (9) eingelegt wurden.
Warum wird das so gemacht?

15. Dargestellt sind unterschiedliche Kennlinien des Drehstrom-Käfigläufermotors.

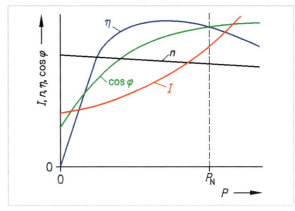

2 *Kennlinien eines Käfigläufermotors*

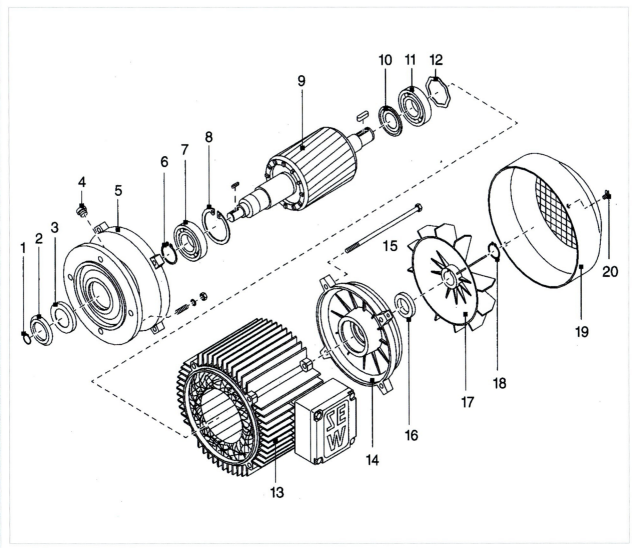

1 *Explosionszeichnung eines Käfigläufermotors*

Anwendung

a) Um welche Kennlinien handelt es sich?
Erläutern Sie genau die technischen Aussagen dieser Kennlinien.

b) Man sagt, der Käfigläufermotor hat Nebenschlussverhalten. Was ist damit gemeint?
In welcher Kennlinie ist dieses Nebenschlussverhalten erkennbar?

c) Warum werden Leistungsfaktor und Wirkungsgrad mit zunehmender Belastung des Motors besser?
Erläutern Sie die technische Aussage dieser Kennlinie.

d) Elektromotoren sollen von der Arbeitsmaschine möglichst voll belastet werden (Bemessungsmoment, Bemessungsleistung).
Warum gilt diese Aussage?

16. Dargestellt ist das Leistungsschild eines Drehstrommotors mit Käfigläufer.

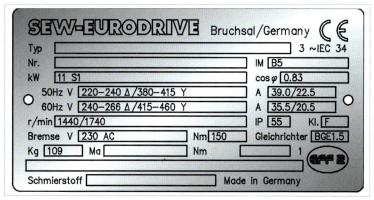

1 Leistungsschild eines Käfigläufermotors

a) Welche Betriebsart hat dieser Motor?
Für welche Antriebsaufgaben ist er somit einsetzbar?

b) Ist der Motor für Stern-Dreieck-Anlauf geeignet?

c) Wieso sind bei diesem Motor zwei Drehzahlen (Drehfrequenzen) angegeben? Bedeutet die Drehzahlangabe 1740 1/min etwa eine Schlupfdrehzahl von 1260 1/min?
Nehmen Sie dazu genau Stellung.

d) Welche Bedeutung hat die Angabe IM B5?

e) Was bedeutet die Angabe IP 55? Für welche Einsatzorte ist dieser Motor also geeignet?

f) Welche Aussage macht die Angabe Kl. F?
Welche Grenzwerte gelten dann?

g) Der Motor ist mit einer Bremse ausgerüstet. Handelt es sich um eine mechanische oder um eine elektrische Bremse (Bild 1, Seite 149)?
Nennen Sie Beispiele für mechanisch wirkende und elektrisch wirkende Bremsen.
Was versteht man zum Beispiel unter einer Gegenstrombremsung?
Welchen wesentlichen Nachteil hat dieses Bremsverfahren?
Bezüglich des hier eingesetzten Bremsverfahrens (siehe Leistungsschild) machen Sie sich in den Unterlagen des Herstellers (bzw. im Internet) kundig.
Dort finden Sie zum Beispiel folgende Informationen:

Anwendung

Connecting the brake
This brake is released electrically. The brake is applied mechanically when voltage is switched off.
STOP!
Comply with the applicable regulations issued by the relevant employer´s liability insurance association regarding phase failure protection and the associated circuit/circuit modification!
Connect the brake according to the wire diagram supplied with the brake.
Note: In view of the DC voltage to be switched and the high level of current load, it is essential to use either special brake contactors or AC contactors with contacts in utilization category AC-3 to EN 60947-4-1.

Attach one of the following options for the version with manual brake release
- *Hand lever (for self-reengaging manual brake release)*
- *Setscrew (for locking manual brake release)*

After replacing the brake disk, the maximum braking torque is reached only after several cycles.

a) Übersetzen Sie den Text und erläutern Sie seine technische Aussage.

b) Wieso ist die Bremse mit zwei Spulen ausgestattet (BS und TS)?

c) Welche besonderen Anforderungen werden an die Bremsschütze gestellt?

d) Was bedeutet die Angabe BGE1.5?
Welche technischen Daten werden dadurch beschrieben?

Anwendung

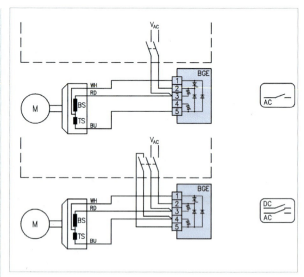

2 Steuerung der Motorbremse

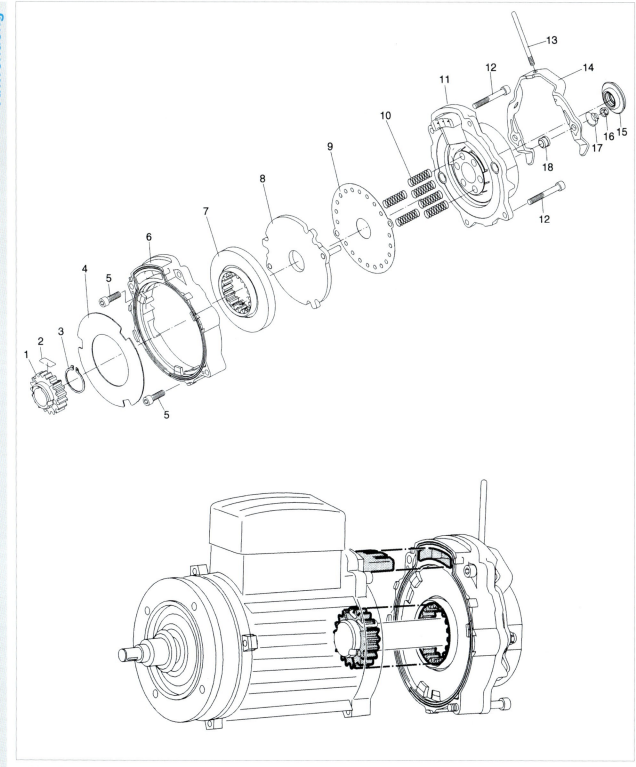

1 Motorbremse

17. Auch der Hochfrequenzmotor ist mit einem Kurzschlussläufer ausgestattet (Bild 1, Seite 150).
Prinzipiell entsprechen Aufbau und Wirkungsweise dem „normalen" Drehstrom-Kurzschlussläufermotor: Wird die Ständerwicklung des Motors an das Drehstromnetz angeschlossen, bildet sich ein magnetisches Drehfeld aus, das von der Polzahl und der Frequenz abhängig ist.

a) Welcher Zusammenhang besteht zwischen Frequenz, Drehzahl und Leistung eines Motors?

b) Ein Hersteller gibt folgende Kennlinien an (Bild 2, Seite 150). Er leitet daraus eine optimale Frequenz von 300 Hz ab. Begründen Sie dies bitte genau.
Warum wäre hier eine Frequenz von 500 Hz weniger sinnvoll? Worin liegen die wesentlichen Nachteile von 50 Hz?
Welche maximalen Drehfelddrehzahlen sind bei 200 Hz und bei 300 Hz möglich?
Welche Schlussfolgerungen ziehen Sie daraus?
Außerdem gibt der Hersteller an:
Der Motor ist durch seinen geringen Lagerabstand mechanisch und elektrisch sehr betriebssicher.

Anwendung

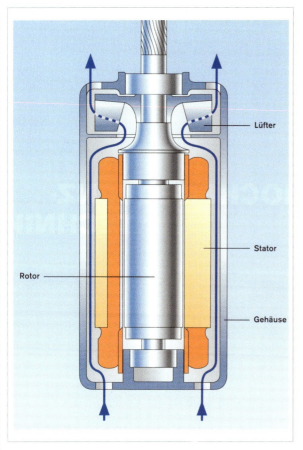

1 *Aufbau eines Hochfrequenzmotors*

Lüfter

Stator

Rotor

Gehäuse

Anwendung

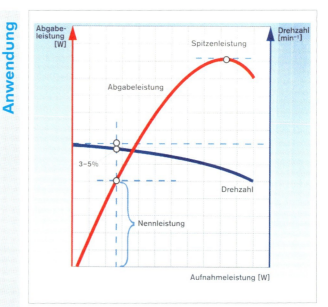

3 *Leistungs- und Drehzahlverlauf*

Beachten Sie bitte:
Der Begriff Hochfrequenzmotor ist nicht ganz glücklich gewählt, da Frequenzen von z. B. 500 Hz nicht als Hochfrequenz bezeichnet werden können. Dennoch wird der eingeführte Begriff hier für diese Werkzeuge verwendet.

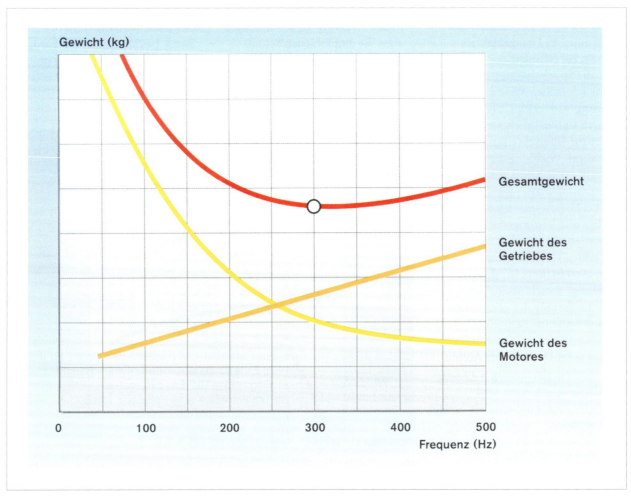

2 *Kennlinien Hochfrequenzmotor*

Anwendung

Der Hochfrequenzmotor hat einen ruhigen, vibrationsarmen Lauf. Der Drehzahlabfall beträgt bei Bemessungslast nur 3 bis 5 %. Die Spitzenleistung liegt etwa beim 2,5-fachen Wert der Bemessungsleistung. Kurzzeitige Überlastungen sind möglich, wenn sie nicht zur Überschreitung der zulässigen Wicklungstemperatur führen. Vorteilhaft ist eine optimale Leistung bei niedrigem Gewicht.
Bitte erläutern Sie diese Aussagen. Welcher Zusammenhang besteht hierbei mit der höheren Frequenz?

18. Hochfrequenz-Werkzeuge werden zumeist mit einer fixen Drehzahl betrieben.
Wie kann bei diesen Geräten die Drehrichtung geändert werden?
Eine längerfristige Überlastung des Werkzeuges muss natürlich vermieden werden. Hierzu kann man sich der Kippmomentsteuerung bedienen.
Was ist ein Kippmoment?
Bei der Kippmomentsteuerung wird ein externes Steuergerät benötigt, das die Stromaufnahme mit einem voreingestellten Wert vergleicht.
Erläutern Sie die Wirkungsweise anhand der dargestellten Kennlinie (Bild 1).

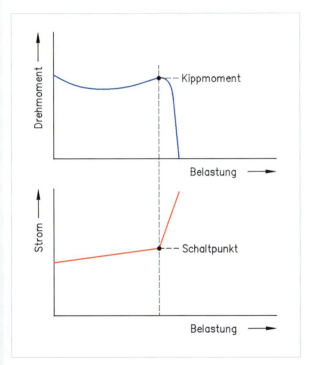

1 Kippmomentsteuerung

19. Die Belastbarkeit eines Motors wird durch die Verlustwärme bestimmt. Hier spielt der Wirkungsgrad des Motors eine entscheidende Rolle.

Erläutern Sie bitte diesen Zusammenhang.
Warum ist es wichtig, die unvermeidliche Verlustwärme möglichst optimal abzuführen?
Wie erfolgt dies bei Elektromotoren?
Welche besonderen Probleme ergeben sich hierbei, wenn der Motor mit sehr niedrigen Drehzahlen arbeitet?

Erläutern Sie in diesem Zusammenhang die nachstehende Grafik.

Anwendung

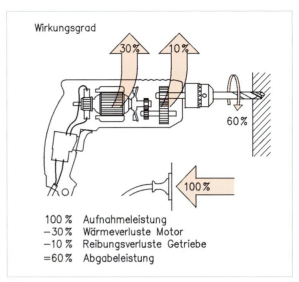

100 %　Aufnahmeleistung
−30 %　Wärmeverluste Motor
−10 %　Reibungsverluste Getriebe
=60 %　Abgabeleistung

2 Wirkungsgrad eines Handwerkzeuges

Unterscheiden Sie zwischen Kupferverlusten und Eisenverlusten.
Eisenverluste werden unterteilt in Wirbelstromverluste und Ummagnetisierungsverluste.
Erläutern Sie dies. Welche Maßnahmen werden zur Verringerung dieser Verluste getroffen? Wie wirken diese Maßnahmen?

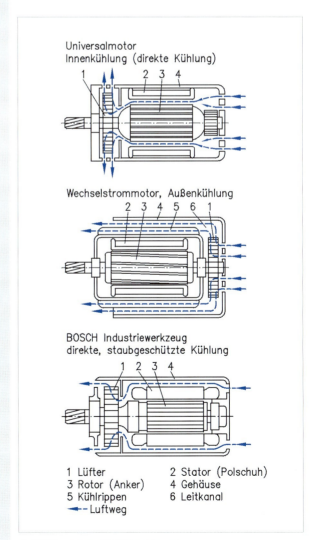

3 Kühlung von Elektromotoren

Anwendung

20. Die Kühlung von Elektromotoren erfolgt durch Wärmeabstrahlung und durch Zwangskühlung.

Erläutern Sie beide Verfahren.
Die Lüfterleistung sinkt mit dem Quadrat der Motordrehzahl. Was bedeutet das für den praktischen Betrieb?
Geben Sie die Unterschiede zwischen Außenkühlung, direkter Innenkühlung und indirekter Innenkühlung an.
Beschreiben Sie dies besonders unter Berücksichtigung der Schutzart.
Welche Kühlungsart ist bei Hochfrequenz-Werkzeugen besonders geeignet?

21. Dargestellt ist das Leistungsschild eines Drehstrom-Asynchronmotors.

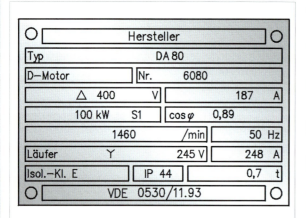

1 Leistungsschild

a) Um welchen Motor handelt es sich?
An welcher Angabe auf dem Leistungsschild kann man das erkennen?
Wie der Kurzschlussläufermotor, zählt auch dieser zu den so genannten Induktionsmotoren.
Worauf beruht diese Bezeichnung?

b) Was bedeutet die Angabe Läufer 245 Volt?
Wo und wie kann diese Spannung gemessen werden? Tritt sie dauerhaft oder nur kurzzeitig auf?

c) Wie sind die Läuferwicklungen geschaltet?

d) Welchen wesentlichen Nachteil hat dieser Motor gegenüber dem Kurzschlussläufermotor? Worin besteht der Vorteil?

e) Ihr Meister erklärt Ihnen, dass dieser Motor im Einschaltaugenblick (Läufer dreht sich noch nicht) wie ein Transformator wirkt. Was meint er damit?
Wie verändert sich die im Läufer induzierte Spannung zwischen den Werten $n = 0$ und n_N?
Wie verändert sich in diesem Bereich die Frequenz?

22. Der Schleifringläufermotor hat eine von außen zugängliche Läuferwicklung. Das unterscheidet ihn ganz wesentlich vom Kurzschlussläufermotor.
Die Stromzuführung zur Läuferwicklung erfolgt über Schleifringe und Bürsten, was einen erheblichen konstruktiven Aufwand, auch einen höheren Serviceaufwand bedeutet.

Anwendung

Wenn die Anschlussklemmen der Läuferwicklung auf dem Klemmbrett miteinander verbunden werden, arbeitet der Schleifringläufer wie ein Kurzschlussläufer. Bei dieser Schaltung hätte der Schleifringläufer dann nur Nachteile.

Seine wesentlichen Vorteile (hohes Anzugsmoment bei vergleichsweise niedrigem Anzugsstrom) kann er nur bei Einsatz eines Läuferanlassers (einer Läuferanlasserschaltung) erreichen.

a) Was versteht man unter einem Läuferanlasser? Wie ist er technisch aufgebaut? Wie wird er bedient?

b) Der Motor hat einen 5-stufigen Läuferanlasser. Was meint man damit? Wie kann ein solcher Anlasser technisch aufgebaut werden?

c) Ein hohes Anzugsmoment bei relativ geringem Anzugsstrom scheint ein technischer Widerspruch zu sein. Würde man nicht bei einem hohen Anzugsmoment einen hohen Strom erwarten?
Nehmen Sie dazu bitte ausführlich Stellung.

23. Schleifringläufermotoren sind für Schweranlaufantriebe geeignet.

a) Was versteht man unter einem Schweranlaufantrieb?

b) Warum eignet sich der Schleifringläufermotor hierzu? Warum ist zum Beispiel der Kurzschlussläufermotor in Stern-Dreieck-Anlassschaltung hierfür nicht geeignet?

c) Dennoch wird der Schleifringläufer für Antriebsaufgaben heute nahezu ausschließlich noch in Altanlagen zu finden sein. Bei Neuanlagen wurde er von einem anderen Antriebskonzept ersetzt. Bitte erläutern Sie dieses moderne Antriebskonzept kurz.

24. Gedacht ist hier auch nicht an den Einsatz des Schleifringläufers als Antriebsmotor, sondern als Generator, der Spannung und Frequenz für die Werkzeuge bereitstellt.
Solche Maschinen bezeichnet man als asynchrone Frequenzumformer.
Dabei sind die Ständerwicklungen des antreibenden Kurzschlussläufermotors und des als Generator wirkenden Schleifringläufermotors an das 50-Hz-Drehstromnetz (400 V) angeschlossen.
Das Netz veränderter Spannung und Frequenz wird über die Schleifringe des Schleifringläufermotors gespeist. Hier wird von einem Netz 72 V/200 Hz ausgegangen (Bild 1, Seite 153).

a) Beschreiben Sie die Vorgänge, die zu einer Spannungsinduktion in der Läuferwicklung des Schleifringläufers führt.

b) Angenommen, die Ständerwicklung des Schleifringläufermotors ist mit der Netzspannung verbunden. Der Kurzschlussläufermotor ist nicht eingeschaltet.
Welche Spannung (mit welcher Frequenz) wird dann dem Netz 2L1, 2L2, 2L3 zur Verfügung gestellt?

c) Was passiert, wenn der Käfigläufermotor den Schleifringläufermotor in gleicher Richtung wie das Ständerdrehfeld antreibt?

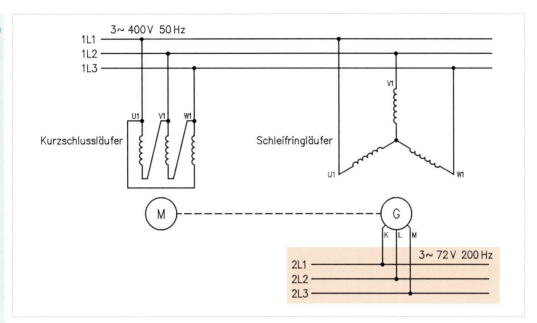

1 *Asynchroner Frequenzumformer mit Schleifringläufer*

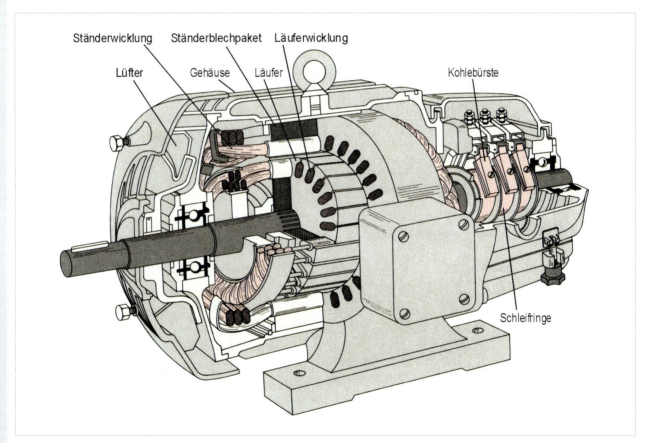

2 *Aufbau eines Schleifringläufermotors*

d) Was passiert, wenn der Käfigläufer den Schleifringläufer gegen sein Ständerdrehfeld antreibt?

e) Entwickeln Sie die Schützsteuerung für den Betrieb des asynchronen Frequenzumformers. Stellen Sie den Haupt- und Steuerstromkreis dar.

f) Überprüfen Sie, ob ein solcher asynchroner Frequenzumformer für den Betrieb der Hochfrequenzwerkzeuge geeignet ist.

25. Der Werkzeughersteller schlägt für die Spannungsversorgung einen Frequenzumrichter mit Synchron-Generator vor.

Also eine Kombination von Drehstrom-Asynchronmotor (Antrieb) und Synchrongenerator (Spannungserzeuger).

Angeboten werden hier Einwellen-Aggregate mit einem bürstenlosen Innenpolgenerator.

Man spricht in diesem Zusammenhang auch von Einanker-Umformern.

Anwendung

a) Bei Synchrongeneratoren unterscheidet man zwischen Außenpolmaschinen und Innenpolmaschinen. Worin liegt der Unterschied? Welche der beiden Bauformen ist für die Abnahme höherer Leistung geeignet?

b) Bei Innenpolmaschinen muss die Erregerleistung über Schleifringe und Bürsten auf den Läufer (Induktor) übertragen werden. Bei schleifringlosen Erregereinheiten ist dies nicht erforderlich. Hier wird in einer zusätzlichen Drehstromwicklung auf dem Läufer eine Spannung induziert, die über Gleichrichter unmittelbar den Induktor erregt.

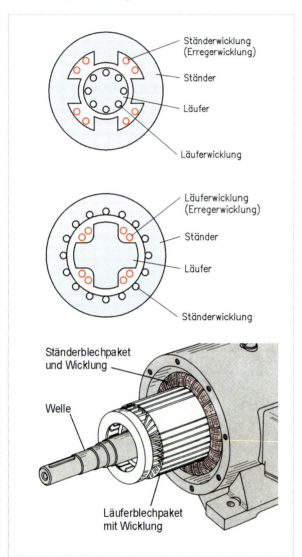

1 Synchrongenerator, Prinzip

Wie muss der Synchrongenerator geschaltet werden, wenn er ein Vierleiter-Drehstromnetz versorgen soll? Skizzieren Sie die Schaltung.

c) Angenommen, die Erregerwicklung eines Synchrongenerators liegt an Gleichspannung.
Was geschieht, wenn der Läufer des Generators angetrieben wird?

d) Spannung und Frequenz sind von der Drehzahl des Läufers abhängig (Induktionsgesetz). Die Frequenz ist aber im Allgemeinen vorgegeben. Wie kann dann die Spannung des Synchrongenerators gesteuert werden?

Anwendung

e) Dargestellt ist das (vereinfachte) Ersatzschaltbild eines Synchrongenerators.
Bei Belastung fließt auch in der Ständerwicklung Strom.
Erläutern Sie die Situation bei ohmscher, induktiver und kapazitiver Belastung des Generators.

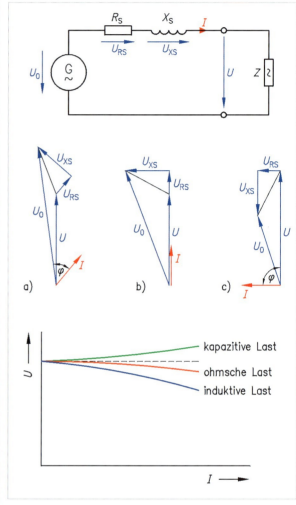

2 Synchrongenerator a) induktiv b) ohmsch c) kapazitiv

Ein Drehstrom-Synchrongenerator hat 46 Pole.
Welche Drehzahl muss der Generator haben, wenn er ein 200-Hz-Netz speisen soll?

$$N = \frac{f \cdot 60}{p} = \frac{200\,\text{Hz} \cdot 60}{46} = 261\frac{1}{\text{s}}$$

Anwendung

26. Zur Berechnung der Sekundärfrequenz (Frequenz des Werkzeugnetzes) gibt der Hersteller folgende Formel an:

$$f_2 = f_1 \cdot \frac{p_2}{p_1}$$

f_1　Primärfrequenz des Drehstromnetzes
f_2　Sekundärfrequenz für die Werkzeuge
p_1　Polpaarzahl des Antriebsmotors
p_2　Polpaarzahl des Generators

Anwendung

Außerdem ist angegeben:
Spannungsschwankungen zwischen Leerlauf und Volllast betragen bei einem Leistungsfaktor von 0,6 bis 0,9 bei

– kleinen Umformern ca. 3 %,
– großen Umformern ca. 4 %.

Synchronumformer sind unabhängig von Spannungsschwankungen im Primär-Drehstromnetz und gegen Kurzschluss gesichert.
Die Bemessungsspannung kann über ein Potentiometer angeglichen werden. Sie sind bis zu 20 000 Betriebsstunden wartungsfrei.

a) Erläutern Sie die Herstellerangaben.

b) Wenn der Antriebsmotor 2 Polpaare hat und an das 400-V-Drehstromnetz angeschlossen wird, so ist die Polpaarzahl des Synchrongenerators für 200 Hz zu ermitteln.

Anwendung

27. Dargestellt ist die Schaltung eines Frequenzumformers mit Synchrongenerator (Darstellung nach Herstellerunterlagen, Bild 1).

a) Erläutern Sie die Schaltung.

b) Was ist zu tun, wenn auf dem Umrichter die Angabe $\triangle$ 230 V steht? Ist er dann noch einsetzbar? Wenn ja, unter welchen Bedingungen?

28. Betrieben werden sollen an 72 V/200 Hz folgende Werkzeuge:

6 Bohrmaschinen	72 V/200 Hz	150 W	3,2 A
3 Bohrmaschinen	72 V/200 Hz	470 W	6,1 A
9 Schrauber	72 V/200 Hz	170 W	1,8 A
3 Schrauber	72 V/200 Hz	400 W	6,1 A

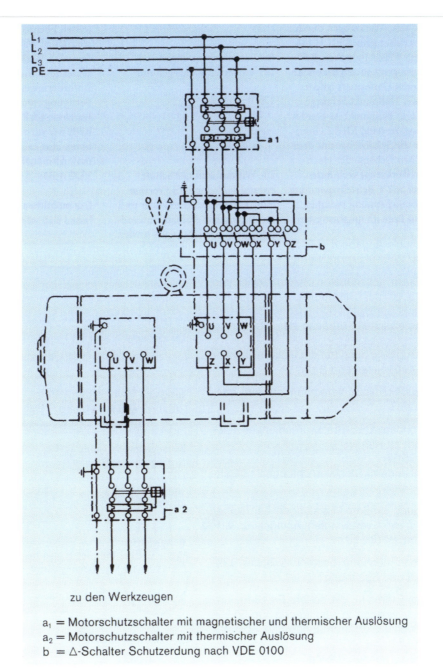

zu den Werkzeugen

a_1 = Motorschutzschalter mit magnetischer und thermischer Auslösung
a_2 = Motorschutzschalter mit thermischer Auslösung
b = $\triangle$-Schalter Schutzerdung nach VDE 0100

1 Synchrongenerator, Prinzip

Anwendung

Dimensionieren Sie den Umrichter (Welche Scheinleistung muss der Umrichter haben?
Beachten Sie bitte, dass auch eine gewisse Leistungsreserve berücksichtigt werden sollte.

29. Nun ist das Netz, das vom Umrichter gespeist wird, zu projektieren. An diesem Netz werden die Hochfrequenzwerkzeuge betrieben.

Sie informieren sich auch hier in den Herstellerunterlagen und finden folgende Angabe (Bild 1).

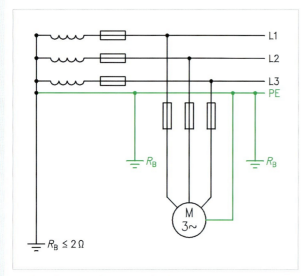

1 Netz für Hochfrequenz-Werkzeuge

a) Um welches Netzsystem handelt es sich?
Welche Schutzklasse liegt vor?

b) Was bedeutet die Angabe $R_B \leq 2\,\Omega$?
Wie kann dieser Wert überprüft werden?

c) Bei der in Stern geschalteten Sekundärwicklung des Umformers ist der Sternpunkt herausgeführt. Dieser Sternpunkt ist geerdet und über die Schutzleiter mit dem metallischen Gehäuse der Werkzeuge verbunden.
Welche Spannung liegt dann bei der installierten Anlage zwischen Außenleiter und Erde?

d) Darf das 200-Hz-Netz Verbindungen mit dem 50-Hz-Netz haben?

e) Es sind besondere CEE-Steckvorrichtungen (Gehäusefarbe grün) zu wählen.
Was bedeutet CEE?
Warum sind gesonderte Steckvorrichtungen zu wählen?

f) Die Übertragung größerer Leistungen bei kleiner Spannung ist in weit verzweigten Anlagen unwirtschaftlich. Warum ist das so?

g) Welcher Zusammenhang besteht zwischen Leitungsquerschnitt und Spannung?

h) Die Leitungssysteme für die höhere Frequenz unterscheiden sich wesentlich von denen für 50 Hz. Stichworte: Skineffekt, elektromagnetische Abstrahlung.
Nehmen Sie hierzu genau Stellung.
Welche Konsequenzen hat das für die verwendeten Leitungen?

Information

Zur Dimensionierung der Leitungen werden im Allgemeinen Tabellen oder Nomogramme verwendet. Dabei wird auch hier von einem zulässigen Spannungsfall von 5 % ausgegangen.

Querschnitt in Abhängigkeit von der Spannung und von der Leitungslänge (Nomogramm 1)

– Wert der zu übertragenden Leistung ist bekannt.

– Stromart des Netzes (z. B. Drehstrom) ist auch bekannt.

– Verwendete Spannung der einzusetzenden Werkzeuge ist bekannt.

– Einfache Leitungslänge ist bekannt.

– Daraus ergibt sich dann der Leitungsquerschnitt.

Querschnitt in Abhängigkeit von Spannung und Leistungsfaktor (Nomogramm 2)

Der in Nomogramm 1 ermittelte Querschnitt muss nun auf Erwärmung überprüft werden.

Mit dem Wert der zu übertragenden Leistung geht man von links waagerecht bis zum Schnitt mit der Spannungslinie.
Danach senkrecht nach unten bis zum Schnitt mit der Leistungsfaktorlinie, dann waagerecht nach rechts zum Ablesen des Leitungsquerschnittes.

Querschnitt in Abhängigkeit von Frequenz und induktivem Widerstand (Nomogramm 3)

Wenn sich bei Drehstrom ein Querschnitt von über 10 mm² ergibt, muss der induktive Spannungsfall berücksichtigt werden. Der größte ermittelte Querschnittswert ist maßgebend.

Zu beachten ist, dass sich der induktive Widerstand besonders bei größeren Leitungsquerschnitten auswirkt.

Beispiel 1
4 kW, 72-V-Drehstrom, Leistungsfaktor 0,8,
einfache Leitungslänge 10 m.
Es ergibt sich aus Nomogramm 1 der Querschnitt 2,75 mm²
Ermittelter Querschnitt aus Nomogramm 2: 4,8 mm²,
Querschnitt 6 mm²
Eine Überprüfung nach Nomogramm 3 erübrigt sich, da der Querschnitt kleiner als 10 mm² ist.

Gewählt wird der größere Querschnitt 6 mm².

Beispiel 2
Zu übertragende Leistung: 3 kW, 220-V-Einphasen-Wechselstrom, Leistungsfaktor 0,9, einfache Leitungslänge 100 m.

Nomogramm 1: 4 mm²
Nomogramm 2: 0,9 mm²

Gewählt wird 4 mm²; es besteht wegen 0,9 mm² nach Nomogramm 2 keine unzulässige Erwärmungsgefahr.

Beispiel 3
Werte wie bei Beispiel 1, allerdings Dreiphasen-Wechselstrom 200 Hz und 100 m Leitungslänge.

Nomogramm 1: 27 mm² (größer als 10 mm²,
daher Nomogramm 3)
Nomogramm 3: 50 mm²

Gewählt wird 50 mm²

Nomogramme 1 bis 3 auf Seite 157.

Information

Nomogramm 1

Nomogramm 3

Nomogramm 2

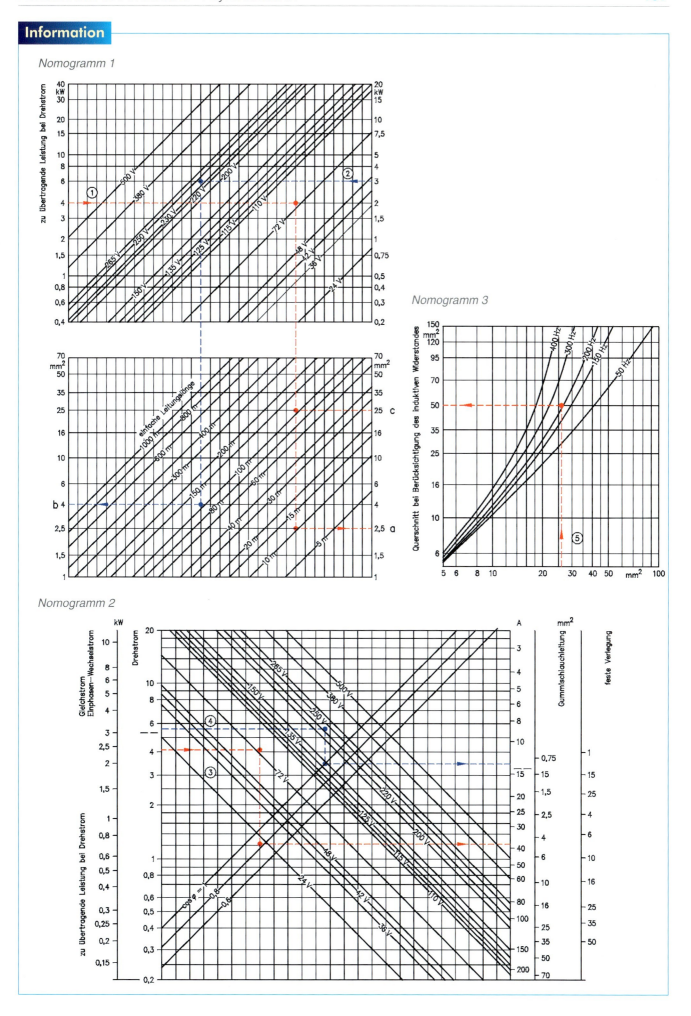

Anwendung

30. Dimensionieren Sie die Leitungen für die von Ihnen zu projektierende Anlage mit der angegebenen Anzahl der eingesetzten Werkzeuge.
Sie können dabei von einem Leistungsfaktor 0,8 und einem Gleichzeitigkeitsfaktor von 0,75 ausgehen.

a) Welche technische Aussage macht der Begriff Gleichzeitigkeitsfaktor?

b) Die Grundfläche der Abteilung, in der die neuen Werkzeuge eingesetzt werden sollen, beträgt ca. 450 m².
Projektieren Sie die gesamte Anlage einschließlich Zuleitung zum Umrichter, Leitungsschutz, Motorschutz usw.
Überlegen Sie genau, an welchem Ort Sie den Umrichter installieren.

Beispiel

1. Mit welcher Drehzahl muss ein 12-poliger Drehstromgenerator angetrieben werden, wenn eine Frequenz von 50 Hz erreicht werden soll?

$$n = \frac{f \cdot 60}{P} = \frac{50\,\text{Hz} \cdot 60}{6} = 500\,\frac{1}{\text{min}}$$

2. Ein Drehstromgenerator gibt 450 kW an das Netz ab. Sein Wirkungsgrad beträgt 80 %.
Welche Leistung muss vom Antrieb aufgebracht werden?

$$\eta = \frac{P_1}{P_2} \rightarrow P_1 = \frac{P_2}{\eta} = \frac{450\,\text{kW}}{0,8} = 565,5\,\text{kW}$$

3. Ein Generator wird durch einen Elektromotor angetrieben. Der Motor hat einen Wirkungsgrad von 82 %. Der Gesamtwirkungsgrad beträgt 0,64.
Welchen Wirkungsgrad hat der Generator?

$$\eta = \eta_\text{M} \cdot \eta_\text{G} \rightarrow \eta_\text{G} = \frac{\eta}{\eta_\text{M}} = \frac{0,64}{0,82} = 0,78$$

4. Welche Leistung nimmt ein Drehstromgenerator auf, wenn er von einer Turbine mit einem Wirkungsgrad $\eta = 0,8$ angetrieben wird, die von 15 m³ Wasser je Sekunde gespeist wird, das aus 15 m Höhe fällt.

$$P_\text{ab} = \frac{m \cdot g \cdot s \cdot \eta}{t} = \frac{150000\,\text{kg} \cdot 9,81\,\dfrac{\text{m}}{\text{s}^2} \cdot 15\,\text{m} \cdot 0,8}{1\,\text{s}}$$

$$P_\text{ab} = 1,77\,\frac{\text{MNm}}{\text{s}} = 1,77\,\text{MW}$$

Übung und Vertiefung

1. Ein Generator wird mit 333,2 1/min angetrieben und liefert eine Spannung mit der Frequenz 16⅔ Hz.
Wie viele Pole hat der Generator?

2. Ein Frequenzumformer besteht aus einem Elektromotor und einem Generator. Der Motor hat einen Wirkungsgrad von 76 %, der Generator von 72 %.
Bestimmen Sie den Gesamtwirkungsgrad.

3. Bestimmen Sie die Leistung der Turbinen eines Wasserkraftwerkes bei $\eta = 0,85$, Gefällhöhe 790 m und 32 m³/s Wasserzufluss.
Wie groß sind die Leistungsverluste der Turbinen?

4. Ein Pumpspeicherbecken liefert während des Tages bei 25 m Gefällhöhe eine Wassermenge von 28 m³/s.
Bestimmen Sie die Scheinleistung des Drehstromgenerators mit $\cos \varphi = 0,8$ und $\eta = 0,85$, wenn der Wirkungsgrad der Turbinenanlage 75 % beträgt.

Beispiel

1. Wie groß ist die Drehzahl des Ständerdrehfeldes eines Drehstrom-Asynchronmotors bei $p = 2$ und $f = 50\,\text{Hz}$?

$$n_1 = \frac{f \cdot 60}{P} = \frac{50\,\text{Hz} \cdot 60}{2} = 1500\,\frac{1}{\text{min}}$$

2. Dem Leistungsschild eines Drehstrom-Asynchronmotors werden folgende Daten entnommen:
2,2 kW; 1415 1/min; Δ400 V; 5,2 A; $\cos \varphi = 0,82$
a) Welche Leistung entnimmt der Motor dem Netz?
b) Wie groß ist der Wirkungsgrad des Motors?

a) $P_1 = \sqrt{3} \cdot U \cdot I \cdot \cos \varphi$

$\quad P_1 = \sqrt{3} \cdot 400\,\text{V} \cdot 5,2\,\text{A} \cdot 0,82 = 2951\,\text{W}$

b) $\eta = \dfrac{P_2}{P_1} = \dfrac{2200\,\text{W}}{2951\,\text{W}} = 0,75$

3. Motor nach Beispiel 2.
a) Wie groß sind Schlupfdrehzahl und Schlupf?
b) Wie groß ist die Frequenz der Läuferspannung bei n_N?

a) $n_\text{s} = n_1 - n_2$

$$n_\text{s} = 1500\,\frac{1}{\text{min}} - 1415\,\frac{1}{\text{min}} = 85\,\frac{1}{\text{min}}$$

$$s = \frac{n_\text{s}}{n_1} \cdot 100\,\% = \frac{n_1 - n_2}{n_1} \cdot 100\,\%$$

$$s = \frac{85\,\dfrac{1}{\text{min}}}{1500\,\dfrac{1}{\text{min}}} \cdot 100\,\% = 5,7\,\%$$

b) $f_2 = s \cdot f_1 = 0,057 \cdot 50\,\text{Hz} = 2,85\,\text{Hz}$

Übung und Vertiefung

1. Bestimmen Sie die Bemessungsdrehzahl eines 4-poligen Drehstrom-Asynchronmotors mit 5 % Schlupf bei einer Frequenz von 50 Hz.

2. Drehstrommotoren für den Export in die USA sind für die Frequenz 60 Hz gebaut.
Ermitteln Sie Schlupfdrehzahl und Schlupf, wenn ein 8-poliger Motor eine Bemessungsdrehzahl von 820 1/min erreicht.

3. Ein 4-poliger Drehstrommotor hat eine Bemessungsleistung von 7,5 kW. Die Bemessungsdrehzahl beträgt 1450 1/min, die Leerlaufdrehzahl 1470 1/min bei 50 Hz.
Wie groß ist in beiden Fällen der Schlupf?

4. Leistungsschildangaben: 400 V; 25 kW; $\cos\varphi = 0{,}87$
Wirkungsgrad aus technischen Unterlagen.
Bestimmen Sie den Anzugsstrom des Motors mit
a) Rundstabläufer ($8\cdot I_N$),
b) Stromverdrängungsläufer ($6\cdot I_N$).

5. Bestimmen Sie die Bemessungsdrehzahl eines 8-poligen Drehstrommmotors für 400 V/50 Hz bei einer Läuferfrequenz von 1,5 Hz.

6. Ein Drehstrom-Asynchronmotor mit Käfigläufer (400/690 V) wird mit Hilfe eines Stern-Dreieck-Schalters an 400 V angeschlossen.
Wie groß ist der Leiterstrom bei Stern- und Dreieckschaltung bei einem Strangwiderstand von 6 Ω?

7. Im Prüffeld wird ein Schleifringläufermotor getestet. Auf dem Prüfstand zeigen die Messgeräte folgende Werte: $U = 400$ V; $I = 8$ A; $P_{Str} = 1490$ W; $M = 12{,}5$ Nm; $n = 2880$ 1/min.
Ermitteln Sie:
a) die aufgenommene Wirk- und Scheinleistung,
b) den Leistungsfaktor und die Blindleistung,
c) die abgegebene Leistung und den Wirkungsgrad.

8. Bei einem Drehstrom-Käfigläufermotor ergeben sich beim Abbremsen mit einer Magnetpulverbremse in der Hochlaufphase die in der Tabelle angegebenen Werte.

a) Zeichnen Sie die Momenten- und Stromkennlinie.
b) Bestimmen Sie die Leistung bei den Drehzahlen 2800 1/min und 1750 1/min.

n in 1/min	2900	2800	2500	2000	1500	1000	500	250	0
M in Nm	0,2	0,4	0,7	0,85	0,86	0,77	0,72	0,75	0,8
I in A	0,23	0,31	0,5	0,8	0,95	1,05	1,15	1,2	1,3

9. Dargestellt sind die Belastungskennlinien eines Drehstrom-Kurzschlussläufermotors bei Dreieckschaltung 400 V/50 Hz.
Bestimmen Sie für den Bemessungsbetrieb:
Leistungsabgabe sowie Leistungsaufnahme, Scheinleistung und Leistungsfaktor.

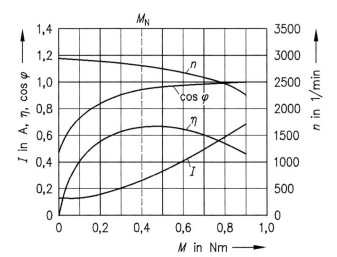

10. Bestimmen Sie aus den Belastungskennlinien eines Schleifringläufermotors 400 V/50 Hz:

a) Bemessungsleistung
b) Bemessungsstrom
c) Scheinleistung
d) Leistungsfaktor

e) Blindleistung
f) Wirkungsgrad
g) Schlupf
h) Läuferfrequenz

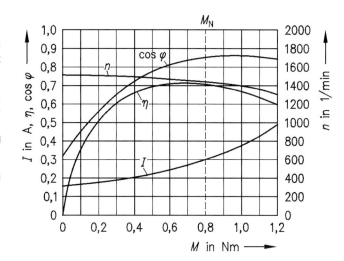

11. Zwei Elektromotoren sollen gegeneinander verriegelt werden. Der Motor M1 kann nur eingeschaltet werden, wenn der Motor M2 nicht eingeschaltet ist.
Der Motor M2 kann nur eingeschaltet werden, wenn der Motor M1 nicht eingeschaltet ist.
Jeder Motor hat einen eigenen Ein- und Austaster. Ebenso einen eigenen Motorschutz (Motorschutzrelais).
Der Not-Aus wirkt auf beide Motoren gemeinsam.

Stellen Sie den Stromlaufplan der Steuerung dar.

12. Für den Antrieb von drei Transportbändern gelten folgende Forderungen:
Einschaltfolge: Band 3 → Band 2 → Band 1
Ausschaltfolge: Band 1 → Band 2 → Band 3

Jedes Transportband verfügt über einen Ein- und Austaster und ist durch ein Motorschutzrelais gegen Überlastung geschützt.
Der Not-Aus wirkt auf alle drei Bänder gemeinsam.
Entwickeln Sie:
a) den Laststromkreis,
b) den Steuerstromkreis.

13. Der Motor M1 wird mit Q1 geschaltet. Wenn die Netzspannung für 3 Sekunden ausfällt, wird der Motor automatisch wieder zugeschaltet. Wenn die Spannung für länger als 3 Sekunden ausfällt, muss der Motor von Hand zugeschaltet werden.
Neben dem Schütz Q1 verfügt die Steuerung noch über ein Hilfsschütz und ein abfallverzögertes Zeitrelais.
Skizzieren Sie den Steuerstromkreis.

14. Für eine Schleifmaschine mit Ventilator soll folgende Steuerung entwickelt werden:
Das Schütz Q1 schaltet die Schleifmaschine, das Schütz Q2 den Ventilator.
Mit Hilfe von S2 werden Q1 und Q2 eingeschaltet, mit Hilfe von S1 abgeschaltet.
Wenn Q2 abfällt, fällt auch Q1 ab. Mittels S3 und S4 kann Q2 ein- und ausgeschaltet werden.
Wenn Q2 angezogen hat, kann auch Q1 anziehen.

Ein Ausschalten von Q2 über S3 ist dann allerdings nicht möglich. Die gesamte Anlage muss dann über S1 ausgeschaltet werden.
Zeichnen Sie den Stromlaufplan in aufgelöster Darstellung.

15. Zum Antrieb einer Zementmühle wird ein Drehstrom-Schleifringläufermotor verwendet, der über einen vierstufigen Läuferanlasser betrieben wird.
Hierfür ist eine Schützsteuerung zu entwickeln (Haupt- und Steuerstromkreis).

8.2 Drehzahlsteuerung beim Rollmagazin

Beim Betrieb des Rollmagazins stellte sich das Problem heraus, dass das in Entnahmeposition einlaufende Fach nicht genau positioniert wird. Es läuft ein wenig über die vom Positionssensor vorgegebene Position hinaus.

Da dies auf Dauer nicht akzeptiert werden kann, soll Abhilfe geschaffen werden, möglichst ohne Installation weiterer Sensorik.
Sie werden gebeten, eine Lösung zu erarbeiten und zu realisieren.

Ausgangssituation: Rollmagazin nach Lernfeld 7 mit einer Verfahrgeschwindigkeit im Rechtslauf und im Linkslauf (Seite 79).

Zielsituation: Rollmagazin mit zwei Geschwindigkeiten. Bevor die Zielposition erreicht wird, soll die langsamere Geschwindigkeit eingeschaltet werden.
Auch die Referenzfahrt soll in der langsameren Geschwindigkeit stattfinden.

1. Da auf den Einsatz eines Frequenzumrichters verzichtet werden soll, überlegen Sie, ob ein polumschaltbarer Motor den Zweck erfüllen kann. Bei Ihrer Recherche stoßen Sie auf zwei Begriffe:
– *Polumschaltbarer Motor mit getrennten Ständerwicklungen*
– *Polumschaltbarer Motor in Dahlanderschaltung*

In beiden Fällen lassen sich mit einem Motor zumindest zwei Drehzahlen erreichen.
In den Werkstattunterlagen finden Sie die in Bild 1 dargestellte Schaltung.

a) Welcher Motor ist in der dargestellten Schaltung verwendet worden?

b) Welche Drehzahlen (Drehfrequenzen) sind mit diesem Motor möglich?

c) Welche wesentlichen Nachteile hat dieser Motor? Warum wurden bei diesem Motor zwei Motorschutzrelais verwendet? Müssen nicht auch zwei Schmelzsicherungssätze verwendet werden?

d) Erläutern Sie die Wirkungsweise des Steuerstromkreises.

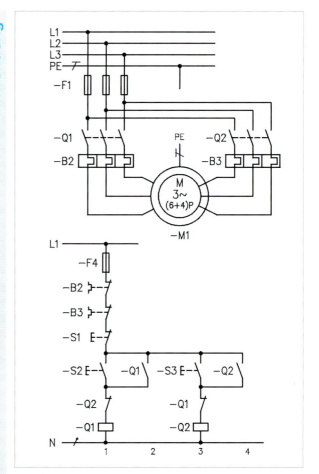

1 Schaltung zur Drehzahländerung

e) Wenn Sie die Klemmkastenabdeckung bei einem solchen Motor entfernen, welche Klemmenbezeichnung sehen Sie dann? Erkennen Sie an der Klemmenbezeichnung die Anschlüsse für die höhere bzw. niedrigere Drehzahl? Welches Prinzip gilt hier?

f) Wenn Sie diesen Motor bestellen müssten, würden Sie ihn für den obigen Zweck einsetzen?
Begründen Sie Ihre Entscheidung.

2. Bei Durchsicht der Werkstattunterlagen stoßen Sie auf eine weitere Schaltung unter dem Begriff Drehzahländerung (Bild 1, Seite 161).

a) Um was für einen Motor handelt es sich hier?

Warum wird dieser Motor im Symbol nur durch einen Kreis dargestellt?

b) Welche Aufgabe haben die Schütze Q1, Q2 und Q3? Erläutern Sie die Funktion der Steuerung. Insbesondere die Aufgabe des Hilfsschützes K4.

c) Durch welche Angaben ist ein solcher Motor auf dem Leistungsschild erkennbar?

d) Welche Drehzahlen sind mit diesem Motor möglich?

e) In welchem Verhältnis stehen bei diesem Motor die erreichbaren Drehzahlen?

f) Wird die niedrige Drehzahl in Dreieckschaltung oder in Doppelsternschaltung erreicht?

g) Wie ist das Verhältnis der Leistungen bei den unterschiedlichen Drehzahlen?

Anwendung

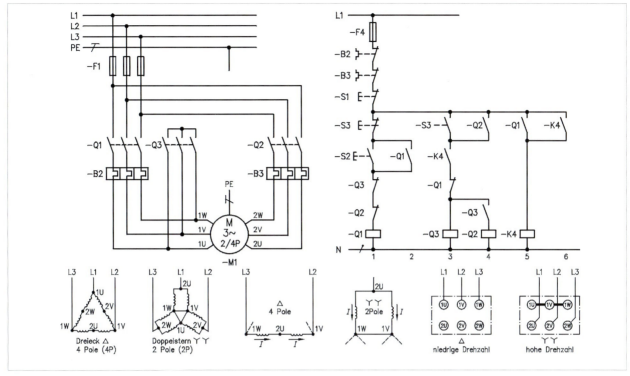

1 Schaltung zur Drehzahländerung

Anwendung

h) Wenn die Abdeckung vom Klemmkasten des Motors abgenommen wird, sind neben der PE-Klemme 6 Klemmen sichtbar, die folgende Bezeichnungen tragen: 1U, 1V, 1W, 2U, 2V, 2W (Bild 2).

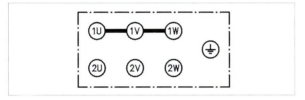

2 Motorklemmbrett

Drei Klemmen sind durch Brücken miteinander verbunden.
Wenn die Brücken nicht entfernt werden:
An welche Klemmen sind die Außenleiter des Drehstromnetzes anzuschließen?
Arbeitet der Motor dann mit der hohen oder der niedrigen Drehzahl?
Wie sind die Brücken zu schalten, wenn die andere Drehzahl fest eingestellt werden soll?

i) Eine flexible Drehzahländerung ist sicherlich nicht durch Montage bzw. Demontage von Brücken möglich, sondern muss programmgesteuert erfolgen. Hierzu ist eine Verbindung zwischen dem Antriebsmotor und dem Schaltschrank erforderlich.
Wie viele Adern muss die Leitung (oder müssen die Leitungen) für den Anschluss des Motors haben?

j) Worin besteht der wesentliche Vorteil des Dahlandermotors im Vergleich zum polumschaltbaren Motor mit getrennten Ständerwicklungen?
Würden Sie diesen Motor für das Rollmagazin einsetzen?

k) Sie finden (für einen anderen Anwendungszweck) eine Schützsteuerung für die Dahlanderschaltung (Bild 1, Seite 162).

Der Hauptstromkreis enthält die Bemerkung „Fehler in der Schaltung". Worin besteht der Fehler? Nehmen Sie bitte die Korrektur vor.
Welches (oder welche) Schütz(e) sind bei der hohen und bei der niedrigen Drehzahl angezogen?
Welche Schütze müssen unbedingt gegeneinander verriegelt werden?
Erläutern Sie die Funktion des Steuerstromkreises.
B30 ist hier ein Sensor, der einen Vorgang einleiten soll; in diesem Zusammenhang sonst nicht weiter interessant.
Bezeichnen Sie die Schütze für Dreieck und für Doppelstern.
Ist die Schaltung funktionstüchtig?

l) Nun zurück zum Rollmagazin. Wie Sie wissen, wird es durch eine SPS gesteuert (Lernfeld 7).

Ergänzen Sie die Ausgabebaugruppe um die notwendigen Beschaltungen.

Stellen Sie die geänderte Beschaltung in einer Skizze dar. Berücksichtigen Sie dabei alle notwendigen Sicherheitsaspekte.

Ändern Sie das Steuerungsprogramm so, dass das gewünschte Fach in geringerer Geschwindigkeit in Zielposition läuft (im Schleichgang die Zielposition anfährt).
Bedenken Sie, dass hierfür keine zusätzliche Sensorik eingesetzt werden soll.

Auch die Referenzfahrt soll in geringerer Geschwindigkeit erfolgen.

Dokumentieren Sie die durchgeführten Änderungen.

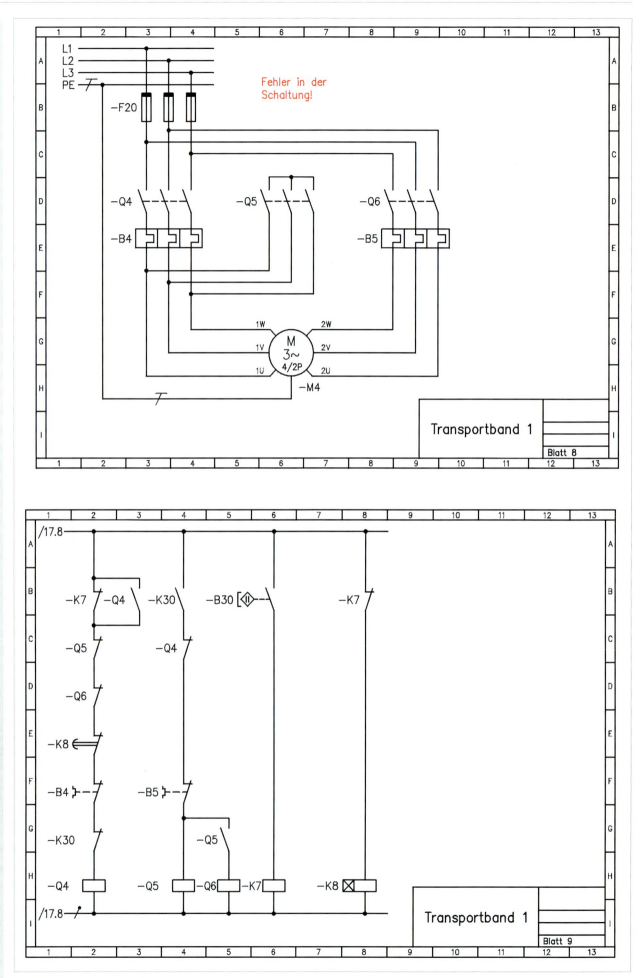

Fehler in der Schaltung!

Transportband 1

Blatt 8

Transportband 1

Blatt 9

1 *Schaltung zur Drehzahländerung*

Übung und Vertiefung

1. Für einen Drehstrom-Asynchronmotor in Dahlanderschaltung sind folgende Betriebswerte angegeben.

	P_N kW	n 1/min	I_N A	η %	$\cos \varphi$	I_A/I_N	M_A/M_N
112 M	1,6	700	5,7	68	0,64	4,1	2,2
	2,9	1400	6,1	69	0,92	5,0	2,3

Erläutern Sie die technischen Daten, insbesondere die Unterschiede bei Dreieck und Doppelstern.

2. Ein Drehstrom-Asynchronmotor mit zwei getrennten Wicklungen ist polumschaltbar (6/2P). Zeichnen Sie den Anschluss des Motors mit allen Betriebsmitteln, wobei die Polumschaltung
a) mit Hilfe eines Nockenschalters,
b) durch eine Schützsteuerung
erfolgt.
Worauf ist bezüglich des Motorschutzes und Überstromschutzes bei polumschaltbaren Motoren zu achten?

3. Ein polumschaltbarer Motor hat zwei Drehzahlen. Die hohe Drehzahl kann nur eingeschaltet werden, wenn zuvor die niedrige Drehzahl eingeschaltet wurde.
Zeichnen Sie den Stromlaufplan in aufgelöster Darstellung mit allen erforderlichen Betriebsmitten.

4. Ein polumschaltbarer Motor hat zwei Drehzahlen. Beim Einschalten kann entweder die niedrige oder die hohe Drehzahl geschaltet werden. Die niedrige Drehzahl ist, wenn die hohe Drehzahl eingeschaltet wurde, nur über AUS möglich. Die hohe Drehzahl kann nur durch direktes Umschalten eingeschaltet werden.
Zeichnen Sie den Stromlaufplan in aufgelöster Darstellung.

5. Ein polumschaltbarer Motor in Dahlanderschaltung soll mit Hilfe einer Schützsteuerung an das Drehstromnetz angeschlossen werden.
Zeichnen Sie den Hauptstromkreis und den Steuerstromkreis.

6. Zeichnen Sie den Steuerstromkreis für den Motor nach Aufgabe 5. für zwei Drehrichtungen.

8.3 Rolltorsteuerung für einen Messestand

Anwendung

1. Eine wesentliche Einschränkung ist die Betriebsspannung. Ein Drehstrommotor ist offensichtlich nicht einsetzbar.
Allerdings stimmt Ihnen hier ein Kollege nicht zu. Er nennt Ihnen den Begriff Steinmetzschaltung.

a) Was versteht man unter der Steinmetzschaltung?

b) Wenn Sie einen Drehstrommotor in Steinmetzschaltung (also am Einphasen-Netz) betreiben, welche Leistung kann dieser Motor dann noch abgeben? Stellt das eine wesentliche Einschränkung dar?

c) Wie wird bei einem so geschalteten Drehstrommotor am Einphasennetz das Drehfeld erzeugt?
Welches Hilfsmittel ist zur Drehfelderzeugung erforderlich?

d) Angenommen, Ihnen steht folgender Drehstrommotor zur Verfügung:

0,75 kW   1400 1/min   1,95 A $M_A/M_N = 2,5$

Welches Drehmoment kann der Motor bei Anschluss an 400-V-Drehstrom entwickeln?
Auf welchen Wert ändert sich das Drehmoment bei Anschluss des Motors am Einphasennetz?

e) Sie benötigen einen Betriebskondensator. Welche Aufgabe hat dieser? Welcher Kapazitätswert ist für den obigen Motor erforderlich?

f) Man kann den Motor mit einem Anlaufkondensator ausstatten. Welche Aufgabe hat dieser? Welchen Kapazitätswert muss dieser Kondensator haben? Worauf ist bei der Kondensatorschaltung zu achten?

g) Wenn Sie den Einsatz eines Drehstrommotors am Einphasennetz erwägen:
Wie kann die Drehrichtung eines solchen Motors geändert werden?
Entwickeln Sie die Schützschaltung (Haupt- und Steuerstromkreis) für die Drehrichtungsänderung des Motors.

h) Ihr Meister sagt Ihnen, dass es bei Einsatz eines Drehstrommotors am Einphasennetz (Steinmetzschaltung) zu überlegen ist, ob eine höhere Flexibilität erreicht werden kann, den Motor wahlweise an das Drehstromnetz bzw. an das Einphasennetz anschließen zu können. Je nachdem, was am Messort zur Verfügung gestellt wird.
Ist diese Forderung technisch realisierbar?
Was muss hierbei überlegt werden?
Wenn Sie eine Realisierungsmöglichkeit sehen, dann entwickeln Sie bitte die notwendige Schaltung und dokumentieren Sie diese.
Nehmen Sie die Inbetriebnahme vor.

2. Alternativ wird der Einsatz eines Kondensatormotors vorgeschlagen. Dieser ist für den Betrieb am Einphasennetz geschaffen.

a) Erläutern Sie den Aufbau eines Kondensatormotors.

b) Wie wird bei diesem Motor das Drehfeld erzeugt?

c) Wie viele Wicklungen hat der Motor?
Wie werden diese Wicklungen genannt?
Wie werden die Wicklungsanschlüsse bezeichnet?

Anwendung

d) Besteht hier noch der große Vorteil, dass keine galvanische Stromzuführung zum Läufer notwendig ist? Eine galvanische Stromzuführung zu rotierenden Teilen ist nämlich stets ein gewisses Problem.

e) Auch bei diesem Motor ist ein Betriebskondensator erforderlich. Welche Aufgabe hat er und wie wird der notwendige Kapazitätswert bestimmt?

f) Besteht beim Kondensatormotor auch die Möglichkeit, einen Anlaufkondensator einzusetzen?
Wie würde er geschaltet und wie wird sein Kapazitätswert bestimmt?

g) Dargestellt sind die technischen Daten eines Kondensatormotors:
0,9 kW   1370 1/min   6,0 A $\cos \varphi = 0{,}97$
$M_{\mathrm{A}}/M_{\mathrm{N}} = 0{,}38$ $C_{\mathrm{B}} = 30\,\mu\mathrm{F}$

Analysieren Sie die technischen Daten des Motors. Beachten Sie besonders den angegebenen Leistungsfaktor. Warum ist dieser relativ groß?

h) Angenommen, es steht Ihnen statt des geforderten 30-µF-Kondensators ein 40-µF-Kondensator zur Verfügung. Welche Folge hätte der Einsatz des größeren Kondensators? Ist das überhaupt zulässig? Welche Bemessungsspannung müssen die eingesetzten Kondensatoren haben?

i) Beachten Sie auch das Drehmomentverhältnis $M_{\mathrm{A}}/M_{\mathrm{N}}$. Welche Schlussfolgerung ziehen Sie aus dieser Angabe?

j) Wenn Sie sich zum Einsatz eines Anlasskondensators entschließen: Welche Kapazität muss dieser Kondensator haben? Wie ist er zu schalten? Worauf ist bei seinem Einsatz besonders zu achten?

k) Überprüfen Sie, welche Kapazitätswerte für Betriebs- und Anlasskondensatoren angeboten werden.

l) Wie kann die Drehrichtung eines Kondensatormotors geändert werden?
Welche allgemeine Regel gilt für die Drehrichtungsbestimmung von Elektromotoren?

m) Wenn für das Rolltor des Messestandes ein Kondensatormotor eingesetzt wird:
Entwickeln Sie die Steuerung (Haupt- und Steuerstromkreis).
Worin liegt die Besonderheit dieser Steuerung?
Führen Sie die Inbetriebnahme durch.

3. Grundsätzlich bestehen also zwei Möglichkeiten, das Rolltor an Einphasen-Wechselspannung zu betreiben.
Stellen Sie diese beiden Möglichkeiten in einem Fachbericht übersichtlich dar, analysieren Sie diese und treffen Sie eine fachlich fundierte Entscheidung, welche Möglichkeit Sie einsetzen.

Präsentieren Sie Ihre Ergebnisse.

Übung und Vertiefung

1. Worum handelt es sich bei den dargestellten Klemmbrettern?

a)
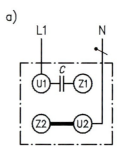

b)
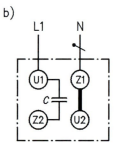

2. Die Drehrichtung eines Kondensatormotors mit Betriebs- und Anlaufkondensator soll geändert werden.

Die Befehlsgeber sind:

AUS   (Öffner)   S1 (rot)
RECHTS (Schließer)   S2 (grün)
LINKS   (Schließer)   S3 (grün)

Verwendet wird der Motor:
71   0,3 kW   2760 1/min   2,4 A

Die Meldelampe P1 soll den Betriebszustand (Links-/Rechtslauf) des Motors anzeigen.

a) Wählen Sie geeignete Schütze aus.

b) Wählen Sie eine geeignete Motorschutzeinrichtung aus.

c) Welche Leitung wählen Sie zur Verdrahtung des Steuerstromkreises und des Laststromkreises im Schaltkasten (auch Farben angeben)? Welche Leitung wählen Sie für den Anschluss des Motors?

d) Skizzieren Sie den Laststromkreis und den Steuerstromkreis.

e) Wählen Sie geeignete Kondensatoren aus.

f) Beschreiben Sie die Inbetriebnahme.

g) Sie werden aufgefordert, einen SPS-Baustein (Funktion oder Funktionsbaustein) für die Drehrichtungsänderung eines Kondensatormotors zu entwickeln, wenn nicht die bereits in der Baustein-Bibliothek vorhandene Funktion „Wendeschaltung" für Drehstrommotoren benutzt werden kann.
Führen Sie den Auftrag durch.

3. Ein Drehstrommotor
80 S   0,75 kW   1400 1/min   1,95 A
soll am Einphasen-Wechselstromnetz betrieben werden.

a) Wie legen Sie die Brücken im Motorklemmbrett ein?

b) Welche Leistung kann der Motor an der Welle abgeben?

c) Wählen Sie den Betriebs- und Anlasskondensator aus.

d) Bei Betrieb des Motors stellen Sie fest, dass der Motor sehr „unruhig" (pulsierend) läuft.
Woran kann das liegen?
Welche Maßnahmen ergreifen Sie?
Worauf ist dabei besonders zu achten?

8.4 Gleichstrommotor am Rollmagazin-Modell austauschen

Auftrag

Das Modell des Rollmagazins wird durch einen 12-V-Gleichstrommotor angetrieben. Nachdem dieses Modell von Ihnen programmtechnisch überarbeitet wurde, stellt sich bei der Inbetriebnahme heraus, dass dieser Motor nicht arbeitet. Eine Spannungsmessung am Motor ergibt 12 V, so dass der Fehler im Motor liegen dürfte.

Sie sollen den Motor demontieren und (falls möglich) reparieren.

Anwendung

1. Nachdem Sie den Motor demontiert haben, legen Sie ihn an eine externe 12-V-Spannungsquelle.

Erwartungsgemäß zeigt er auch hier keine Reaktion. Er entwickelt kein Drehmoment.

Danach demontieren Sie den Motor selbst. Sie stellen dabei fest, dass er aus einem Spulensystem im Ständer und einem Dauermagneten im Läufer besteht.

a) Um was für einen Gleichstrommotor handelt es sich hier?

b) Welche Aufgabe hat das Spulensystem im Ständer, das an 12-V-Gleichspannung angeschlossen werden muss?

c) Welche Aufgabe hat der Dauermagnet (Permanentmagnet) im Läufer?
Wie kommt es zur Drehmomenterzeugung?

d) Welche Vorteile und welche Nachteile hat ein Motor mit Permanentmagnet?

e) Welche Fehlerursachen würden Sie bei einem solchen Motor vermuten?
Ist eine Reparatur unter allen Umständen sinnvoll?

Anwendung

2. Gleichstrommotoren größerer Leistung verfügen über eine Erregerwicklung und eine Ankerwicklung.
Die Erregerwicklung ist im Ständer des Motors untergebracht. In den Ankernutblechen ist die Ankerwicklung (Läuferwicklung) eingelegt.

Die Wicklungsanfänge und Wicklungsenden sind an den Stromwender (Kommutator) angeschlossen.

Auf den Stromwender gleiten Bürsten, die sich in Bürstenhaltern befinden, wobei eine Feder für den notwendigen Auflagedruck der Bürsten auf den Stromwender sorgt.

a) Dargestellt ist der Aufbau eines Gleichstrommotors (Bild 1).
Benennen Sie die mit 1 bis 10 benannten Komponenten.
Welche Bauform hat der dargestellte Motor?

b) Dargestellt ist der Läufer (Rotor, Anker) eines Gleichstrommotors (Bild 2).
Beschreiben Sie den Aufbau des Läufers.

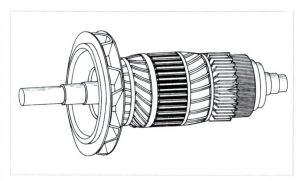

2 *Läufer (Rotor) eines Gleichstrommotors*

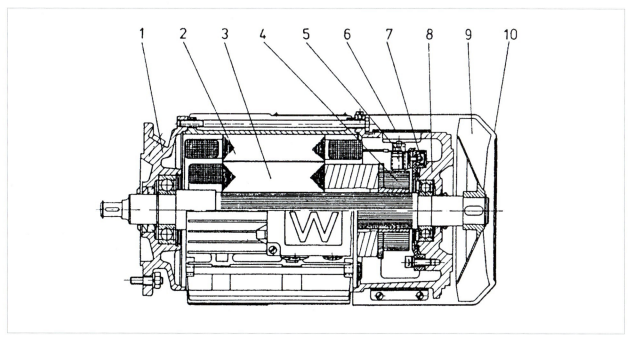

1 *Aufbau eines Gleichstrommotors*

Anwendung

c) Beschreiben Sie die Aufgabe des dargestellten Bauteils (Bild 1).
Worauf kommt es im Hinblick auf eine einwandfreie Funktion des Motors hierbei an?

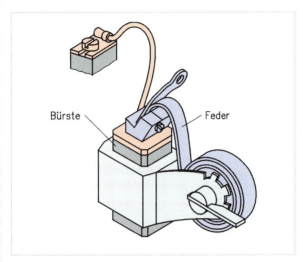

1 Bauteil eines Gleichstrommotors

d) Dargestellt ist ein demontierter Gleichstrommotor. Bezeichnen Sie die markierten Teile fachgerecht.

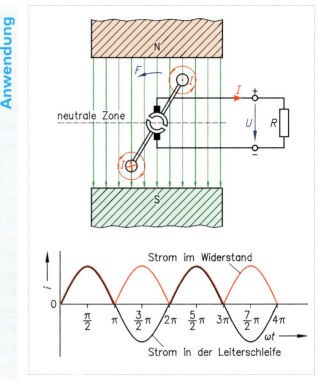

2 Demontierter Gleichstrommotor

Anwendung

3 Modell eines Gleichstrommotors

g) Welche Probleme können sich bei der Stromwendung ergeben?
Welche Ursachen haben diese Probleme?
Welche Aufgabe haben in diesem Zusammenhang die Wendepolwicklungen?

h) Bei Wendepolwicklungen unterscheidet man zwischen unsymmetrischer und symmetrischer Beschaltung.
Worin besteht der Unterschied?
Wann wird man welche Schaltung anwenden? Berücksichtigen Sie dabei EMV-Gesichtspunkte.

i) Welche Anschlussbezeichnung hat die Ankerwicklung (ohne Wendepole)?

j) Wie lautet die Klemmbrettbezeichnung der Ankerwicklung eines Motors mit unsymmetrischer und mit symmetrischer Wendepolbeschaltung?

e) Erläutern Sie die Drehmomenterzeugung bei einem Gleichstrommotor mit Stromwender.
Welche Aufgabe hat dabei insbesondere der Stromwender?

f) Dargestellt ist ein stark vereinfachtes Modell (Bild 3) eines Gleichstrommotors (Permanenterregung und eine Leiterschleife als Ankerwicklung).

Wenn die Leiterschleife rotiert, fließen in der Leiterschleife und im Widerstand die dargestellten Ströme.
Welche Folgerungen sind daraus zu ziehen?
Muss zum Beispiel das Ankerblechpaket aus Elektroblech (geblättert) gefertigt werden?
Begründen Sie Ihre Antwort.

Anwendung

k) Erläutern Sie die technische Aussage der Prinzipskizzen (Bild 1, Seite 167). Insbesondere unter Berücksichtigung der Stromwendung.
Welchen Einfluss hat der Ankerstrom auf das magnetische Feld des Motors?
Was versteht man unter dem Begriff Ankerrückwirkung im Zusammenhang mit der Verschiebung der neutralen Zone?

l) Welche Auswirkungen hat die Verschiebung der neutralen Zone?
Wie kann diese Verschiebung möglichst verhindert werden?

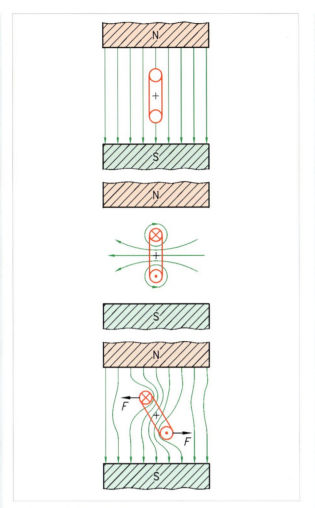

1 Erregerfeld und Ankerfeld

m) Bild 2 zeigt den Ankerstromkreis eines Gleichstrommotors mit symmetrischer Wendepolbeschaltung. Eine der beiden Skizzen ist falsch. Nehmen Sie
dazu Stellung.

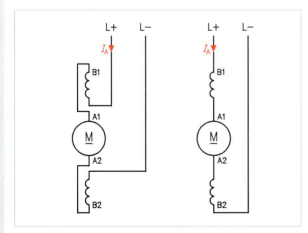

2 Wendepole

n) Warum ist nur eine der beiden Skizzen fachlich
korrekt?
Was würde passieren, wenn die Schaltung irrtümlich
nach der falschen Skizze aufgebaut würde?
Welchen Einfluss hätte das auf die Verschiebung der
neutralen Zone?
Bei diesen Überlegungen ist der Ankerstrom zu berücksichtigen.

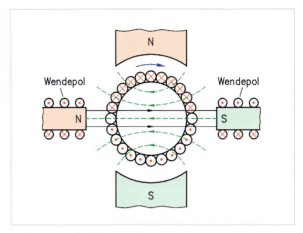

3 Wirkung der Wendepole

o) Ergibt sich bei richtiger Schaltung der Wendepole
sogar eine Art „Regeleffekt"?
Bedenken Sie, dass die Ursache der Verschiebung
der neutralen Zone der Ankerstrom (also die Belastung des Motors) ist.

Welchen Einfluss hat die Höhe des Ankerstromes auf
die Verschiebung?
Wie wirkt ein höherer Strom in der Wendepolwicklung
auf die Verschiebung?

p) Größere Gleichstrommotoren sind oftmals noch
mit einer Kompensationswicklung ausgestattet. Wie
lautet die Anschlussbezeichnung dieser Kompensationswicklung? Welche Aufgabe hat sie?
Von welchem Strom wird sie durchflossen?

3. Um welche Schaltung eines Gleichstrommotors
handelt es sich?

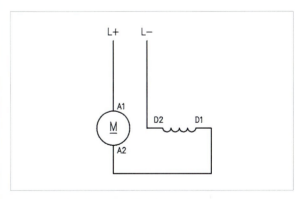

4 Schaltung eines Gleichstrommotors

a) Welche Drehrichtung hat der Motor entsprechend
der dargestellten Schaltung?

b) Wie kann die Drehrichtung geändert werden?
Stellen Sie die Schaltung mit geänderter Drehrichtung in Form einer Skizze dar.

c) Welches Betriebsverhalten hat dieser Motor?
Wie verhalten sich Drehmoment und Drehzahl bei
Belastung? Begründen Sie Ihre Aussagen.

d) Die Erregerwicklung (Feldwicklung) wird über-
brückt (Bild 1, Seite 168).
Welche Folge hat dies auf das Betriebsverhalten des
Motors?

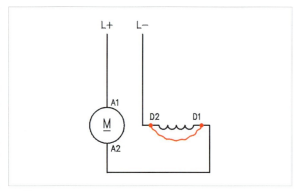

1 Überbrückung der Erregerwicklung (Vorsicht!)

Welche Schlussfolgerungen sind daraus bei Einsatz von Reihenschlussmotoren zu ziehen?
Bedenken Sie, dass der Erregerstrom gleich dem Ankerstrom ist und bei Entlastung des Motors der Ankerstrom relativ geringe Werte annimmt.

e) Welche Aussage macht Bild 2, wenn U_A die im Anker induzierte Spannung und U_W die wirksame stromtreibende Spannung ist?

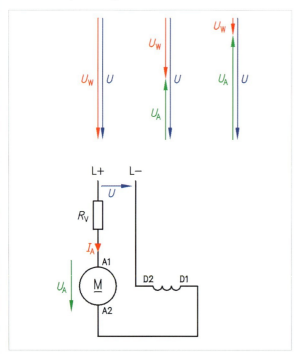

2 Spannungen am Gleichstrommotor

f) Gleichstrommotoren haben einen sehr hohen Anzugsstrom. Worauf ist das zurückzuführen? Beachten Sie dazu Bild 2.
Was ist zu tun, um diesen Anzugsstrom zu begrenzen?

g) Für welche Antriebsaufgaben sind Gleichstrom-Reihenschlussmotoren besonders gut geeignet? Nennen Sie einige Beispiele.

h) Bild 3 zeigt eine (experimentelle, nicht praxisgerechte) Beschaltung eines Gleichstrom-Reihenschlussmotors mit zwei veränderlichen ohmschen Widerständen.
Welche Aufgabe kann der Widerstand R_1 übernehmen, insbesondere bei der Drehzahlverstellung?

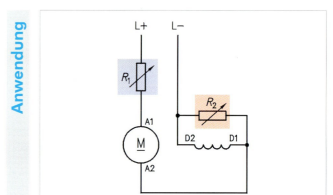

3 Beschaltung eines Gleichstrommotors

Was passiert, wenn der Widerstand R_2 verringert wird?
Was würde passieren, wenn der Widerstand R_1 bis auf den Wert Null verringert würde?
Warum ist die Verringerung bis auf Null unbedingt zu vermeiden?

i) Man sagt, durch Feldschwächung lässt sich die Drehzahl über die Bemessungsdrehzahl hinaus steigern; durch Verringerung der Ankerspannung lässt sich die Drehzahl unter die Bemessungsdrehzahl verringern.
Welches Feld wird geschwächt?
Warum zeigt sich dieses Drehzahlverhalten?
Warum sinkt die Drehzahl beim Reihenschlussmotor bei Belastung stark ab und warum entwickelt er dabei ein sehr starkes Drehmoment (man spricht hier von Reihenschlussverhalten)?

4. Um welchen Motor handelt es sich (Bild 4)?

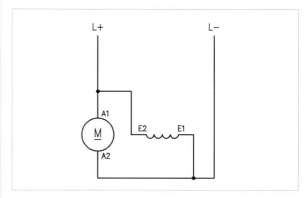

4 Schaltung eines Motors

a) Worin besteht der wesentliche Unterschied zum Reihenschlussmotor?

b) Welche Auswirkungen hat das auf das Betriebsverhalten des Motors?
Dieses Betriebsverhalten bezeichnet man als Nebenschlussverhalten (gilt auch z. B. für den Drehstrom-Käfigläufermotor).

c) Welche Drehrichtung hat der Motor in der Schaltung nach Bild 4?
Wie kann die Drehrichtung geändert werden?

d) Worin unterscheiden sich die Erregerwicklungen (Feldwicklungen) bezüglich Windungsquerschnitt und Windungszahl (Bild 1, Seite 169)?

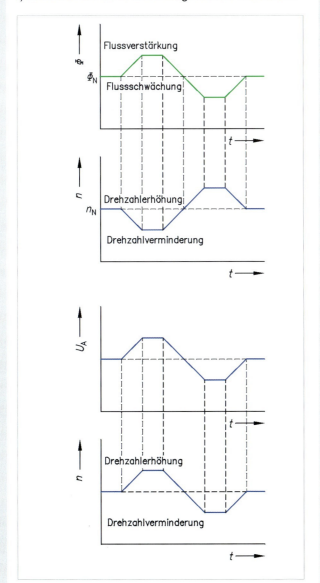

Anwendung

1 Erregerwicklungen (Feldwicklungen)

Welche Bedeutung hat dieser Unterschied zum Beispiel, wenn Sie eine periodische Drehrichtungsänderung des Motors beabsichtigen?
Worauf müssen Sie dann besonders achten?

e) Durch welche Maßnahmen kann die Drehzahl des Nebenschlussmotors unterhalb und oberhalb der Bemessungsdrehzahl beeinflusst werden?

f) Erläutern Sie die in Bild 2 dargestellten Kennlinien.

2 Kennlinien

g) Für welche Antriebsaufgaben eignet sich der Gleichstrom-Nebenschlussmotor?

b) Annahme: Klemmbrettbeschriftung und Leistungsschildangaben eines Gleichstrommotors sind nicht mehr lesbar.

Anwendung

Mit einem Multimeter sollen Sie bestimmen, ob es sich um einen Reihenschluss- oder um einen Nebenschlussmotor handelt.
Wie gehen Sie dabei vor?

5. Beim Doppelschlussmotor will man die Vorteile von Reihenschluss- und Nebenschlussmotor miteinander kombinieren.
Skizzieren Sie die Schaltung eines Doppelschlussmotors.
Welches Betriebsverhalten hat dieser Motor?

6. Dargestellt ist das Klemmbrett eines Gleichstrommotors.
a) Um welchen Motor handelt es sich?
b) Skizzieren Sie die Schaltung des Motors.

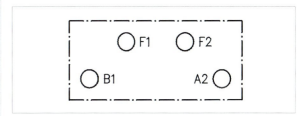

3 Klemmbrett eines Gleichstrommotors

c) Zählen auch Motoren mit Dauermagneten zu diesem Motortyp?

d) Welches Betriebsverhalten haben diese Motoren?

e) Welche Vorteile ergeben sich beim praktischen Einsatz?

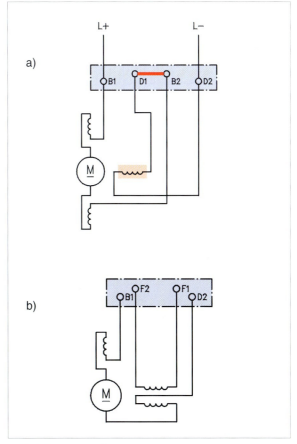

4 Schaltung von Motoren

Anwendung

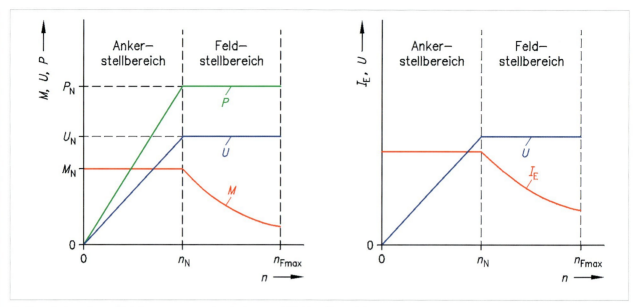

1 Kennlinien eines Gleichstrommotors im Anker- und Feldstellbereich

f) Um welche Motoren handelt es sich (Bild 4, Seite 169?
Welche Drehrichtung hat der Motor nach a)?

g) Der Motor nach b) soll für Linkslauf angeschlossen werden.
Skizzieren Sie den Anschluss.

h) Erläutern Sie die Kennlinien (Bild 1).

i) Beschreiben Sie den Zweck der Schaltung (Bild 2).

Anwendung

5. Wenn für den Antrieb des Rollmagazin-Modells ein Universalmotor eingesetzt würde, dann könnte auf den Gleichrichter verzichtet werden.

a) Was versteht man unter einem Universalmotor? Welches Betriebsverhalten hat er?
Für welche Leistungen wird er gebaut?

b) Dargestellt ist die Schaltung eines Universalmotors (Bild 1, Seite 171). Erläutern Sie den Aufbau unter Berücksichtigung der EMV-Problematik.

c) Der Aufbau erinnert an einen Gleichstrom-Reihenschlussmotor.
Was würde passieren, wenn ein Gleichstrom-Reihenschlussmotor an Wechselspannung (gleiche Spannungshöhe) angeschlossen wird?

d) Dargestellt ist ein Universalmotor mit Wechselstromsteller (Bild 2, Seite 171).
Erläutern Sie die Schaltung.

e) Beschreiben Sie die Aussagen der Kennlinien eines Universalmotors (Bild 3, Seite 171).

f) Nennen Sie Anwendungsgebiete für Universalmotoren.

g) Worin besteht der wesentliche Nachteil der Universalmotoren?

h) Der Universalmotor hat Reihenschlussverhalten. Was bedeutet das?

i) Universalmotoren werden auch für den Antrieb von elektrischen Handwerkzeugen verwendet (z. B. Bohrmaschinen).
Welchen Vorteil haben hier die Hochfrequenz-Werkzeuge, einmal abgesehen davon, dass sie mit höherer Frequenz betrieben werden?

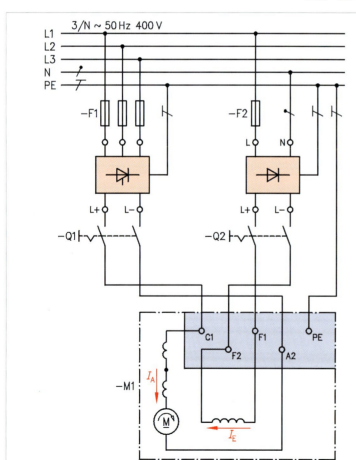

2 Schaltung eines Gleichstrommotors

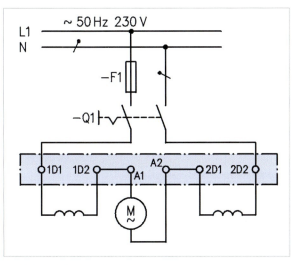

1 Universalmotor, Schaltung

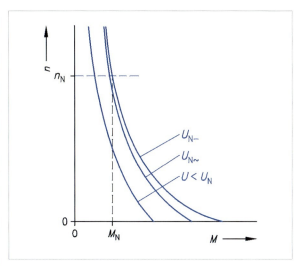

3 Universalmotor, Kennlinien

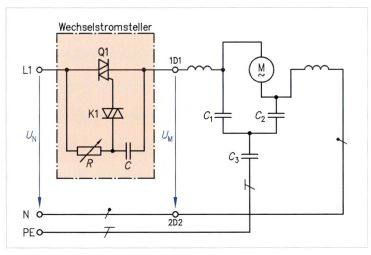

2 Universalmotor mit Wechselstromsteller

Information

Gleichstrommotoren

Ankerkreiswiderstand

$R_A = R_a + R_b + R_c$

R_A	Ankerkreiswiderstand	Ω
R_a	Ankerwiderstand	Ω
R_b	Widerstand Wendepolwicklung	Ω
R_c	Widerstand Kompensationswicklung	Ω

Induzierte Gegenspannung

$U_0 = c_1 + \Phi_E \cdot n$

U_0	Gegenspannung	V
Φ_E	Erregerfluss	Vs
n	Drehzahl	1/s
c_1	Konstante	$c_1 = \dfrac{z \cdot l \cdot d \cdot \pi}{A}$

Klemmenspannung (angelegte Spannung)

$U = U_0 + I_A \cdot R_A$

U	Klemmenspannung (angelegte Spannung)	V
U_0	Gegenspannung	V
I_A	Ankerstrom	A
R_A	Ankerkreiswiderstand	Ω

Ankerstrom

$$I_A = \frac{U - U_0}{R_A}$$

Erregerstrom

$$I_E = \frac{U_E}{R_E}$$

I_E	Erregerstrom	A
U_E	Spannung an Erregerwicklung	V
R_E	Widerstand der Erregerwicklung	Ω

Anlasswiderstand

$$R_{AV} = \frac{U}{I_{AV}} - R_A$$

R_{AV}	Anlasswiderstand	Ω
U	angelegte Spannung	V
I_{AV}	Ankerstrom bei Anlauf	A
R_A	Ankerkreiswiderstand	Ω

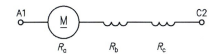

Beispiel

1. Fremderregter Gleichstrommotor:
$P_N = 10{,}5\,kW$, $U_A = 440\,V$, $U_E = 220\,V$,
1000 1/min, $\eta = 0{,}82$, $R_a = 1{,}2\,\Omega$,
$R_b = 0{,}7\,\Omega$, $R_E = 220\,\Omega$.
a) Bestimmen Sie den Erregerstrom.
b) Welchen Wert hat der Ankerstrom im Einschaltaugenblick?
c) Berechnen Sie den Bemessungsstrom.
d) Wie groß ist die induzierte Gegenspannung?
e) Welches Drehmoment gibt der Motor ab?

a) $I_E = \dfrac{U_E}{R_E} = \dfrac{220\,V}{200\,\Omega} = 1{,}1\,A$

b) $R_A = R_a + R_b = 1{,}2\,\Omega + 0{,}7\,\Omega = 1{,}9\,\Omega$
$I_A = \dfrac{U_A}{R_A} = \dfrac{440\,V}{1{,}9\,\Omega} = 231{,}6\,A$

c) $P_N = \eta \cdot U_{AN} \cdot I_{AN} \rightarrow I_{AN} = \dfrac{P_N}{\eta \cdot U_{AN}}$

$I_{AN} = \dfrac{10\,500\,W}{0{,}82 \cdot 440\,V} = 29{,}1\,A$

2. Ein Gleichstrom-Nebenschlussmotor hat folgende Daten:
220 V, 3,6 A, 630 W, 960 1/min, $R_A = 3{,}2\,\Omega$ $R_E = 500\,\Omega$.
a) Bestimmen Sie den Motorwirkungsgrad.
b) Wie groß ist der Ankerstrom bei stillstehendem Anker und bei rotierendem Anker?
c) Welche Spannung wird im Anker induziert?
d) Der Anlaufstrom darf das 2-fache des Bemessungsstromes betragen. Wie groß muss der Anlasserwiderstand sein?

a) $\eta = \dfrac{P_2}{P_1} = \dfrac{630\,W}{220\,V \cdot 3{,}6\,A} = 0{,}795$

b) $I_{A_1} = \dfrac{U}{R_A} = \dfrac{220\,V}{3{,}2\,\Omega} = 68{,}75\,A$

$I_E = \dfrac{U}{R_E} = \dfrac{220\,V}{500\,\Omega} = 0{,}44\,A$

$I_{A_2} = I - I_E = 3{,}6\,A - 0{,}44\,A = 3{,}16\,A$

c) $U_0 = U - I_A \cdot R_A$
$U_0 = 220\,V - 3{,}16\,A \cdot 3{,}2\,\Omega = 210\,V$

d) $R_{Av} = \dfrac{U}{I_{Av}} - R_A$

$R_{Av} = \dfrac{220\,V}{2 \cdot 3{,}6\,A} - 3{,}2\,\Omega = 27{,}4\,\Omega$

3. GS-Reihenschlussmotor:
220 V, 20 A, 3,75 kW, 1680 1/min, $R_A = 0{,}45\,\Omega$, $R_E = 0{,}25\,\Omega$.
a) Wie groß ist der Strom bei direktem Einschalten?
b) Der Anlassspitzenstrom soll auf $1{,}5 \cdot I_N$ begrenzt werden. Welchen Widerstand muss der Anlasser haben?
c) Berechnen Sie Wirkungsgrad und Bemessungsmoment.

a) $I_A = \dfrac{U}{R_A + R_E} = \dfrac{220\,V}{0{,}45\,\Omega + 0{,}25\,\Omega} = 314{,}3\,A$

b) $R_{Av} = \dfrac{U}{I_{Av}} - (R_A + R_E)$

$R_{Av} = \dfrac{220\,V}{1{,}5 \cdot 20\,A} - (0{,}45\,\Omega + 0{,}25\,\Omega) = 6{,}6\,\Omega$

c) $P_1 = U \cdot I = 220\,V \cdot 20\,A = 4{,}4\,kW$

$\eta = \dfrac{P_2}{P_1} = \dfrac{3{,}75\,kW}{4{,}4\,kW} = 0{,}85$

$M_N = \dfrac{P_2}{2\pi \cdot n_N} = \dfrac{3750\,W}{2\pi \cdot 28\,\frac{1}{s}} = 21{,}3\,Nm$

Übung und Vertiefung

1. Von einem fremderregten Gleichstrommotor sind folgende Werte bekannt:
$P_N = 10{,}5\,kW$, $U_A = 400\,V$, $U_E = 220\,V$,
$M_N = 45\,Nm$, $\eta = 87\,\%$.

Wie groß sind Bemessungsdrehzahl und Bemessungsstrom?

2. Die Kühlwalze einer Folienstreckanlage wird mit einem fremderregten Gleichstrommotor angetrieben.
Motordaten: $P = 6\,kW$, $U_A = 400\,V$, $I_A = 17{,}5\,A$, $R_A = 1{,}49\,\Omega$.

a) Wie groß ist der Strom im Einschaltmoment?
b) Zeichnen Sie die Motorschaltung mit Anlasser.
c) Berechnen Sie den erforderlichen Anlasswiderstand, wenn der Anlassstrom auf das 1,5-fache des Bemessungsstromes begrenzt werden soll.
d) Wie lange muss der Anlasser eingeschaltet bleiben?
e) Welche Nachteile hat ein herkömmlicher Anlasser?
f) Welche technische Lösung wird heute bevorzugt?

3. Als Hauptspindelantrieb für eine Werkzeugmaschine wird ein stromrichtergespeister Gleichstrommotor eingesetzt.
Geforderter Drehzahlbereich an der Spindel: 30 – 3000 1/min.

Leistungsschildangaben des Motors:
7,5 kW; 260 V; 33 A; $n_N = 2570$ 1/min;
514 – 2570 1/min; 1,5 – 7,5 kW;
2570 – 3020 1/min; 7,5 kW;
22 V; 0,91 A;
$R_A = 0{,}267\,\Omega$; $\eta = 86\,\%$
Für die Drehzahlen unterhalb n_{min} wird ein Getriebe verwendet.

a) Wie groß ist die induzierte Gegenspannung bei Bemessungsbetrieb?
b) Auf welchen Wert muss die Ankerspannung eingestellt werden, wenn der Motor im Ankersteuerbereich mit minimaler Drehzahl betrieben wird?
c) Welche Drehzahl stellt sich ein, wenn die Ankerspannung 200 V beträgt?
d) Auf welchen Wert muss die Erregerspannung im Feldschwächebereich verringert werden, damit der Motor sich mit 3000 1/min dreht?
Die Erregung erfolgt im linearen Bereich der Magnetisierungskurve ($I_E \sim \Phi_E$).
e) Welche Drehzahl stellt sich bei einer Erregerspannung von 200 V ein?

4. Sie sollen den Wicklungswiderstand der Erregerwicklung eines Gleichstrommotors überprüfen.
Der Hersteller gibt eine Erregerleistung von 800 W und eine Erregerspannung von 180 V an. Im betriebswarmen Zustand hat die Wicklung eine Temperatur von 120 °C.

Welchen Widerstand muss Ihr Messgerät bei Raumtemperatur (20 °C) anzeigen?

5. In einem Prüflabor sollen die Verluste eines Nebenschlussmotors ermittelt werden.
Mit einem Bremsgenerator (Pendelmaschine) wird bei der Drehzahl $n = 1840\ 1/min$ ein Drehmoment von 85,6 Nm gemessen. Gleichzeitig werden die folgenden elektrischen Größen gemessen:
$U_A = 220\ V$, $I_A = 84\ A$, $I_E = 1,55\ A$.
Ankerkreiswiderstand $R_A = 0,161\ \Omega$.
Der Spannungsfall an den Bürsten beträgt 2 V.

a) Wie groß sind die aufgenommene elektrische Leistung, die abgegebene mechanische Leistung und der Wirkungsgrad des Motors?
b) Berechnen Sie die Verlustleistung im Ankerkreis, an den Bürsten und in der Erregerwicklung.
c) Wie groß sind die nicht berücksichtigten Verluste in Prozent der Bemessungsleistung und wodurch werden sie verursacht?
d) Wie kann die im Motor entstehende Verlustwärme abgeführt werden?

6. Leistungsschild eines Nebenschlussmotors:
Ankerkreiswiderstand $R_A = 1,22\ \Omega$

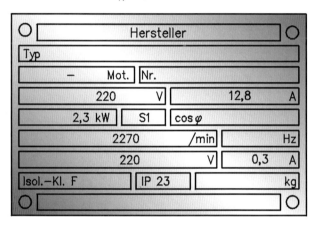

a) Beim Anlassen des Motors soll der Strom auf $1,5 \cdot I_N$ begrenzt werden. Berechnen Sie den erforderlichen Anlasserwiderstand.
b) Die Drehzahl soll durch den für Dauerbetrieb ausgelegten Anlasser bei konstantem Ankerstrom gesteuert werden.
Wie weit kann die Drehzahl mit dem Anlasssteller reduziert werden?
c) Wie groß ist die Verlustleistung im Anlasssteller bei minimaler Drehzahl?
d) Mit dem Anlasssteller soll eine Drehzahl von 1500 1/min gewählt werden. Auf welchen Widerstandswert muss der Anlasssteller eingestellt werden?

7. Leistungsschild eines Gleichstrommotors.
Widerstand der Ankerwicklung $R_a = 0,73\ \Omega$,
Widerstand der Erregerwicklung $R_E = 0,49\ \Omega$.
Die Gegenspannung im Anker beträgt bei Bemessungsbetrieb 185 V und der Spannungsfall an den Bürsten $U_B = 2\ V$.

a) Zu welcher Motorart gehört das Leistungsschild?
b) Wie groß ist der Motorbemessungsstrom?
c) Der Anlassspitzenstrom soll auf $1,5 \cdot I_N$ begrenzt werden. Welchen Widerstand muss der Anlasser haben?
d) Berechnen Sie Wirkungsgrad und Bemessungsmoment des Motors.
e) Zeichnen Sie den Stromlaufplan des Motors mit Anlasser in zusammenhängender Darstellung.
Schutzeinrichtungen: Sicherungen und Motorschutzschalter.

8. Ein Reihenschlussmotor hat die Bemessungsdaten:
$U = 220\ V$, $I = 40\ A$, $n = 1680\ 1/min$.
Die Gegenspannung im Anker beträgt 192 V.

a) Berechnen Sie den Ankerkreiswiderstand R_A (Widerstand der Anker- und Erregerwicklung).
b) Bei Entlastung auf $M_1 = 0,5 \cdot M_N$ sinkt die Stromaufnahme auf 28,3 A. Das Erregerfeld wird dadurch um 32 % geschwächt.
Wie groß sind dann Drehzahl und Gegenspannung des Motors?

9. Als Fahrmotor für einen Hubstapler wird ein 5-kW-Reihenschlussmotor verwendet. Die Stromversorgung erfolgt durch eine Batterie mit der Bemessungsspannung 48 V.
Bemessungsstrom $\qquad I_N = 144\ A$
Bemessungsdrehzahl $\qquad n_N = 1950\ 1/min$
Ankerkreiswiderstand $\qquad R_A = 92,2\ m\Omega$

a) Berechnen Sie den Anlasserwiderstand für $I_{Anl} = 1,5 \cdot I_N$.
b) Zum Rückwärtsfahren muss die Drehrichtung des Motors umgekehrt werden. Die Richtungsänderung erfolgt durch einen Wendeschalter. Zeichnen Sie den Stromlaufplan in zusammenhängender Darstellung.
c) Welche Möglichkeiten gibt es, die Fahrgeschwindigkeit des Hubstaplers zu steuern?

10. Ein 21-kW-Reihenschlussmotor nimmt bei Anschluss an 440 V einen Strom von 56 A auf.
Widerstand der Ankerwicklung 0,57 Ω, Widerstand der Erregerwicklung 0,38 Ω. Der Spannungsfall an den Bürsten beträgt 2 V.

a) Wie groß ist die im Anker induzierte Gegenspannung U_0?
b) Berechnen Sie den Spannungsfall und die Verlustleistung an der Anker- und der Erregerwicklung und an den Bürsten.

11. Ein Elektrofahrzeug wird durch einen Gleichstrom-Reihenschlussmotor angetrieben. Der Motor kann über den Hauptschalter in Rechts- und in Linkslauf betrieben werden.
Zur Begrenzung des Einschaltstroms und zur Drehzahlsteuerung wird ein Anlasser vorgeschaltet.
Zeichnen Sie den Stromlaufplan in zusammenhängender Darstellung.

12. Zeichnen Sie einen Gleichstrom-Nebenschlussmotor mit Anlasser. Die Leistungsaufnahme, Stromaufnahme und die Spannung am Anker sollen gemessen werden.

13. Welche Bremsverfahren können bei Gleichstrommotoren angewendet werden?

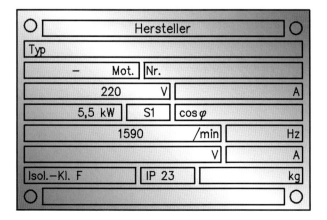

8.5 Servoantrieb einsetzen

1. In der modernen Antriebstechnik werden hohe Anforderungen gestellt, die sich wie folgt auflisten lassen:

- *Drehzahlgenauigkeit*
- *Konstantes Drehmoment*
- *Überlastfähigkeit*
- *Weite Regelbereiche für Drehzahl und Drehmoment*
- *Genaue Positionierbarkeit*
- *Hohe Dynamik*
- *Stillstandsmoment (Haltemoment)*

Um für einen bestimmten Einsatz den geeigneten Motortyp auswählen zu können, müssen die Motoreigenschaften gegenübergestellt werden.

In Tabelle 1 sind die Eigenschaften eines Drehstrom-Asynchronmotors, eines Gleichstrommotors und eines Servomotors (permanenterregter Synchronmotor) gegenübergestellt. Alle drei Motoren haben etwa die gleiche Leistung und die gleiche Bemessungsdrehzahl.

a) Informieren Sie sich zunächst über die in der Tabelle vorkommenden Größen:

- Massenträgheitsmoment J
- Drehmoment M
- Winkelbeschleunigung α
- Dynamik: $\dfrac{\alpha}{\alpha_{\text{Servo}}} \cdot 100\,\%$
- Hochlaufzeit t

b) Die Kosten eines Servoantriebs liegen um ein Vielfaches höher als bei einfachen DASM.

Erarbeiten Sie anhand der Tabelle, für welche Anwendungen – trotz der höheren Investitionskosten – der Servomotor eine gute Wahl ist.

2. Das Rotormagnetfeld wird von Permanentmagneten erzeugt, das umlaufende Magnetfeld des Stators von einer dreiphasigen Drehstromwicklung, durch die ein jeweils um 120° verschobener Drehstrom i_U, i_V, i_W fließt (Bild 1, Seite 175).

a) Tragen Sie die Stromverteilung zum Zeitpunkt t_2 und t_3 in das oben genannte Bild ein.

b) Erklären Sie aus den Schnittbildern die Funktionsweise des Synchronmotors.

c) Synchronmotoren entwickeln ihr höchstes Drehmoment, wenn das Magnetfeld des Stators dem Magnetfeld des Rotors um 90° voreilt (Polradwinkel). Welchen Winkel bilden die beiden Magnetfelder in den obigen Schnittzeichnungen?

d) Nennen Sie den Grund dafür, dass das Drehmoment des Motors dann maximal wird, wenn der Polradwinkel 90° beträgt.

3. Im Bild 2, Seite 175 ist der Schnitt durch Ständer und Läufer eines Synchronmotors, wie er bei Servoantrieben verwendet wird, dargestellt.

1 Ständerblech
2 Nuten für die Drehstromwicklungen
3 Läuferblech
4 Aufgeklebte Permanentmagnete
5 Aussparungen

Tabelle 1
Eigenschaften von Elektromotoren

Kenngrößen	Drehstrom-Asynchronmotor (DASM)	Gleichstrommotor	Permanenterregter Synchronmotor
Leistung [kW]	7,5	8,3	7,5
Drehzahl [1/min]	2900	3200	3000
Typ/Baugröße	DFV 132 M2	GFVN 160 M	DFY 112 ML
Schutzart	IP 54	IP 44	IP 65
Kühlung	eigen	eigen	Konvektion
Länge [mm]	400	625	390
Masse gesamt [kg]	66	105	38,6
Masse Rotor [kg]	17	29	8,2
J_Mot [10^{-4} kgm^2]	280	496	87,4
Nenndrehmoment [Nm]	24,7	24,7	24
Max. Drehmoment $M_{\max}$	$2{,}6 \cdot M_\text{N}/1{,}8 \cdot M_\text{N}$	$1{,}6 \cdot M_\text{N}$	$3 \cdot M_\text{N}$
Max. Winkelbeschleunigung α [1/s^2]	1588	797	8238
Max. Dynamik [%] [Servomotor = 100 %]	20	10	100
Hochlaufzeit t_H [ms]	191	420	38

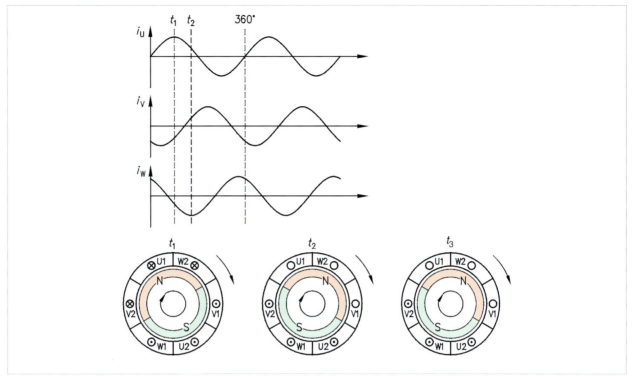

1 Rotormagnetfeld eines Servomotors

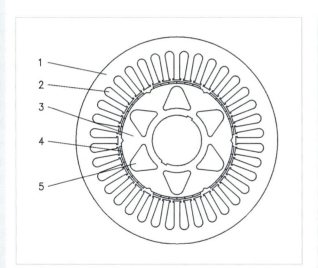

2 Schnitt durch Ständer und Läufer

a) Welche Vorteile hat die Permanenterregung des Läufers durch Dauermagnete?

b) Welche magnetischen Eigenschaften muss das Ständerblechpaket, welche das Läuferblech haben?

c) Aus welchem Grund haben die Läuferbleche Aussparungen?

d) Bestimmen Sie, wie viele Pole bzw. Polpaare der im Schnitt dargestellte Servomotor hat.

e) Damit ein Synchronmotor das maximale Drehmoment abgeben kann, muss das Magnetfeld des Ständers dem Magnetfeld des Läufers um 90° elektrisch voreilen.
Erläutern Sie den Unterschied zwischen dem mechanischen Winkel und dem elektrischen Winkel.

f) Berechnen Sie den mechanischen Winkel um den das Ständerfeld dem Läuferfeld im obigen Beispiel voreilen muss.

g) Tragen Sie in die Schnittzeichnung die Stromverteilung zum Zeitpunkt t ein (Bild 2). Tragen Sie außerdem die Feldverteilung und die Magnetpole des Ständers ein.

h) Bestimmen Sie die Drehrichtung des Läufers.

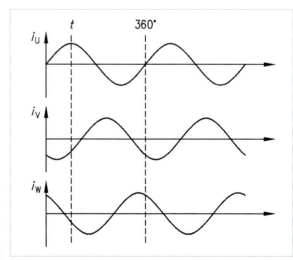

3 Ströme und Winkel

4. Servoantriebe zeichnen sich besonders dadurch aus, dass sie jederzeit Informationen über die Lage des Rotors, die Lage des Antriebes nach n-Umdrehungen, die Drehzahl und die Drehrichtung zur Verfügung stellen. Diese Informationen werden mit einem Resolver erzeugt, der sich im Inneren des Motors befindet (Bild 1, Seite 176).

Anwendung

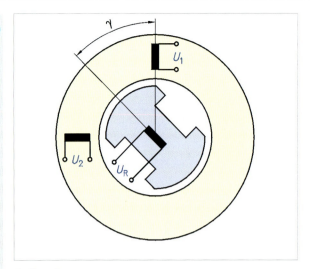

1 Resolver

Der Rotor des Resolvers ist auf der Achse des Motors montiert, der Stator des Resolvers ist starr im Ständer des Motors befestigt (Prinzip: Drehtransformator). Die Rotorwicklung des Resolvers wird mit einer sinusförmigen Wechselspannung mit $f = 10\,\text{kHz}$ gespeist.

Anwendung

Dreht sich die Motorachse, wird in die um $90°$ versetzten Statorwicklungen jeweils eine Spannung induziert.

a) Beschreiben und skizzieren Sie die Spannungen U_1 und U_2, die in den Statorwicklungen des Resolvers induziert werden.
Die Spannungen, die der Resolver liefert, werden im R/D-Wandler des Servoumrichters in digitale Werte umgewandelt (Bild 2).

b) Zeigen Sie eine Möglichkeit auf, wie aus Zählimpulsen die Drehzahl n ermittelt und dargestellt werden kann.

5. Bild 3 zeigt das Blockschaltbild eines Servoumrichters.
a) Vor den Umrichter ist ein Netzfilter geschaltet. Erläutern Sie den Sinn und die Wirkungsweise dieser Beschaltung.

b) Der Überspannungsschutz vor dem B6-Gleichrichter besteht aus den in Bild 1, Seite 177 dargestellten Bauteilen. Machen Sie sich mit der Wirkungsweise von Gasableitern vertraut und erklären Sie deren Wirkungsweise.

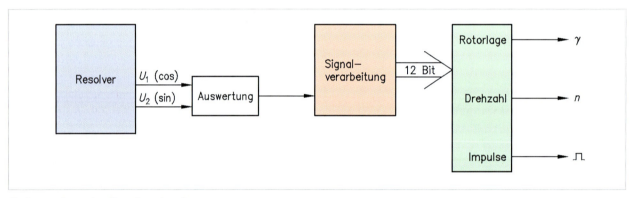

2 Auswertung des Resolversignals

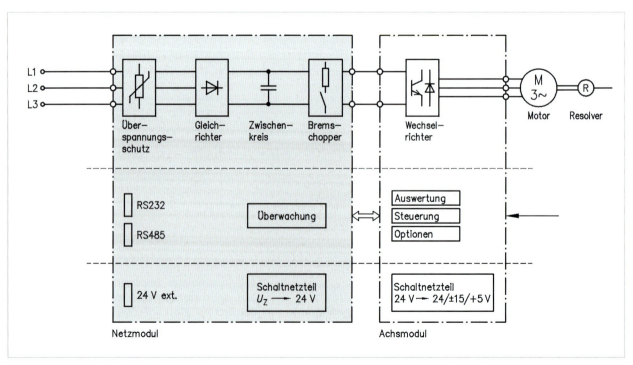

3 Blockschaltbild eines Servoumrichters

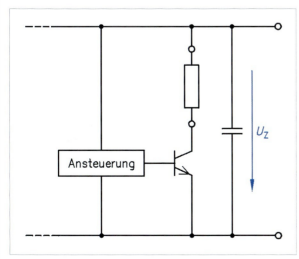

1 Überspannungsschutz von Gleichrichtern

c) Wie wirken die Kondensatoren (Bild 1)?

d) Welche Zwischenkreisspannung stellt sich im Betrieb ein, wenn der Servoumrichter am Drehstromnetz 3 × 400 V/50 Hz betrieben wird?

e) Welche Wirkung hat der Ausfall eines Außenleiters auf die Zwischenkreisspannung bei Leerlauf und bei Bemessungsbelastung?

f) Der Servomotor als induktiver Verbraucher hat für das speisende Netz einen $\cos \varphi = 1$.
Erklären Sie den Zusammenhang.

6. Wird ein Servomotor gebremst, wirkt der Motor wie ein Generator: Die kinetische Energie des Motors wird in elektrische Energie umgewandelt und in den Zwischenkreiskondensator geladen.
Der Zwischenkreiskondensator kann also hohe Spannungen annehmen, es ist unbedingt erforderlich, dass diese Spannung abgebaut wird.
Hierfür gibt es zwei Möglichkeiten:
- *Die elektrische Energie wird einem speziellen Bremswiderstand zugeführt und in Wärme umgewandelt.*
- *Die elektrische Energie wird in das Netz rückwärts eingespeist.*

a) In Bild 2 sehen Sie die Prinzipschaltung eines so genannten Bremschoppers.

Für größere Bremsleistungen muss der Bremswiderstand R_B außerhalb des Schaltschranks montiert werden.
Geben Sie den Grund an.

b) Der Leistungstransistor muss als „Chopper" arbeiten.
Was bedeutet dies und nennen Sie den Grund für diese Funktionsweise.

c) Den externen Bremswiderständen werden thermische Überstromrelais vorgeschaltet. Ein externer Bremswiderstand hat 47 Ω, der Auslösestrom des Überstromrelais ist auf 12 A eingestellt.
Welchen Wert kann dann die Zwischenkreisspannung annehmen?

d) Der Chopper hat eine Taktfrequenz von 1 KHz und einen Tastgrad von $g = 0{,}4$.
Die Zwischenkreisspannung beträgt $U_Z = 620$ V, der Bremswiderstand hat 47 Ω.
Berechnen Sie den Scheitelwert des Stromes i_s, den mittleren Strom I_{dAV} und die mittlere Leistung P.

e) Skizzieren Sie maßstabsgerecht für 5 ms den Verlauf des Stromes durch den Bremswiderstand.

f) Zum Bremswiderstand muss geschirmte Leitung verlegt werden. Geben Sie den Grund dafür an.

g) Welche Bedingungen müssen erfüllt sein, damit die Zwischenkreisenergie mit Hilfe eines Wechselrichters (Bild 3) in das speisende Netz zurückgeführt werden kann?

h) Verschaffen Sie sich einen Überblick über Vor- und Nachteile der Energieumsetzung anhand der nachfolgenden Tabelle (Seite 178).

2 Bremschopper

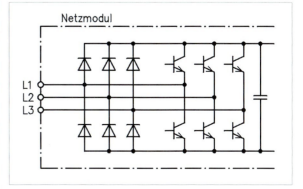

3 Wechselrichter

Anwendung

Tabelle 1
Vor- und Nachteile der Energieumsetzung

	Netzrückspeisung	Bremschopper und Bremswiderstand
Unterbringung	vollständig im Netzmodul integriert	Bremschopper im Netzmodul, Bremswiderstand extern oder im Schaltschrank
Auswirkung auf Umgebungs-temperatur	gering	Wärmeentwicklung am Bremswiderstand
Verdrahtung	entfällt	Anschluss externer Bremswiderstand
Energiebilanz	elektrische Energie bleibt erhalten	elektrische Energie wird in Wärme umgesetzt
Kosten	Steuerelektronik, Wechselrichter	Steuerelektronik, Schalttransistor, Bremswiderstand, Montage, Verdrahtung
Aufwand für EMV	gering	geschirmte Leitungen zum Bremswiderstand

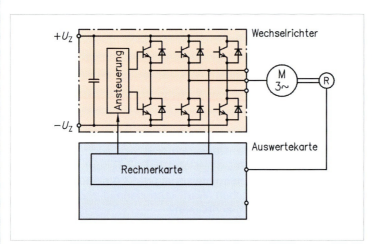

1 Endstufe (Achsmodul)

c) Die Pulsung innerhalb der Grundschwingung kann in weiten Bereichen verstellt werden, d.h. die Schaltfrequenz der Transistoren kann variiert werden. Hohe Taktfrequenzen sind vorteilhaft für den Motor aber nachteilig für die Transistoren und umgekehrt.
Erläutern Sie die Zusammenhänge.

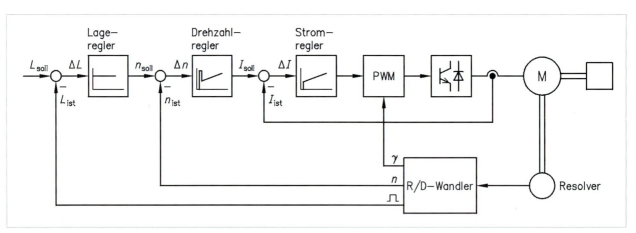

2 Positionsregelung

7. Die Leistungstransistoren der Endstufe (Achsmodul) werden von der Ansteuerungsschaltung so getaktet, dass am Ausgang eine dreiphasige pulsweitenmodulierte Spannung anliegt. Durch den Motor fließt ein nahezu sinusförmiger Strom.

a) Erklären Sie, warum die Motorinduktivität ursächlich dafür ist, dass aus der pulsförmigen Spannung ein sinusförmiger Strom folgt.

b) Die parallel zu den Leistungstransistoren geschalteten Freilaufdioden haben wichtige Aufgaben in der Funktion der Schaltung. Nennen Sie drei Funktionen der Dioden.

8. In den meisten Fällen werden Servoantriebe zur Positionsregelung eingesetzt.

Dabei wird dem Lageregler ein Drehzahl- und ein Stromregler unterlagert (siehe Bild 2).

a) Bestimmen Sie, welche Reglerarten im Einzelnen vorliegen.

b) Beschreiben Sie die Wirkungskette des Regelkreises, wenn der Antrieb in die Zielposition einfährt.

c) Durch eine Störgröße sinkt die Istdrehzahl unter den Sollwert ab. Erklären Sie die Folgen im Regelkreis.

8.6 Anpassung des Motors

Information

Leistung

Drehmoment des Motors und Widerstandsmoment der Arbeitsmaschine sind im Gleichgewicht. Verändert sich das Widerstandsmoment, ändert der Motor sein Drehmoment, so dass sich obiger Gleichgewichtszustand wieder einstellt.

Motorleistung

$P = 2\pi \cdot n \cdot M$

P Motorleistung W
n Drehzahl 1/s
M Drehmoment Nm

Beispiel

Bei der Drehzahl 1450 1/min entwickelt ein Motor das Drehmoment 36 Nm.
Welche Leistung gibt der Motor an der Welle ab?

$P = 2\pi \cdot n \cdot M$

$n = 1460 \dfrac{1}{\text{min}} \quad \rightarrow \quad 24{,}2 \dfrac{1}{\text{s}}$

$P = 2\pi \cdot 24{,}2 \dfrac{1}{\text{s}} \cdot 36 \text{ Nm} = 5{,}5 \text{ kW}$

Übung und Vertiefung

1. Angegeben sind die technischen Daten von Motoren gleicher Leistung.

	P_N kW	n 1/min	I_N A	M_N Nm	η %	$\cos \varphi$	M kg
Motor 1	5,5	2925	11,2	18	85	0,88	43
Motor 2	5,5	1450	11,7	36	84	0,85	39
Motor 3	5,5	960	13,1	55	84	0,76	51

a) Welche technischen Schlussfolgerungen können Sie aus den Tabellenangaben ziehen?

b) Bei gleicher Leistung haben Motoren mit hoher Drehzahl kleinere Bauabmessungen als Motoren mit niedrigerer Drehzahl. Warum ist das so?

c) In der Praxis werden daher oftmals Motoren mit höherer Drehzahl eingesetzt. Auch dann, wenn man die Drehzahl für die Antriebsaufgabe herabsetzen muss. Dabei werden Drehmoment und Drehzahl verändert. Dies kann durch Riementrieb, Zahnradtrieb und Schneckentrieb erfolgen.
Beim Riementrieb werden im Allgemeinen Keilriemen eingesetzt. Welche Vorteile haben Keilriemen in Bezug auf Flachriemen?

Das **Übersetzungsverhältnis eines Riementriebes** lautet:

$\dfrac{n_1}{n_2} = \dfrac{d_2}{d_1}$

Riementrieb

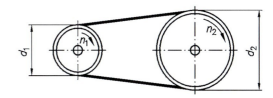

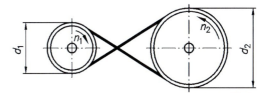

d) Die Riemenscheibe mit dem geringeren Durchmesser dreht sich schnell, die Scheibe mit dem größeren Durchmesser langsam. Erläutern Sie obige Gleichung.
Wie kommt sie zustande?

e) Für das **Verhältnis der Drehmomente** gilt:

$\dfrac{n_1}{n_2} = \dfrac{M_2}{M_1}$

Erläutern Sie die Gleichung. Was sagt sie aus?

Beispiel

Ein Drehstrom-Asynchronmotor mit der Drehzahl 1460 1/min und 120-mm-Riemenscheibendurchmesser soll ein Kreissägeblatt mit der Drehzahl 720 1/min antreiben.

a) Welchen Riemenscheibendurchmesser muss die Sägewelle haben?
b) Wie groß ist die Umfangsgeschwindigkeit des Sägeblattes mit dem Durchmesser 720 mm?
c) Bestimmen Sie das Bemessungsmoment des 11-kW-Drehstrommotors.
d) Wie groß ist das Drehmoment am Sägeblatt?

a) Riemenscheibendurchmesser

$\dfrac{d_1}{d_2} = \dfrac{n_2}{n_1} \quad \rightarrow \quad d_2 = d_1 \cdot \dfrac{n_1}{n_2}$

$d_2 = 120 \text{ mm} \cdot \dfrac{1460 \frac{1}{\text{min}}}{720 \frac{1}{\text{min}}} = 243{,}3 \text{ mm}$

b) Umfangsgeschwindigkeit

$v_2 = d_2 \cdot \pi \cdot n_2$

$v_2 = 0{,}72 \text{ m} \cdot \pi \cdot 12 \dfrac{1}{\text{s}} = 27{,}1 \dfrac{\text{m}}{\text{s}}$

c) Bemessungsmoment

$M_1 = \dfrac{P}{2\pi \cdot n_1} = \dfrac{11000 \text{ W}}{2\pi \cdot 24{,}33 \frac{1}{\text{s}}} = 72 \text{ Nm}$

d) Drehmoment am Sägeblatt

$\dfrac{M_2}{M_1} = \dfrac{n_1}{n_2} \quad \rightarrow \quad M_2 = M_1 \cdot \dfrac{n_1}{n_2}$

$M_2 = 72 \text{ Nm} \cdot \dfrac{1460 \frac{1}{\text{min}}}{720 \frac{1}{\text{min}}} = 146 \text{ Nm}$

Übung und Vertiefung

2. Ein Kompressor soll mit 650 1/min angetrieben werden. Der Antriebsmotor ist ein Drehstrom-Kurzschlussläufer mit den Daten 5,5 kW; 1450 1/min. Durchmesser der Riemenscheibe 450 mm.

a) Wie groß muss der Durchmesser der Riemenscheibe des Kompressors sein?

b) Welches Übersetzungsverhältnis hat der Riementrieb?

c) Ermitteln Sie die Riemengeschwindigkeit.

3. Ein Bohrer mit 14 mm Durchmesser wird von einem Drehstrommotor 1,1 kW; 1410 1/min mit einer Umfangsgeschwindigkeit von 24 m/min angetrieben.
Verwendet wird ein Riementrieb, wobei die Riemenscheibe des Motors einen Durchmesser von 15 cm hat.

a) Ermitteln Sie den Durchmesser der Bohrspindel-Riemenscheibe.

b) Berechnen Sie die Spindeldrehzahl.

c) Bestimmen Sie das Drehmoment von Motor und Spindel.

4. Dargestellt ist ein Zahnradtrieb (einfach und mit Zwischenrad), bei dem die Zähnezahl z beliebig ist. Das Übersetzungsverhältnis lautet:

$$\frac{n_1}{n_2} = \frac{z_2}{z_1}$$

Zahnradtrieb

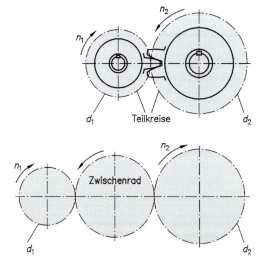

Erläutern Sie diese Gleichung.
Wie ändern sich die Drehmomente?
Welchen Einfluss hat der Zahnradtrieb auf die Drehrichtung?
Was ist gegebenenfalls zu tun?

5. Ein Zahnradtrieb mit den zwei Zahnrädern ($z_1 = 12$, $z_2 = 48$) wird von einem Drehstrommotor 4 kW, 1435 1/min angetrieben.
Auf welchen Wert wird die Drehzahl verändert?
Wie groß sind die Drehmomente?

6. Für einen Zahnradtrieb gilt: $n_1 = 500$ 1/min, $z_1 = 96$, Übersetzungsverhältnis 1 : 3.
Wie groß sind z_2 und n_2?

7. Ermitteln Sie die Drehzahl n_2 und das Gesamtübersetzungsverhältnis.

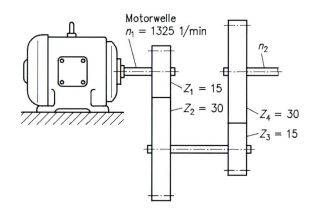

8. Bestimmen Sie die Drehzahl der Antriebswelle und das Gesamtübersetzungsverhältnis des Antriebes.

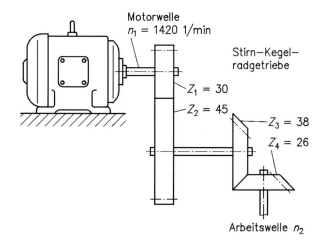

9. Dargestellt ist ein einfacher Schneckentrieb. Dabei wird die Schnecke angetrieben und treibt ihrerseits das Schneckenrad an.

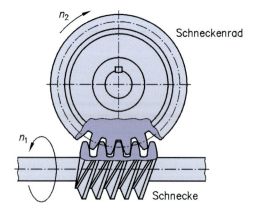

Bei einer **eingängigen Schnecke** dreht sich das Schneckenrad bei einer Umdrehung der Schnecke um einen Zahn weiter. Für eine Umdrehung des Schneckenrades sind z-Umdrehungen erforderlich.

Für das Übersetzungsverhältnis gilt:

$$\frac{n_1}{n_2} = \frac{z_1}{g}$$

Dabei ist g die **Gangzahl** der Schnecke.

a) Erläutern Sie die Gleichung.

b) Für welche Aufgaben eignen sich Schneckentriebe besonders?

10. Erläutern Sie die Aussage der Kennlinie und benennen Sie die angegebenen Größen.

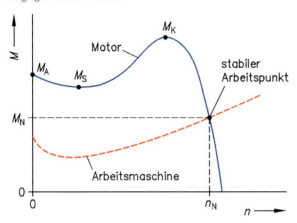

11. Für eine Kolbenpumpe gilt der nachstehend dargestellte Drehmomentverlauf. Sie soll mit einer Drehzahl von 960 1/min angetrieben werden.
Wählen Sie einen geeigneten Antriebsmotor aus, der an das 400 V/50 Hz-Netz angeschlossen werden kann.

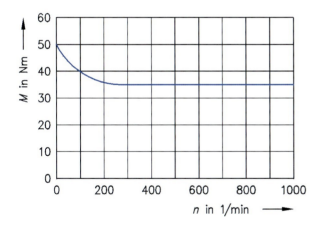

12. Wie beurteilen Sie den Antrieb?

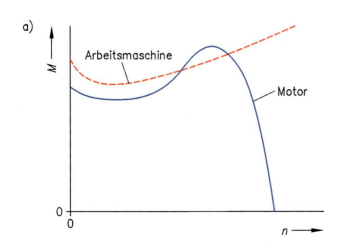

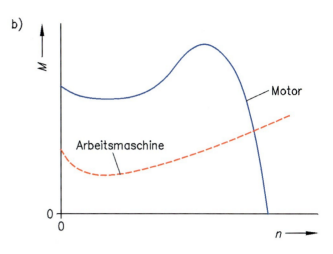

13. Zeichnen Sie die Kennlinie des Beschleunigungsmomentes in Abhängigkeit von der Drehzahl.

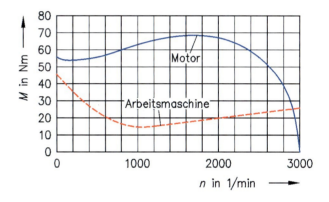

14. Eine Kreiselpumpe benötigt ein Drehmoment von 60 Nm. Welche Bemessungsdrehzahl muss ein 9-kW-Motor haben, der durch den Pumpenantrieb voll ausgelastet wird?

15. Ein Bauaufzug mit einem Wirkungsgrad von 48 % soll die Masse 5000 kg in 30 Sekunden 50 m hoch fördern. Die halbe Nutzlast sowie das gesamte Korb- und Seilgewicht sind durch Gegengewichte ausgeglichen.
Ermitteln Sie:
a) Die Bemessungsleistung des Antriebsmotors.
b) Den Motorstrom, wenn an das 400-V-Drehstromnetz mit der Frequenz 50 Hz angeschlossen ist, einen Wirkungsgrad von 82 % und einen Leistungsfaktor von 0,85 hat?

16. Ein Förderband soll auf 14-m-Bandlänge durchschnittlich 250 kg Erz mit einer Bandgeschwindigkeit von 2,2 m/s auf 5 m Höhe fördern. Der mechanische Wirkungsgrad der Bandanlage beträgt 52 %.
Welche Leistung muss der Motor an der Welle abgeben?

17. Ein Ventilatorantrieb ist zu dimensionieren. Die Momentenkennlinie des Ventilators liegt vor. Es soll ein Drehstrom-Kurzschlussläufermotor (400 V) eingesetzt werden.
Die Drehzahl des Ventilators beträgt 750 1/min, sein Riemenscheibendurchmesser 400 mm (Kennlinien auf Seite 182).
a) Wählen Sie einen geeigneten Motor aus.
b) Bestimmen Sie den Durchmesser der Motorriemenscheibe.
c) Welcher Leitungsquerschnitt ist zu verlegen (36 m)?
d) Dimensionieren Sie den Überstromschutz.
e) Auf welchen Wert ist der Motorschutz einzustellen?

f) In Folge eines Fehlers fließt der 2,5-fache Bemessungsstrom. Nach welcher Zeit spricht der thermische Motorschutz an?

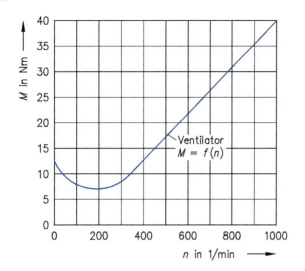

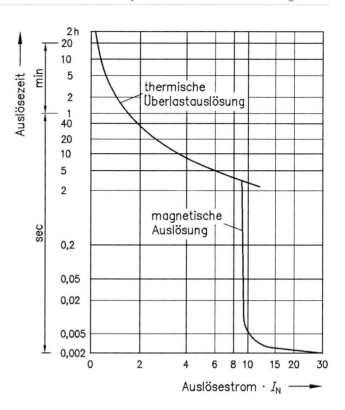

9   Gebäudetechnische Anlagen ausführen und in Betrieb nehmen

9.1 Beleuchtungsanlage in der Metallwerkstatt planen, installieren und in Betrieb nehmen

Auftrag

In der Metallwerkstatt soll die Beleuchtungsanlage erneuert werden. Es geht dabei um die Grundbeleuchtung, da einzelne zusätzliche Arbeitsplatzbeleuchtungen erst vor kürzerer Zeit installiert wurden. Diese Installationen wurden in getrennten Stromkreisen zur Unterverteilung der Metallwerkstatt geführt und dort angeschlossen.

Ihr Meister teilt Ihnen folgende Daten als Arbeitsgrundlage mit:

– Grundfläche der Metallwerkstatt: 24 m x 17,5 m
– Lampenhöhe über Arbeitsfläche: 3 m
– Eingesetzte Leuchten: LSL; Rundreflektor,
*   einlampig, 58 W, Tageslicht*

Sie werden beauftragt, den gesamten Auftrag zu planen und auszuführen.

Die Leuchten stehen im Betrieb in großer Stückzahl zur Verfügung, da im Anschluss an die Erneuerung weiterer Abteilungen gedacht ist. Sie müssen also nicht mehr bestellt werden. Andererseits ist die Verwendung alternativer Leuchten auch ausgeschlossen.

Information

Wirkungsgradmethode

Anzahl der Lampen

$$n = \frac{1,25 \cdot \overline{E} \cdot A}{\eta_L \cdot \eta_R \cdot \Phi_L}$$

n Anzahl der benötigten Lampen
$\overline{E}$ mittlere Beleuchtungsstärke
A Grundfläche, die zu beleuchten ist
η_R Raumwirkungsgrad
η_L Leuchtenwirkungsgrad
Φ_L Lichtstrom einer Lampe

Der Faktor 1,25 berücksichtigt Alterung und Verschmutzung der Lampen. Die Anlage wird also um 25 % überdimensioniert.
Man bezeichnet diesen Faktor als **Planungsfaktor**.

Abweichende Faktoren bei größeren Beanspruchungen (Verschmutzung) sind selbstverständlich möglich.
In Werkstätten wird zum Beispiel wegen erhöhter Verschmutzung ein Faktor von 1,43, in Tischlereien z. B. ein Faktor von 1,65 (Staubablagerungen auf den Lampen) eingesetzt.

Anwendung

1. Bestimmten Sehaufgaben sind Mindestbeleuchtungsstärken zugeordnet. In einer Uhrmacherwerkstatt liegt diese Mindestbeleuchtungsstärke zum Beispiel bei 1500 lx.

Welche Mindestbeleuchtungsstärke würden Sie für die Metallwerkstatt ansetzen, wenn zu berücksichtigen ist, dass auch die Montage feiner Teile notwendig werden kann?
Informieren Sie sich z. B. in Ihrem Tabellenbuch.

2. Welchen Planungsfaktor setzen Sie ein?
Beachten Sie, dass es sich bei der Metallwerkstatt nicht um einen Produktionsort handelt.
Außerdem ist eine zusätzliche Arbeitsplatzbeleuchtung vorhanden.

3. Wie groß ist die Grundfläche des zu beleuchtenden Raumes?

4. Gewählt wurden Dreibanden-Leuchtstofflampen 58 W (Tageslicht).

a) Wie groß ist der Lichtstrom einer Lampe?

b) Was versteht man unter dem Begriff Lichtstrom?

c) Leuchtstofflampen haben eine bessere Lichtausbeute als Glühlampen.
Erläutern Sie den Begriff Lichtausbeute.

d) Bei Leuchtstofflampen ist die Leuchtdichte deutlich geringer als bei Glühlampen. Erläutern Sie den Begriff Leuchtdichte. Von welchen Größen hängt die Leuchtdichte ab? Wie verhält es sich mit der Leuchtdichte bei Halogenlampen?
Welche Vor- und Nachteile haben Halogenlampen?
Welche Vor- und Nachteile haben Leuchtstofflampen?

5. Ermitteln Sie den Wirkungsgrad der eingesetzten Leuchte. Verwenden Sie dazu bitte Ihr Tabellenbuch.

6. Nun muss der Wirkungsgrad des Raumes bestimmt werden.

a) Berechnen Sie zunächst den Raumindex nach folgender Formel:

$$k = \frac{a \cdot b}{h \cdot (a + b)}$$

Sie können das Ergebnis runden, da z. B. im Tabellenbuch nicht jeder Wert angegeben sein wird.

b) Erläutern Sie die Begriffe Reflexion und Reflexionsgrad. Wovon hängt der Reflexionsgrad ab?
Welche Informationen benötigen Sie noch über den zu beleuchtenden Raum?

c) *Metallwerkstatt:*
Decke und Wände sind hellgrau, der Fußboden ist dunkelgrau.
Was bedeuten diese Informationen für die Planung der Beleuchtung?

Ermitteln Sie die zugehörigen Reflexionsgrade.
Mit diesen Daten (und dem Raumindex k) kann nun der Raumwirkungsgrad dem Tabellenbuch entnommen werden.

Mit welchem Wert rechnen Sie?

Anwendung

d) Bestimmen Sie nun die Anzahl der Lampen.
Dabei ist einerseits natürlich zu runden, andererseits sollte bedacht werden, dass die Lampen auf die drei Außenleiter des Drehstromnetzes aufgeteilt werden. Die ermittelte Lampenanzahl sollte also möglichst durch 3 teilbar sein, da dann eine symmetrische Belastung erreicht werden kann.

7. Die notwendige Lampenanzahl ist über die Grundfläche der Metallwerkstatt zu verteilen.

a) Skizzieren Sie die Verteilung der Lampen in einer Grundrissskizze der Metallwerkstatt.

b) Überlegen Sie, wie die Lampen sinnvollerweise geschaltet werden sollen, so dass nicht immer sämtliche Lampen ein- oder ausgeschaltet werden müssen.
Fertigen Sie auch hierzu eine Skizze an.

8. Die Leuchtstofflampen sind mit elektronischen Vorschaltgeräten ausgestattet.

a) Erläutern Sie Aufbau und Wirkungsweise der elektronischen Vorschaltgeräte.

b) Welche Vorteile haben die elektronischen Vorschaltgeräte (EVG) gegenüber konventionellen Vorschaltgeräten (KVG)?
Gibt es auch Nachteile?

c) Leuchtstofflampen mit konventionellen Vorschaltgeräten haben einen sehr schlechten Leistungsfaktor (etwa 0,5).
Was bedeutet das für den praktischen Einsatz?
Wie kann dieser Leistungsfaktor verbessert werden?
Worauf ist dabei besonders zu achten?
Benötigen Lampen mit EVG auch solche Maßnahmen zur Leistungsfaktorverbesserung? Begründen Sie Ihre Antwort.
Was versteht man unter dem stroboskopischen Effekt? Worin liegt die besondere Gefahr?
Wie wird diese Gefahr bei Leuchtstofflampen mit KVG vermieden?
Besteht das Problem auch bei Leuchtstofflampen mit EVG?

9. Welche elektrischen und mechanischen Anforderungen sind an die Leuchten bei Einsatz in der Metallwerkstatt zu stellen?
Welche Bildzeichen würden Sie auf der Leuchte erwarten?

10. Nun sind die Leuchtstofflampen anzuschließen. Dies geschieht an die Unterverteilung in der Metallwerkstatt.
Auch unabhängig vom stroboskopischen Effekt werden Sie die Lampen sicherlich auf die drei Außenleiter des Drehstromsystems verteilen (möglichst symmetrische Belastung).

a) Welcher Leitungsquerschnitt ist notwendig?

b) Wählen Sie geeignete Überstrom-Schutzeinrichtungen aus.

c) Die Leuchtstofflampen sollen einen eigenen RCD erhalten. Reicht *ein* RCD aus? Wählen Sie *einen* oder *mehrere* geeignete RCDs aus.

11. Ihr Meister fragt Sie, wie Sie die Schaltung der Lampen realisieren wollen.

a) Er spricht von einem elektronischen Lichtsteuergerät. Machen Sie sich kundig, was man darunter versteht und ob es für diesen Zweck geeignet und sinnvoll einsetzbar ist.

b) Außerdem äußert er den Wunsch, dass die Beleuchtung in den Pausenzeiten und bei Betriebsstillstand automatisch ausgeschaltet wird.
Aus Kostengründen denkt er an den Einsatz einer Kleinsteuerung. Dabei muss bei Bedarf die Beleuchtung jederzeit manuell einschaltbar bleiben.
Überlegen Sie, ob diese Lösung realisierbar ist und was sie in etwa kostet.

c) Ein Kollege schlägt Ihnen vor, zu überlegen, ob der Einsatz des Installationsbusses (EIB-System) in Frage kommt.
Was versteht man unter dem EIB-System? Machen Sie sich hierüber kundig.
Ist der Einsatz dieses Systems hier sinnvoll? Nehmen Sie hierzu bitte Stellung.

12. Nach Fertigstellung der Installationsarbeiten ist die Anlage (mit RCD) in Betrieb zu nehmen.

Beschreiben Sie die Vorgehensweise bei der Inbetriebnahme. Welche Messungen führen Sie durch? Welche Grenzwerte müssen dabei eingehalten werden?
Erstellen Sie ein Inbetriebnahme-Protokoll.

13. Sie müssen den Leiter der Metallwerkstatt in die Benutzung der Beleuchtungsanlage (entweder mit Kleinsteuerung oder mit EIB) einweisen.

Bereiten Sie sich auf diese Einweisung vor, indem Sie ein entsprechendes Protokollformular erstellen, das Sie sich nach Abschluss der Einweisung unterschreiben lassen.

Übung und Vertiefung

1. Sie erhalten die Aufgabe, in der Kantine des Betriebes 5 installierte Glühlampen von je 40 W, 430 lm durch Niedervolt-Halogenglühlampen 12 V, 20 W, 360 lm zu ersetzen.

a) Wie viele Halogen-Glühlampen sind zu installieren, um etwa den gleichen Lichtstrom zu erhalten?

b) Wie groß sind die Lichtausbeute und die dem Netz entnommene Leistung für beide Lampentypen?

c) Welcher Gesamtstrom fließt jeweils in den Lampenzuleitungen?

d) Worauf ist bei der Installation von Niedervolt-Halogenlampen besonders zu achten?

2. Im Keller befindet sich ein Werkstatt-Magazin, das durch 50 Glühlampen 230 V/100 W beleuchtet wird (1300 lm). Diese Glühlampen sollen durch 65-W-Leuchtstofflampen (mit konventionellem Vorschaltgerät 78 W) ersetzt werden (5000 lm).

a) Welche Anzahl von Leuchtstofflampen ist erforderlich, wenn der Gesamtlichtstrom mindestens eingehalten werden soll?

b) Wie hoch sind die monatlichen Energieeinsparungskosten, wenn die monatliche Betriebszeit 8 Stunden an 21 Tagen beträgt und der Versorgungsnetz-Betreiber einen Preis von 0,14 Euro/kWh in Rechnung stellt?

c) Um wie viel Prozent lassen sich die Betriebskosten zusätzlich verringern, wenn statt KVGs elektronische Vorschaltgeräte mit je 5 W Leistungsaufnahme zum Einsatz kommen?

3. Dargestellt ist eine zweilampige Rasterleuchte mit zugehöriger Lichtstärke-Verteilungskurve (LVK).

a) Erläutern Sie die aufgedruckten Zeichen.

b) Welche Aussage machen Lichtstärke-Verteilungskurven?

c) Welche Aussage macht die dargestellte Lichtstärke-Verteilungskurve?

d) Bestimmen Sie die Lichtstärken für die Ausstrahlungswinkel 30°, 60° und 90°, wenn $\Phi_G = 10000$ lm beträgt?

Rasterleuchte und Lichtstärke-Verteilungskurve

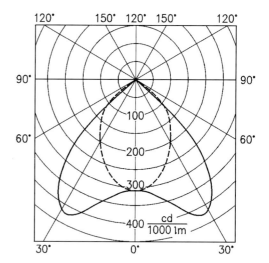

4. Für den Leuchtenwirkungsgrad gilt folgende Gleichung:

$$\eta_L = \frac{\Phi_L}{\Phi}$$

Bitte erläutern Sie die Aussage.

5. Ein Hersteller von Niedervolt-Halogenlampen gibt für die verschiedenen Abstände r mittlere Beleuchtungsstärken für zwei verschiedene Lampenleistungen des gleichen Lampentyps an. Darstellung siehe Seite 185.

a) Wie groß sind die im Abstand 1,5 m auftretenden Beleuchtungsstärken für beide Lampenleistungen?

b) Bestimmen Sie den Lichtstrom für beide Lampenleistungen.

Beleuchtungsstärken

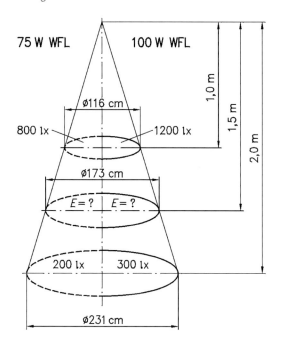

6. Ein Fußballfeld soll mit Metall-Halogendampflampen ausgeleuchtet werden.
Abmessungen des Fußballfeldes: 103 m x 68 m.
Die geforderte mittlere Beleuchtungsstärke beträgt 68 lx, der mittlere Beleuchtungswirkungsgrad 15 %.
Daten der Lampe: 400 V/50 Hz; 2,2 kW, η = 90 lm/W; 8 A.
Die Leistung des Vorschaltgerätes beträgt 65 W.

a) Wie viele HQL-Lampen sind erforderlich?

b) Teilen Sie die HQL-Lampen in geeigneter Weise auf das Drehstromnetz auf.

c) Welcher Strom wird dem Drehstromnetz entnommen?

d) Welche Eigenschaften haben HQL-Lampen?

7. Ein Seminarraum hat folgende Abmessungen a = 12,75 m, b = 8 m. In ihm sollen Spiegelrasterleuchten (breitstrahlend) mit jeweils 4 Leuchtstofflampen L20 W25 und dem Lichtstrom 1050 lm/Lampe installiert werden.

Der Auftraggeber fordert eine mittlere Beleuchtungsstärke von 350 lx. Die Installation der Leuchten erfolgt 3,2 m über den 76 cm hohen Tischoberflächen.

Wie hoch sind die Montagekosten für die Rasterleuchten (η_L = 0,6), wenn pro Brandstelle ein Preis von 56 Euro zuzüglich Mehrwertsteuer zugrunde gelegt wird?
Reflexionsgrade: Decke 0,8; Wand 0,5; Boden 0,3.

8. In einer Werkstatt mit der Nutzfläche 20 m x 12,5 m dürfen laut Gewerbeaufsicht nur die dargestellten Leuchten installiert werden.

Leuchte

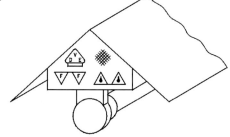

Gefordert sind 250 lm/m², die mit dem Lampentyp L58 W/20, Φ = 4800 lm erzielt werden sollen.
Wegen starker Staubablagerung muss bei der geforderten Bemessungs-Beleuchtungsstärke ein Verminderungsfaktor von 0,65 berücksichtigt werden.

a) Erläutern Sie die auf der Stirnseite der Leuchte aufgedruckten Zeichen. Welche Schutzart hat die Leuchte?

b) Wie groß ist der Planungsfaktor und somit die zu berücksichtigende Beleuchtungsstärke?

c) Wie viele Leuchten müssen installiert werden, wenn die Leuchten 2,55 m über Arbeitshöhe montiert werden?

Leuchtenwirkungsgrad 0,7;
Reflexionsfaktoren: Decke 0,8; Wand 0,3; Boden 0,1.

9. Ein Auszubildender schaltet versehentlich zwei Glühlampen in Reihe. Lampe 1: 230 V/40 W, Lampe 2: 230 V/100 W.

a) Welche der beiden Glühlampen leuchtet heller? Bitte begründen Sie dieses Verhalten.

b) Welcher Lichtstrom wird von den Lampen noch geliefert?

c) Bestimmen Sie mit Hilfe der dargestellten LVK die noch wirksamen Lichtstärken bei senkrechtem Lichteinfall.

d) Wie groß sind die Leuchtdichten jeweils auf einer Fläche von 0,5 m² bei senkrechtem Lichteinfall?

Lichtstärke-Verteilungskurve

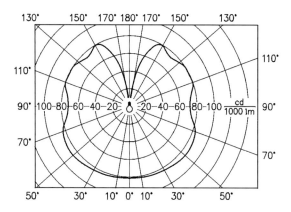

10. Was versteht man unter Metalldampflampen? Wie ist ihre grundsätzliche Funktionsweise?
Geben Sie die typischen technischen Daten für folgende Lampentypen an:

– Quecksilber-Hochdruckdampflampe
– Natriumdampf-Hochdruckdampflampe
– Natriumdampf-Niederdruckdampflampe

Welche der angegebenen Lampentypen hat die beste Lichtausbeute? Worin besteht allerdings ihr wesentlicher Nachteil, der ihren technischen Einsatz stark eindämmt?

11. Nennen Sie die wesentlichen technischen Daten der Mischlichtlampe.

12. Für die maximale Anzahl von Gasentladungslampen je Leitungsschutzschalter gibt es Grenzwerte.
Machen Sie sich hierüber kundig und erstellen Sie eine Tabelle für die betriebliche Nutzung.

13. Wie erfolgt die Messung der Beleuchtungsstärke bei errichteten Beleuchtungsanlagen?

9.2 Blitz- und Überspannungsschutz

Übung und Vertiefung

1. Welche Aufgabe hat eine Blitzschutzanlage?
Welche Schäden können durch Blitzeinschlag hervorgerufen werden?

2. Erläutern Sie den Begriff Blitzschutzklasse.

3. Unter dem äußeren Blitzschutz versteht man Anlagen zum Auffangen und zum Ableiten des Blitzstromes in die Erdungsanlage. Erläutern Sie in diesem Zusammenhang folgende Begriffe:

– Fangeinrichtungen
– Masche
– Schutzbereich, Schutzraum
– Ableitungen
– Trennstellen
– Erdungsanlage

4. Die Erdungsanlage kann als Fundamenterder, Ringerder oder Einzelerder ausgeführt sein. Außerdem muss die Erdungsanlage mit dem Potenzialausgleich verbunden sein.

a) Was wird an diese Erdungsanlage angeschlossen?

b) Welchen Wert darf der Erdungswiderstand nicht überschreiten?

5. Warum soll der Blitzstrom nicht punktförmig in das Erdreich eingeleitet werden?
Erläutern Sie die Begriffe Schrittspannung und Potenzialsteuerung.

6. Welche Maßnahmen werden unter dem Begriff innerer Blitzschutz zusammengefasst?

7. Was versteht man unter Blitzschutz-Potenzialausgleich?

8. Erläutern Sie die Maßnahmen zum EMV-Blitzschutzzonen-Konzept. Insbesondere die Bereiche:

– äußerer Blitzschutz
– Gebäudeschirmung
– Raumschirmung
– Geräteschirmung

9. Definieren Sie folgende Blitzschutzzonen:

– Blitzschutzzone 0
– Blitzschutzzone 0/E
– Blitzschutzzone 1
– Blitzschutzzone 2
– Blitzschutzzone 3

10. Schädliche Überspannungen sind Spannungserhöhungen, die zur Überschreitung der oberen Toleranzgrenze der Bemessungsspannung führen. Diese Überspannungen können zum Beispiel durch Blitzentladungen und Schalthandlungen hervorgerufen werden. Sie werden induktiv, galvanisch oder kapazitiv in die Anlage eingekoppelt. Erläutern Sie:

a) die galvanische Einkopplung

b) die induktive Einkopplung

c) die kapazitive Einkopplung

11. Die Abbildung zeigt Maßnahmen zum inneren Blitzschutz. Beschreiben Sie diese Maßnahmen.

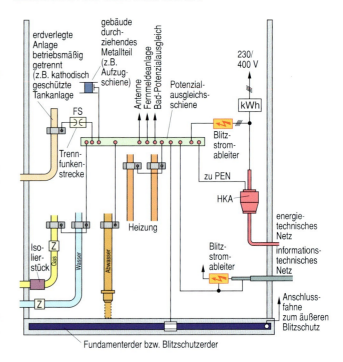

Fundamenterder bzw. Blitzschutzerder

12. Nach DIN VDE 0100 Teil 540 wird bei jedem Hausanschluss oder gleichwertigen Versorgungseinrichtungen ein Hauptpotenzialausgleich gefordert.

Welche leitfähigen Teile werden durch den Hauptpotenzialausgleich miteinander verbunden?

13. Erläutern Sie die Begriffe Grobschutz, Mittelschutz und Geräteschutz. Welche Betriebsmittel können hierfür jeweils eingesetzt werden?

14. Wie ist ein Blitzstromableiter aufgebaut?
Wie funktioniert er?
Worauf ist bei der Installation von Blitzschutzableitern besonders zu achten?

15. Überspannungs-Schutzableiter sind für den Grob- und Mittelschutz einsetzbar.

Erläutern Sie Aufbau, Wirkungsweise und Installation solcher Ableiter.

16. Was versteht man unter Geräteschutz?
Welche Bauelemente werden hier eingesetzt?

17. Worum handelt es sich bei der dargestellten Prinzipschaltung?

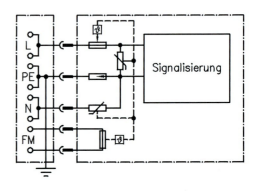

Anordnung von Überspannungs-Schutzgeräten

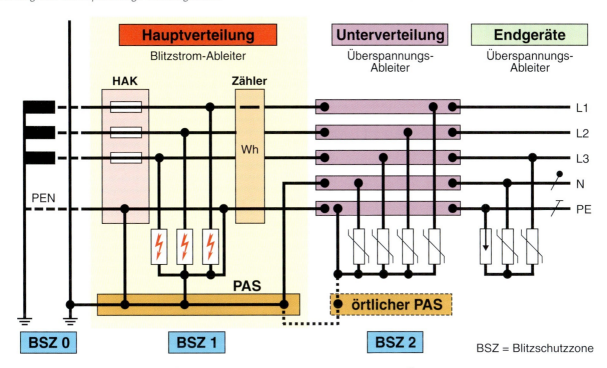

18. Dargestellt ist die Anordnung von Überspannungs-Schutzgeräten.

a) Welche Geräte kommen zum Einsatz?

b) Wie werden sie geschaltet?

19. Wie werden Schnittstellen, Daten- und Telekommunikationsgeräte geschützt?

20. Technische Daten eines Überspannungsableiters:

Bemessungsspannung	230/400 V – 240/415 V
Ableiter-Bemessungsspannung	335 V (L– PE)
Bemessungs-Ableitstoßstrom	20 kA pro Kanal
Max. Ableitstoßstrom	40 kA
Schutzpegel	≤ 1,2 kV (L – PEN)
Restspannung bei 5 kA	≤ 1,12 kV
Vorsicherung	125 A gG
Ansprechzeit	≤ 25 ns
Ableitstrom/Betriebsstrom	≤ 300 µA
Schutzart	IP20

a) Erläutern Sie die technischen Daten des Ableiters.

b) Worin besteht der Unterschied bezüglich ihrer Einsatzmöglichkeiten zwischen 3-kanaligen und 4-kanaligen Überspannungsableitern?

21. Dargestellt sind die Schaltungen zweier Überspannungsableiter.

a) Erläutern Sie den Aufbau der Ableiter.

b) Welche Bauelemente werden hier verwendet und wie funktionieren sie?

c) Welche Aufgabe haben die Wechsler?

d) Für welche Netzsysteme sind die Ableiter geeignet?

Schaltungen von Überspannungsableitern

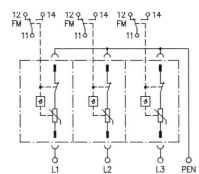

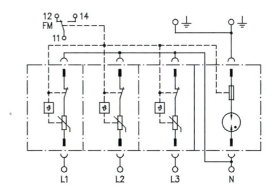

22. Welche Schaltung ist dargestellt? Welche Bauelemente werden verwendet?

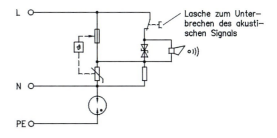

10 Energietechnische Anlagen errichten und in Stand halten

10.1 Energieversorgung des Tischbaus erweitern

Auftrag

Zur Energierversorgung des Tischbaus mit Tiefgarage und weiterer geplanter Betriebserweiterungen soll dieser Bereich über einen eigenen Transformator versorgt werden.

Der Versorgungsnetzbetreiber speist den Transformator über ein 10-kV-Kabel ein.

Der 400-V-Abgang sowie die zu errichtende Niederspannungsverteilung fallen in den Verantwortungsbereich der Elektroabteilung des Betriebes.

Sie werden beauftragt, die Problemstellung zu analysieren und die anfallenden Arbeiten in Absprache mit dem Elektromeister zu planen.

Anwendung

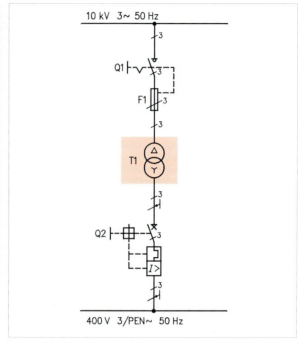

1 Übersichtsschaltplan Transformatorschaltung

Anwendung

1. Die Bilder 1 und 2 zeigen die Prinzipschaltung eines Transformators 10/0,4 kV. Ein solcher Transformator soll eingesetzt werden.

a) Bei der Energieübertragung unterscheidet man zwischen folgenden Netzen:

– Niederspannungsnetz
– Mittelspannungsnetz
– Hochspannungsnetz
– Höchstspannungsnetz

Bitte geben Sie die jeweiligen Bemessungsspannungen an und nennen Sie Anwendungsbeispiele.
In welchen Bereich fällt der aufzustellende Transformator?

b) Um welches Netzsystem handelt es sich hier (Bild 1 oder Bild 2)?
Ist das in den Zeichnungen dargestellte Netzsystem für die Erweiterungsplanung sinnvoll?
Wenn nicht, sind die Pläne entsprechend abzuändern.

c) Bei dem eingesetzten Transformator handelt es sich um einen Drehstromtransformator. Er wird oberspannungsseitig an 10 kV angeschlossen und liefert unterspannungsseitig die Spannung 400 V.
Erläutern Sie den Begriff Übersetzungsverhältnis.
Wie groß ist das Übersetzungsverhältnis dieses Transformators?

d) Welche Schaltgruppe hat der Transformator?
Ist diese Schaltung sinnvoll, wenn man davon ausgehen kann, dass der Transformator unsymmetrisch belastet werden dürfte?
Auf dem Leistungsschild des Transformators steht u.a. die Angabe: Dy 5. Was bedeutet das? Hat das Konsequenzen für die geplante Anwendung?

e) Welche Angaben stehen auf dem Leistungsschild eines Drehstromtransformators und welche Bedeutung haben sie?

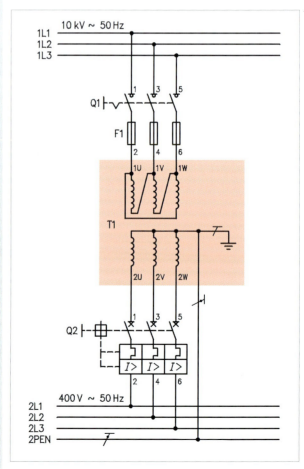

2 Stromlaufplan Transformatorschaltung

Angenommen, die Bemessungsleistung wäre auf dem Leistungsschild mit 160 kVA angegeben.
Handelt es sich um die aufgenommene oder um die abgegebene Leistung des Transformators?
Warum ist die Scheinleistung und nicht die Wirkleistung (wie beim Motor) angegeben?

In Schaltungsunterlagen in der Werkstatt finden Sie folgendes Leistungsschild eines Drehstromtransformators (Bild 1).

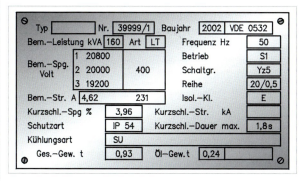

Typ		Nr.	39999/1	Baujahr	2002	VDE 0532
Bem.−Leistung kVA	160	Art	LT	Frequenz Hz		50
Bem.−Spg. Volt	1 20800			Betrieb		S1
	2 20000	400		Schaltgr.		Yz5
	3 19200			Reihe		20/0,5
Bem.−Str. A	4,62		231	Isol.−Kl.		E
Kurzschl.−Spg %		3,96		Kurzschl.−Str. kA		
Schutzart		IP 54		Kurzschl.−Dauer max.		1,8 s
Kühlungsart		SU				
Ges.−Gew. t		0,93		Öl−Gew.t	0,24	

1 Leistungsschild eines Drehstromtransformators

Erläutern Sie die Leistungsschildangaben.
Vergleichen Sie die Angaben mit dem Transformator, der für die Erweiterung benötigt wird.
Beachten Sie besonders die Schaltgruppe. Für welche Einsatzgebiete ist der Trafo besonders gut geeignet (unabhängig von der Bemessungsspannung)?
Was bedeutet die Angabe Art: LT?

Die Kurzschlussspannung des Transformators ist mit 3,96 % angegeben.
Was versteht man unter der Kurzschlussspannung von Transformatoren? Warum wird sie in Prozent und nicht in Volt angegeben?
Wie kann die Kurzschlussspannung gemessen werden? Wie kann sie berechnet werden?
Welche technische Aussage macht die Kurzschlussspannung? Steht sie in Bezug zum Innenwiderstand des Transformators?

Bedeutet eine niedrige Kurzschlussspannung einen hohen oder einen niedrigen Innenwiderstand des Transformators?
In welchem Bereich liegen niedrige Kurzschlussspannungen?
Wie verhält sich die Ausgangsspannung von Transformatoren mit niedriger Kurzschlussspannung bei Belastung? Warum ist das so?

Bild 2 zeigt mögliche Wicklungsanordnungen bei Transformatoren.
Welche Anordnung bewirkt eine niedrige und welche eine hohe Kurzschlussspannung?
Begründen Sie Ihre Antwort.

In welchem Bereich liegen hohe Kurzschlussspannungen? Wie verhält sich die Ausgangsspannung von Transformatoren mit hoher Kurzschlussspannung bei Belastung? Wenn dies ein Nachteil ist, worin besteht dann der technische Vorteil solcher Transformatoren? Nennen Sie Anwendungsbeispiele.
Man kennt bezüglich der Ausgangsspannung von Transformatoren die Begriffe spannungsweich und spannungshart. Ordnen Sie diese Begriffe dem Wicklungsaufbau und der Kurzschlussspannung zu.

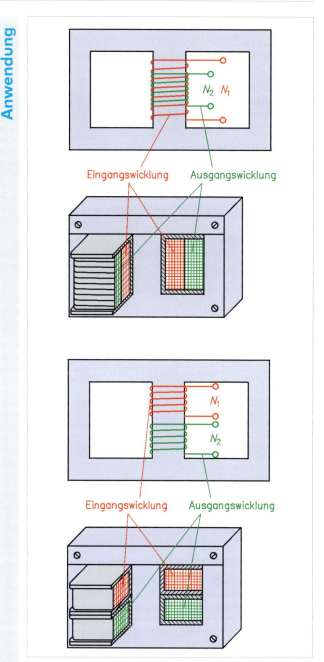

2 Wicklungsaufbau von Transformatoren, Prinzip

Beim Verhalten von Transformatoren bei ausgangsseitigem Kurzschluss werden Kurzschlussfestigkeiten unterschieden.
Nehmen Sie hierzu Stellung. Geben Sie auch die zugehörigen Symbole an.
Welche besonderen Forderungen werden an Sicherheitstransformatoren gestellt?

f) Welche technischen Daten gelten bezüglich Kurzschlussspannung und Kurzschlussfestigkeit beim hier einzusetzenden Energieverteilungstransformator?
Wenn der Transformator nicht kurzschlussfest ist, welche Maßnahmen sind dann notwendig?

g) Ihr Meister teilt Ihnen die technischen Daten des einzusetzenden Transformators mit:
– 10 kV
– Dy5
– 250 kVA
– 400/230 V
– 4 %

Erläutern Sie diese technischen Daten.
Welche Ströme fließen bei Bemessungsbedingungen auf der Ober- und Unterspannungsseite?
Ist die Bemessungsleistung des Transformators ausreichend?
Handelt es sich um einen spannungsweichen oder spannungsharten Transformator?
Ist das in Ordnung?

2. Für die Aufstellung des Transformators und der zugehörigen Niederspannungsverteilung sind bauliche Maßnahmen erforderlich.
Bei der Aufstellung von Transformatoren müssen verschiedene Brandschutz- und Umweltschutzmaßnahmen berücksichtigt werden.
Machen Sie sich hierüber kundig und sprechen Sie die notwendigen Maßnahmen im Auftrag Ihres Meisters mit der Betriebsleitung ab.

3. Worum handelt es sich bei dem Betriebsmittel Q1 (Seite 188, Bilder 1, 2)? Welche Aufgabe hat dieses Betriebsmittel?
Worin besteht der wesentliche Unterschied zum Betriebsmittel Q2 in der gleichen Zeichnung? Welche Aufgabe hat das Betriebsmittel Q2?
Wie beurteilen Sie die Darstellung der Betriebsmittel Q1 und Q2?

4. Nennen Sie die wesentlichen Unterscheidungsmerkmale und die dadurch bedingten Einsatzmöglichkeiten folgender Betriebsmittel:

– Trennschalter (Trenner)
– Erdungsschalter
– Lasttrennschalter
– Leistungsschalter

Welche der angegebenen Betriebsmittel stellen eine sichtbare Trennstrecke her?
Worin besteht der wesentliche Unterschied zwischen Trennschaltern und Lasttrennschaltern bezüglich ihres Schaltvermögens?
Was kann man über das Schaltvermögen von Leistungsschaltern aussagen? Durch welche Maßnahmen wird dieses Schaltvermögen erreicht?

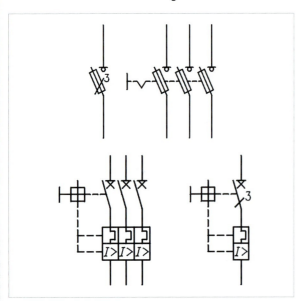

1 Symbole von Schaltgeräten

In Bild 1 sind Symbole von Schaltgeräten dargestellt. Um welche Schaltgeräte handelt es sich?
Erläutern Sie Aufbau und Einsatzmöglichkeiten von Sicherungstrennschaltern und Sicherungslasttrennschaltern.
Welche Sicherheitsbestimmungen sind beim Wechseln von NH-Sicherungen unbedingt zu beachten?
Was versteht man unter einem Leistungsselbstschalter?

5. Worum handelt es sich bei der in Bild 2 dargestellten Schaltung? Bezeichnen Sie die Bauelemente.
Skizzieren Sie den zugehörigen Stromlaufplan.
Wie groß sind die Ströme auf der Ober- und Unterspannungsseite des Transformators?

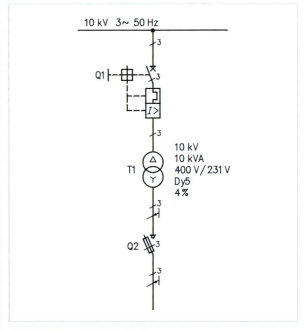

2 Schaltung zu Aufgabe 5

6. Bild 1, Seite 191 zeigt unterschiedliche Systeme. Benennen und beschreiben Sie die Systeme.
In einem System werden HH-Sicherungen verwendet. Bei welchem System ist das der Fall?

Wofür können HH-Sicherungen eingesetzt werden?
Bild 1, Seite 192 zeigt die Strombemessungskennlinien und die Schmelzzeitkennlinien für HH-Sicherungen. Erläutern Sie die Aussage dieser Kennlinien unter Berücksichtigung der Begriffe Kurzschluss-Wechselstrom und Durchlassstrom.
Warum sind die Schmelzzeit-Kennlinien (Bild 1, Seite 192) teilweise gestrichelt gezeichnet?

7. Erläutern Sie den Begriff Selektivität.
Unterscheiden Sie dabei zwischen Stromselektivität, Zeitselektivität und Zonenselektivität.
Warum ist Selektivität außerordentlich wichtig?
Was versteht man unter Back-up-Schutz?
Wie kann Selektivität erreicht werden bei
– Leistungsschaltern,
– Sicherungen,
– Leitungsschutzschaltern?

Wählen Sie die Schutzeinrichtungen für die Ein- und Ausgangsseite des Trafos aus.

Anwendung

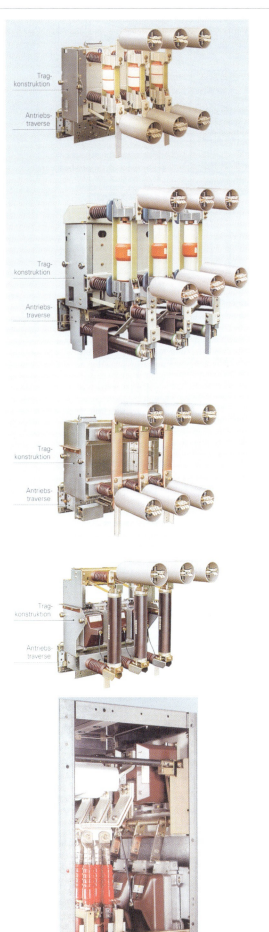

1 Systeme zu Aufgabe 6, Seite 190

Anwendung

8. Erdungsanlagen bestehen aus dem Erder und der Erdungsleitung. Sie verhindern gefährliche Berührungsspannungen zwischen dem geerdeten Anlagenteil und dem Erdreich.

a) Welche Anforderungen sind an Erdungsanlagen zu stellen?

b) Unterscheiden Sie folgende Erder:

– Oberflächenerder
– Tiefenerder
– Staberder
– Banderder
– Plattenerder

c) Welche Bestimmungen bestehen bezüglich Erdungsleitern (insbesondere ihrer Leitungsquerschnitte)?

d) Für Lehm-, Ton- und Ackerboden gilt zum Beispiel:

– Spezifischer Erdwiderstand: 100 Ωm
– Ausbreitungswiderstand R_A in Ω
  beim Banderder (20 m): 10 Ω

Erläutern Sie die Begriffe und Werte. Was bedeutet die Angabe Ωm?
Bedenken Sie, dass der spezifische Widerstand in

$$\frac{\Omega \cdot m}{mm^2}$$

angegeben wird.

e) Erläutern Sie die Begriffe Erdschluss und Erdschlussstrom.

f) Wie werden eine Hochspannungs-Schutzerdung und eine Niederspannungs-Schutzerdung fachgerecht ausgeführt?
Ordnen Sie in Bild 2 diese beiden Schutzerdungen zu.

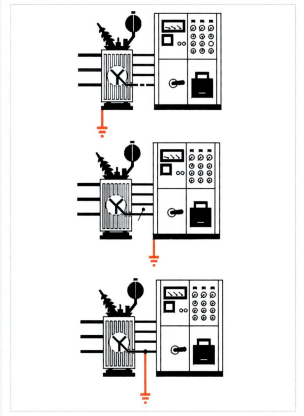

2 Schutzerdungen

Anwendung

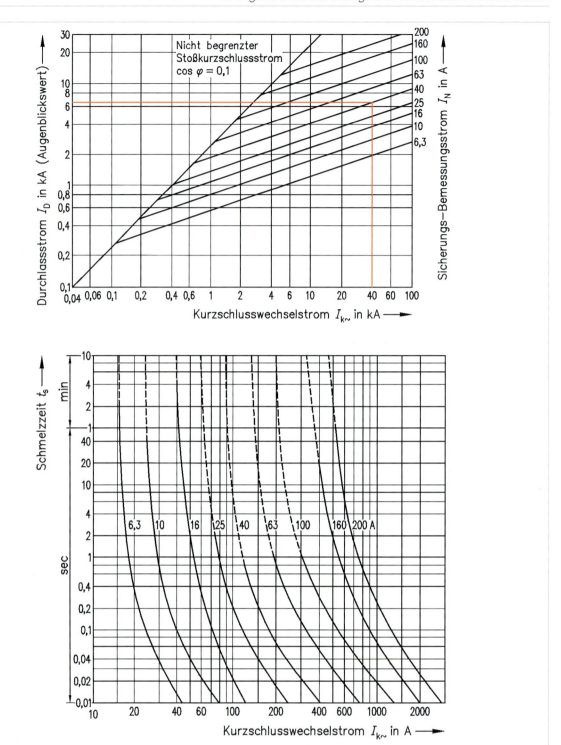

1 Strombemessungskennlinien und Schmelzzeit-Kennlinien von HH-Sicherungen

g) Bild 1, Seite 193 zeigt die Ausführung einer Niederspannungs-Betriebserdung.
Prüfen Sie sämtliche Angaben kritisch. Sind alle einschlägigen Bestimmungen eingehalten?
Wie führen Sie die Erdung bei der Aufstellung des Transformators aus?

9. Bild 1, Seite 194 zeigt den geplanten Aufbau der Transformatoranlage.

a) Welche Aufgabe hat das Betriebsmittel F1?

b) Worum handelt es sich bei den Betriebsmitteln Q1, Q2 und Q3 mit Motorantrieb? Halten Sie den Motorantrieb hier für gerechtfertigt?
Sind Alternativen denkbar?

Worum handelt es sich bei den Betriebsmitteln F2 bis F13?

c) Welches Netzsystem liegt hier vor? Entspricht das Ihren Vorstellungen?

d) Beachten Sie die technischen Daten des Transformators. Welche Schaltgruppe liegt vor?
Wie groß sind die ober- und unterspannungsseitigen Bemessungsströme? Reicht das aus?

e) Welche Aufgabe haben die Betriebsmittel T1 und T2? Für welche Anwendungszwecke werden Messwandler eingesetzt?

f) Worauf ist bei Einbau bzw. bei Servicearbeiten an Spannungswandlern besonders zu achten?
Worauf bei solchen Arbeiten an Stromwandlern?

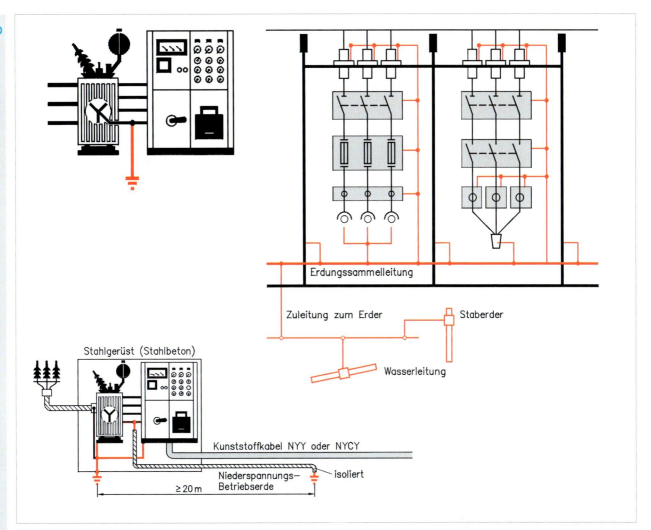

1 *Niederspannungs-Betriebserdung*

g) Messwandler werden nach ihrer Genauigkeit in Klassen eingeteilt. Was bedeutet das?

h) Ist die Schaltung des Spannungswandlers richtig? Welche Aufgabe hat die Erdung des Messstromkreises?

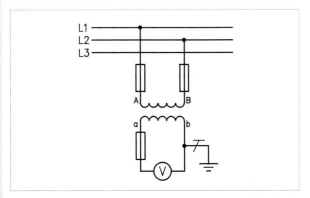

2 *Schaltung eines Spannungswandlers*

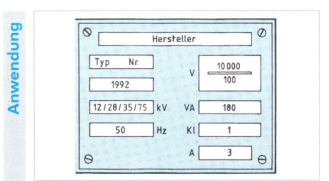

3 *Leistungsschild eines Spannungswandlers*

i) Bild 3: Leistungsschild eines Spannungswandlers: Erläutern Sie die angegebenen technischen Daten. Ist dieser Wandler für den Arbeitsauftrag einsetzbar? Wenn nicht, wählen Sie einen geeigneten Spannungswandler aus (z. B. Internet).

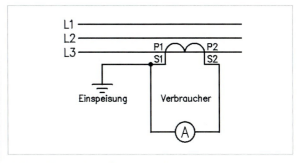

4 *Schaltung eines Stromwandlers*

j) Worauf ist bei Montage und Servicearbeiten bei Stromwandlern unbedingt zu achten?

k) Ist die in Bild 4 dargestellte Schaltung eines Stromwandlers fachlich korrekt?

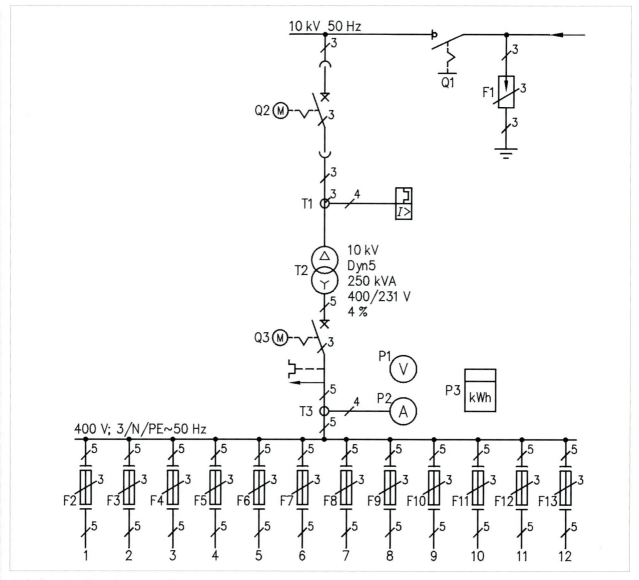

1 Aufbau der Transformatoranlage

l) Erläutern Sie die technischen Daten, die auf dem in Bild 2 dargestellten Leistungsschild eines Stromwandlers angegeben sind.
Ist dieser Stromwandler für den Arbeitsauftrag einsetzbar? Wenn nicht, wählen Sie einen geeigneten Wandler aus.

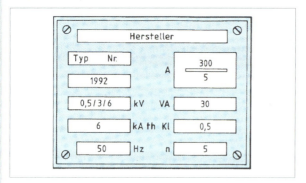

2 Leistungsschild eines Stromwandlers

m) Aufbau der Transformatoranlage (Bild 1): Skizzieren Sie den Stromlaufplan. Dimensionieren Sie die einzusetzenden Betriebsmittel mit Ausnahme der Sicherungen F2 bis F13. Eventuell notwendige Änderungen gegenüber Bild 1 sind zu berücksichtigen.

10. Von der Hauptverteilung im Kesselhaus muss ein 10-kV-Kabel zum Aufstellungsort des Transformators gezogen werden.

a) Angegeben sind die Bezeichnungen verschiedener Niederspannungskabel bis $U_0/U = 0,6/1$ kV:

– NYCY
– NYY
– NA2XY
– NYCWY
– NAYCWY

Um welche Kabel handelt es sich und für welche Zwecke sind sie geeignet?

b) Was bedeuten die nachstehenden Zusatzangaben bei Kabeln?

– SM
– SE
– RM
– RE

c) Kann mindestens eines dieser Kabel zur Spannungsversorgung des Transformators dienen? Begründen Sie Ihre Aussage.

Anwendung

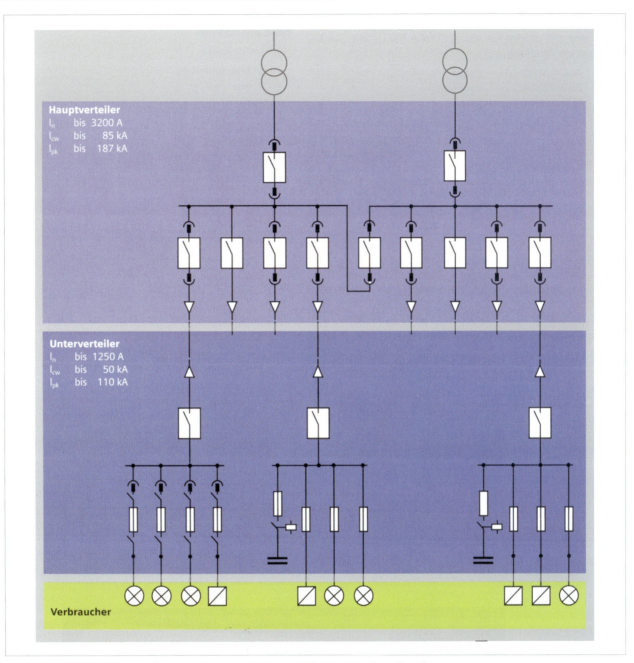

Hauptverteiler
I_n bis 3200 A
I_{cw} bis 85 kA
I_{pk} bis 187 kA

Unterverteiler
I_n bis 1250 A
I_{cw} bis 50 kA
I_{pk} bis 110 kA

Verbraucher

1 Niederspannungsnetz mit Hauptverteiler und Unterverteiler (Prinzipdarstellung)

2 Unterschiedliche Kabeltypen

d) Angegeben sind die Bezeichnungen von Mittelspannungskabeln
U_0/U = 6/10 kV, 12/20 kV, 18/30 kV:

– NA2XS2Y
– N2XSY

Um welche Kabel handelt es sich und für welche Zwecke sind sie geeignet?

e) Wählen Sie für die Spannungsversorgung des aufzustellenden Transformators ein geeignetes Kabel aus (natürlich ist auch der Leiterquerschnitt anzugeben).
Wählen Sie ein Kabel mit der Bezeichnung SM oder RM aus?
Begründen Sie bitte die Entscheidung.

f) In Bild 2 sind unterschiedliche Kabeltypen dargestellt. Ist das von Ihnen bei e) ausgewählte Kabel dabei?

Anwendung

g) Welche Bestimmungen gelten bezüglich der Aderkennzeichnung von Kabeln? Wie beurteilen Sie folgende Empfehlung?

– Außenleiter L1   braun
– Außenleiter L2   schwarz
– Außenleiter L3   grau

h) Ein Kollege teilt Ihnen mit, dass die Unterscheidung zwischen Kabeln und Leitungen so zu verstehen ist, dass Kabel im Erdreich verlegt werden dürfen, Leitungen hingegen nicht.
Ist das so richtig? Machen Sie sich kundig, ob es eine normative Unterscheidung zwischen Kabeln und Leitungen gibt. Im englischen Sprachgebrauch existiert zum Beispiel nur der Begriff *cable*.

11. Bild 1 zeigt den prinzipiellen Aufbau eines Niederspannungsnetzes. Dabei fällt besonders auf, dass zwei Transformatoren parallel geschaltet werden können.

a) Welchen Sinn macht die Parallelschaltung von Transformatoren?

b) Welche Bedingungen sind bei der Parallelschaltung von Transformatoren unbedingt einzuhalten?

c) Parallelgeschaltete Transformatoren sollen eine annähernd gleiche Kurzschlussspannung haben.
Begründen Sie diese Forderung genau.
Denken Sie dabei an die Folgen, wenn zwei Spannungsquellen mit gleichen Leerlaufspannungen aber unterschiedlichen Innenwiderständen parallel geschaltet werden.

Information

Transformator

Induktionsspannung

$$U_0 = 4,44 \cdot f \cdot N \cdot B_S \cdot A$$

U_0	Induktionsspannung	V
f	Frequenz	Hz
N	Windungszahl Spule	
B_S	Scheitelwert Flussdichte	T
A	Eisenquerschnitt	m^2

Übersetzungsverhältnis

$$ü = \frac{U_1}{U_2}$$

Spannungsübersetzung

$$\frac{U_1}{U_2} = \frac{N_1}{N_2}$$

Stromübersetzung

$$\frac{I_1}{I_2} = \frac{N_2}{N_1}$$

Widerstandsübersetzung

$$ü = \sqrt{\frac{Z_1}{Z_2}} = \sqrt{\frac{R_1}{R_2}} = \sqrt{\frac{X_1}{X_2}}$$

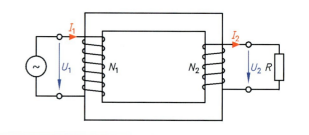

1 Niederspannungsverteilung, Aufbaubeispiel

Beispiel

1. Wie groß ist die Leerlaufspannung, die in der Ausgangswicklung eines Transformators mit der Windungszahl $N_2 = 520$ Windungen induziert wird, wenn im Eisenkern mit dem Querschnitt 20 cm² die magnetische Flussdichte 1 T beträgt?
Die Frequenz beträgt 50 Hz.

$$U_{02} = 4,44 \cdot f \cdot N_2 \cdot B_S \cdot A$$

$$U_{02} = 4,44 \cdot 50 \text{ Hz} \cdot 520 \cdot 1 \, \frac{\text{Vs}}{\text{m}^2} \cdot 20 \cdot 10^{-4} \, \text{m}^2 = 231 \text{ V}$$

2. Ein Transformator mit 18 Windungen pro Volt hat eine Spannungsübersetzung von 400/24 V.
Bestimmen Sie die Windungszahlen.

$$N_1 = 18 \, \frac{\text{Wdg}}{\text{V}} \cdot 400 \text{ V} = 7200$$

$$N_2 = 18 \, \frac{\text{Wdg}}{\text{V}} \cdot 24 \text{ V} = 432$$

3. Ein Klingeltransformator spannt von 230 V auf 8 V, 5 V, 3 V um. Ermitteln Sie:
– die Übersetzungsverhältnisse,
– die Windungszahl der Ausgangswicklung, wenn die Eingangswicklung 500 Windungen hat,
– die Anzapfung der Wicklung für 3 V.

$$ü = \frac{U_1}{U_2}$$

$$ü_1 = \frac{230 \text{ V}}{8 \text{ V}} = 28,75$$

$$ü_2 = \frac{230 \text{ V}}{5 \text{ V}} = 46$$

$$ü_3 = \frac{230 \text{ V}}{3 \text{ V}} = 76,7$$

$$\frac{U_1}{U_2} = \frac{N_1}{N_2} \rightarrow N_2 = N_1 \cdot \frac{U_2}{U_1}$$

$$N_2 = 500 \cdot \frac{8 \text{ V}}{230 \text{ V}} = 17,4$$

$$N_2 = 18$$

$$N_2 = N_1 \cdot \frac{U_2}{U_1} = 500 \cdot \frac{3 \text{ V}}{230 \text{ V}} = 6,5$$

$$N_2 = 7$$

Übung und Vertiefung

1. Bestimmen Sie die Windungszahl der Ausgangswicklung eines Transformators, wenn die Leerlaufspannung bei $B_S = 0,8$ T, $A = 49$ cm² und $f = 50$ Hz 230 V beträgt.

2. Berechnen Sie den Eisenquerschnitt eines Transformators bei $U_{02} = 230$ V, $f = 50$ Hz, $N_2 = 1850$, wenn die magnetische Flussdichte von 1 T nicht überschritten werden darf.

3. Ein Transformator trägt auf seinem Leistungsschild u.a. folgende Werte: 230 V, 24 V, 60 VA, $N_1 = 500$.
Berechnen Sie unter Vernachlässigung der Verluste die Ströme in den Wicklungen und die Windungszahl N_2.

4. Ein Transformator 230 V/110 V wird mit 6 A belastet.
Wie groß ist der Strom, den der Transformator dem Netz entnimmt?

5. Ein Trenntransformator 400 V/230 V mit $N_1 = 1500$ nimmt einen Strom von 1,2 A auf.
Berechnen Sie unter Vernachlässigung der Transformatorverluste:
a) den Strom in der Ausgangswicklung,
b) die Windungszahl der Ausgangswicklung,
c) die Bemessungsleistung des Transformators.

6. Ein Transformator 230 V/20 V hat eine Eingangswicklung mit 1500 Windungen. Die Ausgangswicklung ist mit einem ohmschen Widerstand von 5 Ω belastet.
a) Wie groß ist die Windungszahl der Ausgangswicklung?
b) Berechnen Sie den Eingangs- und Ausgangsstrom.
c) Bestimmen Sie das Widerstandsübersetzungsverhältnis.

7. Mit welchem Widerstand belastet der Verbraucher die Eingangsseite des Transformators?

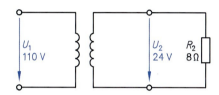

Beispiel

Ein Transformator 230 V/24 V wird mit Glühlampen (240 W) belastet. Der Trafo hat einen Wirkungsgrad von 0,96.
Bestimmen Sie:
– den Ausgangsstrom des Trafos,
– die Leistung auf der Eingangsseite,
– den Eingangsstrom des Trafos.

$$P_2 = U_2 \cdot I_2 \rightarrow I_2 = \frac{P_2}{U_2} = \frac{240 \text{ W}}{24 \text{ V}} = 10 \text{ A}$$

$$\eta = \frac{P_2}{P_1} \rightarrow P_1 = \frac{P_2}{\eta} = \frac{240 \text{ W}}{0,96} = 250 \text{ W}$$

$$P_1 = U_1 \cdot I_1 \rightarrow I_1 = \frac{P_1}{U_1} = \frac{250 \text{ W}}{230 \text{ V}} = 1,1 \text{ A}$$

8. Die Messreihe in einer Trafostation an einem 10 kV/230 V-Transformator ergibt folgende Werte:
a) $I = 32$ A, $\cos \varphi = 0,82$
b) $I = 80$ A, $\cos \varphi = 0,75$
c) $I = 60$ A, $\cos \varphi = 0,9$
d) $I = 50$ A, $\cos \varphi = 0,65$
Berechnen Sie die Wirkleistungsangaben des Transformators.

9. Ein Einphasentransformator (230 V) mit einem Wirkungsgrad von 92 % ist mit 5 kW belastet.
Bestimmen Sie den Strom in der Eingangswicklung, wenn der Wirkleistungsfaktor 0,88 beträgt.

10. Ein 5-kVA-Transformator setzt 5000 V auf 230 V herab.
Welche Wirkleistung kann dem Transformator bei folgenden Belastungsfällen entnommen werden?
a) Rein ohmsche Belastung
b) Induktive Belastung mit $\cos \varphi = 0,85$
c) Induktive Belastung mit $\cos \varphi = 0,45$
Berechnen Sie die Stromstärken in beiden Wicklungen bei einem Wirkungsgrad von 92 %.

11. Ein Transformator mit den Bemessungsdaten 230/24 V, 1400 VA, Kupferverlustleistung 12 W, Eisenverlustleistung 8 W wird mit reiner Wirkleistung belastet.
Ermitteln Sie den Wirkungsgrad des Transformators.

Beispiel

1. Bei einemTransformator mit 6 kV/400 V wurde bei kurzgeschlossener Ausgangswicklung und eingangsseitigem Bemessungsstrom an der Eingangswicklung eine Spannung von 300 V gemessen.
Bestimmen Sie die relative Kurzschlussspannung des Trafos.

$$u_K = \frac{U_K}{U_{1N}} \cdot 100\,\% = \frac{300\ V}{6000\ V} \cdot 100\,\% = 5\,\%$$

2. Bei einem Schweißtransformator (230 V) sind der Strom in der Eingangswicklung mit 20 A und die relative Kurzschlussspannung mit 90 % angegeben.
Bestimmen Sie bei kurzgeschlossener Ausgangswicklung die Kurzschlussspannung U_K sowie den Dauer- und Stoßkurzschlussstrom.

$$u_K = \frac{U_K}{U_{1N}} \cdot 100\,\% \rightarrow U_K = \frac{u_K \cdot U_{1N}}{100\,\%}$$

$$U_K = \frac{90\,\% \cdot 230\ V}{100\,\%} = 207\ V$$

$$I_{KD} = \frac{I_{1N}}{u_K} \cdot 100\,\% = \frac{20\ A}{90\,\%} \cdot 100\,\% = 22,2\ A$$

$$I_S = 1,8 \cdot I_{KD} = 1,8 \cdot 22,2\ A = 40\ A$$

$$I_{Ss} = 2,55 \cdot I_{KD} = 2,55 \cdot 22,2\ A = 57\ A$$

12. Ermitteln Sie die relative Kurzschlussspannung.

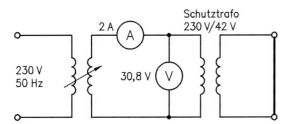

13. Ein Transformator hat folgende Daten:
10/0,4 kV, 10/200 A, u_K = 4,5 %.
Wie groß sind bei kurzgeschlossener Ausgangswicklung Dauer- und Stoßkurzschlussstrom?

14. Berechnen Sie für die Transformatoren: Dauerkurzschlussstrom, Stoßkurzschlussstrom (Scheitelwert) und Kurzschlussspannung.

	Scheinleistung	Bemessungs-spannungen	relative Kurzschluss-spannung
Schutz-transformator	1000 VA	400/24 V	15 %
Klingel-transformator	8 VA	230/8 V	45 %
Zünd-transformator	85 VA	230/120 V	100 %
Spielzeug-transformator	200 VA	230/12 V	20 %

Beispiel

Dem Leistungsschild eines Drehstromtransformators werden u.a. folgende Angaben entnommen:
Yd5, 180 kVA, 50 Hz, 10/0,4 kV
Berechnen Sie unter Vernachlässigung der Verluste die ober- und unterspannungsseitigen Ströme.

$$S_N = \sqrt{3} \cdot U_N \cdot I_N$$

$$I_{N1} = \frac{S_{N1}}{\sqrt{3} \cdot U_{N1}} = \frac{180\ kVA}{\sqrt{3} \cdot 10\ kV} = 10,4\ A$$

$$I_L = I_{Str} = 10,4\ A$$

$$I_{N2} = \frac{S_{N2}}{\sqrt{3} \cdot U_{N2}} = \frac{180\ kVA}{\sqrt{3} \cdot 0,4\ kV} = 260,1\ A$$

$$I_{Str} = \frac{I_{N2}}{\sqrt{3}} = \frac{260,1\ A}{\sqrt{3}} = 150,3\ A$$

15. Berechnen Sie für einen Drehstromtransformator 100 kVA, 10/0,4 kV die Bemessungsströme der Ober- und Unterspannungsseite.

16. Drehstromtransformator:
Yd5, 180 kVA, 50 Hz, 10/0,4 kV.
Bestimmen Sie die Windungszahl der Unterspannungsseite, wenn die Oberspannungsseite je Schenkel 800 Windungen hat.

17. Ein Drehstromtransformator Dy11, Spannungen 10/0,4 kV hat ausgangsseitig 65 Windungen.
Wie viele Windungen muss die Oberspannungsseite haben?

18. Berechnen Sie für $S_1 = S_2$:
a) die oberspannungsseitigen Leiter- und Strangströme,
b) die unterspannungsseitigen Leiter- und Strangströme,
c) die Windungszahl der Oberspannungswicklung, wenn die Unterspannungswicklung 98 Windungen je Strang hat.

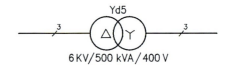

19. Ein Drehstromtransformator der Schaltgruppe Yy0 mit 20 kVA Bemessungsleistung, dem Wirkungsgrad 95 % und dem Leistungsfaktor 0,88 transformiert 600 V auf 400 V herunter.

Bestimmen Sie für den Bemessungsbetrieb:
a) die Wirkleistungsbelastung auf der Ober- und Unterspannungsseite,
b) die Ströme in der Ober- und Unterspannungswicklung.

20. Ein an das 10-kV-Netz angeschlossener Drehstromtransformator soll 400 V abgeben. Während des Betriebes zeigen die Messinstrumente folgende Werte: P_1 = 7,5 kW, I_1= 0,6 A, I_2 = 16,2 A.

Berechnen Sie:
a) die aufgenommene Scheinleistung,
b) den Leistungsfaktor,
c) die abgegebene Wirk- und Scheinleistung bei gleichem Leistungsfaktor,
d) den Wirkungsgrad.

21. Ein 160-kVA-Drehstromtransformator ist im Laufe eines Tages zu 68 % ausgelastet. Er wird nur mit ohmscher Last betrieben.
Während des Betriebes betrugen die Eisenverluste 950 W und die Kupferverluste 2,5 % der Bemessungsleistung.
Bestimmen Sie die Trafoverluste und den Wirkungsgrad im Tagesschnitt.

22. Ein Drehstromtransformator 10/0,4 kV mit 250 kVA Bemessungsleistung hat 825 W Eisenverluste und Wicklungsverluste von 5 kW.
Er wird durchgehend das ganze Jahr betrieben. Mit Volllast und einem mittleren Leistungsfaktor von 0,81 arbeitet er 3500 Stunden im Jahr.
Bestimmen Sie den Jahreswirkungsgrad und den Wirkungsgrad.

Beispiel

Zwei Transformatoren werden parallel geschaltet.
Welche Leistung gibt jeder Transformator ab, wenn die Gesamtbelastung 200 kVA beträgt?

Transformator 1	
Bemessungsleistung	120 kVA
Bemessungsspannung	20/0,4 kV
Kurzschlussspannung	5 %
Schaltgruppe	Yy0

Transformator 2	
Bemessungsleistung	90 kVA
Bemessungsspannung	20/0,4 kV
Kurzschlussspannung	4 %
Schaltgruppe	Yy0

$$u'_K = \frac{\sum S_N}{\dfrac{S_{N1}}{u_{K1}} + \dfrac{S_{N2}}{u_{K2}}}$$

$$u'_K = \frac{120 \text{ kVA} + 90 \text{ kVA}}{\dfrac{120 \text{ kVA}}{5 \text{ \%}} + \dfrac{90 \text{ kVA}}{4 \text{ \%}}} = 4{,}52 \text{ \%}$$

$$S'_1 = S_{N1} \cdot \frac{u'_K}{u_{K1}} \cdot \frac{\sum S}{\sum S_N}$$

$$S'_1 = 120 \text{ kVA} \cdot \frac{4{,}52 \text{ \%}}{5 \text{ \%}} \cdot \frac{200 \text{ kVA}}{210 \text{ kVA}} = 103{,}3 \text{ kVA}$$

$$S'_2 = S_{N2} \cdot \frac{u'_K}{u_{K2}} \cdot \frac{\sum S}{\sum S_N}$$

$$S'_2 = 90 \text{ kVA} \cdot \frac{4{,}52 \text{ \%}}{4 \text{ \%}} \cdot \frac{200 \text{ kVA}}{210 \text{ kVA}} = 96{,}85 \text{ kVA}$$

Transformator 2 wird überlastet.

23. Zwei Drehstromtransformatoren mit folgenden Daten arbeiten auf ein gemeinsames Netz.
Berechnen Sie die Lastverteilung, wenn die Gesamtlast 145 kVA beträgt.

Trafo 1:
Bemessungsleistung 50 kVA, rel. Kurzschlussspannung 4 %

Trafo 2:
Bemessungsleistung 100 kVA, rel. Kurzschlussspannung 4 %

24. Bestimmen Sie für folgende Transformatoren die Lastverteilung bei Parallelschaltung.

Trafo 1: 200 kVA, 3,5 %, Yd5
Trafo 2: 250 kVA, 4,2 %, Yd5

25. In einer Trafostation arbeiten folgende Transformatoren mit einer Leistung, die eine Überlastung wegen unterschiedlicher Kurzschlussspannung vermeidet.

Trafo 1:
Dy5, 150 kVA, 15/0,4 kV, 3,2 %

Trafo 2:
Dy5, 120 kVA, 15/0,4 kV, 3,8 %

a) Wie groß sind Gesamtleistung und die Lastverteilung der beiden Transformatoren?
b) Wie groß sind die Ausgangsströme?
c) Welche Gesamtwirkleistung kann ohne Kompensation (Leistungsfaktor 0,6) und mit Kompensation (Leistungsfaktor 0,92) entnommen werden?

26. Was versteht man unter der Leerlaufspannung eines Transformators? Von welchen Größen ist die Leerlaufspannung abhängig?

27. Wovon ist der Leerlaufstrom eines Transformators im Wesentlichen abhängig?
Warum sollte der Leerlaufstrom so klein wie möglich gehalten werden?

28. Welche Wirkung hat die Streuung bei Transformatoren?

29. Würden Sie für die Spannungsversorgung eines elektronischen Gerätes (z. B. einer SPS) einen Transformator mit hoher oder mit niedriger Kurzschlussspannung einsetzen?
Wie sind die Wicklungen bei einem solchen Transformator angeordnet?

30. Kleintransformatoren werden bezüglich ihres Verhaltens bei Kurzschluss in drei Gruppen eingeteilt.
Nennen Sie diese Gruppen und geben Sie die Symbole an.

31. Erläutern Sie den Aufbau von Spartransformatoren und unterscheiden Sie die Begriffe Durchgangsleistung und Bauleistung.

32. Welche Vorteile und welche Nachteile haben Spartransformatoren?

33. Welche Informationen können der Schaltgruppe eines Transformators entnommen werden?

34. Welche Schaltgruppe ist bei unsymmetrisch belasteten Drehstromtransformatoren besonders häufig anzutreffen?

35. Durch welche Maßnahmen erfolgt die Kühlung von Leistungstransformatoren?

36. Wie werden Leistungstransformatoren geprüft?

10.2 Blindleistung kompensieren

Auftrag

Im Rahmen der Aufstellung des neuen Transformators soll eine Blindleistungs-Kompensationsanlage installiert werden.

Sie werden beauftragt, eine diesbezügliche Lösung zu erarbeiten.

Anwendung

1. Der Meister übergibt Ihnen die in Bild 1 dargestellte Skizze der geplanten Kompensationsanlage als Arbeitsgrundlage.

Anwendung

Worum handelt es sich (bezogen auf den gesamten Betrieb) bei der geplanten Kompensationsanlage? Wie beurteilen Sie diese Maßnahme?

c) Kompensation bedeutet, induktive Blindleistung durch Zuschalten von Kondensatoren (kapazitive Blindleistung) zu verringern. Also den Wirkleistungsfaktor $\cos \varphi$ der Anlage zu verbessern.
Erläutern Sie dies anhand eines Zeigerbildes der Leistungen.

d) Ist es günstiger, die Kompensationskondensatoren in Stern oder in Dreieck zu schalten?
Begründen Sie Ihre Aussage, indem Sie eventuelle Unterschiede durch Rechnung nachweisen.
Für welche Schaltung der Kompensationskondensatoren entscheiden Sie sich?

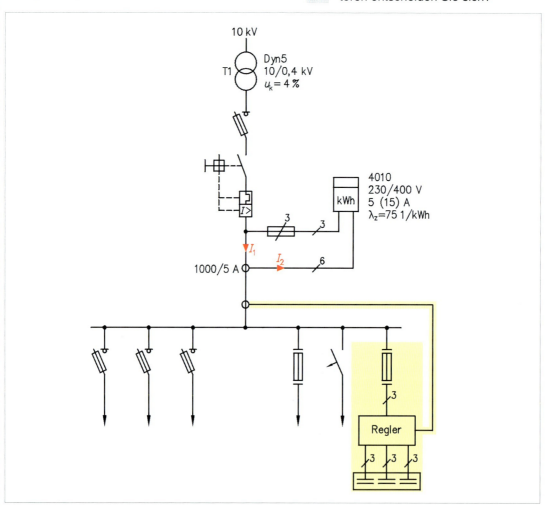

1 Trafostation mit Kompensationsanlage

a) Es wird angenommen, dass der aufgestellte Transformator mit 1000 kW bei einem mittleren Wirkleistungsfaktor von 0,76 belastet wird.
Der Wirkleistungsfaktor soll auf 0,94 verbessert werden.
Welchen Zweck hat die Kompensation für den Betrieb? Schließlich stellt die Blindleistungskompensation einen nicht unbeträchtlichen technischen Aufwand dar.

b) Man unterscheidet Einzelkompensation, Gruppenkompensation und Zentralkompensation.
Worin bestehen die Unterschiede? Geben Sie die jeweiligen Vor- und Nachteile an.

Anwendung

e) Erläutern Sie die Aussage des Zeigerbildes.

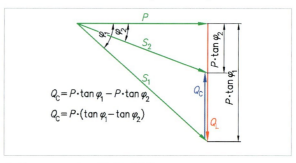

2 Kompensation, Zeigerbild

Anwendung

Welche Änderungen ergeben sich im Zeigerbild (Bild 2, Seite 200), wenn die Kondensatorkapazität verändert wird?
Ist es sinnvoll, bis auf cos $\varphi = 1$ zu kompensieren? Wenn nein, warum nicht?

Aus dem Zeigerbild lassen sich folgende Gleichungen zur Bestimmung der Kapazität der Kompensationskondensatoren ableiten:

Sternschaltung der Kondensatoren:

$$C_Y = \frac{P_{el} \cdot (\tan \varphi_1 - \tan \varphi_2)}{\omega \cdot U^2}$$

Dreieckschaltung der Kondensatoren:

$$C_\Delta = \frac{P_{el} \cdot (\tan \varphi_1 - \tan \varphi_2)}{3 \cdot \omega \cdot U^2}$$

Erläutern Sie den Zusammenhang zwischen Zeigerbild und Gleichungen.
Warum ist die Dreieckschaltung der Kompensationskondensatoren wirtschaftlicher?
Wie verhält es sich mit der Spannungsbelastung der Kondensatoren in Dreieckschaltung?

f) Berechnen Sie die erforderlichen Kompensationskondensatoren für die Werte nach a) in Sternschaltung und in Dreieckschaltung.
Wie viele Kondensatoren welcher Kapazität müssen bestellt werden?

g) Bild 1, Seite 200 verdeutlicht, dass die Kondensatoren in Stufen von einem Blindleistungsregler zu- und abgeschaltet werden.
Warum ist das notwendig? Wie viele Stufen halten Sie für notwendig?

h) Worauf ist bei der Aufstellung der Kondensatoren zu achten?
Wenn Kondensatoranlagen eine Entladezeit von mehr als 1 Minute haben, muss ein Schild mit folgender Aufschrift angebracht werden:

Entladezeit länger als 1 Minute.

Warum stellen geladene Kondensatoren Gefahrenquellen dar?
Durch welche Maßnahme werden Kondensatoren nach dem Abschalten entladen?
Wenn Sie Kondensatoren z. B. bei Servicearbeiten berühren müssen oder versehentlich können, sind zuvor Sicherheitsmaßnahmen erforderlich.
Welche Maßnahmen sind das?

i) Die einzelnen Kondensatorstufen werden durch den Blindleistungsregler geschaltet. Hierzu werden Schütze benötigt.
Welche Anforderungen sind an diese Schütze zu stellen?
Worauf ist bei der Auswahl der Überstrom-Schutzorgane zu achten?

2. Bei der Blindstromkompensation in Netzen mit Stromrichtern müssen Kondensatoren verdrosselt werden.
Was versteht man unter einem verdrosselten Kondensator? Warum ist sein Einsatz in Netzen mit Stromrichtern notwendig? Erläutern Sie den Begriff Verdrosselungsfaktor.

Anwendung

3. Bei der Projektierung von Neuanlagen (so wie im hier vorliegenden Fall) kann im Allgemeinen die notwendige kapazitive Blindleistung der Kondensatoren nur grob ermittelt werden, da die Werte *mittlere Wirkleistung* und *mittlerer Leistungsfaktor* noch nicht bekannt sein dürften.

Keinesfalls ist es sinnvoll, einen *theoretischen mittleren Leistungsfaktor* zu bestimmen, der die Angaben auf den Leistungsschildern der zu betreibenden induktiven Verbraucher berücksichtigt.

Der *mittlere Leistungsfaktor* hängt einmal vom *Gleichzeitigkeitsfaktor* und zum anderen vom *Auslastungsfaktor* (Leerlaufzeiten und Betrieb unterhalb der Bemessungsleistung) ab.

Folglich stellt sich ein *mittlerer Leistungsfaktor* ein, der unter dem theoretischen Wert liegen wird. Im Allgemeinen kann zunächst die Leistung der zu installierenden Kompensationsanlage geringer dimensioniert werden.

Mittlere Leistungsfaktoren (Anhaltswerte)

Elektrische Anlage	mittlerer unkompensierter Wirkleistungsfaktor
Sägewerk	0,6 – 0,7
Trocknungsanlagen	0,8 – 0,9
Möbelherstellung	0,6 – 0,7
Serienproduktion	0,5 – 0,6
Werkzeugmaschinen	0,65 – 0,7
Ventilatoren	0,7 – 0,8
Kompressoren	0,7 – 0,8

a) Bei der Auftragserteilung wurde Ihnen ein mittlerer Leistungsfaktor von 0,76 vorgegeben (siehe Aufgabe 1.a, Seite 200). Ist dieser Wert noch haltbar (beachten Sie obige Tabelle)?

b) Hier wird eine regelbare 6-stufige Kompensationsanlage vorgesehen (Bild 1, Seite 202).
Welche Blindleistung ist pro Stufe vorzusehen?
Erstellen Sie eine Materialliste für den Aufbau der Kompensationsanlage (eventuell sind auch Messwandler erforderlich).
Skizzieren Sie den Stromlaufplan der Kompensationsanlage.
Wie kann die Trennung der Kondensatorbatterien vom Netz erfolgen?
Wie erfolgt die Inbetriebnahme der Schaltung?
Worauf ist bei der Einstellung des Blindleistungsreglers besonders zu achten?
Welche Wartungsarbeiten fallen bei der Kompensationsanlage an?

4. Bild 1, Seite 202 zeigt den Entwurf einer 6-stufigen Kompensationsanlage mit Blindleistungsregler.
Analysieren Sie die Schaltung. Ist sie funktionstüchtig und als Vorlage für Ihre Arbeit tauglich?

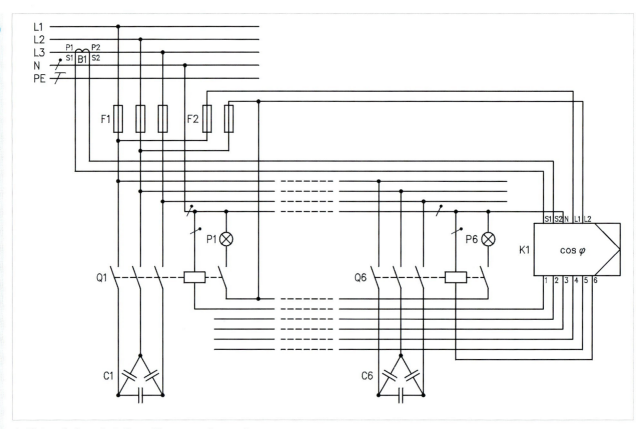

1 *Entwurf einer 6-stufigen Kompensationsanlage*

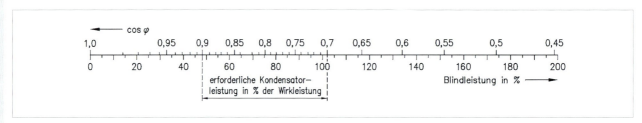

2 *Nomogramm zur Ermittlung der Kondensatorleistung bei Kompensation*

5. Bild 2 zeigt ein Nomogramm zur Ermittlung der für die Leistungsfaktorverbesserung notwendigen Kondensator-Blindleistung.

Auf der oberen Skala werden der Leistungsfaktor vor Kompensation ($\cos \varphi_1$) und der angestrebte Leistungsfaktor nach Kompensation ($\cos \varphi_2$) markiert.

Auf der unteren Skala kann dann aus dem Differenzbetrag die notwendige Kondensatorleistung in Prozent der Wirkleistung abgelesen werden.

Zum Beispiel:
$\cos \varphi_1 = 0,7$
$\cos \varphi_2 = 0,9$

Kondensatorleistung Q_C: $102 - 48 = 54\,\%$.

Wenn die Wirkleistung 10 kW beträgt, dann ist eine kapazitive Blindleistung von $0,54 \cdot 10\ \text{kW} = 5,4\ \text{kvar}$ erforderlich.

a) Welche Kondensatorkapazität ist dann an der Spannung 400 V/50 Hz erforderlich?
Welche Kondensatoren würden Sie dann bestellen?

b) Überprüfen Sie die Arbeit mit dem Nomogramm anhand von Aufgabe 1f. Bringt es Vorteile in der praktischen Anwendung? Liefert es ausreichend genaue Ergebnisse?

Information

Kompensation von Transformatoren

Transformatoren werden nicht nach maximalem Blindleistungsbedarf, sondern nach der Blindleistungsaufnahme ausgelegt.

$$Q_{T0} \approx S_0 = \frac{I_0}{100} \cdot S_N \qquad \text{(Blindleistung von Trafos)}$$

Q_{T0} Leerlauf-Blindleistung des Trafos
S_0 Scheinleistung im Leerlauf
S_N Bemessungsleistung
I_0 Leerlaufstrom des Trafos

Kompensation von Asynchronmotoren

Kondensatorleistung maximal 90 % der Leerlaufleistung des Motors. Maximal zulässige Kondensatorleistung:

$$Q_C = 0,9 \cdot \sqrt{3} \cdot U \cdot I_0 \cdot \sin \varphi_0$$

Beachten Sie, dass im Leerlauf gilt: $\sin \varphi_0 \approx 1$.
Zumeist sind Motorleistung und Leistungsfaktor bekannt; der Leerlaufstrom I_0 kann nicht bestimmt werden. Dann verfährt man folgendermaßen: *Motorbemessungsleistung*

– *bis 40 kW: 40 % der Motorbemessungsleistung*
– *ab 40 kW: 35 % der Motorbemessungsleistung*

Beispiel

Der Leistungsfaktor eines Dreiphasen-Wechselstromverbrauchers beträgt cos φ = 0,8. Der Verbraucher ist an 400 V/50 Hz angeschlossen und nimmt die Wirkleistung 12 kW auf.
Der Leistungsfaktor soll auf 0,9 verbessert werden.
Welche Kondensatorkapazität ist bei Sternschaltung erforderlich?
Wie groß muss die Kapazität der Kondensatoren in Dreieckschaltung sein?

$\cos \varphi_1 = 0{,}8 \ \rightarrow \ \tan \varphi_1 = 0{,}75$

$\cos \varphi_2 = 0{,}9 \ \rightarrow \ \tan \varphi 2 = 0{,}4834$

$$C_Y = \frac{P_{el} \cdot (\tan \varphi_1 - \tan \varphi_2)}{\omega \cdot U^2}$$

$$C_Y = \frac{12000 \text{ W} \cdot (0{,}75 - 0{,}4834)}{314 \frac{1}{s} \cdot (400 \text{ V})^2} = 63{,}7 \ \mu F$$

$$C_\Delta = \frac{C_Y}{3} = \frac{63{,}7 \ \mu F}{3} = 21{,}2 \ \mu F$$

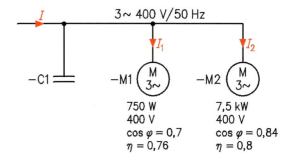

Übung und Vertiefung

1. Ein Einphasen-Wechselstrommotor hat folgende Daten:
P = 8,1 kW Leistungsaufnahme, U = 230 V, cos φ = 0,85.
Durch Kompensation soll der Leistungsfaktor auf 0,92 verbessert werden.

a) Welche Kapazität muss der Kompensationskondensator haben?

b) Welchen Strom nimmt der Motor mit und ohne Kompensation auf?

2. Eine Spule hat eine Wirkleistungsaufnahme von 32 W. Der Leistungsfaktor beträgt 0,38 und soll auf 0,9 verbessert werden.

a) Welche kapazitive Blindleistung muss der Kompensationskondensator liefern?

b) Wie groß ist die Kondensatorkapazität an 24 V/50 Hz?

3. Eine elektrische Anlage nimmt an 400 V/50 Hz die Leistung 24 kW auf.
Es wird eine Zentralkompensation durchgeführt, wobei der Leistungsfaktor von cos φ_1 = 0,72 auf cos φ_2 = 0,9 verbessert werden soll.

Welche Kapazität müssen die Kondensatoren bei Stern- und Dreieckschaltung haben?

4. Welchen Kapazitätswert müssen die Kondensatoren entsprechend Aufgabe 3 haben, wenn die Netzspannung 500 V/50 Hz beträgt?

Welchen Einfluss hat die Netzspannung allgemein auf die Kapazität der Kompensationskondensatoren?

5. Wie groß ist der Strom I ohne Kompensation?

Wie groß ist der Leistungsfaktor beider Motoren?
Ermitteln Sie die Kapazität C, wenn der Leistungsfaktor der Anlage auf cos φ = 0,9 verbessert werden soll.

Wie groß ist der Strom I nach der Kompensation?

6. Worin besteht der Unterschied zwischen Reihenkompensation und Parallelkompensation?

7. Welche Aufgabe hat die dargestellte Schaltung?

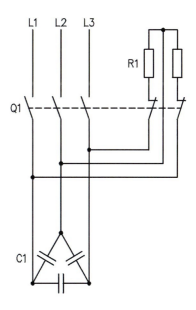

8. Dargestellt sind Schaltstufendiagramme von Kompensationskondensatoren bei Zentralkompensation.
Bitte beurteilen Sie die Diagramme unter technischen Gesichtspunkten.

Kondensator-stufe kvar	Schaltstufe							
	0	1	2	3	4	5	6	7
10		▨	▨	▨	▨	▨	▨	▨
10			▨	▨	▨	▨	▨	▨
10				▨	▨	▨	▨	▨
10					▨	▨	▨	▨
10						▨	▨	▨
10							▨	▨
10								▨
Stufenleistung kvar	0	10	20	30	40	50	60	70

Kondensator-stufe kvar	Schaltstufe							
	0	1	2	3	4	5	6	7
10		▨		▨		▨		▨
20			▨	▨			▨	▨
40					▨	▨	▨	▨
Stufenleistung kvar	0	10	20	30	40	50	60	70

10.3 Betriebsstätten, Räume und Anlagen besonderer Art

10.3.1 Arbeitsschutz in elektrischen Anlagen

Übung und Vertiefung

1. Unterscheiden Sie die Begriffe Arbeitssicherheit und Arbeitsschutz.

2. Wer trägt die Verantwortung für die Arbeitssicherheit? Welche Verantwortungen und Pflichten kommen auf jeden einzelnen Mitarbeiter zu?

3. Die Unfallverhütungsvorschrift *BGV A5 Erste Hilfe* der Berufsgenossenschaft für Feinmechanik und Elektrotechnik gilt für die Erste Hilfe und das Verhalten bei Unfällen.

Welche Pflichten für den Unternehmer sind hier geregelt?

4. Beschreiben Sie die Rettungskette bei Unfällen.
Aus welchen Informationen besteht ein Notruf?

5. Welche persönliche Schutzausrüstung ist für elektrische Arbeiten unverzichtbar?

6. Welche Kennzeichnung tragen Körperschutzmittel, Schutzvorrichtungen und Werkzeuge für Arbeiten an unter Spannung stehenden Teilen nach DIN VDE 0105 Teil 100?

7. Welche Aussage macht das CE-Kennzeichen?
Beschreiben Sie den Weg zur Erteilung des CE-Sicherheitszeichens.

8. DIN VDE 0105-100 unterscheidet folgende Tätigkeitsbegriffe:

– nicht elektrotechnische Arbeiten
– elektrotechnische Arbeiten

Unterscheiden Sie bitte diese beiden Tätigkeitsbereiche.
Dürfen diese Tätigkeiten von elektrotechnischen Laien ausgeführt werden?
Unterscheiden Sie zwischen Elektrofachkraft (EF) und elektrotechnisch unterwiesener Person (EUP).

9. Bei Arbeiten im spannungsfreien Zustand gelten die 5 Sicherheitsregeln.

a) Nennen und beschreiben Sie diese Sicherheitsregeln.

b) Müssen bei Arbeiten an z. B. 400-V-Außenleiterspannung die 5 Sicherheitsregeln auch streng eingehalten werden?
Welche Vorschriften gelten hier?

10. Welche Maßnahmen sind bei Arbeiten in der Nähe unter Spannung stehender Teile notwendig?
Was ist bei der Definition des Begriffs *Nähe* zu berücksichtigen?

11. Sind Arbeiten an unter Spannung stehenden Teilen generell verboten?
Wenn nicht, unter welchen Voraussetzungen sind diese Arbeiten erlaubt.
Wer darf diese Arbeiten durchführen?

12. Zur Umsetzung der EG-Rahmenrichtlinie Arbeitsschutz wurde vom Bundestag beschlossen:

Der Arbeitgeber hat durch eine Beurteilung die für die Beschäftigten mit ihrer Arbeit verbundene Gefährdung zu ermitteln, und festzulegen, welche Maßnahmen des Arbeitsschutzes erforderlich sind.

Wie erfolgt die Gefährdungsermittlung für die Arbeiten unter Spannung? Was versteht man unter einem Sekundärunfall?

13. DIN EN 50286 (VDE 0682 Teil 301) gilt für elektrisch isolierende persönliche Schutzkleidung, die bei Arbeiten unter Spannung oder in Nähe von unter Spannung stehender Teile bis 500 V Wechselspannung bzw. 750 V Gleichspannung getragen werden muss.

Beschreiben Sie die notwendigen Ausrüstungsgegenstände.

10.3.2 Elektrische Betriebsstätten

1. Nach DIN VDE 01015-100 sind *Elektrische Betriebsstätten* Orte, die im Wesentlichen zum Betrieb elektrischer Anlagen dienen.

a) Nennen Sie Beispiele für diese Orte.

b) Von wem dürfen solche Orte betreten werden?

c) Wie werden solche Räume kenntlich gemacht?

d) Müssen diese Orte durch Türen gesichert werden?
Welche Forderungen werden dabei gestellt?

2. Wodurch wird verhindert, dass auch unterwiesene Personen nicht unbeabsichtigt mit aktiven Teilen in Berührung kommen?

3. Was versteht man unter *abgeschlossenen elektrischen Betriebsstätten?*

a) Wer darf diese Räume betreten?

b) Welche Warnschilder sind anzubringen?

c) Welche Anforderungen sind an die Türen zu stellen?

4. Unterscheiden Sie zwischen:

– Trockene Räume (DIN VDE 0100-731)
– Feuchte Bereiche (DIN VDE 0100-737)
– Nasse Räume (DIN VDE 0100-737)
– Anlagen im Freien (DIN VDE 0100-373)

Nennen Sie Beispiele und geben Sie an, welche Sonderbestimmungen hier zu berücksichtigen sind.

5. Was versteht man unter feuergefährdeten Betriebsstätten nach DIN VDE 0100-482? Welche besonderen Gefährdungen können hier auftreten?

6. Welche Netzsysteme sind in feuergefährdeten Betriebsstätten zugelassen?
Wenn RCDs eingesetzt werden, welche maximalen Bemessungs-Differenzströme sind zugelassen?
Welche Leitungstypen dürfen verlegt werden?

7. Neutralleiter und Schutzleiter sind in feuergefährdeten Betriebsstätten grundsätzlich getrennt zu führen.
Warum ist das so?

8. Eine brandschutzgerechte Elektroinstallation kann folgendermaßen erreicht werden:

– Der Querschnitt von Leitungen und Kabeln ist so auszulegen, dass bei einem vollkommenen Köperschluss das vorgeschaltete Überstrom-Schutzorgan sicher ausschaltet.

– Es kann eine Isolationsüberwachung mit RCD erfolgen. Dabei wird der Schutzleiter als so genannter Überwachungsleiter mitgeführt. Bei einem Isolationsfehler fließt im Schutzleiter Strom, der bei Überschreitung des Bemessungs-Differenzstromes zur Abschaltung führt.

– Verlegung der Leitung mit Schutzabstand. Einadrige Mantelleitungen oder Kabel werden getrennt voneinander und von fremden leitfähigen Teilen verlegt.
Es muss allerdings darauf hingewiesen werden, dass dies in aktueller Norm nicht mehr als ausreichende Lösung zur Brandvermeidung angesehen wird. Es können nämlich widerstandsbehaftete Isolationsfehler (mechanische Beschädigung) nicht ausgeschlossen werden.

a) In welcher Zeit muss das Überstrom-Schutzorgan sicher auslösen?

b) Welchen Bemessungs-Differenzstrom muss der eingesetzte RCD haben?

c) Worin besteht der Sinn bei Verlegung der Leitung mit Schutzabstand? Bei welchen Anwendungen (bzw. Netzsystemen) ist er unverändert sinnvoll?

d) Es besteht weiterhin die Forderung, dass der Schutzleiter in der gesamten Anlage möglichst in unmittelbarer Nähe der stromführenden Leiter geführt werden muss.
Welchem Zweck dient das?

9. Die Verwendung von PEN-Leitern ist feuergefährdeten Betriebsstätten verboten.

a) Ist dies bei Verwendung von RCDs nicht ohnehin selbstverständlich? Kann eine Fehlerstrom-Schutzeinrichtung mit PEN-Leiter überhaupt funktionieren?

b) Stromkreise, die feuergefährdete Betriebsstätten durchqueren, dürfen einen PEN-Leiter haben.
Wie beurteilen Sie dies?

10. Welche Bestimmungen gelten für die Verwendung von flexiblen Leitungen in feuergefährdeten Betriebsstätten?

11. Dürfen Schaltgeräte in feuergefährdeten Betriebsstätten montiert werden?
Wenn ja, unter welchen Bedingungen?
Wie würden Sie verfahren?

12. Worauf ist beim Motorschutz in feuergefährdeten Betriebsstätten besonders zu achten?
Erläutern Sie dies am Beispiel der Stern-Dreieck-Anlasschaltung.

13. Welche Leuchten dürfen in feuergefährdeten Betriebsstätten eingesetzt werden?
Welche maximalen Oberflächentemperaturen sind vorgeschrieben?
Welche Kennzeichnung müssen die Leuchten tragen?
Welcher Schutzgrad ist erforderlich?

14. Erläutern Sie den Begriff explosionsgefährdete Bereiche.
Nennen Sie Beispiele für solche Bereiche in Ihrem Betrieb.

15. Erklären Sie den Zusammenhang zwischen Zündtemperatur und maximaler Oberflächentemperatur.

16. Welche Festlegungen gelten für die Zündschutzarten elektrischer Maschinen?
Welche Kennzeichen sind hier genormt?
Erläutern Sie den Begriff Temperaturklasse.

17. Welche Forderung gilt für die Installation elektrischer Betriebsmittel in explosionsgefährdeten Bereichen?
Welche Forderungen werden an die Netzsysteme gestellt?
Was ist bezüglich des Potenzialausgleichs zu beachten?

18. Welche Anforderungen müssen Kabel und Leitungen in explosionsgefährdeten Bereichen erfüllen?
Wie sind ortsveränderliche Betriebsmittel anzuschließen?
Worauf ist bei den elektrischen Verbindungsstellen besonders zu achten?

19. Wie müssen Baustromverteiler technisch ausgeführt sein?
Was gilt für die Zuleitung von Baustromverteilern?
Müssen Baustromverteiler zwingend mit einer Netz-Trenneinrichtung ausgerüstet sein oder reicht ein RCD?

20. Welche Netzsysteme sind auf Bau- und Montagestellen möglich?

21. Ist es zutreffend, dass Baustromverteiler maximal mit zwei Steckdosen ausgerüstet sein dürfen?

22. Welche Anforderungen werden an die auf Baustellen und Montagestellen verwendeten Betriebsmittel gestellt?
– Einphasen-Steckdosen
– Drehstrom-Steckdosen
– Leitungen
– Elektrowerkzeuge
– Schalter und Steckvorrichtungen
– Leuchten
– Elektromotoren

23. Welche Forderung gilt für den elektrischen Anschluss sämtlicher Anlagen und Betriebsmittel auf einer Bau- und Montagestelle (Speisepunkt)?

24. Wie gehen Sie vor, wenn Sie einen Kleinbaustromverteiler in Betrieb nehmen? Berücksichtigen Sie hierbei besonders die Erdverbindung.

25. Welche Schutzmaßnahmen sind auf Bau- und Montagestellen zugelassen?
Was ist insbesondere bei Verwendung von IT-Systemen und bei Schutztrennung nach DIN VDE 0100-410 zu beachten?

26. Welche Leitungsroller (Kabeltrommeln) dürfen auf Bau- und Montagestellen verwendet werden?
Worauf achten Sie besonders bei der Verwendung von Leitungsrollern?

27. Welche Prüffristen gelten?
Welche Prüfungen sind durchzuführen?

28. Ein Auszubildender Ihres Betriebes soll im Tischbau eine zusätzliche Leuchtstofflampe zur Beleuchtung eines Arbeitsplatzes installieren.
Ihr Meister bittet Sie, für ihn das notwendige Material und die notwendigen Werkzeuge bereitzustellen.
Außerdem sollen Sie ihn in die Tätigkeit einweisen und diese Einweisung auch protokollieren.
Beschreiben Sie, welche Materialien und welche Informationen Sie dem noch unerfahrenen Auszubildenden geben.
Fertigen Sie ein Protokoll an, in dem Sie die wichtigen Informationen schriftlich festhalten (auch Arbeitsschutz).

10.4 Prüfungen vor Inbetriebnahme von Niederspannungsanlagen

1. Nach DIN VDE 0100-610 muss vor der erstmaligen Inbetriebnahme einer Niederspannungsanlage oder eines Teils hiervon durch Prüfung der Nachweis erbracht werden, dass die Anforderungen nach DIN VDE 0100 bei der Errichtung eingehalten sind.

a) Wer ist für diese Prüfung zuständig? Wer trägt die Verantwortung hierfür?

b) Welche Maßnahmen umfassen die Prüfungen im Sinne von DIN VDE 0100-610?

c) Aus welchen Teilen setzen sich die Prüfungen zusammen?

d) Wer darf diese Prüfungen durchführen?

2. Besichtigen ist die Untersuchung der elektrischen Anlage *mit allen Sinnen* zwecks Feststellung, dass die Ausführung normgerecht erfolgte.

a) Erläutern Sie diese Aussage.

b) Beschreiben Sie die Vorgehensweise bei der Besichtigung bezüglich der *Art des Schutzes gegen elektrischen Schlag.*

c) Beschreiben Sie die Maßnahmen bezüglich *Brandabschottung und Maßnahmen gegen die Ausbreitung von Feuer.*

d) Beschreiben Sie die Maßnahmen bezüglich *Strombelastbarkeit* und *Spannungsfall* der installierten Leitungen.

e) Was überprüfen Sie in Zusammenhang mit *Trenn- und Schaltgeräten* sowie der *Auswahl der verwendeten Betriebsmittel*?

f) Welche Erwartungen sind an die *Kennzeichnung von Neutral- und Schutzleitern* zu stellen?

g) Unter welchen Gesichtspunkten überprüfen Sie die *Schaltungsunterlagen* sowie den *sicherheitstechnischen Zustand der Anlage* (Warnhinweise usw.)?

h) Besondere Beachtung verdienen auch die *Leiterverbindungen*. Welche Forderungen sind an diese zu stellen? Welcher Höchstwert gilt für den Widerstand einer solchen Verbindung?

i) Was ist zu tun, wenn bei der Besichtigung Mängel festgestellt werden?

k) Erstellen Sie ein Formblatt für die Besichtigung einer Anlage:
– *Schutzmaßnahmen mit Schutzleiter*
– *SELV-Stromkreise*
– *PELV-Stromkreise*
– *Schutztrennung*

3. Erproben weist die Wirksamkeit von Schutz- und Meldeeinrichtungen nach (nicht die Funktion der Anlage).

a) Im Unterschied zur Besichtigung befindet sich die Anlage nun nicht im spannungsfreien Zustand. Worauf ist daher besonders zu achten?

b) Beschreiben Sie die Vorgehensweise bei der Erprobung einer elektrischen Anlage oder einer elektrischen Maschine.

c) Wer darf die Erprobung durchführen?

4. Messen ist die Feststellung von Werten zum Nachweis der Wirksamkeit von Schutzmaßnahmen.

Dazu sind Messgeräte erforderlich, die den Anforderungen von DIN EN 61557 entsprechen. Bei diesen Messungen ist besonders auf den Einfluss von Messfehlern zu achten.

a) Warum sind für diese Messaufgaben zugelassene Messgeräte zu verwenden? Machen Sie dies an Beispielen deutlich.

b) Welche Einflüsse können die Messergebnisse verfälschen?

c) Geben Sie an, wie Sie folgende Schutzmaßnahmen messtechnisch überprüfen:
– SELV
– PELV
– Schutzklasse II
– Schutztrennung
– Schutz durch nicht leitende Räume

5. Erläutern Sie den Begriff Isolationswiderstand und geben Sie seine Bedeutung in der Elektrotechnik an.

6. Warum muss der Isolationswiderstand mit Gleichspannung gemessen werden?

7. Die Isolationswiderstandsmessung beruht auf einer Strommessung. Stimmt diese Aussage?

8. Geben Sie die notwendigen Messgleichspannungen und die Mindestwerte des Isolationswiderstandes an:
– SELV-/PELV-Stromkreise
– Stromkreise bis 500 V (außer SELF/PELV)
– Stromkreise über 500 V

9. Beschreiben Sie genau, wie die Isolationswiderstandsmessung durchgeführt wird.
Dürfen Außenleiter und Neutralleiter während der Messung miteinander verbunden werden?
Wie ist vorzugehen, wenn die geforderten Mindestwerte nicht erreicht werden können?
Worauf ist zu achten, wenn der Stromkreis elektronische Einrichtungen enthält?

10. Nach Aufstellung des Transformators und Verdrahtung der zugehörigen Niederspannungsverteilung, die zurzeit den Tischbau und die Tiefgarage versorgt, ist eine Isolationswiderstandsmessung durchzuführen.
Beschreiben Sie Ihre Vorgehensweise und geben Sie die Mindestwerte an.

11. Bei der Messung des Isolationswiderstandes stellen Sie fest, dass Mindestwerte zwar eingehalten, aber nur knapp überschritten werden.
Was tun Sie dann?

12. Darf der Isolationswiderstand mit angeschlossenen elektrischen Betriebsmitteln gemessen werden?

13. Wie führen Sie die Isolationswiderstandsmessung in feuergefährdeten Betriebsstätten durch?

14. Welcher Fehler darf bei der Isolationswiderstandsmessung maximal auftreten?
Was bedeutet das für die angegebenen Mindestwerte; welche Messwerte müssen demnach mindestens angezeigt werden?

15. Wie wird der Widerstand von Wänden und Fußböden gemessen? Kann hierfür auch ein Isolationsmessgerät eingesetzt werden?

16. Die niederohmige Widerstandsmessung ermöglicht die Prüfung der Niederohmigkeit von Schutzleitern, Potenzialausgleichsleitern und Erdungsleitern. Weiterhin die Überprüfung der niederohmigen Verbindung von Körper zu Körper sowie von Körpern mit Schutzleitern bzw. Erdern. Auch Leiterverbindungen und Klemm- und Anschlussstellen können überprüft werden.

a) Kann diese Messung mit einem Multimeter im Widerstandsmessbereich durchgeführt werden? Wenn nein, welche Vorschriften bestehen bezüglich der Messeinrichtung?

b) Was kann in den einzelnen Netzsystemen (mit und ohne RCD) gemessen werden?

c) Beschreiben Sie die praktische Durchführung der Messung.

d) Welche Messwerte gelten als akzeptabel (natürlich ist der Widerstand der Messleitungen zu berücksichtigen)?

e) Beurteilen Sie den Einfluss der maximal zulässigen Betriebsmessabweichung von $\pm 30\ \%$ auf das Messergebnis.

17. Wie kann die Wirksamkeit des Potenzialausgleichs geprüft werden?
Worauf ist bei der Messung besonders zu achten?
Welche Messwerte gelten als akzeptabel?
Welcher Mindestquerschnitt gilt für Potenzialausgleichsleiter?
Unterscheiden Sie dabei zwischen Hauptpotenzialausgleich und zusätzlichem Potenzialausgleich.

18. Welche wesentlichen Vorteile hat die niederohmige Widerstandsmessung?

19. Bei der Messung von Erdungswiderständen wird im Allgemeinen Strom über den zu messenden Erder geleitet und dabei der auftretende Spannungsfall am Erder gegen einen neutralen Punkt gemessen. Das Ohmsche Gesetz gestattet die Berechnung des Erdungswiderstandes aus den Werten für Strom und Spannung.

a) Warum ist die Einhaltung bestimmter Erdungswiderstände zwingend notwendig?

b) Erläutern Sie obige Aussage unter Berücksichtigung der nachstehenden Skizze.

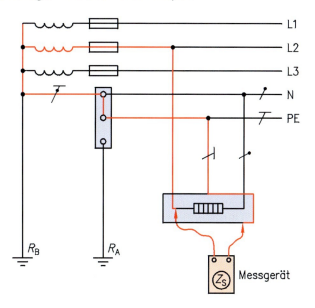

c) Wie kann der Erdungswiderstand messtechnisch ermittelt werden?

d) Erläutern Sie die Begriffe Schrittspannung, Spannungstrichter und Bezugserde.

e) Was versteht man unter dem Ausbreitungswiderstand?

20. Beschreiben Sie die Erdungswiderstandsmessung nach dem Spannungs-Messverfahren (siehe Skizze).

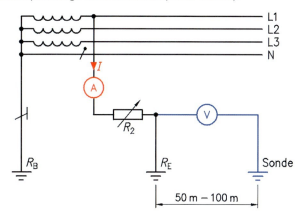

Welchen Wert sollte der Prüfwiderstand R_2 haben?
Unter Umständen ist diese Messschaltung nicht ohne Gefahren einzusetzen. Woran liegt das?
Es besteht auch die Möglichkeit, dass bereits eine Spannung angezeigt wird, obwohl noch kein Stromfluss über den Erder auftritt. Woran liegt das?
Welche Anforderungen sind an den Spannungsmesser zu stellen?

21. Was versteht man unter Schleifenimpedanz? Aus welchen Komponenten setzt sie sich zusammen?
In welchem Zusammenhang steht sie zum ebenfalls anzutreffenden Begriff Schleifenwiderstand?

22. Welchen Sinn macht die messtechnische Bestimmung der Schleifenimpedanz?

23. Dargestellt ist der Messkreis bei der Schleifenimpedanzmessung an einem einfachen Beispiel.

a) Welche Bedeutung hat dieser Messkreis für die Wirksamkeit der Schutzmaßnahmen?

b) Das dargestellte Ersatzschaltbild zeigt das Prinzip der Schleifenimpedanzmessung (U_0 ist die Spannung gegen Erde, also z. B. 230 V).
Erläutern Sie das Messprinzip am Beispiel des Ersatzschaltbildes. Wie lautet die Gleichung zur Berechnung von Z_S?

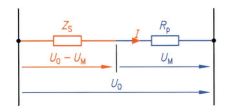

24. Dargestellt ist eine Messschaltung zur Bestimmung des Schleifenwiderstandes.
Erläutern Sie den Messvorgang.
Können bei einer solchen Messung Probleme auftreten?

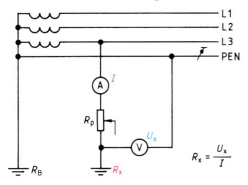

25. In der Praxis werden spezielle Schleifenwiderstandsmessgeräte eingesetzt.

a) Warum ist hier von Schleifen*widerstands*messgeräten und nicht von Schleifen*impedanz*messgeräten die Rede?

b) Welche Forderungen werden an diese Messgeräte gestellt?

c) Welche Messfehler dürfen auftreten?

26. Machen Sie sich mit dem in Ihrem Betrieb verwendeten Schleifenwiderstandsmessgerät vertraut und protokollieren Sie einen Messvorgang.

27. Können mit Schleifenwiderstandsmessgeräten auch Erdungswiderstände gemessen werden?
Wenn ja, gibt es hier zu beachtende Einschränkungen?

28. Was bedeutet die Abkürzung RCD?

29. Welche Maßnahmen umfasst die Besichtigung elektrischer Anlagen mit RCD?
Wie erfolgt die Erprobung?

30. Welche Forderungen werden an das Abschalten von RCDs im Fehlerfall gestellt?

31. Bei der messtechnischen Überprüfung der Wirksamkeit elektrischer Anlagen mit RCD sind zu unterscheiden:
– Prüfung mit fest eingestelltem Strom
– Prüfung mit ansteigendem Strom
– Impulsmessung

Beschreiben Sie die Verfahren und geben Sie die jeweiligen Vor- und Nachteile an.

32. Dargestellt ist eine Prinzipschaltung zur Prüfung von Anlagen mit RCD.
Für die Schaltung sind folgende Formeln angegeben:

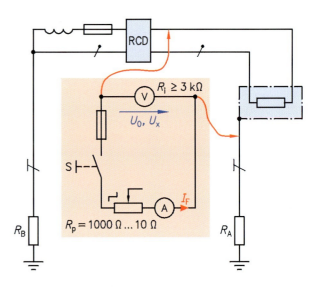

$$U_F = U_0 - U_X$$
$$R_A = \frac{U_F}{I_{\Delta n}} = \frac{U_0 - U_X}{I_{\Delta n}}$$

a) Erläutern Sie die Funktion der Schaltung und die Aussage der Gleichungen.

b) Kann bei diesem Verfahren ein Auslösen des RCD verhindert werden?

c) Annahme: Abgelesener Wert $U_F = 39$ V bei $I_{\Delta n} = 30$ mA.
Der Bemessungs-Differenzstrom wird vor der Messung am RCD abgelesen und das Messgerät auf diesen Wert eingestellt.

$$R_A = \frac{U_F}{I_{\Delta n}} = \frac{39\ \text{V}}{0{,}03\ \text{A}} = 1300\ \Omega$$

Der zugelassene Höchstwert beträgt 1666 Ω. Der Erdungswiderstand scheint also in Ordnung zu sein.

Nehmen Sie hierzu bitte Stellung, indem Sie auch die zulässigen Fehlergrenzen bei der Messung berücksichtigen.

33. Wie wird die Prüfung selektiver Fehlerstrom-Schutzeinrichtungen (RCD) durchgeführt?

34. Machen Sie sich mit dem Prüfgerät in Ihrem Betrieb vertraut, führen Sie eine Prüfung durch und protokollieren Sie die Ergebnisse.
Welche Messwerte fallen bei der Überprüfung von Schaltungen mit RCD an?
Müssen zwingend alle Messwerte protokolliert werden?

35. Bei der Prüfung einer elektrischen Anlage löst der RCD nicht aus. Es wird festgestellt, dass die Berührungsspannung zu hoch ist.

a) Ab welchem Wert ist die Berührungsspannung als zu hoch anzusehen?

b) Welche Fehlerursache wird vermutlich vorliegen?

c) Was können Sie tun?

36. Bei einer Prüfung wird festgestellt, dass der Fehlerstrom größer als der Bemessungs-Differenzstrom des RCD ist.

a) Woran kann das liegen?

b) Was ist zu tun?

37. Der RCD löst bereits aus, obgleich der Messvorgang noch nicht abgeschlossen ist.
Welche Ursachen kann das haben?

10.5 Prüfung ortsveränderlicher Betriebsmittel

Häufig kommt es vor, dass elektrische Handwerkzeuge (z. B. Bohrmaschinen, Schrauber, Schleifmaschinen) zur Reparatur in die Elektrowerkstatt gebracht werden.
Nach durchgeführter Reparatur ist dann eine Prüfung nach Instandsetzung (DIN VDE 0701) erforderlich.

Außerdem sind in bestimmten zeitlichen Abständen Wiederholungsprüfungen (nach DIN VDE 0702) notwendig, um die Sicherheit der elektrischen Betriebsmittel zu gewährleisten.

Ihre Aufgabe besteht darin, sich mit den diesbezüglichen Bestimmungen vertraut zu machen und betriebsinterne Prüfanweisungen und Protokolle für die Elektrowerkstatt zu erarbeiten.

1. Nach Instandsetzung oder Änderung muss der gleiche Sicherheitsstandard wie bei einem neuen Produkt sichergestellt werden.
Insbesondere ist der Nachweis der elektrischen Sicherheit zu erbringen, was auch für Wiederholungsprüfungen gilt.

Prüfungsgrundlage:
– DIN VDE 0701
Instandsetzung, Änderung und Prüfung
– DIN VDE 0702
Wiederholungsprüfungen
Für die Prüfung werden Messgeräte empfohlen, die folgende Messungen ermöglichen:

– Messung des Isolationswiderstandes
– Messung des Schutzleiterwiderstandes
– Messung von Schutzleiterstrom oder
Berührungsstrom

a) Welche Forderungen werden an die eingesetzten Messgeräte gestellt?

b) In welchen Zeitabständen müssen Wiederholungsprüfungen ortsveränderlicher Betriebsmittel durchgeführt werden?

c) Wer ist verantwortlich für die Festlegung der Prüffristen und für die Durchführung der Prüfung?

2. Besichtigung und Prüfung des Schutzleiters.

a) Worauf ist bei der Besichtigung besonders zu achten?

b) Beschreiben Sie, wie die Prüfung des Schutzleiters durchgeführt wird. Skizzieren Sie auch die Messschaltung.
Kann die Widerstandsmessung mit einem Multimeter im Widerstandsmessbereich durchgeführt werden?
Wenn nein, welche Bestimmungen gelten bezüglich der Werte von Prüfspannung und Prüfstrom?

c) Welche Grenzwerte gelten für den Schutzleiterwiderstand? Welche Widerstandswerte dürfen also keinesfalls überschritten werden?
Warum soll der Schutzleiter, bzw. die entsprechende Leitung, bei der Messung bewegt werden?

3. Auch die Isolation des Betriebsmittels ist zu überpüfen. Bei Betrieb darf keine gefährliche Spannung zwischen Gehäuse und Erde auftreten können.
a) Beschreiben Sie anhand von Skizzen, wie Sie die Isolationsmessung bei Geräten der Schutzklasse I, II und III durchführen.
Welche Messschaltung gilt für die Isolationsmessung der reparierten Bohrmaschine?

b) Welche Grenzwerte gelten für den Isolationswiderstand?

c) Sie werden unter b) festgestellt haben, dass bei Heizgeräten der Schutzklasse I relativ geringe Mindestwerte für den Isolationswiderstand zugelassen sind.
Woran liegt das?

4. Wenn die Isolationswiderstandsmessung nicht durchführbar ist (z. B. netzspannungsabhängige Schaltelemente im Prüfling oder Messspannung kann elektronische Bauelemente beschädigen), dann kann alternativ die Messung des Schutzleiterstromes durchgeführt werden.

a) Beschreiben Sie die direkte Messung des Schutzleiterstromes. Skizzieren Sie zuvor die Messschaltung. Worauf ist bei der direkten Messung besonders zu achten?

b) Beschreiben Sie die Messung des Schutzleiterstromes nach dem Differenzverfahren (Skizze).
Skizzieren Sie auch die Messschaltung für die Bestimmung des Schutzleiterstromes bei einem Gerät mit den Anschlüssen L1, L2, L2, PE.
Muss das zu prüfende Gerät gegen Erde isoliert aufgestellt werden?

c) Welche Grenzwerte gelten für den Schutzleiterstrom?

d) Zur Messung des Schutzleiterstromes kommt auch die Ersatzableitstrommessung in Betracht.
Was versteht man darunter?
Welche Forderungen werden an die Messeinrichtung gestellt?
Wie wird die Messung durchgeführt? Muss der Prüfling isoliert aufgestellt werden?
Skizzieren Sie den Aufbau der Messschaltung.
Welche Vorteile hat die Ersatzableitstrommessung?
Bei der Prüfung welcher Geräte ist das Verfahren der Ersatzableitstrommessung unzulässig?

e) Beschreiben Sie die Messung des Schutzleiterstromes mit einer Leckstromzange.

5. Berührungsstrom ist der Strom, der von berührbaren leitfähigen Teilen (besonders Geräte der Schutzklasse II) über die das Gerät bedienende Person gegen Erde abfließt, wenn dieses Gerät an Netzspannung betrieben wird.

a) Welcher Grenzwert gilt für den Berührungsstrom?

b) Skizzieren und beschreiben Sie die Messschaltung.

c) Muss der Prüfling isoliert aufgestellt werden?

d) Kann auch bei Geräten der Schutzklasse I der Berührungsstrom gemessen werden?

e) Was ist zu tun, wenn der Prüfling über einen ungepolten Netzstecker verfügt?

Anwendung

f) Man sagt, dass die Protokollangabe des Berührungsstromes nur dann sinnvoll ist, wenn Ströme über 0,1 mA gemessen werden.
Warum ist das so?

6. Erstellen Sie für die Elektrowerkstatt ein Formblatt mit den notwendigen Prüfvorgängen und den zugehörigen Grenzwerten. Unterscheiden Sie dabei die Prüfung von Geräten der Schutzklassen I, II und III.

Anwendung

7. Erstellen Sie das Formblatt für ein Prüfprotokoll für Wiederholungsprüfungen und für die Prüfung nach Instandsetzung.

11 Automatisierte Anlagen in Betrieb nehmen und in Stand halten

11.1 Maschine Fußzufuhr in Betrieb nehmen

Auftrag

Im neu errichteten Tischbau des Betriebes werden Tische für den Gastronomiebereich gefertigt, die zum Trittschutz mit runden bzw. eckigen Schutzkappen modellbedingt aus Kunststoff oder Metall zu versehen sind.

Diese vom Zulieferer bezogenen Kappen werden in ein Schachtmagazin gefüllt, das zu einer gebraucht erworbenen Maschine gehört und von der Metallabteilung des Betriebes mechanisch angepasst wurde.

Geplant ist folgende Befüllung des Schachtmagazins:

Schacht 1: Schutzkappe rund, Kunststoff
Schacht 2: Schutzkappe eckig, Kunststoff
Schacht 3: Schutzkappe rund, Metall
Schacht 4: Schutzkappe eckig, Metall
Schacht 5: vorläufig Reserve

Auf Anforderung durch den Produktionsprozess soll eine vorgegebene Anzahl gleichartiger Schutzkappen zum jeweiligen Produktionsort transportiert werden.

Produktion 1 verwendet Füße aus Kunststoff, Produktion 2 Füße aus Metall.

Schematischer Aufbau des Systems

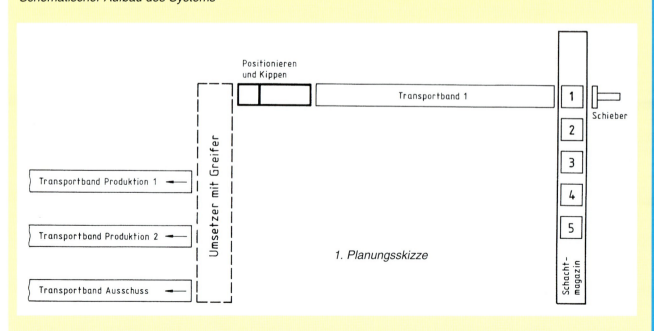

1. Planungsskizze

Modell der Maschine

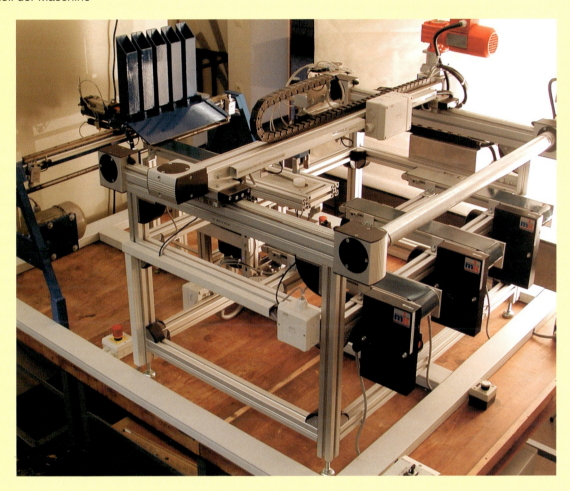

Bedienfeld am Schaltschrank

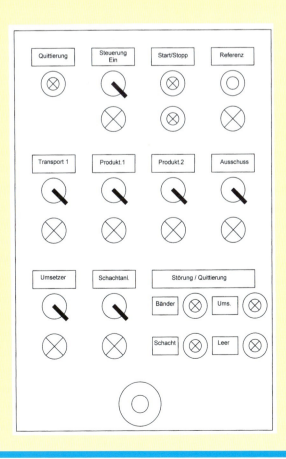

Konkrete Aufgabenstellung:
An beiden Produktionsorten können Anzahl und Art der Schutzkappen gewählt werden.
Diese Schutzkappen können wahlweise zum jeweiligen Produktionsort transportiert werden.

Beispiel:
– Schalterstellung Schacht auf 2
– Schalterstellung Stückzahl auf 4

Es sollen 4 Tische gefertigt werden, die mit eckigen Tischfüßen ausgerüstet sind und jeweils vier eckige Schutzkappen aus Kunststoff benötigen.

Es müssen also 4 x 4 = 16 Schutzkappen einwandfrei angeliefert werden. Dies erfolgt über ein System von Transportbändern und einen Umsetzer, der die jeweiligen Produktionsorte (bzw. deren Transportbänder) bedient.

Da es bei der Anlieferung häufig zu Fehlsortierungen kommt, soll geprüft werden, ob auch die gewünschte Form und das gewünschte Material der Schutzkappe stimmt.

Wenn nein, soll der Umsetzer die Kappe auf ein Band setzen, das den momentanen Ausschuss abtransportiert. Die Kappe ist ja für andere Zwecke wieder verwertbar.
Zu diesem Zweck wird eine Prüfstation in die Positioniereinrichtung eingebaut.

Prinzipdarstellung der Fußzufuhr (technische Änderungen sind hier nicht berücksichtigt)

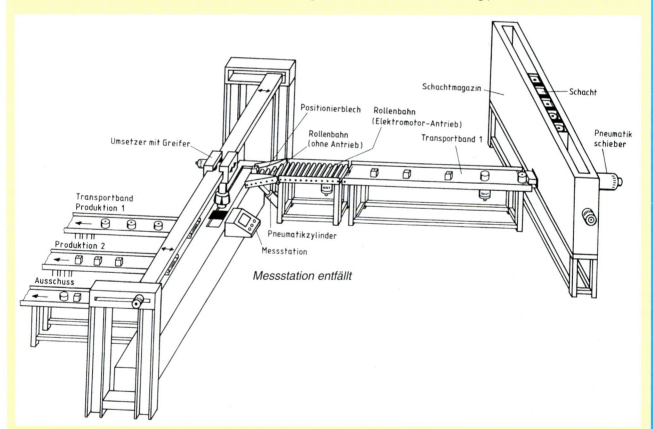

Da es sich um eine gebraucht erworbene Maschine handelt, ist die Dokumentation sehr lückenhaft.
Außerdem ist das Steuerungsprogramm zu überarbeiten, teilweise neu zu erstellen. Sie vereinbaren daher mit dem Leiter der Elektroabteilung, dass unter seiner Leitung die erforderlichen Arbeiten von Ihnen relativ kleinschrittig ausgeführt werden.
In diesem Rahmen erhalten Sie dann genauere Informationen zu den einzelnen Teilsystemen der Anlage.

Nach Abschluss der Arbeiten ist die Anlage in Betrieb zu nehmen.

11.1.1 Schachtanlage

Anwendung

1 *Technologieschema der Schachtanlage*

1. Ihr Meister händigt Ihnen das Technologieschema der Schachtanlage aus. Außerdem ist Ihnen das Bedienfeld der Steuerung im Schaltschrank bekannt.

Der Antriebsmotor M1 der Schachtanlage wird über einen Frequenzumrichter betrieben, da er mit zwei Drehzahlen betrieben werden soll.

2 *Antriebsmotor und Frequenzumrichter*

Für den eingesetzten Frequenzumrichter finden sich in den Unterlagen die in Bild 1, Seite 214 dargestellten Prinzipschaltungen.

Außerdem finden sich für die Schachtanlage noch die auf den Seiten 215 bis 218 dargestellten Schaltungsunterlagen (ebenfalls älteren Datums mit alten Referenzkennzeichen und möglicherweise überholten Betriebsmitteldarstellungen). Mit solchen Plänen muss der Betriebstechniker noch viele Jahre arbeiten, so dass diese Vorgehensweise der Praxis entspricht.

a) Auf Seite 1 des Schaltplans ist die Spannungsversorgung (Einspeisung) dargestellt.

Die Steuerung ist mit einem Steuertransformator ausgerüstet.
Welche Aufgaben hat der Steuertransformator?
An welchem Symbol erkennt man einen Steuertransformator?
Welches Übersetzungsverhältnis haben Steuertransformatoren üblicherweise?
Unter welchen Voraussetzungen sind Steuertransformatoren erforderlich? Unter welchen Voraussetzungen kann auf sie verzichtet werden?
Welche Aufgabe hat das Betriebsmittel Q2?

Ausgangsseitig (primärseitig) ist ein Anschluss des Steuertransformators über eine lösbare Verbindung mit PE verbunden (Bild 1, Seite 215).
Mit welchem Betriebsmittel kann man die lösbare Verbindung professionell herstellen?
Warum soll die Verbindung lösbar (unterbrechbar) sein?
Benötigt man zur Unterbrechung Werkzeug? Ist dies geradezu gefordert?
Welchen Zweck hat die Erdung des Steuerstromkreises?
Welche Folge hätte es, wenn diese Erdung nicht vorgenommen würde? Verdeutlichen Sie dies durch Skizzen.

Gleichspannungsversorgung 24 V (Bild 1, Seite 215):
Warum ist die Eingangsseite zweipolig abgesichert (F1)?
Die Ausgansseite ist mit F3 abgesichert. Ist das so fachgerecht durchgeführt? Falls nicht, müssen Sie die notwendigen Änderungen dokumentieren.
Unter welchen Umständen müssen Gleichstromkreise zweipolig (allpolig) abgesichert werden? Warum ist das so?
Was ist die Alternative, wenn nicht allpolig abgesichert wird? Warum ist diese Alternative gleichwertig zur allpoligen Absicherung?

Anwendung

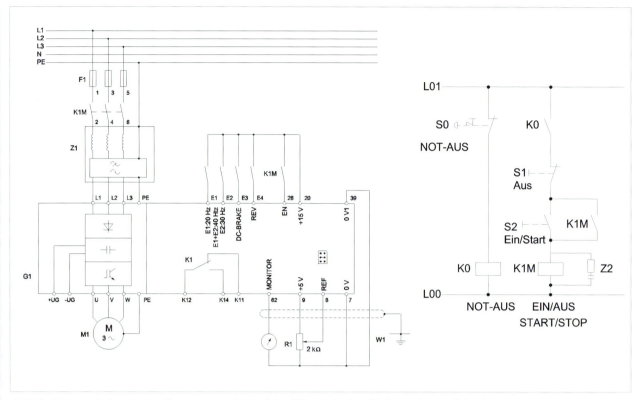

1 *Schaltungsunterlagen zum Frequenzumrichter (alte Pläne mit alten Referenzkennzeichen)*

b) Auf Seite 2 des Schaltplans ist die Not-Aus-Schaltung der Anlage dargestellt.

Überprüfen Sie die Schaltung. Welche Aufgaben haben die Schütze K1 bis K3? Handelt es sich bei diesen Schützen um Hilfsschütze oder Hauptschütze? Bedenken Sie, dass die Pläne die alten Referenzkennzeichen enthalten.
Welchen Sinn hat diese Schaltung? Würde nicht ein einziges Schütz reichen?

Unter welchen Voraussetzungen kann das Schütz K4 anziehen? Welche Aufgabe hat dieses Schütz?
Unter welchen Voraussetzungen leuchtet die hier mit H1 bezeichnete Meldelampe? Was wird durch die Meldelampe signalisiert? Welche Farbe muss die Meldelampe haben? Können Sie hier auch einen LED-Melder einsetzen?
Welche Änderungen müssen an dieser Darstellung vorgenommen werden, damit sie der aktuellen Norm entspricht?
An welcher Position befindet sich der Leuchtmelder auf dem Bedienpult der Anlage?

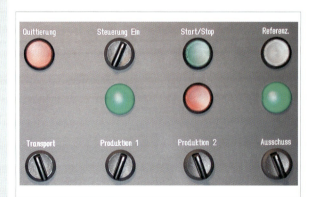

2 *Bedienpult der Anlage, Ausschnitt*

Anwendung

c) Auf Seite 3 des Schaltplans ist der Anschluss des Frequenzumrichters für den Antriebsmotor der Schachtanlage dargestellt.
Welche Aufgabe hat das Schütz K4 in dieser Schaltung? Unter welchen Voraussetzungen zieht es an? Welche Aufgabe hat L1? Ist dieses Betriebsmittel fachgerecht dargestellt?

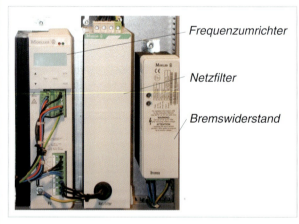

3 *Frequenzumrichter mit Filter und Bremswiderstand*

Warum ist die Zuleitung zum Motor abgeschirmt? Wie führen Sie diese Schirmung fachgerecht durch?

Der Frequenzumrichter hat u.a. folgende Eingänge:

– ENABLE (EN)   Freigabe und Rechtslauf
– REVERSE (REV) Linkslauf in Verbindung mit EN
– DC-BRAKE   Bremsung des Motors

Warum werden diese drei Eingänge über die Schütze K5 bis K7 und nicht direkt von den SPS-Ausgängen angesteuert? Welche Schütze müssen anziehen, wenn der Motor im Linkslauf betrieben werden soll?

Anwendung

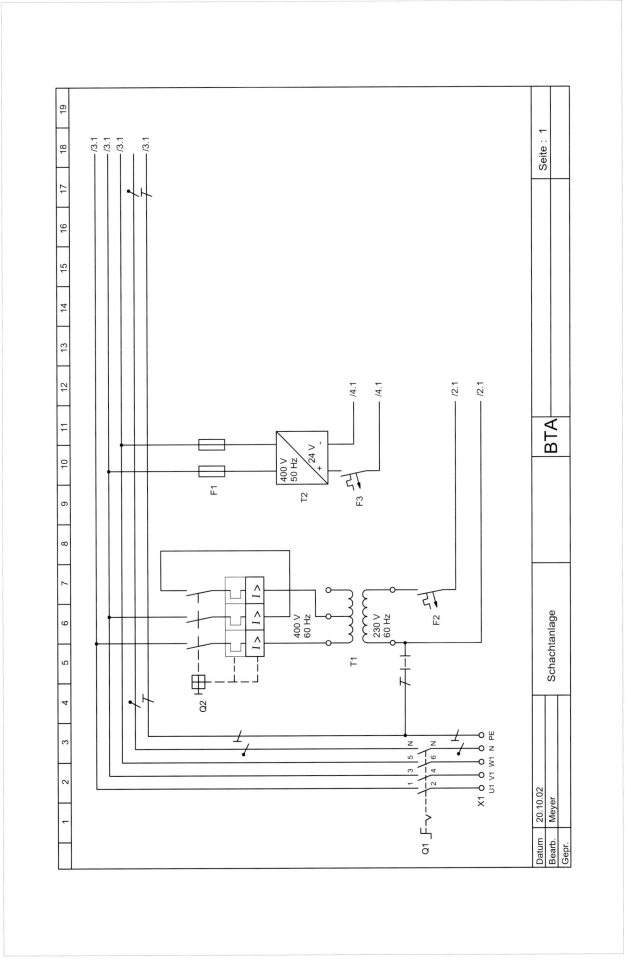

1 Schaltplan zur Schachtanlage, Seite 1

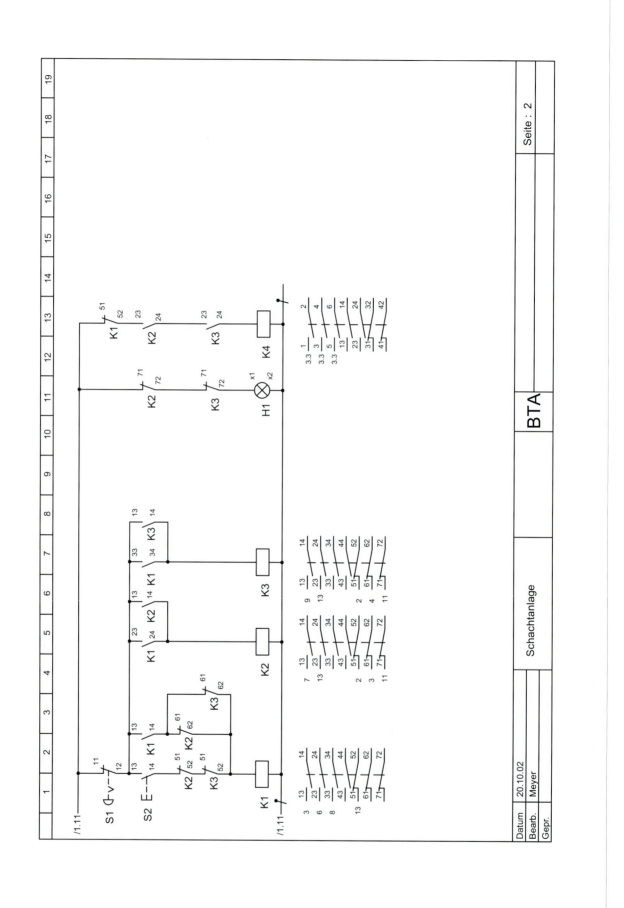

1 *Schaltplan zur Schachtanlage, Seite 2*

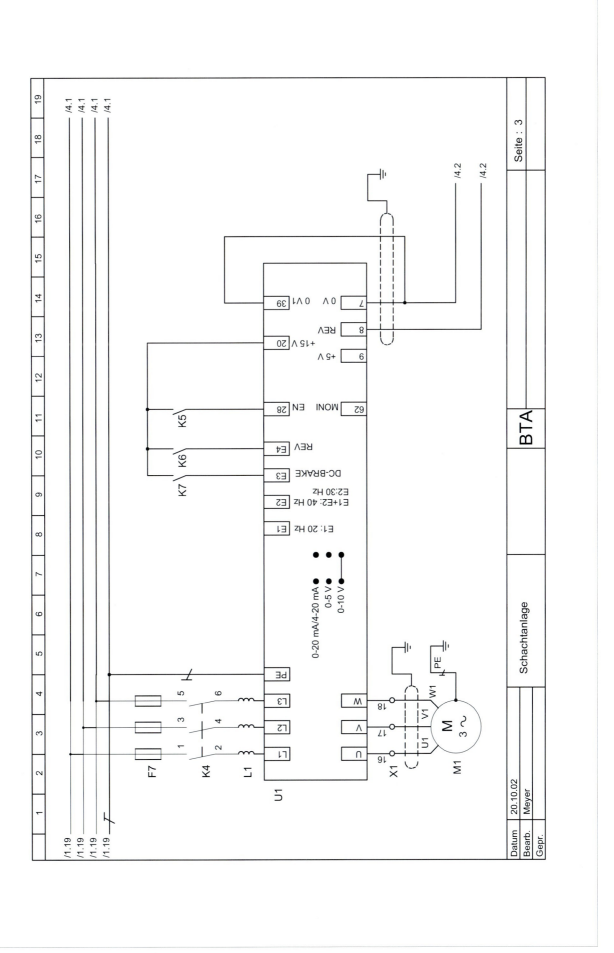

1 Schaltplan zur Schachtanlage, Seite 3

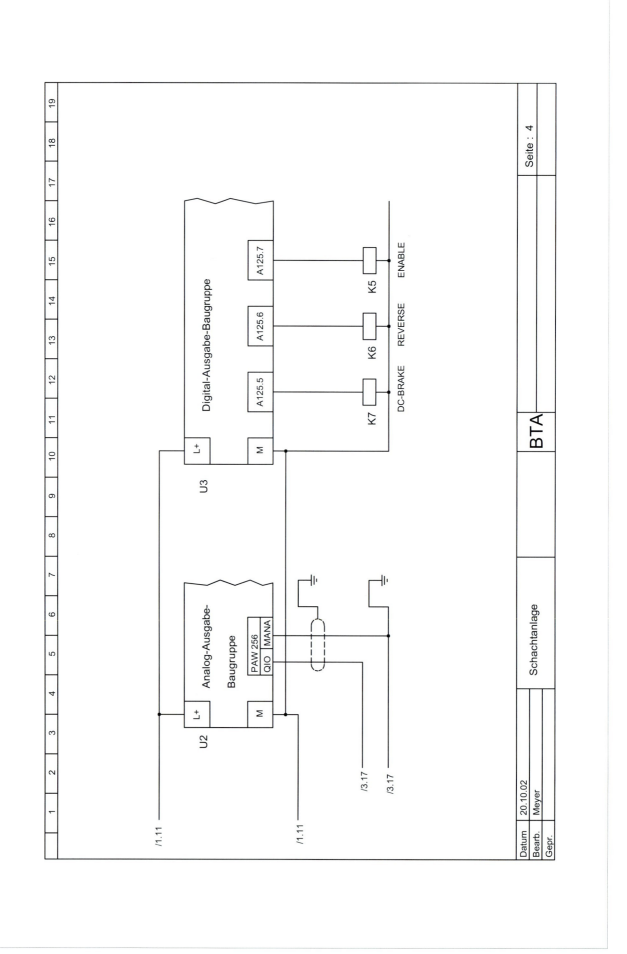

1 Schaltplan zur Schachtanlage, Seite 4

Wozu können die Eingänge E1 und E2 des Frequenzumrichters genutzt werden?

Die Eingänge 7 und 8 sind mit der SPS verbunden. Wozu dient das? Beachten Sie hierzu auch den Schaltplan Bild 1, Seite 217.
Warum muss die Verbindungsleitung zur SPS abgeschirmt verlegt werden?
Welches Signal wird über diese Verbindungsleitung übertragen?
Möglich sind auch andere Signale. Nehmen Sie bitte dazu Stellung.
Welche EMV-Maßnahmen sind bei dieser Anlage zwingend notwendig?

d) Auf Seite 4 des Schaltplans ist der Anschluss an die SPS dargestellt.
Welche Eingänge des Frequenzumrichters können durch das SPS-Programm beeinflusst werden?
Was kann dadurch gesteuert werden?

e) Im Technologieschema der Schachtanlage (Bild 1, Seite 213) sind die elektromechanisch wirkenden Grenztaster B6 und B7 eingetragen. In den vorliegenden Schaltplänen tauchen sie nicht auf. Oder liegt das daran, dass in den Plänen nicht die aktuellen Referenzkennzeichen berücksichtigt wurden (früher wurden die Grenztaster mit S... bezeichnet)?
Wenn dies nicht bereits geschehen ist, müssen Sie die Grenztaster noch in die Schaltung einbinden. Nehmen Sie dann bitte die notwendigen Ergänzungen vor.

1 Schütze im Schaltschrank

2. Im Schaltschrank befinden sich 5 Schütze.
Welche Aufgabe haben diese Schütze?
Sie können diese Frage mit Hilfe der Pläne auf den Seiten 215 bis 218 beantworten.

3. Steuerungsprogramm Referenz anfahren:
Dieses Programm soll von Ihnen überprüft und gegebenenfalls korrigiert werden.
Die Programmierung wurde von einem Mitarbeiter begonnen, der momentan auf Montage ist. Sie werden gebeten, die angefangene Arbeit fortzusetzen.
Sie verbinden das Programmiergerät mit der CPU und öffnen den Simatic-Manager. Es ergibt sich das in Bild 2 dargestellte Bild.

a) Wurde das Programm bisher strukturiert programmiert? Woran kann man das gegebenenfalls erkennen?

b) Sie öffnen den Organisationsbaustein OB1, der zyklisch abgearbeitet wird.
Was versteht man unter zyklischer Abarbeitung und warum ist sie bei SPS-Programmen zwingend notwendig?

c) Sie erkennen folgende Programmierung:

OB1: Fusszufuhr

Netzwerk 1: Aufruf der Funktion Allgemeines

    call "ALLGEMEINES"

Netzwerk 2: Bedingter Aufruf Referenzfahrt Schacht

    U   start_merker
    U   ref_taster
    U   schieber_ein
    UN ENABLE_FU
    S   ref_schacht_merk

    U   ref_schacht_merk
    SPBN ma_1

    call REFERENZ_SCHACHT

ma_1: U   schacht_von_ref_sensor
       U   schacht_pos_sensor
       R   ref_schacht_merk

Netzwerk 3: Hilfsmerker Schacht kommt von Referenz-Sensor Schachtanlage

    U   schacht_ref_sensor
    S   schacht_von_ref_sensor
    UN ENABLE_FU
    R   schacht_von_ref_sensor

2 Simatic-Manager des Projektes Fußzufuhr (Ausschnitt)

Anwendung

Netzwerk 4: Meldelampe Referenzfahrt

    U   pos_flanke_start_merker
    S   blink_referenz
    U   ref_taster
    R   blink_referenz

    U   blink_referenz
    U   takt_merker
    O   ref_schacht_merk
    =   MELD_REFERENZ

Netzwerk 5: Eingabe der Schachtnummer

    call SOLLSCHACHT_EINGABE

Netzwerk 6: Aktuelle Schachtposition

    call IST_POS_SCHACHT, IST_DB

Netzwerk 7: Differenz und Drehrichtung

    call DIFFERENZ_VERFAHRBEW

Netzwerk 8: Ausgabe der Befehle

    call BEFEHLSAUSGABE

Wodurch unterscheidet sich ein bedingter von einem unbedingten Bausteinaufruf?
In welchen Netzwerken werden Funktionen und in welchen Funktionsbausteine aufgerufen?
Worin unterscheiden sich grundsätzlich Funktionen von Funktionsbausteinen?
Warum hat sich der Kollege in Netzwerk 6 für einen FB entschieden? Welche Bedeutung hat dabei die Angabe *IST_DB*?

Erläutern Sie den bedingten Bausteinaufruf in Netzwerk 2. Beachten Sie die Symboltabelle des bislang erstellten Programms auf Seite 221.
Worauf ist bei bedingten Bausteinaufrufen besonders zu achten?

Welche Aufgabe hat die Merkervariable *schacht_von_ref_sensor*?
Welche Auswirkung hätte es auf die Steuerung, wenn auf diese Variable verzichtet werden würde?
Beachten Sie dazu auch die Funktion *REFERENZ_SCHACHT* (Bild 1).

Beachten Sie Netzwerk 2 in Bild 1: Vier Variablen wird dort der Wert (die Zahl) 1 zugewiesen.
Um welche Variablen handelt es sich dabei? Wie sind diese Variablen in der Symboltabelle (Seite 221) deklariert?
Das bei Referenzfahrt der Variablen *ist_pos_schacht_merk* der Wert 1 zugewiesen wird, ist leicht verständlich. Schließlich steht nach Abschluss der Referenzfahrt Schacht 1 vor dem Schieber.
Warum wird auch den drei anderen Variablen der Wert 1 zugewiesen?

Beachten Sie die Funktion *ALLGEMEINES* (Bild 2), die im Laufe der Programmbearbeitung noch ergänzt werden wird.
Erläutern Sie die Programmierung des Startmerkers. Ist sie in Ordnung? Beurteilen Sie dies insbesondere in Verbindung mit dem Schalter *Steuerung EIN*.

Anwendung

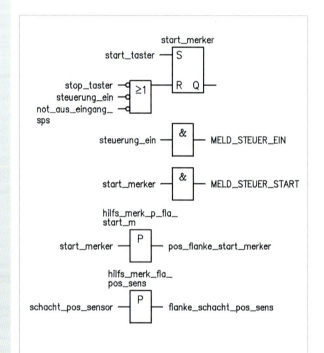

1 Funktion Referenzfahrt Schachtanlage

Beachten Sie, dass diese Funktion im Verlauf der Projektierung kontinuierlich ergänzt werden wird.

Wenn neue Erfordernisse (zum Beispiel Flankenbildungen) auftreten, dann werden diese in Zusammenhang mit ihrer Anwendung nachträglich im Baustein ALLGEMEINES programmiert.

2 Funktion ALLGEMEINES

Symboltabelle zum Programm Fußzufuhr

Symbol Editor - [S7-Programm(1) (Symbole) -- fuss_zufuhr]

Tabelle   Bearbeiten   Einfügen   Ansicht   Extras   Fenster   Hilfe

Alle Symbole

	Status	Symbol	Adresse	Datentyp	Kommentar
1		Cycle Execution	OB 1	OB 1	Organisationsbaustein Fusszufuhr
2		sollwert_pult_2	MW 68	INT	Schachtnummernwahl Bedienpult 2
3		delta	MW 66	INT	Differenz zwischen Soll- und Ist-Schacht
4		sollwert_pult_1	MW 64	INT	Schachtnummernwahl Bedienpult 1
5		ist_pos_schacht_merk	MW 62	INT	Aktuelle Schachtposition
6		soll_pos_total_merk	MW 60	INT	Gewuenschte Schachtposition
7		takt_merker	M 140.5	BOOL	Blinkmerker
8		rechtslauf_schacht	M 1.7	BOOL	Schacht fährt nach rechts
9		linkslauf_schacht	M 1.6	BOOL	Schacht fährt nach links
10		hilfs_merk_fla_pos_sens	M 1.5	BOOL	Hilfsmerker Flanke am Positionssensor
11		flanke_schacht_pos_sens	M 1.4	BOOL	Positve Flanke am Positionssensor
12		ENABLE_FU_2_merk	M 1.3	BOOL	Freigabe FU und Rechtslauf 1
13		ENABLE_FU_1_merk	M 1.2	BOOL	Freigabe FU und Rechtslauf 2
14		schacht_rechts	M 1.1	BOOL	Schachtanlage fährt nach rechts
15		schacht_links	M 1.0	BOOL	Schachtanlage fährt nach links
16		hilfs_merk_p_fla_start_m	M 0.7	BOOL	Hilfsmerker Flanke Startmerker
17		pos_flanke_start_merker	M 0.6	BOOL	Flanke Startmerker
18		blink_referenz	M 0.5	BOOL	Merker Referenz-Meldelampe blinkt
19		schacht_von_ref_sensor	M 0.4	BOOL	Schachtanlage war am Referenzsensor
20		ref_schacht_merk	M 0.3	BOOL	Aufforderung zur Referenzfahrt Schachtanlage
21		ref_schacht_rechts_merk	M 0.2	BOOL	Schacht zur Ref-Fahrt nach rechts
22		ref_schacht_links_merk	M 0.1	BOOL	Schacht zur Ref-Fahrt nach links
23		start_merker	M 0.0	BOOL	Startmerker
24		Befehlsausgabe	FC 20	FC 20	Ausgabe der Befehle anden Steuerungsprozess
25		DIFFERENZ_VERFAHRB...	FC 4	FC 4	Notwendige Verfahrbewegung wird ermittelt
26		SOLLSCHACHT_EINGABE	FC 3	FC 3	Die Nummer des gewünschten Schachtes wird eingegeben
27		REFERENZ_SCHACHT	FC 2	FC 2	Referenzposition der Schachtanlage anfahren
28		ALLGEMEINES	FC 1	FC 1	Startmerker, Flanken, Hilfsmerker usw
29		IST_POS_SCHACHT	FB 1	FB 1	Aktuelle Schachtposition vor Schieber
30		bedienpult_1_enter	E 13.2	BOOL	Enter-Taster an Bdienpult 1
31		wahlsch_schacht_5_1	E 13.1	BOOL	Schacht 1, Pult 1
32		wahlsch_schacht_4_1	E 13.0	BOOL	Schacht 2, Pult 1
33		wahlsch_schacht_3_1	E 12.7	BOOL	Schacht 3, Pult 1
34		wahlsch_schacht_2_1	E 12.6	BOOL	Schacht 4, Pult 1
35		wahlsch_schacht_1_1	E 12.5	BOOL	Schacht 4, Pult 1
36		schacht_ref_sensor	E 9.5	BOOL	Referenzsensor Schachtanlage
37		schacht_pos_sensor	E 9.3	BOOL	Schachtpositionssensor
38		schacht_endlage_links	E 9.2	BOOL	Schacht hat linke Endlage erreicht
39		schacht_endlage_rechts	E 9.1	BOOL	Schacht hat rechte Endlage erreicht
40		schieber_ein	E 9.0	BOOL	Schieber ist eingefahren
41		not_aus_eingang_sps	E 5.6	BOOL	Freigabe durch Not-Aus-Schaltgerät
42		ref_taster	E 5.1	BOOL	Taster "Referenz anfahren" Bedienfeld Schaltschrank
43		stop_taster	E 5.0	BOOL	Stopptaster Bedienpult Schaltschrank
44		start_taster	E 4.7	BOOL	Starttaster Bedienpult Schaltschrank
45		steuerung_ein	E 4.0	BOOL	Schalter "Steuerung EIN" Bedienpult Schaltschrank
46		IST_DB	DB 1	FB 1	Instanz-Datenbaustein
47		MELD_START	A 125.6	BOOL	Meldung "START", Startmerker
48		ENABLE_FU	A 125.5	BOOL	Frequenzumrichter - Freigabe und Rechtslauf
49		REVERSE_FU	A 125.4	BOOL	Linkslauf Schachtanlage (zusammen mit REVERSE)
50		MELD_REFERENZ	A 124.3	BOOL	Meldelampe Referenzfahrt
51		MELD_STEUER_EIN	A 124.2	BOOL	Meldelampe "Steuerung EIN"
52					

Anwendung

Anwendung

Welche Aufgabe übernimmt die Variable
pos_flanke_start_merker?
Warum kann die Variable *start_merker* diese Aufgabe
nicht übernehmen?

Gewünschter Steuerungsablauf:
– *Schalter Steuerung EIN wird betätigt.*
  Die Meldelampe Steuerung EIN leuchtet.
– *Starttaster wird betätigt.*
  Die Meldelampe Start leuchtet, die Meldelampe
  Referenz blinkt.
– *Referenztaster wird betätigt.*
  Meldelampe Referenz hat Dauerlicht, die
  Referenzfahrt wird durchgeführt. Bei Abschluss
  der Referenzfahrt erlischt die Meldelampe
  Referenz.

Anwendung

Prüfen Sie, ob das Programm diese Aufgaben erfüllen kann. Zur genauen Beurteilung ist die Funktion
BEFEHLSAUSGABE in Bild 1 dargestellt.

Annahme: *Steuerung EIN* betätigen und danach
Starttaster betätigen. Die Meldelampe *Referenz*
blinkt.
Was passiert, wenn vor Einleitung der Referenzfahrt
der Taster *Steuerung EIN* ausgeschaltet wird?
Ist das so in Ordnung? Wenn nicht, nehmen Sie bitte
die notwendigen Änderungen vor.

Welche Aufgabe haben die Netzwerke 3 bis 5 in der
Funktion *BEFEHLSAUSGABE* (Bild 1)? Beachten Sie
dabei die Schaltung auf Seite 217.
Warum ist in den Netzwerken 1 und 2 der Schalter
Steuerung EIN nicht eingebunden?

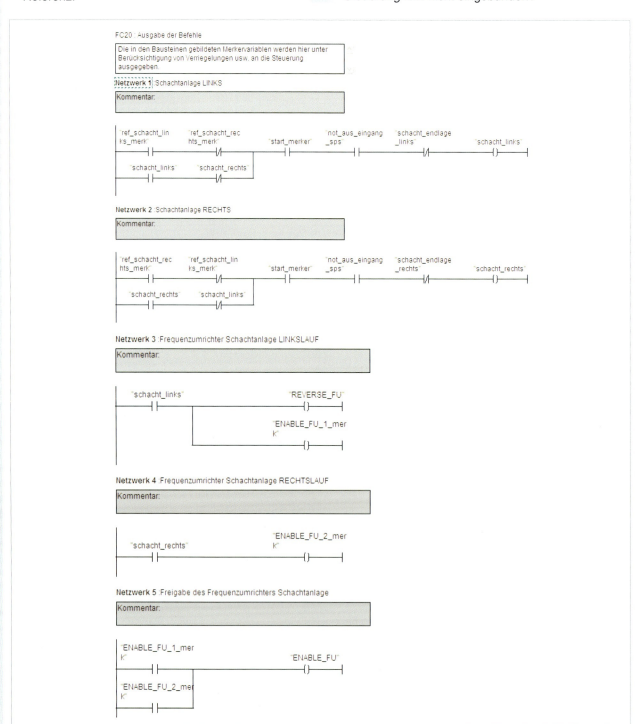

1 Funktion BEFEHLSAUSGABE

Beim Test der Referenzfahrt stellen Sie folgenden Fehler fest:
Wenn der Referenztaster betätigt wird, wird der Frequenzumrichter durch zwei Schütze in Linkslauf geschaltet. Auf dem Display des Frequenzumrichters steht 0.0.
In Nähe des Antriebsmotors ist ein leichtes Brummgeräusch zu hören.
Ihr Meister sagt Ihnen, dass Sie in der Symboltabelle folgenden Eintrag ergänzen müssen:

DREHZAHL_VORGABE_FU   PAW 256   INT

Was meint er damit? Ist das richtig?
Wenn ja, dann ergänzen Sie bitte die Funktion *BEFEHLSAUSGABE* um den notwendigen Programmteil, der den Motor in Referenzfahrt etwa mit der halben Bemessungsdrehzahl betreibt.

4. Nun öffnen Sie die Funktion *IST_POS_SCHACHT*. Sie sehen dann folgendes Programm in der Programmiersprache SCL.

FUNCTION_BLOCK FB1 //Aktuelle Schachtposition

BEGIN

if schacht_rechts & flanke_schacht_pos_sens then
ist_pos_schacht_merk :=
*   ist_pos_schacht_merk +1;*
end_if;

if schacht_links & flanke_schacht_pos_sens then
ist_pos_schacht_merk :=
*   ist_pos_schacht_merk -1;*
end_if;

END_FUNCTION_BLOCK

Erläutern Sie die Wirkungsweise dieses Programms. Ist es funktionstüchtig?
Welche Aufgabe übernimmt es im Steuerungsablauf?
Wie können Sie dieses Programm eingeben? Beschreiben Sie die notwendigen Arbeitsschritte.

Sie entschließen sich, das Programm in der Programmiersprache AWL zu schreiben.
Stellen Sie das SCL-Programm in AWL-Form dar.
Beurteilen Sie die Übersichtlichkeit und Servicefreundlichkeit beider Programmvarianten.
Stellen Sie das Programm für die Dokumentationsunterlagen als Programmablaufplan dar.

5. Funktion *SOLLSCHACHT_EINGABE:*

FC3: Sollwerteingabe der Schachtnummer

Netzwerk 1: Schacht 1 wählen

```
        U    bedienpult_1_enter
        U    wahlsch_schacht_1_1
        SPBN ma_1

        L    1
        T    sollwert_pult_1
        SPA  end
```

Netzwerk 2: Schacht 2 wählen

```
ma_1:       U    bedienpult_1_enter
            U    wahlsch_schacht_2_1
            SPBN ma_2

            L    2
            T    sollwert_pult_1
            SPA  end
```

Netzwerk 3: Schacht 3 wählen

```
ma_2:       U    bedienpult_1_enter
            U    wahlsch_schacht_3_1
            SPBN ma_3

            L    3
            T    sollwert_pult_1
            SPA  end
```

Netzwerk 4: Schacht 4 wählen

```
ma_3:       U    bedienpult_1_enter
            U    wahlsch_schacht_4_1
            SPBN ma_4

            L    4
            T    sollwert_pult_1
            SPA  end
```

Netzwerk 5: Schacht 5 wählen

```
ma_4:       U    bedienpult_1_enter
            U    wahlsch_schacht_5_1
            SPBN end

            L    5
            T    sollwert_pult_1
```

Netzwerk 6: Zuweisung von Pult 1 an
soll_pos_total_merker

```
end:        L    sollwert_pult_1
            T    soll_pos_total_merk
```

a) Erläutern Sie die Wirkungsweise dieser Funktion.

b) Skizzieren Sie den zugehörigen Programmablaufplan.

c) Erstellen Sie das Programm in der Programmiersprache SCL.

d) Welche Aufgabe haben die Steueranweisungen in Netzwerk 6?

e) Das Bedienpult 1 ist der Produktion 1 zugeordnet. Für die Produktion 2 ist das Bedienpult 2 zuständig.

Beachten Sie die Variablen:

wahlsch_schacht_1_2	E16.0	BOOL
wahlsch_schacht_2_2	E16.1	BOOL
wahlsch_schacht_3_2	E16.2	BOOL
wahlsch_schacht_4_2	E16.3	BOOL
wahlsch_schacht_5_2	E16.4	BOOL
bedienpult_2_enter	E16.5	BOOL
soll_wert_pult_2	MW68	INT

Erstellen Sie eine Funktion für das Bedienpult 2, in der die gewünschte Schachtnummer 1 bis 5 der Variablen *soll_wert_pult_2* zugewiesen wird.

f) Nun ist folgendes Problem zu lösen:
An beiden Bedienpulten sind Eingaben möglich. Zunächst nur die Eingaben der gewünschten Schachtnummern, später auch die Eingabe der Stückzahl. Diese Eingaben werden mit Enter bestätigt.
Beide Enter-Taster auf den Bedienpulten sind Leuchttaster. Für die Leuchtmelder gilt:

```
PULT_1_ENTER    A125.2 BOOL
PULT_2_ENTER    A125.3 BOOL
```

Wenn ein Enter-Taster betätigt wird und der Auftrag wird unmittelbar ausgeführt, dann hat der Leuchtmelder Dauersignal, bis der gesamte Auftrag abgearbeitet ist.

Wenn ein Enter-Taster betätigt wird und der Auftrag kann nicht unmittelbar ausgeführt werden, weil der andere Produktionsort zunächst bedient wird, blinkt der Leuchtmelder. Wenn der Auftrag schließlich ausgeführt wird, geht das Blinken in Dauerlicht über, bis der Auftrag beendet ist.

Erstellen Sie das Steuerungsprogramm für die Leuchtmelder Enter. Berücksichtigen Sie dabei, dass ein Auftrag abgearbeitet ist, wenn *menge_1* bzw. *menge_2* auf Null heruntergezählt wurden.

```
menge_1  MW70  INT     Menge Pult 1
menge_2  MW72  INT     Menge Pult 2
```

Die Mengen werden am zweiten Wahlschalter der Bedienpulte eingestellt und wie folgt programmiert.

Funktion FC5: Menge der gelieferten Kappen

```
         U   menge_1_1
         U   bedienpult_1_enter
         SPBN ma_1

         L   4
         T   menge_1
         SPA m_10

ma_1:    U   menge_2_1
         U   bedienpult_1_enter
         SPBN ma_2

         L   8
         T   menge_1
         SPA m_10

ma_2:    U   menge_3_1
         U   bedienpult_1_enter
         SPBN ma_3

         L   12
         T   menge_1
         SPA m_10

ma_3:    U   menge_4_1
         U   bedienpult_1_enter
         SPBN ma_4

         L   16
         T   menge_1
         SPA m_10
```

```
ma_4     U   menge_5_1
         U   bedienpult_1_enter
         SPBN ma_5

         L   20
         T   menge_1
         SPA m_10

ma_5:    U   menge_1_2
         U   bedienpult_2_enter
         SPBN ma_6

         L   4
         T   menge_2
         SPA m_10

ma_6:    U   menge_2_2
         U   bedienpult_2_enter
         SPBN ma_7

         L   8
         T   menge_2
         SPA m_10

ma_7:    U   menge_3_2
         U   bedienpult_1_enter
         SPBN ma_8

         L   12
         T   menge_2
         SPA m_10

ma_8:    U   menge_4_2
         U   bedienpult_2_enter
         SPBN ma_9

         L   16
         T   menge_2
         SPA m_10

ma_9:    U   menge_5_2
         U   bedienpult_2_enter
         SPBN m_10

         L   20
         T   menge_2
         SPA ma_10

m_10:    U   flanke_schieber_ein
         U   sperr_2
         SPBN m_11

         L   menge_1
         L   1
         -I
         T   menge_1

m_11:    U   flanke_schieber_ein
         U   sperr_1
         SPBN m_12

         L   menge_2
         L   1
         -I
         T   menge_2

m_12:    BE
```

In der Funktion FC2 (Referenzfahrt der Schachtanlage) ist Netzwerk 2 wie folgt zu ergänzen:

```
         L   0
         T   menge_1
         T   menge_2
```

In der Funktion FC1 (Allgemeines) wird folgende Ergänzung vorgenommen:

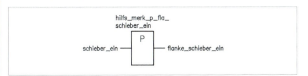

1 Ergänzung in der Funktion FC1

Die beiden Merker *sperr_1* und *sperr_2* haben die Aufgabe, die alternierende (wechselnde) Belieferung der beiden Produktionsorte zu ermöglichen (siehe Programm auf den Seiten 226 und 227).

Beurteilen Sie die Funktion FC 5 kritisch. Vor allem die unbedingten Sprunganweisungen SPA m_09.
Ist es möglich, an *beiden* Produktionsorten die gewünschten Mengen einzugeben?
Nehmen Sie gegebenenfalls die notwendigen Korrekturen vor.

Unter welchen Voraussetzungen werden die Mengenzähler um 1 verringert? Ist das so richtig?

Erstellen Sie den Programmablaufplan für die Funktion FC 5.
Programmieren Sie die Funktion in der Programmiersprache SCL.

6. Ein weiteres Problem ist, dass die beiden Produktionsorte alternierend (wechselnd) bedient werden müssen, wenn von beiden Produktionsorten Anforderungen kommen.
In diesem Fall wird wie folgt gearbeitet:

1. Stückzahl an Produktionsort 1 liefern.
2. Stückzahl an Produktionsort 2 liefern.
3. Stückzahl an Produktionsort 1 liefern.
usw.

Hierfür ist ein Programm zu entwickeln. In den Unterlagen des Kollegen, der die Arbeiten begonnen hat, finden Sie die in Bild 2 dargestellte Programmskizze für das Alternierungsprogramm. Die Parameter (E, M und T) haben keinen direkten Bezug zum Projekt. Sie dienen nur dem Programmtest von Bild 2.

a) Um welche Programmiersprache handelt es sich in Bild 2? Welche Vor- und Nachteile hat diese Programmiersprache?

b) Stellen Sie das Programm in der Programmiersprache FUP dar. Dies ist immer dann notwendig, wenn die Programmiersprache nach a) nicht zur Verfügung steht oder mit der jeweiligen CPU nicht bearbeitet werden kann.

c) Analysieren Sie bitte die Wirkungsweise des Programms. Erfüllt es die Grundanforderungen der Alternierung?
Wenn nicht, nehmen Sie die notwendigen Änderungen vor.

d) Das Programm nach Bild 2 zeigt nur das mögliche Prinzip der Alternierung. Es ist also für die gewünschte Projektanwendung anzupassen. Außerdem soll der Schieber der Schachtanlage in dieses Programm eingebunden werden.
In den Unterlagen des Kollegen finden Sie dazu die in Bild 1 (Seiten 226 und 227) dargestellte Programmskizze.

Es handelt sich um eine Ablaufsteuerung, die als Funktionsplan dargestellt wurde.
Wandeln Sie diesen Funktionsplan in eine Ablaufsteuerung zurück (Makrodarstellung). Dann ist die Analyse der Funktion wesentlich einfacher.
Unterscheiden Sie dabei zwischen Steuerungsschritten und Aktionen (Befehlen).

Welche Aufgabe haben die Merker M21.5 und M21.6? Bitte deklarieren Sie diese Merkervariablen.

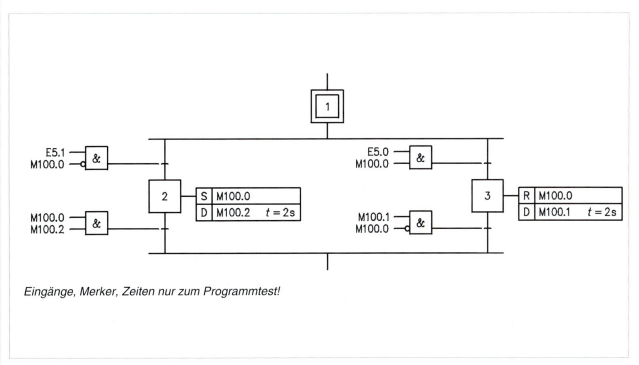

Eingänge, Merker, Zeiten nur zum Programmtest!

2 Problemlösungsvorlage zur Alternierung

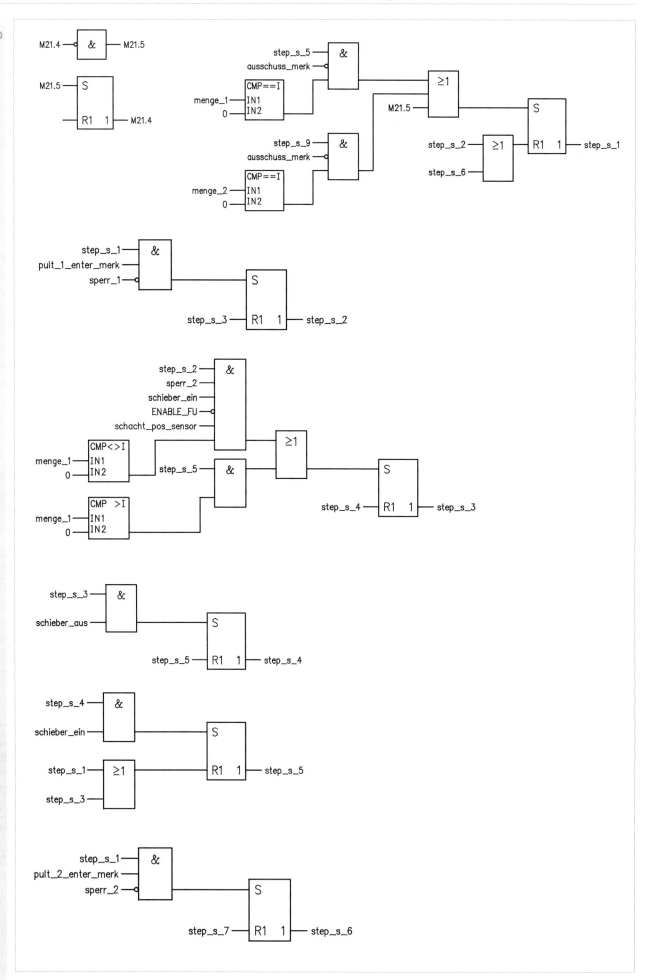

1 Programmentwurf: Alternierung und Schieber

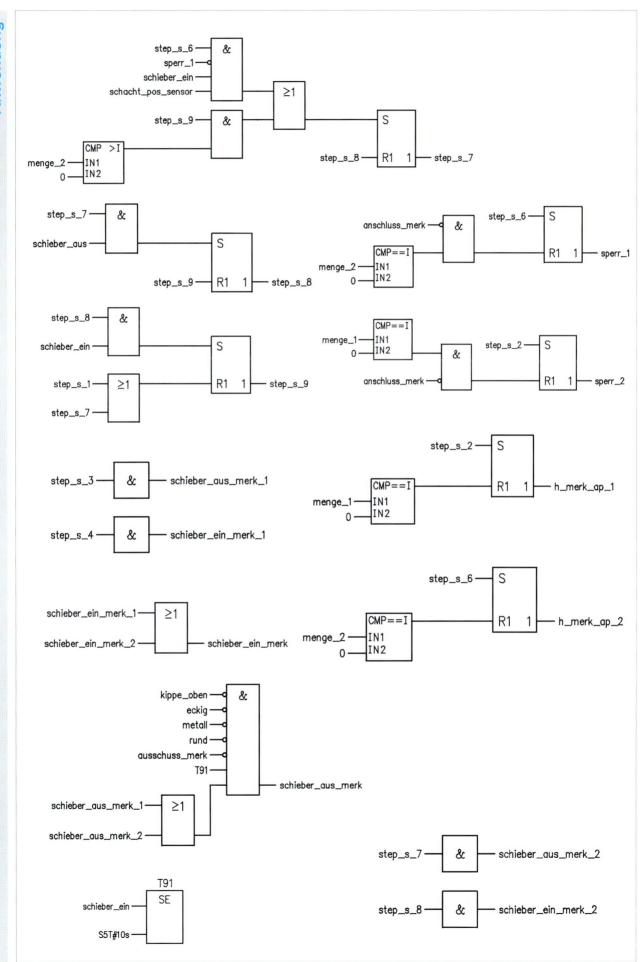

1 *Programmentwurf: Alternierung und Schieber*

Bei der ersten Kontrolle fällt auf, dass die Merkervariablen *h_merk_ap_1* und *h_merk_ap_2* als Befehle formuliert sind, aber nicht als Transitionsbedingungen in die Ablaufkette eingebunden wurden. Es handelt sich um Hilfsmerker für die beiden Produktionsorte (Arbeitsplätze) 1 und 2.

Ist diese Einbindung in die Ablaufkette nicht notwendig?

Wenn doch, nehmen Sie die Ergänzung vor und erläutern Sie, welche Aufgabe diese Merker übernehmen.

e) Die Variable *ausschuss_merk* hat die Aufgabe, eine falsch in den Schacht eingefüllte Schutzkappe auszusortieren:

Wenn zum Beispiel die Schachtnummer vor dem Schieber steht, aus der z. B. 16 (*menge_1* bzw. *menge_2*) Schutzkappen (Kunststoff rund) ausgestoßen werden sollen, dann wird jede einzelne Kappe kontrolliert.

Sollte sich eine andere Kappe in diesem Schacht befinden (z. B. Metall rund), dann wird diese als Ausschuss aussortiert.

In diesem Fall nimmt *ausschuss_merk* den boolschen Wert TRUE an.

Natürlich muss für jede als Ausschuss erkannte Schutzkappe eine weitere aus dem Schacht ausgestoßen werden. Wenn 16 runde Kappen aus Kunststoff am Produktionsort benötigt werden, dann müssen dort auch 16 gleiche Schutzkappen ankommen.

Binden Sie diese Forderung in das Steuerungsprogramm für *menge_1* und *menge_2* ein.

Welche Aufgabe übernimmt *ausschuss_merk* in der Ablaufsteuerung nach d)?

f) Aktualisieren Sie die Symboltabelle.

7. Bei der Kontrolle der bisherigen Arbeit fällt Ihrem Meister auf, dass im Rahmen der Schachtanlage folgende Elemente noch nicht bearbeitet wurden:

a) Auf dem Bedienfeld am Schaltschrank (Seite 211) befindet sich ein Schalter *Schachtanlage EIN/AUS* und eine zugehörige Meldelampe.

Die Schachtanlage darf nur in Betrieb genommen werden, wenn dieser Schalter eingeschaltet wurde (natürlich nur bei gesetztem Startmerker).

schachtanlage_ein	E4.6	BOOL
MELD_SCHACHTANLAGE	A125.1	BOOL

Ergänzen Sie das Steuerungsprogramm.

b) Wenn der Schacht leer ist, soll der Steuerungsablauf angehalten und die Meldung *Schacht leer* ausgegeben werden. Diese Meldung kann quittiert werden.

Hierfür ist ein roter Leuchttaster auf dem Bedienfeld vorgesehen (Seite 211).

Der leere Schacht wird durch einen Reflexions-Lichttaster unterhalb des Auswurfortes erkannt. Bild 1 zeigt die technische Realisierung.

schacht_ist_leer	E9.4	BOOL
quitt_taster_sch_leer	E5.5	BOOL
MELD_SCHACHT_LEER	A24.0	BOOL

Erstellen Sie das Steuerungsprogramm.

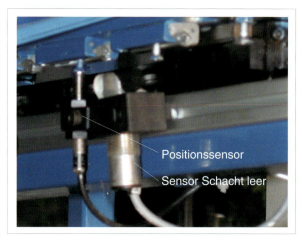

1 Sensor für Schacht ist leer

c) Wenn bei Betrieb der Schachtanlage eine Störung auftritt (außer Schacht ist leer), soll eine Störungsmeldung über den zugeordneten roten Leuchttaster am Bedienfeld ausgegeben werden. Eine Quittierung dieser Störungsmeldung ist ebenfalls erforderlich.

STOER_MELD_SCHACHT	A24.2	BOOL
quitt_taster_stoer_schacht	E5.4	BOOL

Überlegen Sie, welche Störungen beim Betrieb der Schachtanlage auftreten können und erstellen Sie dann das zugehörige Steuerungsprogramm.

d) Die Funktion *BEFEHLSAUSGABE* ist um die Elemente *Schieber ausfahren* und *Schieber einfahren* zu ergänzen.

SCHIEBER_AUS	A20.6	BOOL
SCHIEBER_EIN	A20.5	BOOL

Ergänzen Sie die Funktion.

e) Schließlich wurde versäumt, den Bremswiderstand für den Antriebsmotor der Schachtanlage zu berücksichtigen.

BREMSE_SCHACHT	A25.4	BOOL

Außerdem soll der Motor der Schachtanlage immer dann auf halbe Drehzahl geschaltet werden (wie bei Referenzfahrt), wenn sich der gewünschte Schacht der Schieberposition nähert. Dies ist dann der Fall, wenn die Variable *delta* (Differenz zwischen Sollposition und Istposition) den Wert 1 angenommen hat.

Ergänzen Sie das Steuerungsprogramm um diese Elemente.

11.1.2 Bandantriebe

1. Die Anlage umfasst 4 Transportbänder, die am Bedienfeld des Schaltschrankes freigegeben und energiesparend bedarfsgerecht ein- und ausgeschaltet werden:

– Transportband von Schachtanlage zur Kippe
– Produktionsband 1
– Produktionsband 2
– Ausschussband

Bild 1, Seite 229 zeigt die Bänder.

Anwendung

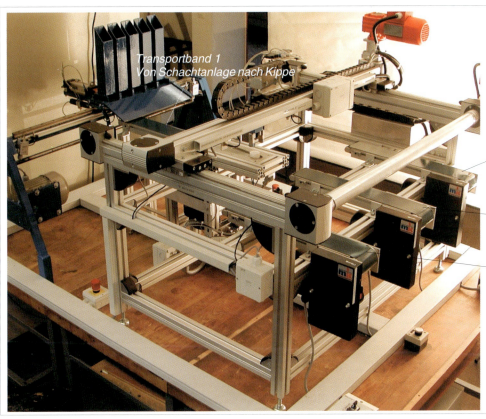

1 *Transportbänder der Anlage*

Beachten Sie das Bedienfeld auf Seite 211.

TRANSPORT_BAND	*A20.3*	*BOOL*
PROD_1_BAND	*A20.0*	*BOOL*
PROD_2_BAND	*A20.1*	*BOOL*
AUSSCH_BAND	*A20.2*	*BOOL*
transp_band_ein	*E4.4*	*BOOL*
prod_1_band_ein	*E4.1*	*BOOL*
prod_2_band_ein	*E4.2*	*BOOL*
aussch_band_ein	*E4.3*	*BOOL*
MELD_TRANS_BAND	*A124.4*	*BOOL*
MELD_PROD_1_BAND	*A124.7*	*BOOL*
MELD_PROD_2_BAND	*A124.6*	*BOOL*
MELD_AUSSCH_BAND	*A124.5*	*BOOL*

a) Erstellen Sie die Funktion *BANDANTRIEBE* unter Berücksichtigung, dass jedes Band erst eingeschaltet wird, wenn es benötigt wird.
Wenn es eine bestimmte Zeit nicht mehr benötigt wurde (z. B. weil kein Ausschuss mehr vorliegt), soll es automatisch ausgeschaltet werden.

b) Auch für die Bandantriebe ist eine quittierbare Störungsmeldung vorgesehen (roter Leuchttaster am Bedienfeld).

MELD_STOER_BAND	*A24.3*	*BOOL*
quitt_taster_baender	*E5.2*	*BOOL*

Ergänzen Sie die Funktion BANDANTRIEBE um die Störungsmeldung, die natürlich quittiert werden muss.

c) Nehmen Sie die Bandantriebe in die Funktion *BEFEHLSAUSGABE* auf.

11.1.3 Kippe und Ausschussprüfung

Anwendung

1. Wenn eine Schutzkappe über das Transportband die Kippe erreicht, fährt diese pneumatisch abwärts. Die Schutzkappe rutscht in den vorderen Bereich der Kippe und wird dort von drei Sensoren überprüft. Die Kippe fährt wieder hoch, um die Schutzkappe zwecks Abholung zu positionieren.

2 *Ausschussprüfung*

Anwendung

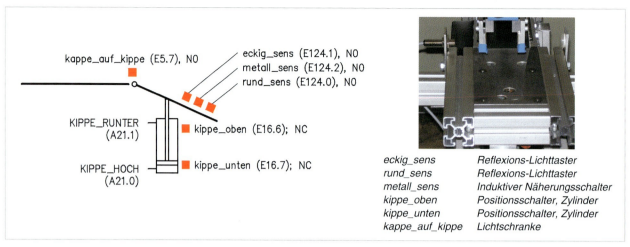

eckig_sens	Reflexions-Lichttaster
rund_sens	Reflexions-Lichttaster
metall_sens	Induktiver Näherungsschalter
kippe_oben	Positionsschalter, Zylinder
kippe_unten	Positionsschalter, Zylinder
kappe_auf_kippe	Lichtschranke

1 Technologieschema der Kippe

Anwendung

Auf der Kippe wird geprüft, um was für eine Schutzkappe es sich handelt. Zum Beispiel:

rund_sens = TRUE
metall_sens = TRUE

Es handelt sich also um eine runde verchromte Schutzkappe. Der Steuerung ist ferner bekannt, welcher Schacht aktuell in Entnahmeposition steht. Aus diesen Informationen kann sie ableiten, ob die (richtige) Kappe dem Produktionsort zugeführt oder die (falsche) Kappe als Ausschuss abtransportiert werden soll.

a) Erstellen Sie das Steuerungsprogramm.

b) Ergänzen Sie auch die bereits vorhandenen Funktionen des Projektes (z. B. *BEFEHLSAUSGABE*) um die notwendigen Elemente. Zum Beispiel auch eventuell notwendige Flanken in FC1.

c) Dargestellt ist ein Pneumatikplan der Kippe (Bild 2), den Sie in den Unterlagen des Kollegen finden.
Erläutern Sie die einzelnen Bauelemente.
Um was für einen Zylinder handelt es sich?
Welches Steuerventil wird eingesetzt? Sind hier auch Alternativen denkbar?
Worum handelt es sich bei dem mit 1V2 bezeichneten Element?
Unterscheiden Sie zwischen Zuluftdrosselung und Ablaufdrosselung. Warum ist die Ablaufdrosselung hier sinnvoller?
Es handelt sich um einen älteren Plan. Entsprechen Darstellung und Bezeichnung noch der aktuellen Norm?
Machen Sie sich kundig und ändern Sie den Schaltplan gegebenenfalls für die aktuelle Dokumentation.
Welche Vorteile bietet die Pneumatik in der Steuerungstechnik? Denken Sie in diesem Zusammenhang an mögliche Alternativen beim Antrieb der Kippe.

d) Die Kippe ist vorhanden und muss natürlich auch in das Projekt eingebunden werden. Die Maschine soll nicht umkonstruiert werden.
Dennoch: Halten Sie diese Form der Werkstückpositionierung und Prüfung für technisch sinnvoll?
Wenn Sie die Wahl hätten und die Maschine neu konstruiert werden sollte, welche technische Lösung würden Sie hier bevorzugen?

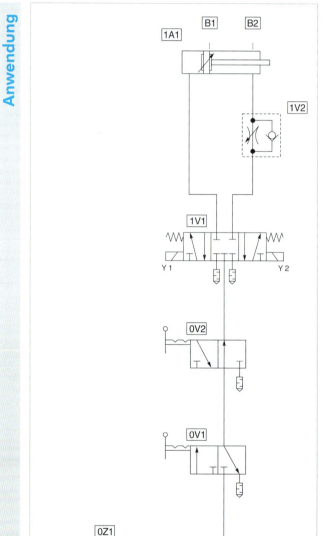

2 Pneumatikplan der Kippe, Dokumentation

2. Das Bedienfeld der Anlage im Schaltschrank umfasst relativ viele Meldelampen. Die Funktionstüchtigkeit dieser Meldelampen ist zu kontrollieren.
Ihr Meister beauftragt Sie deshalb, eine Lampentestschaltung zu erarbeiten.

Wenn die Anlage eingeschaltet wird (Schalter *Steuerung ein*), sollen sämtliche Lampen im Bedienfeld des Schaltschrankes für eine Dauer von 5 Sekunden leuchten.

Erstellen Sie die Funktion *LAMPENTEST* und binden Sie diese in das Projekt ein.

steuerung_ein	*E4.0*	*BOOL*
MELD_STEUER_EIN	*A124.4*	*BOOL*
MELD_START	*A126.5*	*BOOL*
MELD_REFERENZ	*A124.3*	*BOOL*
MELD_SCHACHTANLAGE	*A125.1*	*BOOL*
MELD_TRANS_BAND	*A124.4*	*BOOL*
MELD_PROD_1_BAND	*A124.7*	*BOOL*
MELD_PROD_2_BAND	*A124.6*	*BOOL*
MELD_AUSSCH_BAND	*A124.5*	*BOOL*
MELD_UMSETZER	*A125.0*	*BOOL*
MELD_STOER_SCHACHT	*A24.2*	*BOOL*
MELD_STOER_BAND	*A24.3*	*BOOL*
MELD_STOER_UMSETZER	*A24.1*	*BOOL*
MELD_SCHACHT_LEER	*A24.0*	*BOOL*

3. Bis hierher wurden wesentliche Programmteile der Anlage programmiert.
Es ist daher sinnvoll, die bislang erarbeiteten Elemente zusammenhängend darzustellen, damit der Überblick nicht verloren geht.

Stellen Sie die Symboltabelle zusammenfassend dar. Sind sämtliche Informationen vorhanden? Symbolnamen können natürlich von Ihnen gewählt werden.

Den Anschluss an die SPS müssen Sie bei fehlenden Informationen im Schaltschrank prüfen (Praxis) bzw. hier frei wählen, ohne eine weitere Ein- oder Ausgabebaugruppe zu verwenden, wenn noch ausreichende Reserven vorhanden sind.

2 *Greifer über Kippe*

11.1.4 Umsetzer mit Greifer

Nach Kontrolle der Schutzkappe ist die Kippe pneumatisch hochgefahren.
Der geöffnete Greifer fährt abwärts, greift die Kappe, fährt wieder aufwärts und transportiert die Kappe zum jeweils gewünschten Transportband. Dort legt er die Kappe ab und kehrt zur Position Kippe zurück.

1. Wie bei der Schachtanlage ist auch hier eine Referenzfahrt erforderlich, die in Verbindung mit der Referenzfahrt der Schachtanlage durchgeführt wird:

– Greifer hoch und Greifer öffnen
– Greifer nach vorne (Position Kippe)
– Greifer nach links
– Greifer nach rechts bis Position Kippe

Angaben in Produktionsrichtung gesehen.

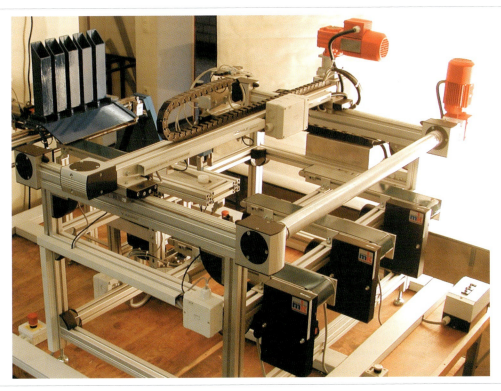

1 *Umsetzer mit Antriebsmotoren für zwei Achsen*

Anwendung

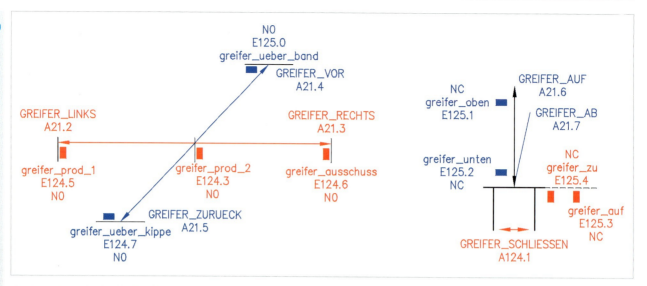

1 Umsetzer, Technologieschema

Programmieren Sie die Funktion *REF_UMSETZER*. Beachten Sie dabei das Technologieschema in Bild 1. In Bild 1 ist angegeben, dass für den Greifer ein Pneumatikzylinder mit Federrückstellung eingesetzt wird.
Was bedeutet das? Welches Steuerventil würden Sie einsetzen? Ist das aus sicherheitstechnischen Gründen zugelassen bzw. sinnvoll? Nehmen Sie dazu bitte ausführlich Stellung.

2. Wenn die Steuerung freigegeben ist (Startmerker) und der Schalter *Umsetzer* am Bedienfeld eingeschaltet wurde, kann der Umsetzer nach durchgeführter Referenzfahrt arbeiten.

umsetzer_ein	*E4.4*	*BOOL*
MELD_UMSETZER	*A125.0*	*BOOL*
quitt_taster_umsetzer	*E5.3*	*BOOL*

Die Funktion *UMSETZER* ist zu programmieren.

a) Ist für die Funktion *UMSETZER* die Ablaufsteuerung einsetzbar und sinnvoll?
Wenn Sie dies für sinnvoll halten, dann erstellen Sie die Ablaufkette für den Umsetzer.

b) Wandeln Sie die Ablaufkette in die Funktionsplandarstellung um.
Unter welchen Voraussetzungen ist diese Umwandlung notwendig? Sie trägt nämlich sicherlich nicht zur Übersichtlichkeit des Programms bei.

c) Angenommen, Sie haben die Funktion wie unter b) beschrieben, programmiert und wollen Sie nun testen.
Dazu ist es sinnvoll, möglichst übersichtlich zu erkennen, in welchem Schritt sich das Programm momentan befindet. Zum Beispiel, ob in den jeweils richtigen Zweig der Alternativverzweigung eingesprungen wurde.
Wie würden Sie dieses Problem lösen? Könnte ein Testnetzwerk am Ende des OB1 sinnvoll sein?
Wenn ja, warum am *Ende* des OB1?
Vergessen Sie dabei auch nicht, zuvor die Funktion *BEFEHLSAUSGABE* um die Umsetzerbefehle zu erweitern.

3. Bei Inbetriebnahme des Umsetzers stellen Sie fest, dass die Motoren der Antriebsachsen sich extrem stark in kurzer Zeit erwärmen. Sie schalten sofort wieder aus.

Bild 1, Seite 233 zeigt den Schaltplanausschnitt für den Umsetzer.

a) Prüfen Sie den Schaltplan kritisch. Ist er so in Ordnung?

b) Ordnen Sie die ausschließlich elektromechanisch wirkenden Sicherheitsgrenztaster (keine SPS-Anbindung) B20 bis B23 den beiden Achsen des Umsetzers zu.
Welche Aufgabe haben die Sicherheitsgrenztaster?
Welche Probleme können sich in der Schaltung nach Bild 1, Seite 233 in Verbindung mit den Sicherheitsgrenztastern ergeben?

c) Ist die Zuordnung zu den SPS-Ausgängen A21.2 bis A21.5 richtig?

d) Wie beurteilen Sie die Schaltung der Motorschutzeinrichtungen B18 und B19?
Wenn Probleme auftreten, wie kann man sie lösen?

e) Das eigentliche Problem besteht allerdings in der erheblichen Erwärmung der Motoren.
Prüfen Sie die technischen Daten der eingesetzten Motoren (eine *mechanische* Überlastung liegt nicht vor).
Worin besteht der Grund für die Überhitzung?

4. Ihr Meister entscheidet, dass die beiden Achsen-Antriebsmotoren des Umsetzers nicht ausgetauscht werden sollen.

a) Wenn doch, worauf würden Sie bei der Bestellung der neuen Motoren besonders achten?

b) Da die Motoren aber keinesfalls ausgetauscht werden sollen, muss eine andere Problemlösung erarbeitet werden.
Wie würden Sie dieses Problem technisch einwandfrei und wirtschaftlich vertretbar lösen?

Beschreiben Sie ganz genau die Entscheidungsfindung und die technischen Anlagenänderungen.

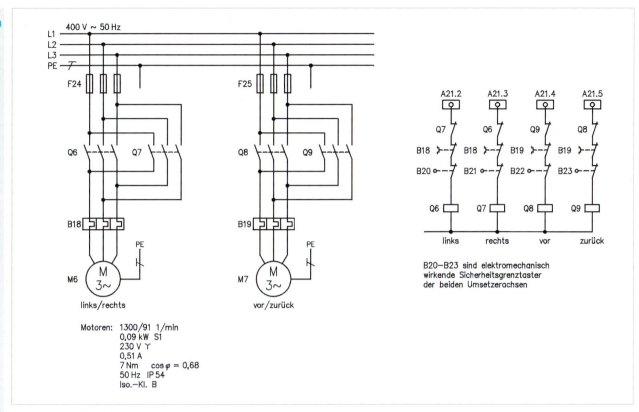

1 Umsetzer, Schaltplan

11.1.5 Handsteuerung

Wenn der Umsetzer (aber auch die Schachtanlage) auf einen Sicherheitsgrenztaster fährt, dann wird die Verfahrbewegung natürlich sofort ausgeschaltet.

Die Maschine bleibt dann auf dem jeweiligen Sicherheitsgrenztaster stehen.
Was dies für die Umsetzerachsen bedeutet, wird durch Bild 1 verdeutlicht.
Bei der Schachtanlage sind beide Sicherheitsgrenztaster (Seite 213) in Reihe geschaltet und unterbrechen den Spulenstromkreis zum Schütz des Frequenzumrichters. Auch dann wird die Schachtanlage natürlich sofort abgeschaltet.

Sicherheitstechnisch ergibt sich also kein Problem. Allerdings ist es bei Auffahren auf einen Sicherheitsgrenztaster elektrisch nicht mehr möglich, vom Grenztaster wieder herunterzufahren.

1. Um dieses Problem zu lösen, ist im Inneren des Schaltschrankes ein Bedienpult untergebracht, das nur über einen Schlüsselschalter von autorisierten Personen bedient werden darf.

schluessel_schalter	*E8.6*	*BOOL*
greifer_zurueck_hand	*E8.5*	*BOOL*
greifer_vor_hand	*E8.4*	*BOOL*
greifer_rechts_hand	*E8.1*	*BOOL*
greifer_links_hand	*E8.0*	*BOOL*
schacht_rechts_hand	*E8.3*	*BOOL*
schacht_links_hand	*E8.2*	*BOOL*
MELD_GR_ZURUECK	*A25.1*	*BOOL*
MELD_GR_VOR	*A25.0*	*BOOL*
MELD_GR_RECHTS	*A24.5*	*BOOL*

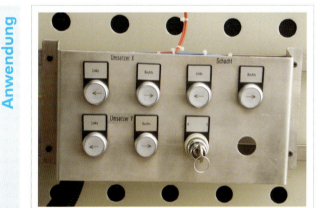

2 Bedienpult im Schaltschrankinneren

MELD_GR_LINKS	*A24.4*	*BOOL*
MELD_SCH_RECHTS	*A24.7*	*BOOL*
MELD_SCH_LINKS	*A24.6*	*BOOL*

Sie sehen, dass die Leuchttaster des inneren Bedienpultes und der Schlüsselschalter an die SPS-Eingänge und SPS-Ausgänge angeschlossen sind.
Die Sicherheitsgrenztaster verfügen jedoch über keinen SPS-Anschluss; sie wirken nur elektromechanisch.

a) Überprüfen Sie, ob dennoch die Steuerung möglich ist. Bedenken Sie dabei, dass bei Auffahren auf den Sicherheitsgrenztaster z. B. das Schütz abfällt, der oder die SPS-Ausgänge aber gesetzt bleiben.

b) Wenn Sie eine steuerungstechnische Lösung entwickelt haben, dann programmieren Sie diese in der Funktion *HANDSTEUERUNG*. Möglicherweise benötigen Sie noch Relais und/oder Hilfsschütze.

11.2 Not-Aus-Schütze durch ein Not-Aus-Schaltgerät ersetzen

Auftrag

Die Not-Aus-Steuerung bei der Anlage Fußzufuhr besteht aus drei Schützen (Seite 216).

Diese Schütze sollen demontiert und durch ein Not-Aus-Schaltgerät ersetzt werden.

Anwendung

1. Welche Aufgaben haben Not-Aus-Schalteinrichtungen?
Welche Anforderungen werden an Not-Aus-Schalteinrichtungen gestellt?

2. VDE 0113 Teil 1 – DIN EN 60204-1
Für jede Maschine einschließlich ihrer elektrischen Ausrüstung ist eine Risikobetrachtung anzustellen.
Hieraus ergeben sich dann die Anforderungen, die der der Sicherheit dienende Steuerstromkreis erfüllen muss.
Je höher die Risikostufe, umso höher der Steuerungsaufwand. So ist manchmal ein Schütz für den Sicherheitsstromkreis ausreichend, manchmal reicht auch eine Sicherheitskombination allein nicht aus.

a) Erläutern Sie die Aussagen.

b) Stellen Sie eine Risikobetrachtung für die Maschine Fußzufuhr an.

c) Unterscheiden Sie zwischen
– Stillsetzen im Notfall,
– Ingangsetzen im Notfall,
– Ausschalten im Notfall,
– Einschalten im Notfall.

d) Was versteht man unter Stoppsignal der Kategorien 0, 1 und 2?

2. Der Sicherheit dienender Stromkreise müssen den Regeln VDE 0113/0693 und EN 60204-1 entsprechen. Hier wird gefordert:
– Verwendung von erprobten Schaltungstechniken und Bauteilen,
– Vorsehen von Redundanz,
– Vorsehen von Funktionsprüfung.

a) Erläutern Sie diese Aussagen.

b) Was versteht man unter Redundanz? Wie kann Redundanz erreicht werden?

c) Erläutern Sie die unterschiedlichen Risikokategorien.

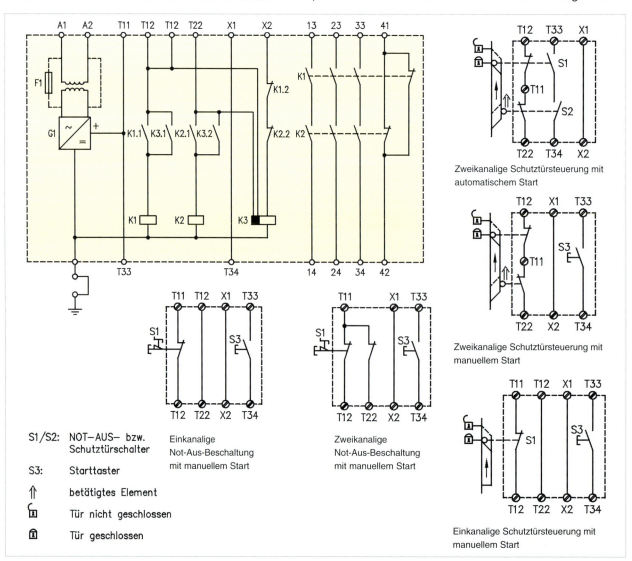

1 Not-Aus-Schaltgerät

Anwendung

Tabelle 1
Technische Daten eines Not-Aus-Schaltgerätes (Auswahl)

Elektrische Daten	
Versorgungsspannung	AC: 24, 42, 48, 110, 115, 120, 230, 240 V DC: 24 V
Toleranz	85 bis 110 %
Leistungsaufnahme	≤ 3,5 W/6,5 VA
Spannung und Strom am Eingangs-, Start- und Rückführkreis	DC 24 V, 50 mA
Schaltvermögen	AC1: 240 V/8 A/2000 VA 400 V/5 A /2000 VA DC1: 24 V/8 A/200 W AC15: 230 V/5 A DC13: 24 V/7 A
Ausgangskontakte	3 Sicherheitskontakte (Schließer) 1 Hilfskontakt (Öffner)
Kontaktabsicherung	10 A flink oder 6 A träge
Zeiten	
Anzugsverzögerung	max. 250 ms
Rückfallverzögerung	max. 50 ms
Wiederbereitschaftszeit	ca. 0,3 s
Gleichzeitigkeit Kanal 1/2	ca. 140 ms
Überbrückung bei Spannungseinbrüchen	ca. 35 ms
Allgemeine Daten	
Frequenzbereich (AC)	50 bis 60 Hz
Restwelligkeit (DC)	160 %
Kontaktmaterial	$AgSnO_2$
Einschaltdauer (ED)	100 %
Einbaulage	beliebig
Schutzart	Einbauraum: IP54 Gehäuse: IP40 Klemmenbereich: IP20

3. Bild 1, Seite 234 zeigt ein Not-Aus-Schaltgerät mit unterschiedlichen Beschaltungsmöglichkeiten (Einsatzmöglichkeiten). Tabelle 1 zeigt die zugehörigen technischen Daten.

a) Erläutern Sie den schaltungstechnischen Aufbau des Not-Aus-Schaltgerätes (Bild 1, Seite 234).

b) Bezeichnen Sie in der Schaltung die Eingangskreise, den Start- und den Rückführkreis.

c) Welche Aufgabe hat die Sicherung F1?
Unter welchen Bedingungen kommt sie zum Einsatz?
d) Wie ist mit der Erdung des Not-Aus-Schaltgerätes zu verfahren?

e) Der Hersteller gibt für das Not-Aus-Schaltgerät an: *1-kanalige oder 2-kanalige Beschaltung ohne Querschlusserkennung.*

Was versteht man unter Querschluss?
Worin besteht seine Gefahr?
Was kann man tun, um das Risiko eines Querschlusses zu minimieren?

f) Verwendung finden *zwangsgeführte* Relaisausgänge. Erläutern Sie den Begriff *zwangsgeführt.*

g) Angeboten wird die Möglichkeit der Kontaktvervielfachung. Welchen Sinn hat das und wie wird Kontaktvervielfachung technisch ausgeführt?

Anwendung

Anwendung

h) Was bedeutet die Angabe DC1: 24 V/8 A/200 W?
Außerdem gibt der Hersteller an: DC13: 6 Schaltspiele/min. Erläutern Sie diese Angabe.

4. Bild 1 zeigt den Ausschnitt einer SPS-Beschaltung mit Not-Aus-Schaltgerät. Der Anschluss ist unvollständig.

a) Schließen Sie das Not-Aus-Schaltgerät fachgerecht an.

b) Warum wird der Leiter mit *M* und nicht mit *L−* bezeichnet?

c) Ist die Erdung des Stromkreises zwingend notwendig? Welcher Zweck wird mit der Erdung verfolgt?

d) Wie wirkt das Not-Aus-Schaltgerät auf die Steuerung? Entspricht dies den Bestimmungen?

e) Handelt es sich um eine einkanalige oder zweikanalige Beschaltung?

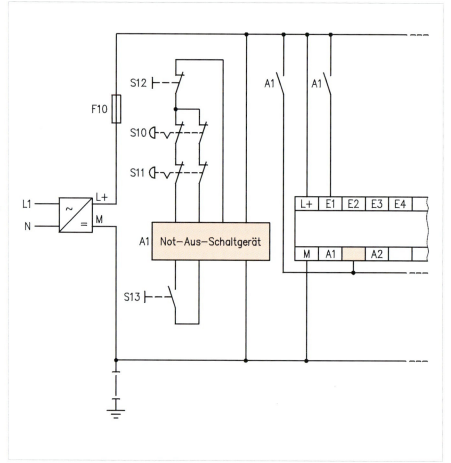

1 *Not-Aus-Schaltgerät in einer SPS-Steuerung (24 V DC)*

5. Die Not-Aus-Steuerung der Maschine *Fußzufuhr* (Seite 216) soll nachträglich mit einem Not-Aus-Schaltgerät ausgestattet werden.
a) Analysieren Sie die Not-Aus-Schaltung der Anlage.
b) Beschreiben Sie die Demontage der nicht mehr benötigten Betriebsmittel.
c) Beschreiben Sie die Montage des Not-Aus-Schaltgerätes. Dokumentieren Sie die erforderlichen Anschlüsse.

6. Bei einer Ortsbegehung stellt die zuständige Sicherheitsfachkraft des Betriebes fest, dass die Maschine *Fußzufuhr* eine Gefahrenquelle darstellen kann.
Insbesondere bemängelt er den Antrieb der Schachtanlage über eine freilaufende Antriebsspindel und den Zahnriementrieb, der erhebliche Verletzungsgefahr bedeutet.
Sie werden beauftragt, die gesamte Maschine auf mögliche Gefahrenquellen hin zu analysieren und diese durch Schutzabdeckungen fachgerecht zu sichern. Dies geschieht in Zusammenarbeit mit der Metallabteilung des Betriebes.

Elektrisch ist dafür zu sorgen, dass jede (unbefugte) Demontage der Schutzeinrichtungen zu einem sofortigen Stopp der Maschine führt. Sie darf bei demontierten Schutzeinrichtungen auch nicht mehr in Betrieb genommen werden können.

Dokumentieren Sie die notwendigen Arbeiten.

Anwendung

Spindelantrieb über Zahnriemen

Spindel

2 *Risikofaktor Spindel*

Unfallgefahr beim Senken und Heben der Kippe

3 *Risikofaktor Kippe*

Information

Elektronische Sicherheitsrelais (ESR)

Zweck dieser Sicherheitsrelais ist die Überwachung sicherheitsrelevanter Steuerungen.

Der Maschinenbetreiber muss an seiner Maschine das Risiko nach EN 954-1 einschätzen und eine Steuerung, die den entsprechenden Sicherheitskategorien genügt, aufbauen.

Die elektronischen Sicherheitsrelais bestehen aus einem Netzteil, der Elektronik und zwei redundanten Relais mit zwangsgeführten Kontakten für die Freigabe- und Meldepfade.

Anwendungsmöglichkeiten

Schaltungen zum Stillsetzen im Notfall

Schaltmatten-, Schaltkanten- und Schaltleistenüberwachung

Schutzgitter-Überwachungen

Überwachung von Zweihandschaltungen

Zusätzlich werden verzögerte und unverzögerte Kontakterweiterungen angeboten.

Elektronische Sicherheitsrelais sind durch die Berufsgenossenschaften zugelassen und haben die Sicherheitskategorie 3 oder 4. In Kombination mit der äußeren Verdrahtung, für die der Maschinenbetreiber verantwortlich ist, ergibt sich die Sicherheitskategorie der Schaltung.

Funktion

Im fehlerfreien Betrieb werden nach dem Einschaltbefehl die sicherheitsrelevanten Kreise durch die Elektronik kontrolliert und mit Hilfe der Relais die Freigabepfade freigegeben.

Nach dem Ausschaltbefehl sowie im Fehlerfall (Erdschluss, Querschluss, Drahtbruch) werden die Freigabepfade sofort (Stopp-Kategorie 0) bzw. zeitverzögert (Stopp-Kategorie 1) gesperrt und der Motor vom Netz genommen.

Im redundant aufgebauten Sicherheitskreis führt ein Kurzschluss zu keiner Gefährdung, so dass erst bei einer erneuten Einschaltung der Fehler erkannt und das Einschalten verhindert wird.

Sicherheitskreise für Stillsetzen im Notfall und für Schutzgitterüberwachung werden für einkanalige und zweikanalige Anwendungen angeboten.

Der einkanalige Aufbau ermöglicht eine Erdschlussüberwachung des Sicherheitsstromkreises.

Bei der zweikanaligen Anwendung wird der Not-Aus-Kreis bzw. der Schutzgitterstromkreis zweikanalig aufgebaut. Hierdurch wird zusätzlich eine Kurzschluss- und Querschlussüberwachung verwirklicht.

Das Gerät kann mit oder ohne Wiedereinschalt-Überwachung eingesetzt werden. Dabei wird das Gerät erst durch die abfallende (negative) Flanke des Eintasters gestartet und die Freigabepfade werden durchgeschaltet.
Ohne Wiedereinschalt-Überwachung kann das Gerät z. B. bei der Schutztürüberwachung für den automatischen Wiederanlauf vorgesehen werden.

Sicherheitsrelais für Not-Aus- und Schutztürüberwachung

Spannung	Sicherheits-kategorie	Freigabepfade Stoppkategorie		Melde-kontakte
		0	1	
230 V 50/60 Hz zweikanalig	4	3	–	1
24 V DC einkanalig	3	3	–	1
24 V DC zweikanalig	4	2	–	1
24 V DC zweikanalig, rückfallverzögert 0,15 bis 3 s	3/4[1]	2	1	–
24 V DC zweikanalig, rückfallverzögert 1,5 bis 30 s	3/4[1]	2	1	–
24 V DC zweikanalig, verzögert 1,5 bis 30 s	3/4[1]	2	1	–

[1] Verzögerte Kontakte 3, unverzögerte Kontakte 4

Information

Sicherheitsrelais für Not-Aus- und Schutztürüberwachung

① A1/A2 Versorgungsspannung, LED Power
② Y12, Y13 NOT–AUS
③ Y13 Reset (mit Reset–Taster–Überwachung)
④ K2, K3, 13/14, 23/24, 33/34, LED K2, LED K3
⑤ 41/42

① A1/A2 Versorgungsspannung, LED Power
② A2 Versorgungsspannung
③ Y2 Reset
④ K1, K2, LED K1/k2
⑤ 13/14, 23/24, 33/34
⑥ 41/42

① A1/A2 Versorgungsspannung, LED Power
② S21/S22 NOT–AUS
③ S34 Reset (mit Reset–Taster–Überwachung)
④ K1, LED K1
⑤ K2, LED K2, 13/14, 23/24
⑥ 31/32

11.3 Sensoren einsetzen

Auftrag

Bei der Inbetriebnahme der Maschine Fußzufuhr stellte sich heraus, dass die Steuerung für die Erkennung eines leeren Schachtes nicht funktioniert.

Dabei erkennt ein Reflexions-Lichttaster, ob eine Schutzkappe aus dem Schacht geschoben wird oder nicht.

Wenn dies nicht der Fall ist, soll der Steuerungsablauf unterbrochen werden und die rote Meldelampe „Schacht leer" am Bedienfeld des Schaltschrankes leuchten. Bei Betätigung dieses Meldetasters wird der Steuerungsablauf fortgesetzt.

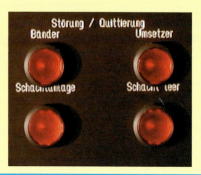

Anwendung

1. Erläutern Sie ganz allgemein den Begriff Sensor. Welche Aufgabe übernehmen Sensoren in der Steuerungstechnik?

Unterscheiden Sie zwischen aktiven Sensoren und passiven Sensoren.

Welche technischen Effekte werden bei Sensoren ausgenutzt?

2. Optoelektronische Sensoren werden wie folgt eingeteilt:
– Einweglichtschranken
– Reflexlichtschranken
– Reflexlichttaster
– Fiberoptiken
– Infrarotsender

a) Ordnen Sie die in Bild 1, Seite 239 abgebildeten Prinzipdarstellungen den obigen Angaben zu.

b) Geben Sie Vor- und Nachteile sowie Einsatzbeispiele an.

c) Welche Aderfarben haben die Anschlussleitungen und wie ist der Sensor anzuschließen?

d) Unterscheiden Sie zwischen Hell- und Dunkelschaltung sowie zwischen PNP und NPN.

e) Gezeigt sind eingesetzte optoelektronische Sensoren im Projekt Fußzufuhr (Bild 2, Seite 239).
Um welche Sensoren handelt es sich dabei?

Anwendung

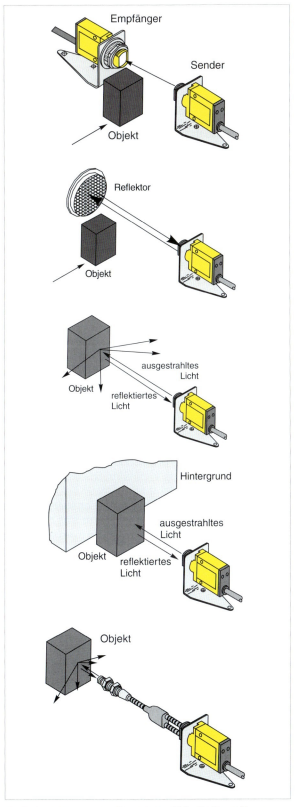

1 Optoelektronische Sensoren, Prinzipdarstellung

f) Erläutern Sie die technische Bedeutung der Begriffe *Vordergrundausblendung* und *Hintergrundausblendung*.

g) Welche Einstellmöglichkeiten haben Sie bei einem optoelektronischen Sensor bei der Inbetriebnahme?

h) Wie erfolgt die Funktionsanzeige bei optoelektronischen Sensoren? Wozu kann diese Funktionsanzeige genutzt werden?

Anwendung

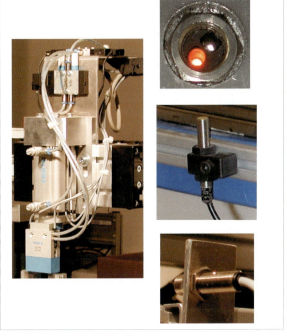

2 Sensoren am Projekt Fußzufuhr

3. Zur Kontrolle des Reflexionslichttasters *Schacht leer* liegt Ihnen die in Bild 3 dargestellte Funktionsplanskizze vor.

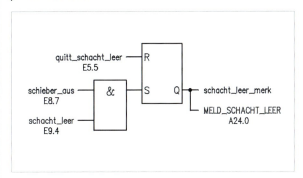

3 FUP-Skizze Schacht leer

a) Erläutern Sie diese Skizze.
Welches Speicherverhalten liegt hier vor? Ist das richtig? Ist das zwingend notwendig?
Ist der Reflexionslichttaster hell- oder dunkelschaltend?
Forderung: Wenn bei voll ausgefahrenem Schieber (*schieber_aus*) keine Schutzkappe vom Reflexionslichttaster (*schacht_leer*) erkannt wird, dann soll der Merker *schacht_leer_merk* den booleschen Zustand TRUE annehmen.
Dieser Merker veranlasst im Steuerungsprogramm alle notwendigen Maßnahmen, die hier aber nicht von Interesse sind.
Liegt der Fehler bereits in diesem Programmteil?

b) Sie wollen nun überprüfen, ob der Refexionslichttaster *schacht_leer* (E9.4) eine Schutzkappe erkennt?
Wie gehen Sie dabei vor?
Welchen Signalzustand erwarten Sie, wenn eine Schutzkappe über den Sensor geschoben wird?
Welchen Signalzustand erwarten Sie dann am Eingang E9.4 der SPS?

c) Wie gehen Sie vor, wenn der erwartete Signalzustand nicht erkannt werden kann? Nennen Sie die Maßnahmen in der richtigen Reihenfolge.

d) Unter welchen Voraussetzungen gehen Sie von einem defekten Sensor aus?
Welche Angaben benötigen Sie, um einen gleichwertigen Ersatzsensor zu bestellen?
Bei dieser Bestellung stoßen Sie auf die Fachbegriffe *Wiederholgenauigkeit* und *Fremdlichtgrenze*.
Welche Bedeutung haben diese Begriffe?

e) Bei einer Lichtschranke stellen Sie folgenden Anschluss fest:

– BN (braun)   L–
– BU (blau)   L+
– BN (braun)   Zum SPS-Eingang

Wie beurteilen Sie diesen Anschluss?
Falls er nicht in Ordnung ist, wie ändern Sie den Anschluss? Wird der Sensor zerstört worden sein?

d) Folgender Reflexionslichttaster soll bestellt werden:

Reflexionslichttaster Bauform M18 vernickelt IP67	
Reflexionslichttaster mit Hintergrundausblendung 1–12 cm Reichweite (einstellbar mit Potentiometer) Lichtart: 660 nm (rot) Ausgangsstrom: max. 200 mA	pnp, hellschaltend
	pnp, dunkelschaltend
	npn, hellschaltend
	npn, dunkelschaltend

Worin bestehen die Unterschiede?
Wählen Sie bitte den geeigneten Typ aus.

4. Um welche Sensoren handelt es sich in der Darstellung in Bild 1?

1 Sensoren

a) Übersetzen Sie den englischen Text und erläutern Sie die technische Aussage.

Cylindrical metal housing
Threaded barrel M 18 x 1
max. ranges 30 and 100 cm
Switching and analogue output

DC transistor output
pnp transistor output, N.O.
Brass, nickel-plated

General data

Supply voltage	*20 – 30 V DC*
Rated operational current	*150 mA*
No-load current	$\leq 50\ mA$
Voltage drop	$\leq 3\ V$
Cyclic short circuit protection	
Wire breakage protected	
Fully reserve polary protected	
Temperature drift	$\pm 2{,}5\ \%$
Degree of protection	*IP 65*
Switching indication	*LED yellow*
Temperature range	*– 25 bis + 70 °C*
Adjustments	*End of switching range*

b) Wäre dieser Sensor alternativ bei der Anlage *Fußzufuhr* einsetzbar?

c) Für welche Zwecke ist dieser Sensor besonders gut einsetzbar?

5. Magnet-inductive proximity switches react to magnetic fields and are especially suited for position detection of pistons in pneumatic cylinders.
Based on the fact that magnetic fields can permeate nonmagnetizable metals, this sensor type is designed to sense through the aluminium wall of a cylinder by means of a permanent magnet fixed on the piston.

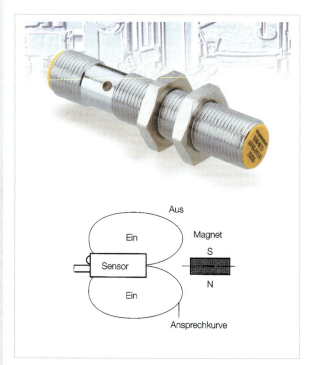

2 Magnet-inductive proximity switches

a) Übersetzen Sie den Text und geben Sie Anwendungsbeispiele für diesen Sensor an.

Anwendung

b) Welchen wesentlichen Vorteil hat dieser Sensor gegenüber Reed-Schaltern, die ebenfalls als Zylinderschalter angeboten werden? Der Reed-Kontakt zeichnet sich durch eine berührungslose Kontaktgabe bei hoher Schaltleistung aus.

c) Worin liegt der Vorteil bei der Montage und bei der Justierung von Zylinderschaltern?

d) Bei Hydraulikzylindern können Magnetfeldsensoren eingesetzt werden.
Erläutern Sie den Aufbau und die Wirkungsweise solcher Sensoren.

6. Beim Projekt *Fußzufuhr* sind induktive Näherungssensoren eingesetzt (Schachtanlage, Kippe und Umsetzer).

a) Erläutern Sie kurz die Funktion von induktiven Näherungssensoren.

b) Worauf ist bei der Montage von induktiven Näherungssensoren zu achten?

c) Können die induktiven Näherungssensoren der Anlage *Fußzufuhr* im Bedarfsfall (z. B. in Ermangelung eines passenden Ersatzteils) durch kapazitive Näherungssensoren ersetzt werden?
Ist das (auch unter Kostenaspekten) sinnvoll?
Wie funktionieren kapazitive Näherungssensoren?
Welche wesentlichen technischen Daten sind beim Einsatz zu beachten?

7. Mounting instructions – capacitive sensors
Influence by temperature
capacitive sensors are suitable for use in ambient temperatures ranging from – 25 to + 70 °C.
The temperature drift of capacitive sensors is a little higher that than of inductive devices.

Influence by earthing
A slight increase in switching distance occurs when targets made of conductive materials are connected to earth potential. Adjustments of the sensitivity control will counteract this.

Influence by humidity, dew, dust etc.
In practice, sensors can be affected by moisture, dust, etc. causing false switching. To combat this effect, each sensor incorporates a compensating electrode which forms part of a negative feedback circuit.

In some cases, the humidity compensation may be oversensitive. A single sheet of paper can be detected of a certain distance, but the compensation may operate if the paper is brought too near to the active face. This low influence is felt as a disturbance to be neutralized.

Mounting mode
All capacitive sensors incorporate an internal metal shield which ensures that the electrical field is only effective in front of the active face. They are suitable for mounting in any material (conductive and non-conductive). When sensors are flush mounted, the effect on the switching distance is minimal and can be overcome by adjustment of the potentiometer.

Übersetzen Sie den Text und erläutern Sie dessen technische Aussage.

8. Der Greifer fährt von zwei Positionen aus über die Kippe:

1. Greifer kommt von Band *Produktionsort 1*
2. Greifer kommt von Band *Ausschuss*

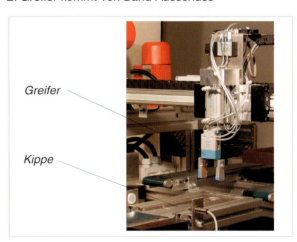

Greifer

Kippe

1 *Positionierung des Greifers über Kippe*

Dabei ergibt sich ein Problem bei der Positionierung des Greifers über der Kippe. Er steht nicht exakt in gleicher Position, wenn er von links oder von rechts kommt und vom induktiven Näherungssensor gestoppt wird.

Wenn er nicht exakt positioniert ist, kann eine Backe des Greifers Berührung mit der Schutzkappe beim Absenken haben. Ein Greifen ist dann nicht mehr möglich.

Eine mechanische Lösung (Verstellung der Greiferbacken) führt zu keiner befriedigenden Lösung.
Der Einsatz eines Servoantriebes für diese Achse des Umsetzers ist zu teuer.

Daher schlägt Ihr Meister vor, für diese Umsetzer-Achse über ein Wegmess-System nachzudenken, das eine höhere Positioniergenauigkeit des Greifers ermöglicht.

a) Machen Sie sich kundig, welche Wegmesssysteme für diese Anwendung einsetzbar sind. Beurteilen Sie deren Vor- und Nachteile.

b) Man unterscheidet zwischen dem absoluten Messverfahren und inkrementalen Messverfahren.
Beschreiben Sie den Unterschied.

c) Was versteht man unter einem *Drehgeber*?
Wie ist ein Drehgeber aufgebaut? Worauf ist beim Anschluss von Drehgebern zu achten?
Drehgeber arbeiten mit optoelektrischer Abtastung. Was bedeutet das? Wie groß ist die Auflösung von Drehgebern?

d) Was versteht man unter *Absoluten Winkelcodierern*?
Man unterscheidet dabei zwischen Singleturn-Drehgebern und Multiturn-Drehgebern. Worin bestehen die Unterschiede? Können beide Drehgeber für die geplante Anwendung eingesetzt werden?

e) Welche Aufgabe hat ein SSI-Controller?

f) Wofür können Rotationsdrehgeber eingesetzt werden? Welche Vorteile haben sie?

11.4 Druckerhöhungsanlage für Produktionsbetrieb projektieren

Auftrag

In einem Produktionsbetrieb wird Wasser als Kühlmedium benutzt, außerdem muss es für den vorsorglichen Brandschutz (Sprinkleranlage) zur Verfügung stehen.

Für beide Anwendungen muss der Druck in der Wasserverteileranlage konstant auf 5 bar gehalten werden.

Das anstehende Wasser hat einen Druck von 3–4 bar.

Mit Hilfe einer geregelten Druckerhöhungsanlage (Pumpe mit Elektromotor im Regelkreis) kann diese Forderung erfüllt werden.

Die Anlage ist zu projektieren.

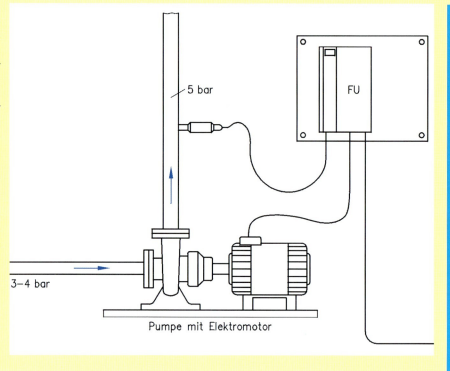

Anwendung

1. a) Erklären Sie an obigem Beispiel den Unterschied zwischen einer Steuerung und einer Regelung.

b) Könnte mit Hilfe einer Steuerung der Wasserdruck in der Verteileranlage konstant gehalten werden? Begründen Sie Ihre Entscheidung.

c) Beschreiben Sie drei Vorteile, die sich durch eine Regelung des Wasserdrucks ergeben.

d) Beurteilen Sie unter Sicherheitsaspekten:

• Der Drucksensor meldet fälschlicherweise ständig einen Druck von 5 bar.
Welche Folgen ergeben sich daraus?

• Der Drucksensor meldet fälschlicherweise durchgehend einen Druck von 0 bar (z. B. 0 V → 0 bar). Welche Folgen ergeben sich daraus und welche Maßnahmen müssten zusätzlich ergriffen werden?

2. Dem Elektromotor der Pumpenanlage ist ein Frequenzumrichter mit integriertem PID-Regler vorgeschaltet.

a) Skizzieren Sie ein Blockschaltbild mit den Komponenten dieses Regelkreises.
Ordnen Sie den Funktionsblöcken die Betriebsmittel sowie die regelungstechnischen Begriffe zu.

b) Welche Störgrößen können in diesem Regelkreis auftreten?
Nennen Sie mindestens drei Störgrößen.

c) Der Druck in der Verteileranlage fällt ab, weil ein Sprinkler ausgelöst hat.
Wie verändern sich die Größen im Regelkreis?

Anwendung

Verwenden Sie die regelungstechnischen Begriffe: Führungsgröße, Regelgröße, Rückführgröße, Sollwert, Istwert, Regeldifferenz, Stellgröße.

d) Der Sinn einer Regelung ist es, dass die Regeldifferenz Null ist.
Dabei darf die Stellgröße nicht Null sein.
Welche besondere Eigenschaft ergibt sich daraus für den Regler?

3. Um das zeitliche Verhalten von Regelstrecken bei einer Änderung der Führungsgröße bzw. der Änderung der Stellgröße beurteilen zu können, kann man Strecken (z. B. Pumpenanlage) mit dem Sprungantwortverfahren untersuchen.

a) Beschreiben Sie, wie man das zeitliche Verhalten der Druckerhöhungsanlage mit Hilfe des Sprungantwortverfahrens ermitteln kann.

b) Welche Aussagen kann man allgemein der Sprungantwort entnehmen?

c) Regelstrecken lassen sich unterscheiden in Strecken ohne Ausgleich und Strecken mit Ausgleich. Welche besondere Eigenschaft hat eine Strecke ohne Ausgleich?

d) Beurteilen Sie mit Begründung: Ist die Druckerhöhungsanlage eine Strecke mit oder ohne Ausgleich?

e) Manche Regelstrecken haben eine Totzeit.
Beschreiben Sie, was eine Totzeit im Regelkreis bewirkt.
In welchem Fall kann bei der Druckerhöhungsanlage eine Totzeit auftreten?

Anwendung

4. Die Temperatur in einem Labor wird geregelt. Die Wärmequelle ist ein Elektroheizkörper. Ein Thermostat erfasst die Temperatur und schaltet die Elektroheizung.

a) Ordnen Sie zu:
Welcher regelungstechnischen Größe entspricht
• die Raumtemperatur,
• der Elektroheizkörper,
• das Thermostat,
• eine offene Tür?

b) Erläutern Sie den Verlauf der in Bild 1 gezeigten Sprungantwort.
Warum nennt man Strecken mit doppelt gebogener Sprungantwort PT_n-Strecken?

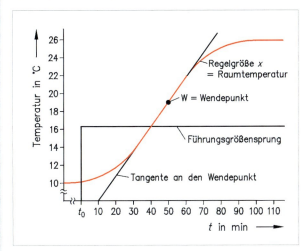

1 Sprungantwort

c) Ermitteln Sie aus dem Diagramm die Verzugszeit T_u und die Ausgleichszeit T_g.
Welche Aussagen machen diese Zeiten?

d) Begründen Sie, warum diese Strecke eine so große Verzugszeit hat.

e) Der Führungsgrößensprung bewirkt einen Stellgrößensprung $P = 2{,}2$ kW.
Wie viel Energie wird während der Verzugszeit benötigt, wie viel während der Ausgleichszeit?

f) Diese Wärmestrecke (Labor) ist eine Strecke mit Ausgleich.
Beschreiben Sie, wodurch es zum neuen Beharrungspunkt (hier $x = T = 26\,^{\circ}\text{C}$) kommt.

g) Erläutern Sie, warum es kostengünstiger ist, die Temperatur auf $T = 18\,^{\circ}\text{C}$ statt auf $T = 22\,^{\circ}\text{C}$ zu regeln.

5. Die Wassertemperatur in einem 400-l-Warmwasserspeicher ($P = 5$ kW) soll im Mittel $T = 65\,^{\circ}\text{C}$ betragen. Dies wird durch eine Zweipunktregelung erreicht.
Das in Bild 2 dargestellte Diagramm zeigt die Sprungantwort dieser Temperaturstrecke im Bereich $T = 10\,^{\circ}\text{C}$ bis $T = 80\,^{\circ}\text{C}$.

a) Der Warmwasserspeicher hat einen Wirkungsgrad von 90 %. Berechnen Sie: In welcher Zeit wird das Wasser von $10\,^{\circ}\text{C}$ auf $65\,^{\circ}\text{C}$ erwärmt?
Entnehmen Sie den Wert auch aus dem Diagramm.

Anwendung

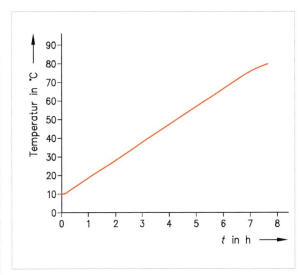

2 Sprungantwort einer Temperaturstrecke

b) Welche Energie wird benötigt, um das Wasser von $T = 60\,^{\circ}\text{C}$ auf $T = 70\,^{\circ}\text{C}$ zu erwärmen?

c) Der Zweipunktregler schaltet bei einer oberen Temperatur von $T_O = 70\,^{\circ}\text{C}$ und bei einer unteren Temperatur von $T_U = 60\,^{\circ}\text{C}$. Bei konstanter Wasserentnahme (Störgröße) von 10 l/min sinkt die Wassertemperatur in 10 min um 10 K.
Ermitteln Sie die Schalthysterese und die Schaltperiode.

d) Wenn Wasser entnommen wird (siehe 5.c)) verdoppelt sich die Zeit, um das Wasser von $T_u = 60\,^{\circ}\text{C}$ auf $T_o = 70\,^{\circ}\text{C}$ zu erwärmen.
Skizzieren Sie den zeitlichen Verlauf der Regelgröße x und Stellgröße y für 6 h.

e) Berechnen Sie die Schaltperiode und die Schaltfrequenz.

f) Wird dem Speicher kein Wasser entnommen, sinkt die Wassertemperatur im Regelbereich in 10 h um 1 K. Wie viel Energie in kWh wird dann an einem Tag an die Umgebung abgegeben?

g) Durch das Zuschalten eines weiteren Heizstabes (Schnellaufheizung) kann die Leistung des Speichers auf 9 kW gesteigert werden. Berechnen Sie, in welcher Zeit dann das Wasser von $60\,^{\circ}\text{C}$ auf $70\,^{\circ}\text{C}$ erwärmt wird, wenn kein Wasser entnommen wird.

h) Welche Schaltperiode stellt sich ein, wenn fortlaufend Wasser entnommen wird (siehe 5.c)).

i) Skizzieren Sie den Verlauf der Stellgröße y für diesen Fall.

j) Die Schalthysterese kann durch Einstellung verringert werden. Geben Sie die Folgen an, die sich insgesamt ergeben.
Beurteilen Sie: Hat dieser Eingriff eher Vorteile oder Nachteile?

k) Zweipunktregler werden auch als unstetige Regler bezeichnet.
Was unterscheidet unstetige Regler von stetigen Reglern?
Der Frequenzumrichter für die Druckerhöhungsanlage hat einen integrierten stetigen Regler mit P-, I- und D-Anteilen.

Dabei bedeutet
- P Proportionalregler,
- I   Integrierender Regler,
- D Differenzierender Regler.

Die Arbeitsweise der verschiedenen Regler lässt sich mit Analogverstärkern darstellen.

6. Invertierender Verstärker als P-Regler.

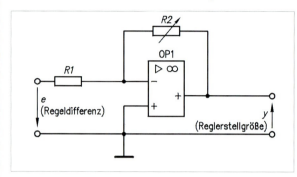

1 *Proportionalregler (P-Regler)*

Es gilt die Beziehung: $K_P = \dfrac{R_2}{R_1} = \dfrac{y}{e}, \quad y = K_P \cdot e$

Eine Regeldifferenz e wird also um den Faktor K_P verstärkt, K_P kann hier mit R_2 verstellt werden.

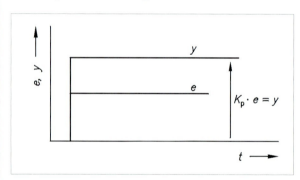

2 *Verstärkung der Regeldifferenz*

a) Am Eingang des P-Reglers liegt eine Regeldifferenz $e = 80\,\text{mV}$.
Welche minimale und welche maximale Stellgröße y ergibt sich, wenn $R_1 = 10\,\text{k}\Omega$ beträgt und R_2 zwischen 1 kΩ und 100 kΩ verstellbar ist.

b) Auf welchen Wert muss R_2 eingestellt sein, damit sich bei $e = 80\,\text{mV}$ eine Stellgröße $y = 5\,\text{V}$ ergibt?

c) P-Regler haben die nachteilige Eigenschaft, dass sie nicht ausregeln können; es bleibt trotz des Regelvorgangs eine Regeldifferenz bestehen.
Nennen Sie den Grund für dieses Verhalten.
Wie kann die Regeldifferenz minimiert werden?

d) Zu stark eingestellte P-Regler können bleibende und angefachte Schwingungen der Regelgröße verursachen.
Beschreiben Sie den Wirkungsablauf im geschlossenen Regelkreis.

7. Integrierender Verstärker als I-Regler.

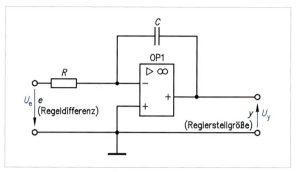

3 *Integral-Regler (I-Regler)*

Es gelten die Beziehungen:

– Integrierzeit T_I in s ist die Zeit, die die Ausgangsspannung U_y benötigt, um denselben Wert zu erreichen wie die Eingangsspannung U_e.

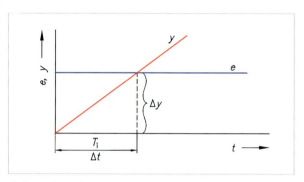

4 *Integrierzeit*

$$T_I = R \cdot C$$

Integrierbeiwert $K_I = \dfrac{1}{T_I} = \dfrac{1}{R \cdot C}$ in s^{-1}

– Änderungsgeschwindigkeit der Stellgröße y:
$$v_y = \dfrac{\Delta y}{\Delta t} \text{ in } \dfrac{V}{s}$$

– $K_I = \dfrac{v_y}{\Delta e} = \dfrac{\Delta y}{\Delta t} \cdot \dfrac{1}{\Delta e}$ in s^{-1}

Mit dem Integrierbeiwert K_I bzw. mit der Integrierzeit T_I kann folglich die Anstiegsgeschwindigkeit der Stellgröße y beeinflusst werden.

a) Wenn der Integrierbeiwert K_I vergrößert wird, wie verändern sich dann bei konstantem e
- die Integrierzeit T_I,
- die Änderungsgeschwindigkeit der Stellgröße y,
- die Steigung der Ausgangsspannung U_y?

b) Ein Integrierer soll in 0,1 ms das Ausgangssignal $\Delta y = \Delta e$ liefern. Wie groß muss R gewählt werden, wenn $C = 100\,\text{nF}$?

c) Die Integrationskonstante eines I-Reglers ist auf $K_I = 25\,\text{s}^{-1}$ eingestellt.
- Wie groß ist die Integrationszeit T_I?
- Berechnen Sie den Widerstand R, wenn $C = 100\,\text{nF}$.
- Wie groß ist die Änderungsgeschwindigkeit v_y bei $\Delta e = 100\,\text{mV}$?
- Skizzieren Sie den Sprung und die Sprungantwort mit korrekter Achseneinteilung.

Anwendung

d) I-Regler sind in der Lage, eine Regeldifferenz ganz auszuregeln ($e = 0$).
Erklären Sie dieses Verhalten.

8. Differenzierender Verstärker als D-Regler.

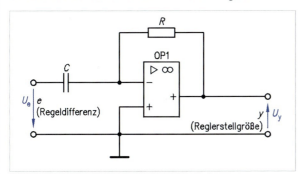

1 D-Regler

Es gelten die Beziehungen:

- Differenzierzeit
  $T_D = \text{Differenzierbeiwert } K_D = R \cdot C \text{ in s}$

- Änderungsgeschwindigkeit der Eingangsgröße e,
  $v_e = \dfrac{\Delta e}{\Delta t} \text{ in } \dfrac{V}{s}$

- Für die Ausgangsgröße y ergibt sich:
  $\Delta y = R \cdot C \cdot v_e = K_D \cdot \dfrac{\Delta e}{\Delta t} \text{ in V}$

a) Ein Differenzierer ist beschaltet mit $R = 100\,k\Omega$ und $C = 2200\,nF$.
Am Eingang liegt die in Bild 2 dargestellte Anstiegsfunktion $u_e = f(t)$.
Berechnen Sie die Ausgangsspannung $U_y = y$.

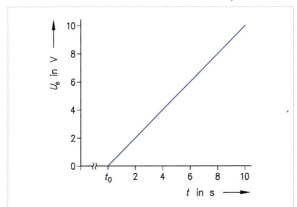

2 Anstiegsfunktion

b) Wie groß muss der Widerstand R sein, damit für diesen Anwendungsfall am Ausgang $U_y = 4\,V$ anstehen?

c) Ein D-Regler als alleiniger Regler im Regelkreis ist nicht einsetzbar. Geben Sie den Grund dafür an.

9. Kombination der Reglerarten.

a) Skizzieren Sie einen PID-Regler in Blockdarstellung und tragen Sie alle regelungstechnischen Größen ein.

Anwendung

b) Skizzieren Sie die Sprungantwort eines PID-Reglers und kennzeichnen Sie die einzelnen Anteile.

c) Skizzieren Sie die Anstiegsantwort eines PID-Reglers und kennzeichnen Sie die einzelnen Anteile.

d) In der Regelungstechnik werden u.a. die Einheitssignale 0–10 V, 0–20 mA und 4–20 mA verwendet. Beurteilen Sie die Signalarten in Bezug auf Übertragungssicherheit.

10. Dem Drehstrommotor der Druckerhöhungsanlage (siehe Aufgabe 1) ist ein Frequenzumrichter mit integriertem PID-Regler vorgeschaltet.

Zur Verfügung steht Ihnen ein Anschlussplan des Frequenzumrichters (Bild 1, Seite 246) sowie Auszüge aus der Parameterliste (Seite 247).

■ **Anschlussbeispiel** eines Frequenzumrichters (FU)

Das in Bild 1, Seite 246 dargestellte Schaltbild ist ein Beispiel für eine typische FU-Installation.

Die Netzversorgung ist an die Klemmen 91 (L1), 92 (L2) und 93 (L3) angeschlossen, der Motor an die Klemmen 96 (U), 97 (V) und 98 (W). Diese Zahlen stehen auch an den Klemmen des Frequenzumrichters.

Eine externe Gleichstromversorgung oder eine 12-Puls-Option kann an die Klemmen 88 und 89 angeschlossen werden.

Analogeingänge können an die Klemmen 53 [V], 54 [V] und 60 [mA] angeschlossen werden. Diese Eingänge lassen sich auf Sollwert, Istwert oder Thermistor programmieren. Siehe *Analogeingänge* in Parametergruppe 300.

Es gibt acht Digitaleingänge, die an die Klemmen 16 –19, 27, 29, 32, 33 angeschlossen werden können. Diese Eingänge lassen sich entsprechend programmieren.

Es gibt zwei Analog-/Digitalausgänge (Klemmen 42 und 45), die sich so programmieren lassen, dass sie den aktuellen Zustand eines Prozesswerts wie $0 - f_{MAX}$ zeigen.

Die Relaisausgänge 1 und 2 können zur Ausgabe des aktuellen Zustandes oder einer Warnmeldung verwendet werden.

Über die Klemmen der RS-485-Schnittstelle 68 (P+) und 69 (N–) kann der Frequenzumrichter durch serielle Kommunikation gesteuert und überwacht werden.

a) An welche Klemmen des Frequenzumrichters schließen Sie den Transmitter an?

b) Kann das Signal an Klemme 42 oder 45 des Frequenzumrichters als Istwertsignal verwendet werden?

c) Laut Herstellerangaben enthält der Drucktransmitter eine Brückenschaltung mit einem druckabhängigen Widerstand.
Beschreiben Sie das Prinzip dieses Drucksensors.

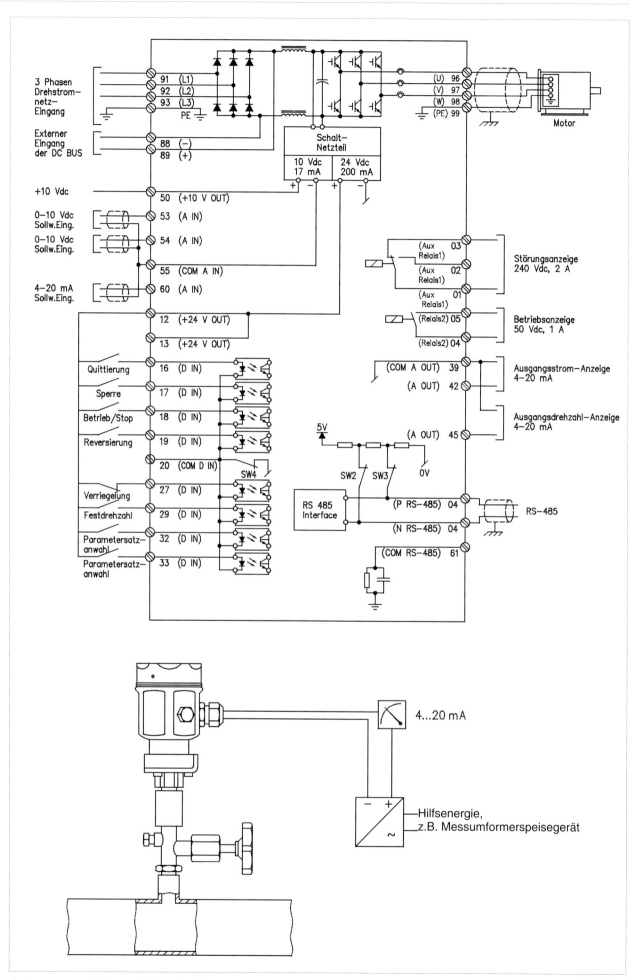

1 *Frequenzumrichter und Messeinrichtung*

Anwendung

d) Nach den Grundeinstellungen des Frequenzumrichters muss bei der Inbetriebnahme noch der Prozessregler optimiert werden.
Unter welchen Voraussetzungen ist ein Regelkreis optimal eingestellt?

e) Der Hersteller gibt zur Einstellung des Prozessreglers für diese Anwendung (Druckerhöhungspumpe) folgende Hinweise:

1. Motor starten.

2. Parameter 423 PID Proportionalverstärkung auf 0,3 einstellen und anschließend erhöhen, bis der Prozess zeigt, dass das Istwertsignal schwingt.
Danach den Wert verringern, bis das Istwertsignal stabilisiert ist. Dann die Proportionalverstärkung um 40 – 60 % senken.

3. Parameter 424 PID Integrationszeit auf 20 s einstellen und den Wert reduzieren, bis der Prozess zeigt, dass das Istwertsignal schwingt. Danach den Wert verringern, bis das Istwertsignal stabilisiert ist. Dann um 15 – 50 % erhöhen.

4. Parameter 425 PID Differentionszeit wird nur in sehr schnellen Systemen benutzt.
Der typische Wert beträgt 1/4 des in Parameter 424 Prozess PID Integrationszeit eingestellten Wertes.
Der Differentiator sollte nur benutzt werden, wenn Proportionalverstärkung und Integrationszeit optimal eingestellt sind.

Stellen Sie mit Hilfe folgender Liste die Parameter der Tabelle ein.

Anwendung

Auswahl aus der Parameterliste

100	Konfiguration
(KONFIGURATION)	

Wert:
★Drehzahlsteuerung
(DREHZAHLSTEUERUNG)   [0]
Prozessregelung
(PROZESSREGELUNG)   [1]

Beschreibung der Auswahl:
Bei Auswahl von *Drehzahlsteuerung* [0] erhält man die normale Drehzahlsteuerung (ohne Istwert-Signal), d.h. wenn der Sollwert verändert wird, ändert sich die Motordrehzahl.
Wenn *Prozessregelung* [1] gewählt wird, wird der interne Prozessregler für eine präzise Regelung in Abhängigkeit von einem gegebenen Prozesssignal aktiviert.
Für das Referenz- (Sollwert) und das Prozesssignal (Istwert) kann eine Prozesseinheit gewählt werden.

		Einstellung
Par. 100	Konfiguration	
Par. 205	Max. Sollwert	
Par. 302	Klemme 18, Digitaleingänge	
Par. 314	Klemme 60, Analogeingang Strom	
Par. 315	Klemme 60, min. Skalierung	
Par. 316	Klemme 60, max. Skalierung	
Par. 403	Energiesparmodus	
Par. 404	Energiesparfrequenz	
Par. 405	Energie Start-F	
Par. 406	Boost-Sollwert	
Par. 413	Minimaler Istwert	
Par. 414	Maximaler Istwert	
Par. 415	Anzeigewert	
Par. 418	Sollwert 1	
Par. 420	Regler-Funktion	
Par. 423	Proportionalverstärkung	
Par. 424	PID Integrationszeit	

Anwendung

415   Einheiten zur Prozessregelung

(SOLLW./ISTW. EINHEIT)

Wert:

Keine Einheit	[0]
★%	[1]
UPM	[2]
ppm	[3]
Pulse/s	[4]
l/s	[5]
l/Min	[6]
l/h	[7]
kg/s	[8]
kg/Min	[9]
kg/h	[10]
m^3/s	[11]
m^3/min	[12]
m^3/h	[13]
m/s	[14]
mbar	[15]
Bar	[16]
Pa	[17]
kPa	[18]
m WS	[19]
kW	[20]
°C	[21]
GPM	[22]
gal/s	[23]
gal/min	[24]
gal/h	[25]
lb/s	[26]
lb/min	[27]
lb/h	[28]

205   Maximaler Sollwert, Sollw$_{MAX}$

(MAX-SOLLWERT)

Wert:
Bei Druckregelung in Bar einstellen.

Anwendung

Funktion:
Der *Maximale Sollwert* ergibt den maximalen Wert, der durch die Summe aller Sollwerte angenommen werden kann. Bei Auswahl von Prozessregelung mit *Istwertrückführung* in Parameter 100 *Konfiguration* kann der maximale Sollwert nicht über Parameter 414 *Maximaler Istwert* eingestellt werden.

314   Klemme 60, Analogeingang Strom

(EIN.60 ANALOG)

Istwert: Ist ein Istwertsignal verbunden, besteht die Möglichkeit zur Auswahl eines Spannungseingangssignals (Klemme 53 oder 54) oder eines Stromeingangssignals (Klemme 60) als Istwert.

Funktion:
In diesem Parameter können die verschiedenen Funktionsmöglichkeiten des Eingangs, Klemme 60, gewählt werden.
Die Skalierung des Eingangssignals erfolgt in Parameter 315 *Klemme 60, min. Skalierung* und in Parameter 316 *Klemme 60, max. Skalierung*.

315   Klemme 60, min. Skalierung

(EIN. 60 SKAL-MIN)

Wert:
0,0 – 20,0 mA   ★4,0 mA

316   Klemme 60, max. Skalierung

(EIN.60 SKAL-MAX)

Wert:
0,0 – 20,0 mA   ★20,0 mA

Digitaleingänge	Klemmennummer	16	17	18	19	27
	Parameter	300	301	302	303	304
Wert:						
Ohne Funktion	(OHNE FUNKTION)	[0]	[0]	[0]	[0]	
Reset	(RESET)	[1]★	[1]			
Motorfreilauf invers	(MOTORFREILAUF)					[0]★
Reset und Motorfreilauf invers	(FREIL. & RESET INVERS)					[1]
Start	(START)			[1]★		
Reversierung	(REVERSIERUNG)				[1]★	
Reversierung und Start	(START + REVERSIERUNG)					[2]

Funktion:
Dieser Parameter wird zur Einstellung des Signalwertes verwendet, der dem maximalen Sollwert, Parameter *205 Maximaler Sollwert, Sollw_{MAX}* entspricht. Siehe *Sollwertverarbeitung* oder *Istwertverarbeitung*.

403   Energiespar-Modus

(ENERGIESPAR-MODE)

Wert:

0 – 300 s (301 s = AUS)   ★AUS

Funktion:
Dieser Parameter ermöglicht es dem VLT-Frequenzumrichter, den Motor zu stoppen, wenn die Motorlast minimal ist.
Der Timer im *403 Energiespar-Modus* startet, wenn die Ausgangsfrequenz unter die in Parameter 404 *Energie Stopp-Frequenz* eingestellte Frequenz abfällt.
Wenn der Timer abläuft, schaltet der VLT-Frequenzumrichter den Motor aus. Der VLT-Frequenzumrichter startet den Motor wieder, wenn die theoretische Ausgangsfrequenz die in Parameter 405 *Energie Start-Frequenz* eingestellte Frequenz übersteigt.

Beschreibung der Auswahl:
Wählen Sie *AUS*, wenn diese Funktion nicht gewünscht wird. Stellen Sie den Schwellwert ein, der den Energiespar-Modus aktiviert, nachdem die Ausgangsfrequenz unter die in Parameter 404 eingestellte *Energie Stopp-Frequenz* abgefallen ist.

404   Energiespar-Stoppfrequenz

(ENERGIE STOP-F)

Wert:

000,0 – Par. 405 *Energie Start-F.*   ★0,0 Hz

Funktion:
Wenn die Ausgangsfrequenz unter den eingestellten Wert fällt, beginnt der Zeitgeber mit dem Herunterzählen der in Parameter 403, *Energiespar-Mode*, eingestellten Zeit. Die aktuelle Ausgangsfrequenz folgt der theoretischen Ausgangsfrequenz, bis f_{MIN} erreicht ist.

Beschreibung der Auswahl:
Stellen Sie die gewünschte Frequenz ein.

405   Energie Start-Frequenz

(ENERGIE START-F)

Wert:

Parameter 404 *Energie Stopp-Frequenz*-
parameter 202 f_{MAX} ★50 Hz

Funktion:
Übersteigt die theoretische Ausgangsfrequenz den voreingestellten Wert, so startet der VLT-Frequenzumrichter den Motor wieder.

f) Erläutern Sie den Energiesparmodus, der in dieses System integriert ist.

406   Boost-Sollwert

(BOOST-SOLLWERT)

Wert:

1 – 200 %   ★100 % des Sollwerts

Funktion:
Diese Funktion kann nur dann verwendet werden, wenn in Parameter 100 *Prozess-Regelung* ausgewählt wurde.
Bei Systemen mit Konstantdruckregelung ist es vorteilhaft, den Druck im System zu erhöhen, bevor der Frequenzumrichter den Motor abschaltet. Dadurch wird die Zeitdauer, während der der Frequenzumrichter den Motor im Stillstand lässt, ausgedehnt und das häufige Starten und Stoppen des Motors vermieden, beispielsweise bei undichtem Wasserversorgungssystem.

Beschreibung der Auswahl:
Stellen Sie den gewünschten *Boost-Sollwert* als Prozentsatz des resultierenden Sollwerts bei Normalbetrieb ein. 100 % entspricht dem Sollwert ohne Boost (Ergänzung).

413   Minimaler Istwert, ISTW_{Min}

(MIN-ISTWERT)

Wert:

Bei Druckregelung in Bar einstellen

Funktion:
Parameter 413 *Min. Istwert ISTW_{MIN}* und 414 *Max. Istwert ISTW_{MAX}* werden zur Skalierung der Displayanzeige verwendet, wobei sichergestellt wird, dass das Istwertsignal in einer Prozesseinheit proportional zum Eingangssignal angezeigt wird.

Beschreibung der Auswahl:
Stellen Sie den gewünschten Wert ein, der im Display angezeigt werden soll, wenn an dem gewählten Istwerteingang (Par. 308, 311, 314 Analogeingänge) der Min. Istwert (Parameter 309/312/315 Skal. Min.) erreicht ist.

Anwendung

414   Maximaler Istwert, ISTW$_{MAX}$

(MAX-ISTWERT)

Wert:
Bei Druckregelung in Bar einstellen

Funktion:
Siehe Beschreibung von Par. 413 *Minimaler Istwert ISTW$_{MIN}$*.

418   Sollwert 1

(SOLLWERT 1)

Wert:
Sollwert$_{MIN}$ – Sollwert$_{MAX}$ ★0.000

Funktion:
Sollwert 1 wird bei der Prozessregelung als Sollwert im Vergleich mit den Istwerten verwendet.
Der Sollwert kann durch digitale, analoge oder Bus-Sollwerte beeinflusst werden, siehe Sollwertverarbeitung. Wird in *Prozess-Regelung* [1] Parameter 100, *Konfiguration*, verwendet.

Beschreibung der Auswahl:
Stellen Sie den gewünschten Wert ein. Die Auswahl der Prozesseinheit erfolgt in Parameter 415, *Prozesseinheiten*.

420   Regler-Funktion

(REGLER-FUNKTION)

Wert:
★Normal (NORMAL)   [0]
Invers (INVERS)   [1]

Funktion:
Hier kann ausgewählt werden, ob der Prozessregler die Ausgangsfrequenz bei Abweichung zwischen Sollwert/Istwert und dem tatsächlichen Prozesszustand erhöhen/verringern soll.
Wird in *Prozess-Regelung* [1] (Parameter 100) verwendet.

Beschreibung der Auswahl:
Wenn der Frequenzumrichter die Ausgangsfrequenz im Falle eines Ansteigens des Istwertsignals reduzieren soll, wählen Sie *Normal* [0] aus.
Wenn der Frequenzumrichter die Ausgangsfrequenz im Falle eines Ansteigens des Istwertsignals erhöhen soll, wählen Sie *Invers* [1] aus.

Anwendung

423   Proportionalverstärkung

(P-VERSTÄRKUNG)

Wert:
0.00 – 10.00   ★0.01

Funktion:
Die Proportionalverstärkung gibt an, um welchen Faktor die Regelabweichung zwischen Sollwert- und Istwertsignal verstärkt werden soll.
Wird in *Prozess-Regelung* [1] (Parameter 100) verwendet.

Beschreibung der Auswahl:
Eine schnelle Regelung wird bei hoher Verstärkung erzielt. Ist die Verstärkung jedoch zu hoch, kann der Prozess instabil werden.

424   PID Anlauffrequenz

(INTEGRATIONSZEIT)

Wert:
0.01 – 9999.00 s (AUS   ★AUS

Funktion:
Der Integrator sorgt für eine konstante Änderung der Ausgangsfrequenz während konstanter Abweichung zwischen Sollwert- und Istwertsignal.
Je größer die Abweichung, desto schneller steigt die Verstärkung durch den Integrator. Die vom Integrator benötigte Zeit zum Erreichen derselben Verstärkung wie die Proportionalverstärkung für eine bestimmte Abweichung ist die Integrationszeit.
Wird bei Prozessregelung mit *Istwertrückführung* [1] (Parameter 100) benutzt.

Beschreibung der Auswahl:
Es wird eine schnelle Regelung bei kurzer Integrationszeit erreicht. Ist diese Zeit jedoch zu kurz, so kann der Prozess aufgrund von Überschwingen instabil werden.

Ist die Integrationszeit zu lang, so kann es zu großen Abweichungen vom gewünschten Sollwert kommen, da der Prozessregler länger braucht, um die vorliegende Regelabweichung auszuregeln.

   ACHTUNG!
Es muss ein anderer Wert als *AUS* gesetzt werden; andernfalls ist eine korrekte PID Funktion nicht möglich.

g) Begründen Sie, warum der D-Regler nicht eingesetzt wird.

427	Regler-Tiefpassfilterzeit
	(TIEFPASSFILTER)

Wert:
0.01 – 10.00 ★0.01

Funktion:
Welligkeiten (Rippel) des Istwertsignals werden durch den Tiefpassfilter gedämpft, um ihren Einfluss auf die Prozessregelung zu mindern. Dies kann von Vorteil sein, wenn das Signal stark gestört ist.
Wird in *Prozess-Regelung* [1] (Parameter 100) verwendet.

Beschreibung der Auswahl:
Wählen Sie die gewünschte Zeitkonstante (τ) aus. Wird eine Zeitkonstante (τ) von 0,1 s programmiert, ist die Eckfrequenz des Tiefpassfilters $1/0,1 = 10$ RAD/Sek., was $(10/(2\pi)) = 1,6$ Hz entspricht.

Der Prozessregler wird daher nur ein Istwertsignal regeln, das mit einer Frequenz von unter 1,6 Hz oszilliert. Wenn das Istwertsignal mit einer Frequenz von über 1,6 Hz oszilliert, wird der PID-Regler nicht reagieren.

h) Erklären Sie die Notwendigkeit und die Wirkung des Tiefpassfilters.

12 Elektrische Anlagen planen und ändern

12.1 Solare Unterstützung des Kessels in der Tiefgarage

In der Tiefgarage ist ein Heizkessel mit Brauchwasserspeicher in Betrieb, der u.a. Heizung und Warmwasserbereitstellung für die sanitären Einrichtungen (Dusche, WC usw.) übernimmt. Der Kessel wird mit Heizöl betrieben.

Heizkessel

Ölbrenner

Warmwasserspeicher

Wegen der hohen Energiepreise denkt Ihr Meister in Absprache mit der Betriebsleitung über eine solare Unterstützung dieser Anlage nach. Zumal hierzu das Flachdach des Tischbaus über der Tiefgarage für die Aufnahme des Kollektors optimal genutzt werden kann.

Die Realisierung der Anlage soll in enger Zusammenarbeit mit der Metallabteilung des Betriebes erfolgen.

Folgende Forderungen sollen berücksichtigt werden:

– Auf die Aufstellung eines zusätzlichen Solarspeichers soll zumindest vorerst noch verzichtet werden.
Hieraus folgt, dass das Solarsystem mit dem Wärmeträger Wasser arbeiten muss.

– Bei Betrieb mit dem Wärmeträger Wasser ist die Frostschutzproblematik im Winter zu lösen.

– Das Kollektorsystem soll direkt an die bestehende Heizungsanlage angebunden werden. Eingriffe in die bestehende Heizungsregelung sind unbedingt zu vermeiden.

– Die Anbindung an das Heizungssystem soll so erfolgen, dass eine Unterstützung der Brauchwassererwärmung und der Heizung möglich ist. Der vorhandene Warmwasserspeicher hat ein Fassungsvermögen von 350 Liter.

– Es sollen nur handelsübliche Betriebsmittel verwendet werden. Dies ist wirtschaftlich bei der Erstellung und günstig beim Service.

– Der auf dem Flachdach zu montierende Kollektor soll unter Verwendung von Kupferrohr selbst erstellt werden.
Da die zur Verfügung stehende Fläche groß ist und die „Optik" keine entscheidende Rolle spielt, kann der geringere Wirkungsgrad durch eine größere Fläche ausgeglichen werden.

– Für die Steuerung der Anlage wird eine handelsübliche SPS verwendet. Das Steuerungsprogramm ist zu erstellen.

Ihr Meister macht mit Ihnen eine Ortsbegehung und erklärt die bestehende Heizungsanlage. Hierfür fertigt er die folgende Skizze an (Bild 1, Seite 252). In Absprache mit der Metallabteilung wurde die mögliche Anbindung der Solaranlage an das Heizungssystem skizziert (Bild 2, Seite 252). Sämtliche Leitungen werden in 10-mm-Cu-Rohr (isoliert) verlegt.

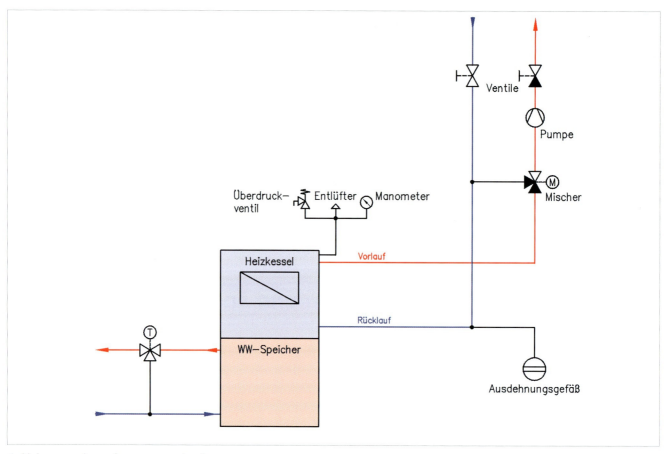

1   Heizungsanlage, Ausgangszustand

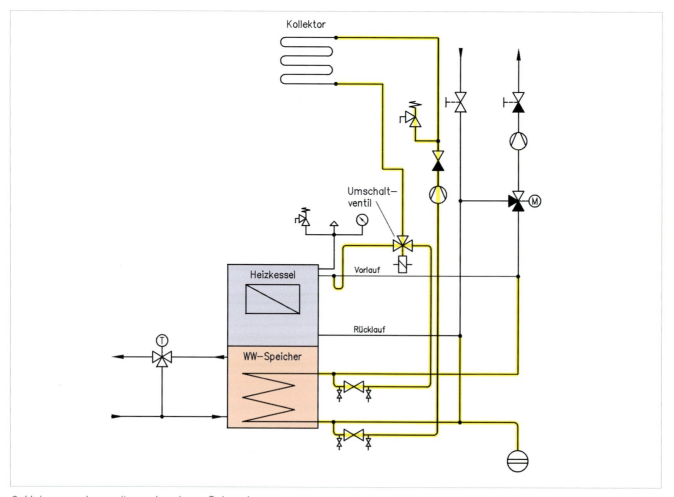

2   Heizungsanlage mit angebundener Solaranlage

Anwendung

1. a) Welche Aufgabe hat das Umschaltventil (Bild 2, Seite 252)?

b) Ist laut Skizze überhaupt ein Solarkreislauf durch den Heizkessel möglich?

c) Auf dem Umschaltventil Heizung-Warmwasserspeicher sind folgende elektrische Daten aufgedruckt:
220 – 230 V/50 Hz   16 W

Zur Heizung

Vom Kollektor

Zum WW-Speicher

1 Umschaltventil

Ist dieses Umschaltventil einsetzbar?
Welche Voraussetzungen sind dabei zu berücksichtigen?

d) Auf dem Ventil ist aufgedruckt: A, B, P.
Wie ist das Ventil an das Rohrsystem anzuschließen?
Tragen Sie die Anschlussbezeichnungen in die Skizze ein.

e) Sie sollen die Stromaufnahme des Ventils bestimmen. Wie gehen Sie dabei vor?
Kann das Ventil direkt an einen SPS-Ausgang angeschlossen werden?

f) Wie können Sie eine Funktionskontrolle des Umschaltventils durchführen?

2. Ein weiteres elektrisches Betriebsmittel in der Anlage ist die Solarpumpe, die den Wärmeträger durch Kollektor und Wärmetauscher bewegt.
Hier wird eine handelsübliche Umwälzpumpe eingesetzt.

2 Umwälzpumpe (Solarpumpe)

Anwendung

Technische Daten:

230 V/50 Hz   2,5 µF

40   65   80   W

0,2 0,29 0,34   A

IP 42   Class H   TF 110

max. 10 bar

a) Um was für einen Pumpenantriebsmotor handelt es sich?
Welche Aussage macht die Angabe 2,5 µF?

b) Auf dem Leistungsschild sind drei unterschiedliche Leistungen und drei Ströme angegeben.
Was bedeutet das?

c) Erläutern Sie sämtliche Angaben der Solarpumpe.

d) Angenommen, es wäre eine Drehrichtungsumkehr der Pumpe notwendig. Was ist dann zu tun?

e) Sie sollen den Wirkungsgrad der Pumpe bestimmen.
Wie gehen Sie vor?

f) Wie groß wäre der stündliche „Energieverbrauch" der Pumpe in den drei möglichen Schaltstellungen 40, 65, 80 W?
Welche Energiekosten entstehen dadurch?
Wie groß sind die Energiekosten, wenn die Pumpe im Jahr 2000 Stunden in der mittleren Schaltstellung in Betrieb ist?
Welche Schlussfolgerung ziehen Sie daraus?

3. Das Dach darf durch die Kollektormontage keinesfalls geschädigt werden. So sind z. B. Bohrlöcher zur Befestigung unbedingt zu vermeiden.

Die Entscheidung fällt auf eine Gummiunterlage zwischen Kollektor und Dach sowie Betonsteinen zur sicheren Befestigung des Kollektors (sturmsicher). Die Kollektorfläche soll 15 m^2 (5 m breit, 3 m hoch) betragen.

Der Kollektor wird wie folgt aufgebaut:
* *Kollektorträger (Aluminiumkonstruktion)*
* *Isolation (Wärmedämmung); Styropor*
* *Schweißbahn schwarz*
* *Rohrsystem Kupfer*
* *Glasscheibenabdeckung*

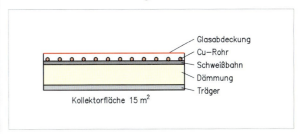

Glasabdeckung
Cu–Rohr
Schweißbahn
Dämmung
Träger

Kollektorfläche 15 m^2

3 Aufbau des Kollektors

a) Für die Verlegung des Kupferrohres auf der Schweißbahn werden zwei Varianten diskutiert.
1. Verlegung als „Schleife"
2. Rohrregister

Anwendung

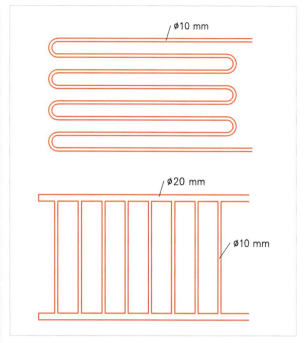

1 Schleifenverlegung und Rohrregister

Beurteilen Sie beide Varianten. Für welche Variante würden Sie sich entscheiden?

b) Diskutiert wird weiterhin, ob der Kollektor plan auf das Flachdach „gelegt" wird (Winkel 0°) oder in einem Winkel von 15° aufgestellt wird.
Beurteilen Sie beide Möglichkeiten und treffen Sie eine Entscheidung.
Denken Sie dabei auch an die Sturmsicherheit.

4. Sie werden gebeten, die metalltechnischen Arbeiten zu planen und mit der Metallabteilung abzustimmen.
Erstellen Sie einen Arbeitsplan für diese Arbeiten einschließlich Zeitplanung.

Die Verbindungen zwischen Kollektor und Heizungsanlage erfolgen durch wärmeisoliertes Kupferrohr 10 mm Ø.

Eine Ortsbesichtigung ergibt, dass diese Leitung nicht durch den Luftschacht eines Kamins geführt werden kann, da die Abgasleitung der Heizung nur aus einem Abgasrohr besteht.

Beachten Sie das bei der Erstellung des Arbeitsplans.

5. Für die Planung der elektrotechnischen Arbeiten muss zunächst geklärt werden, welche Sensoren vorzusehen sind und wo sie montiert werden müssen. Eventuell müssen die Sensoraufnehmer im Rahmen der Rohrmontage eingebaut werden.

Benötigt werden 4 Temperatursensoren, die folgende Temperaturen erfassen:

* *Eintrittstemperatur des Kollektors*
* *Austrittstemperatur des Kollektors*
* *Rücklauftemperatur des Heizkreislaufes*
* *Temperatur des Warmwasserspeichers*

Anwendung

a) Tragen Sie die Temperatursensoren in die Skizze (Bild 2, Seite 252) ein. Bedenken Sie dabei, dass Eingriffe in die bestehende Heizungsanlage zu vermeiden sind.

b) Temperatursensoren können nach unterschiedlichen Prinzipien arbeiten. Nennen und beschreiben Sie diese Prinzipien.

Temperaturfühler rufen eine Widerstandsänderung oder eine Spannungsänderung in Abhängigkeit von der Temperatur hervor, die als Kennlinie dargestellt werden kann.

Wenn eine genaue Temperaturmessung erforderlich ist, welche Forderung ist dann an die Kennlinie zu stellen?

Temperatur in °C	Widerstand in kΩ
– 15	36,5
– 10	27,5
– 5	21
0	16,25
5	12,7
10	10
20	6,25
30	4
40	2,7
50	1,8
60	1,24
70	0,87
80	0,63
90	0,46

Zeichnen Sie die Kennlinie Widerstand R in Abhängigkeit von der Temperatur $R = f(\vartheta)$.

Beurteilen Sie den Kennlinienverlauf.

Um welchen Temperatursensor handelt es sich?

Sind solche Sensoren für die Temperaturerfassung der Solaranlage geeignet?

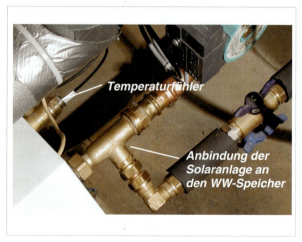

2 Eingebauter Temperaturfühler

Anwendung

Temperatur in °C	Widerstand in Ω
– 15	940
– 10	960
– 5	980
0	1000
5	1019
10	1039
20	1078
30	1117
40	1155
50	1194
60	1232
70	1271
80	1309
90	1346

Zeichnen Sie die Kennlinie.

Beurteilen Sie den Kennlinienverlauf.

Um welchen Temperatursensor handelt es sich?

Sind solche Sensoren für die Temperaturerfassung der Solaranlage geeignet?

c) Welches Prinzip der Temperaturerfassung ist bei der Solaranlage erforderlich?
Reicht es aus, das Unter- oder Überschreiten eines Grenzwertes zu erfassen oder müssen auch Zwischenwerte erfasst werden können?

Welche Forderung ist also weiterhin an den eingesetzten Temperatursensor zu stellen? Welche Auswirkungen hat das auf die Konfiguration der eingesetzten SPS?

d) *Technische Daten von Temperatursensoren (Kompaktthermometer)*

Einsatzbereiche
Erfassung von Temperaturen in Behältern und Rohrleitungen.

1 Kompaktthermometer

Anwendung

Sensorlänge	Messbereich
50 mm	– 50 bis 100 °C
100 mm	– 30 bis 150 °C
150 mm	0 bis 50 °C
200 mm	0 bis 100 °C

Die eingebaute Elektronik setzt den Widerstandswert in ein temperaturlineares 4 bis 20 mA-Signal um.

Sensor	PT 100
Durchmesser	6 mm
Pressfitting notwendig	
Ausgangssignal	4 bis 20 mA analog
Einschaltverzögerung	2 s
Versorgungsspannung	10 – 35 V
Messabweichung	0,1 K oder 0,08 %

a) Wählen Sie einen geeigneten Sensor aus (Temperaturbereich).

b) Welchen Vorteil hat das Analogsignal 4 –10 mA gegenüber 0 – 10 mA bzw. 0 – 10 V?

c) Bestimmen Sie die Digitalwerte für 4 – 20 mA in Schritten von 10 K.

d) Erläutern Sie die Aussage der Grafik.
Übernehmen Sie die Grafik maßstäblich auf Millimeterpapier. Welche Hilfe stellt die Grafik bei der Projektierung dar?

2 Strombereich, Digitalbereich und Temperaturbereich

e) Bestimmen Sie mit Hilfe der Grafik die Digitalwerte für 0 °C, 50 °C und 90 °C.

f) Im Steuerungsprogramm müssen Sie mit Temperaturdifferenzen arbeiten. Zum Beispiel mit der Temperaturdifferenz zwischen der Eintritts- und Austrittstemperatur des Kollektors.

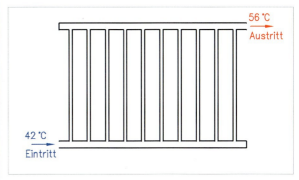

3 Temperaturdifferenz Kollektor

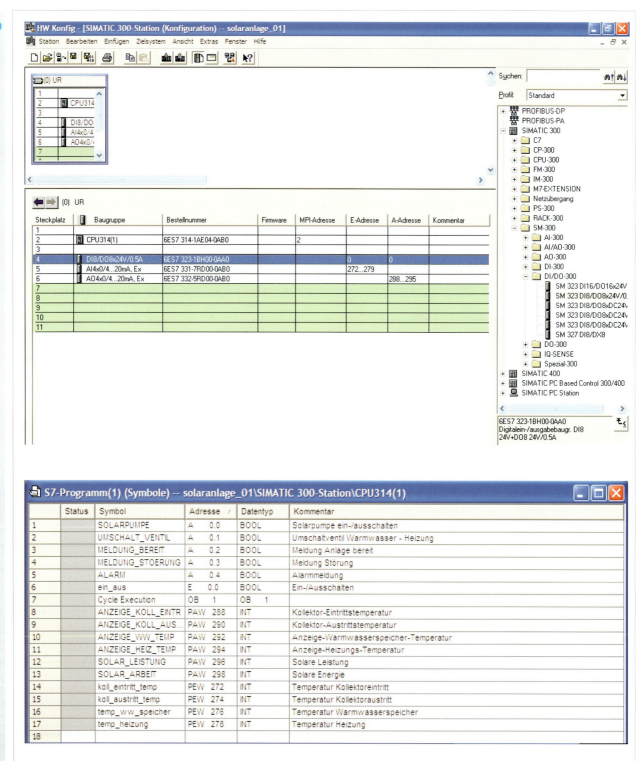

1 Hardwarekonfiguration und Symboltabelle zu Augabe 6

$\Delta \vartheta = 56\,°C - 42\,°C = 14\,K$

Bestimmen Sie die Digitalwerte für folgende Temperaturdifferenzen:
5 K, 6 K, 7 K, 8 K, 9 K, 10 K, 11 K, 12 K, 13 K, 14 K, 15 K, 16 K, 17 K, 18 K, 19 K, 20 K.

6. Die einzusetzende SPS ist auszuwählen. Dargestellt ist die Hardware-Konfiguration und die Symboltabelle (Bild 1).

a) Überprüfen Sie die Angaben.

b) Nehmen Sie notwendige Ergänzungen bzw. Änderungen vor.

c) Skizzieren Sie den Anschlussplan der SPS.

7. Die Bedienung und Visualisierung der Anlage soll (zumindest in der Testphase) mit Hilfe eines Prozessvisualisierungssystems erfolgen.
Grundlage bildet das Technologieschema der Anlage, das auch als Startbild auf dem Monitor erscheint.

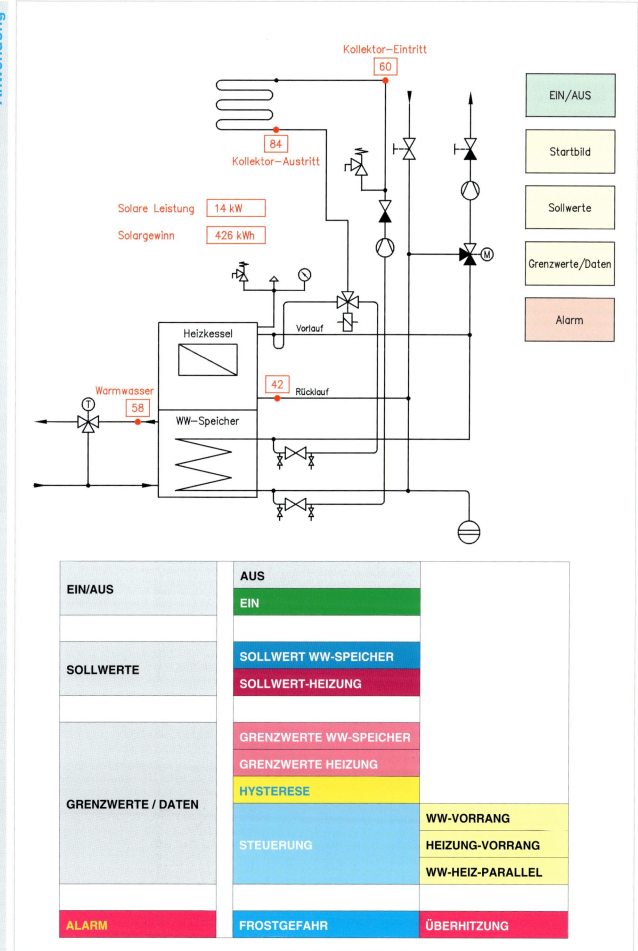

1 *Startbild der Visualisierung und mögliche Menüstruktur (Ausschnitt)*

a) Was versteht man unter Prozessvisualisierung?

b) Erläutern Sie den Begriff Prozessleitsystem. Welche wesentlichen Vorteile hat das Prozessleitsystem?

c) Was versteht man unter einem Prozessbild? Welche Anforderungen sind an ein Prozessbild zu stellen?

d) Unterscheiden Sie zwischen Bargraphen, Liniendiagrammen und Listendarstellung.

e) Was versteht man unter der Protokollierung von Prozessdaten?

f) Bild 1, Seite 257:
Folgende Sollwerte sind zu setzen:
– *Sollwerttemperatur Warmwasserspeicher*
– *Sollwerttemperatur Heizung*

Folgende Grenzwerte sind zu setzen:
– *Grenztemperatur Warmwasserspeicher*
– *Grenztemperatur Heizung*

Folgende Daten sind einzugeben:
– *Warmwasserspeicher vorrangig*
– *Heizung vorrangig*
– *Beide Speicher gleichwertig*
– *Schaltdifferenz (Hysterese)*

Alarm wird gegeben bei:
– *Fehler in der Anlage*
– *Überhitzungsgefahr*
– *Frostgefahr*

EIN/AUS
Schaltfläche leuchtet grün, wenn eingeschaltet ist.
Schaltfläche leuchtet rot, wenn ausgeschaltet ist.
Schaltvorgang erfolgt durch Mausklick auf diese Schaltfläche.

Sollwerte
Es öffnet sich ein Fenster, das die momentanen Werte anzeigt. Werte können durch Überschreiben geändert werden.
Mausklick auf „Startbild" führt zurück zur Ausgangsdarstellung.

Grenzwerte/Daten
Gleiches Prinzip wie bei *Sollwerte*.

Alarm
Im Alarmfall wechseln auf der Schaltfläche die Farben von Grau auf Rot. Die rote Schaltfläche blinkt.
Bei Mausklick auf diese Schaltfläche öffnet sich ein Fenster, das die Alarmbearbeitung ermöglicht.

Entwickeln Sie ein bedienerfreundliches Layout für die Prozessvisualisierung.
Dabei sind auch die Informationen „Pumpe läuft" und „Umschaltventil geschaltet" interessant.

8. Schaltfläche EIN/AUS:
Zustand Aus → Mausklick → Zustand EIN → Mausklick → Zustand AUS usw.
Die Wirkung ist so, als ob mit einem Schließer bei Betätigung wechselnd EIN- bzw. AUS-geschaltet werden soll.
Entwickeln Sie eine Funktion (FC1), die diese Vorgänge ermöglicht.

9. Aus Energiespargründen soll die Solarpumpe nicht dauerhaft arbeiten. Sie soll nur einschalten, wenn eine ausreichende solare Leistung zur Verfügung steht, also der Kollektor sich entsprechend aufgewärmt hat.

Dies bedeutet allerdings: Wegen der Wärmeverteilung im Kollektor kann die Kollektortemperatur nicht exakt gemessen werden.

Problemlösung: Wenn die Kollektortemperatur bei Stillstand der Pumpe ansteigt, dann wird die Pumpe für 5 Sekunden eingeschaltet.

Hierfür ist eine Funktion KOLLEK_TEMP (FC2) zu erarbeiten.

a) In dieser Funktion ist folgendes Netzwerk programmiert (Bild 1).
Welche Aufgabe hat das Netzwerk und wie arbeitet es?
Wie beurteilen Sie die eingestellte Zeit t#1M? Ist sie eventuell zu kurz?

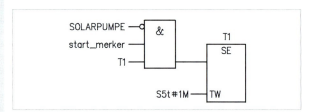

1 Einschaltzeit der Pumpe

b) Sie möchten das Netzwerk doch lieber in der Programmiersprache AWL erstellen, da nun Wortoperationen notwendig werden.
Wie gehen Sie dazu vor?
Wie lautet die AWL für obiges Netzwerk?

c) Wenn Sie mit der Zeitverzögerung nach a) nicht erfolgreich sind, schlägt Ihnen ein Kollege das in Bild 1, Seite 259 dargestellte Programm vor.

Machen Sie sich mit der Funktion des Programms vertraut.
Ist es für den gedachten Zweck brauchbar?
Wie können Sie den Zeitabstand zwischen zwei Messaufnahmen verändern?

d) Für das Einschalten der Solarpumpe und das Ausschalten nach 5 s wird folgendes Programm vorgeschlagen (Bild 2, Seite 259).
Nehmen Sie dazu Stellung.
Sind Änderungen notwendig?
Welche Aufgabe hat die Konstante 1536?
Ist sie richtig?

e) Schreiben Sie das Programm nach c) und d) mit den eventuell notwendigen Änderungen in der Programmiersprache SCL.

10. Funktion Umschaltventil (FB2):
Das Umschaltventil hat die Aufgabe, den Wärmetauscher des Warmwasserspeichers oder der Heizung in den Solarkreislauf einzubeziehen.

Anwendung

```
U    "takt_merker_1_s"      //Taktmerker 1 Sekunde
FP   "hilfs_merker_flanke"
=    "takt_flanke_1_s"      //Positive Flanke Taktmerker


U    "takt_flanke_1_s"      //Nach jeder Sekunde
SPBN m_01

L    "zeit_raster"          //zeit_raster um 1 erhöhen
L    1
+I
T    "zeit_raster"

m_01: L   "zeit_raster"     //Wenn zeit_raster = 0
   L   0
   ==I
   SPBN m_02

   L   "koll_austritt_temp"  //Kollektoraustrittstemperatur speichern
   T   "koll_temp_t0"

m_02: L   "zeit_raster"     //Wenn Zeitraster = 60 (nach 60 Sekunden)
   L   60
   ==I
   SPBN m_03

   L   "koll_austritt_temp"  //Kollektoraustrittstemperatur speichern
   T   "koll_temp_t1"

m_03: L   "zeit_raster"     //Nach 65 Sekunden
   L   65
   ==I
   SPBN m_04

   L   0                    //zeit_raster loeschen
   T   "zeit_raster"

m_04: BE
```

1 Zeitverzögerung

```
m_04: L   "koll_temp_t1"    //Wenn die Temperaturzunahme
   L   "koll_temp_t0"       //in der parametrierten Zeit
   -I
   L   1536                 //10 Kelvin überschreitet
   >I
   SPBN m_05

   U   "start_merker"
   S   "pumpen_lauf_kollektor"  //schaltet die Solarpumpe ein

m_05: U   "pumpen_lauf_kollektor"
   L   S5T#5S               //Nach 5 Sekunden schaltet sich die Pumpe aus
   SE  T   1
   U   T   1
   R   "pumpen_lauf_kollektor"
```

2 Schalten der Solarpumpe

Dabei sind die parametrierbaren Zustände:

- *Warmwasserspeicher hat Vorrang*
  Der Warmwasserspeicher wird ausschließlich bis zu seiner parametrierten Sollwerttemperatur erwärmt. Danach wird automatisch auf die Heizung umgeschaltet. Aber nur so lange, wie die Sollwerttemperatur des Warmwasserspeichers nicht überschritten wird.

- *Heizung hat Vorrang*
  Die Heizung wird ausschließlich bis zu ihrer parametrierten Sollwerttemperatur erwärmt. Danach wird automatisch auf den Warmwasserspeicher umgeschaltet. Aber nur so lange, wie die Sollwerttemperatur der Heizung nicht überschritten wird.

Anwendung

- *Beide Speicher gleichzeitig*
  Beide Speicher werden bis zu ihren jeweiligen Sollwerten erwärmt. Da das Umschaltventil immer nur einen der beiden Speicher „bedienen" kann, muss in diesem Fall ein automatisches Umschalten ermöglicht werden.

  Dabei kann folgendes Prinzip gelten:
  1. Pumpenanlauf: Warmwasserspeicher
  2. Pumpenanlauf: Heizung
  3. Pumpenanlauf: Warmwasserspeicher
  4. Pumpenanlauf: Heizung
  usw.

Die eingestellten Sollwerte sollen dabei natürlich nicht überschritten werden.
Die parametrierten Grenzwerte dürfen keinesfalls überschritten werden.

Entwickeln Sie die Funktion, die das Umschaltventil steuert.
Wenn keine Spannung an der Spule des Umschaltventils anliegt, ist der Zulauf zum Warmwasserspeicher freigegeben.

3 Anschluss des Umschaltventils

Hinweis: Es müssen nur die Bedingungen für das Einschalten des Ausganges A0.1 (UMSCHALT_VENTIL) programmiert werden.

a) Für die alternierende Umschaltung des Umschaltventils in der Betriebsart „Beide Speicher gleichzeitig" wird folgender Funktionsbaustein entwickelt (Bild 1, Seite 260).

Warum wird dieser Baustein „Stromstoßschalter" genannt?
Kann dieser Baustein nicht als Funktion programmiert werden?

b) Zum Test des Bausteins wird dieser im OB1 aufgerufen (Bild 4).
Der Eingang E1.0 und der Ausgang A4.0 dient nur zum Testen des Bausteins.
Worum handelt es sich bei diesem Programm?

```
CALL "STROMSTOSS" . DB1
start_stop:=E1.0
AUSGANG  :=A4.0
```

4 Bausteinaufruf im OB1

Anwendung

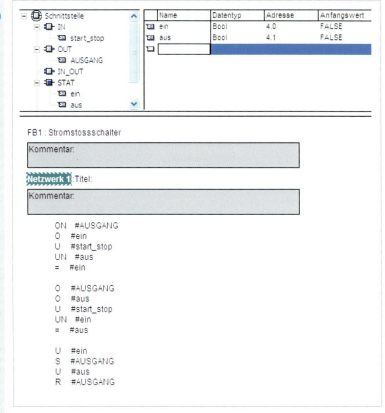

1 Funktionsbaustein Stromstoßschalter

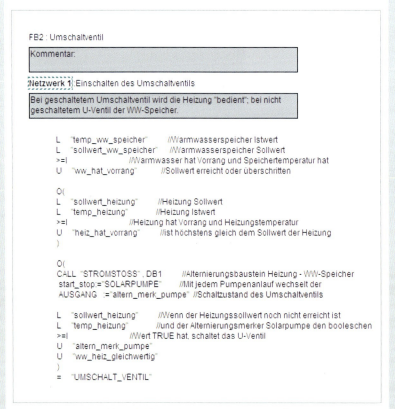

2 Steuerung des Umschaltventils, Programmentwurf

c) Überprüfen Sie noch einmal die Funktion FC1. Kann Sie durch einen weiteren Aufruf von FB1 ersetzt werden?
Wenn ja, dann ersetzen Sie die Funktion FC1 durch diesen Aufruf.

Anwendung

d) Das Umschaltventil schaltet ein (Heizung), wenn

– *Warmwasser hat Vorrang UND Sollwert Warmwasser ist überschritten*

ODER

– *Heizung hat Vorrang UND Sollwert Heizung ist nicht erreicht*

ODER

– *Beide gleichwertig UND Heizung ist zu bedienen UND Sollwert Heizung ist nicht erreicht.*

Das Steuerungsprogramm ist zu erstellen. Dabei ist der Funktionsbaustein STROMSTOSS (FB1) zu berücksichtigen.

e) Dargestellt ist ein Programmentwurf für die Steuerung des Umschaltventils (Bild 2).

Vergleichen Sie das Programm mit Ihrer Lösung.
Ist das Programm funktionstüchtig?

Warum wurde hier ein Funktionsbaustein (FB2) und keine Funktion programmiert?
Wäre eine Funktion auch möglich?

Erläutern Sie den Bausteinaufruf
CALL STROMSTOSS, DB1.

11. Nun muss noch festgelegt werden, unter welchen Bedingungen die Solarpumpe eingeschaltet werden soll. Folgende Bedingungen sollen dabei berücksichtigt werden:

Die Solarpumpe schaltet mit einer Zeitverzögerung von 30 Sekunden ein, wenn

• *die Austrittstemperatur des Kollektors um mehr als die parametrierte Hysterese über dem Sollwert des Warmwasserspeichers liegt*

UND

• *die Austrittstemperatur des Kollektors um mehr als die Hysterese über der Speichertemperatur liegt.*

Die Solarpumpe schaltet aus, wenn

• *die Austrittstemperatur des Kollektors kleiner als der Sollwert des Warmwasserspeichers ist*

ODER

• *die Eintrittstemperatur des Kollektors die Austrittstemperatur des Kollektors um weniger als die Hysterese unterschreitet*

ODER

• *eine Zeit von 15 Minuten verstrichen ist.*

Anwendung

FC3 : Solarpumpe

Kommentar:

Netzwerk 1 :Solarpumpe mit Zeitverzögerung einschalten

Kommentar:

```
      L    "koll_austritt_temp"     //Austrittstemperatur des Kollektors
      L    "hysterese"              //Schaltdifferenz, parametrierbar
      -I
      L    "sollwert_ww_speicher"   //Sollwert des Warmwasserspeichers
      >I

      U(
      L    "koll_austritt_temp"     //Austrittstemperatur des Kollektors
      L    "hysterese"              //Schaltdifferenz
      -I
      L    "temp_ww_speicher"       //Speichertemperatur Istwert
      >I
      )
      S    "pumpe_verz_ein"         //Solarpumpe verzögert einschalten
```

Netzwerk 2 :Solarpumpe unverzögert einschalten

Kommentar:

```
      L    "koll_austritt_temp"     //Austrittstemperatur des Kollektors
      L    "grenzwert_ww_speicher"  //Max-Wert des WW-Speichers
      -I
      L    "hysterese"              //Schaltdifferenz
      >I

      O(
      L    "koll_austritt_temp"     //Austrittstemperatur des Kollektors
      L    14592                    //95 Grad Celsius
      >I
      )
      S    "pumpe_sofort_ein"       //Pumpe unverzüglich einschalten
```

Netzwerk 3 :Pumpe ausschalten

Kommentar:

```
      L    "koll_austritt_temp"     //Austrittstemperatur Kollektor
      L    "sollwert_ww_speicher"   //Sollwert Warmwasserspeicher
      <I

      O(
      L    "koll_austritt_temp"     //Austrittstemperatur Kollektor
      L    "koll_eintritt_temp"     //Eintrittstemperatur Kollektor
      -I
      L    "hysterese"              //Schaltdifferenz
      <I
      )

      O    T    2                   //Max. Laufzeit der Solarpumpe - 15 Minuten

      R    "pumpe_verz_ein"
      R    "pumpe_sofort_ein"
```

Fortsetzung auf Seite 262.

1 Steuerung der Solarpumpe

Anwendung

Aus Sicherheitsgründen schaltet die Solarpumpe unverzüglich ein, wenn

- *die Austrittstemperatur des Kollektors den parametrierten Grenzwert der Speichertemperatur um mehr als die Hysterese überschreitet*

ODER

- *die Austrittstemperatur des Kollektors 95 °C überschreitet.*

Parametriert wird eine Hysterese (Schaltdifferenz) von 8 Kelvin.

In Bild 1 ist ein Programmentwurf dargestellt.

a) Überprüfen Sie das Programm. Entspricht es Ihren Vorstellungen? Wie ergibt sich die Konstante 14592 in Netzwerk 2? Ist sie richtig gewählt worden?

Der Wert für die Variable *hysterese* ist laut Symboltabelle in Merkerwort MW74 gespeichert. Welcher Digitalwert muss in MW74 abgelegt sein?

```
      L    "hysterese"              //Schaltdifferenz
      >I
           MW74 / hysterese / Schaltdifferenz
```

2 Schaltdifferenz (Hysterese)

In Netzwerk 6 (Bild 1, Seite 262) ist der Startmerker (*start_merker*) eingebunden. Wie beurteilen Sie das?

b) Die solare Unterstützung der Heizung ist noch nicht bei der Pumpensteuerung berücksichtigt. Arbeiten Sie das in das Programm ein.

c) Sie wollen die Funktion FC3 testen. Beschreiben Sie Ihre Vorgehensweise.

12. Stellen Sie nun das bislang erarbeitete Programm zusammen und dokumentieren Sie es.

13. Die solare Leistung (bei eingeschaltetem Pumpenantrieb) und der Solargewinn sollen angezeigt werden. Wie können diese Werte errechnet werden? Ihr Meister teilt Ihnen mit, dass der Volumenstrom 5 Liter/Minute beträgt.

Erstellen Sie ein Programm, das die beiden oben geforderten Werte berechnet.

Anwendung

```
Netzwerk 4 :Zeitverzögerung Pumpe ausschalten

Kommentar:

    U    "SOLARPUMPE"        //Pumpe eingeschaltet
    L    S5T#15M
    SE   T   2               //Ausschaltzeit der Pumpe


Netzwerk 5 :Einschaltzeit der Solarpumpe bei verzögertem Anlauf

Kommentar:

    U    "pumpe_verz_ein"
    L    S5T#30S
    SE   T   3


Netzwerk 6 :Solarpumpe ein- und ausschalten (Ausgang A0.0)

Kommentar:

    O    "pumpen_lauf_kollektor"   //Messtemperatur im Kollektor schaffen
    O    T   3                     //Pumpe verzögert einschalten
    O    "pumpe_sofort_ein"        //Pumpe unverzögert einschalten
    U    "start_merker"
    =    "SOLARPUMPE"              //Solarpumpe einschalten
```

1 Steuerung der Solarpumpe

Anwendung

Nun wird aber auch zur korrekten Erfassung der Kollektortemperatur die Pumpe kurz eingeschaltet.

Prüfen Sie, ob das Auswirkungen auf die Ansteuerung des Umschaltventils hat.
Wenn ja, ist hier eine Programmänderung notwendig, die von Ihnen auszuführen ist.

Dokumentieren Sie die Änderungen.

17. Bedienen und Beobachten (Seite 257): Erarbeiten Sie diesen Bereich mit der Ihnen zur Verfügung stehenden Software (z. B. protool).

Sämtliche Anforderungen sind durch den Projektauftrag bzw. durch das entwickelte Steuerungsprogramm vorgegeben.

---

14. Da als Wärmeträger Wasser verwendet wird, besteht Frostgefahr, die zu erheblichen Schäden in der Anlage führen kann.
Zur Problemlösung sind zwei Möglichkeiten denkbar, die auch miteinander kombiniert werden können:

• *Bei Frost wird das System durch die Heizung auf eine Temperatur über 2 °C gehalten.*

• *Das Wasser wird aus dem System abgelassen (automatisch) und auch wieder aufgefüllt, wenn über einen bestimmten Zeitraum die Temperaturen 2 °C dauerhaft überschreiten.*

a) Diskutieren Sie die beiden Möglichkeiten.
Vor allem unter dem Gesichtspunkt der Energiebilanz. Beachten Sie aber auch den unterschiedlichen technischen Aufwand der beiden Verfahren.

b) Angenommen, Sie entscheiden sich für die „Heizung des Systems".
Entwickeln Sie hierfür bitte das Frostschutzprogramm und fügen Sie es in das bislang erstellte Programm ein.

15. Bei auftretenden Fehlern und im Gefahrenfall soll Alarm signalisiert werden.

Welche Fehler und Gefahrensituationen können auftreten? Erstellen Sie auf dieser Grundlage ein Programm „Alarmbearbeitung" und fügen Sie es in das bislang erstellte Programm ein.

16. Da es sich bei diesem Programm um eine Erstentwicklung handelt, ist sicherlich Änderungsbedarf zu erwarten. Ein Punkt ist zum Beispiel, dass der Pumpenantrieb (Solarpumpe) alternierend die Heizung und den Warmwasserspeicher über das Umschaltventil steuert.

Anwendung

18. Erstellen Sie eine komplette Dokumentation mit folgenden Inhalten:

• *Ausgangszustand*
• *Zielzustand*
• *Zeitplanung der elektrischen Arbeiten einschließlich Steuerungstechnik*
• *Durchführung der elektrischen Arbeiten einschließlich Steuerungstechnik*
• *Hinweise auf Normen, Vorschriften und Sicherheitsbestimmungen*
• *Arbeitsplan in tabellarischer Übersicht*
• *Stückliste*
• *Materialkosten Elektrotechnik*
• *Schriftliche Einweisung in die Bedienung*
• *Mögliche Fehler und Reaktion hierauf*
• *Wartungsanleitung*
• *Anhang mit Schaltplänen, Programmen usw.*
• *Inbetriebnahmeprotokolle*

19. Sie werden beauftragt, für eine Abteilungsleiterbesprechung eine Präsentation des Versuchsprojektes „Solaranlage" vorzubereiten.
Erarbeiten Sie eine solche Präsentation. Beachten Sie dabei, dass es sich beim Publikum nicht ausschließlich um Elektrofachkräfte handelt.

20. Der Abteilungsleiter „Tischbau" wird mit der Überwachung der Anlage beauftragt, da er den kürzesten Weg zum Standort der Anlage hat.

Sie werden beauftragt, den Abteilungsleiter in die Überwachung der Anlage einzuweisen.
Außerdem fertigen Sie für ihn ein Formblatt an, in das er die wesentlichen Daten während des Betriebes eintragen kann, damit die Anlage nach Auswertung dieser Daten optimiert werden kann.

12.2 Visualisierung über Busankopplung in der Elektrowerkstatt

Auftrag

Die Bedienung und Beobachtung der neu entwickelten Solaranlage am Standort der Heizung macht einige Probleme, da zur Einstellung der Anlage immer weite Wege in Kauf genommen werden müssen.

Außerdem bereitet die Anlagenüberwachung bei Frost möglicherweise einige Probleme.

Der Elektromeister möchte die Anlage von seinem Büro aus bedienen und beobachten können. Er beabsichtigt, hierfür das Bussystem des Betriebes zu nutzen.

Sie werden beauftragt, die notwendigen Änderungsarbeiten durchzuführen.

Anwendung

1. Beschreiben Sie genau den Istzustand (Ausgangszustand) der Anlage vor der Auftragsdurchführung in Form einer schriftlichen Dokumentation.

2. Beschreiben Sie den Sollzustand (Zielzustand) der Anlage nach der Auftragsdurchführung.

3. Erstellen Sie eine Liste der benötigten Materialien. Kalkulieren Sie überschlägig die Kosten.

4. Erstellen Sie eine Zeitplanung, indem Sie die einzelnen Arbeitsschritte auflisten und die voraussichtlich benötigte Zeit (geplante Zeit) hierfür angeben.

5. Beschreiben Sie genau, wie Sie die Busankopplung (PROFIBUS-DP) durchführen.
Wenn Änderungen am installierten SPS-System erforderlich sind, dann dokumentieren Sie diese Änderungen ganz genau.

Anwendung

6. Beschreiben Sie das dargestellte System, das Ihnen der Meister in der Werkstatt zeigt (Bild 1).
Er teilt Ihnen mit, dass Sie das System demontieren dürfen, wenn Sie Komponenten für das geplante Projekt verwenden können.

a) Sind Komponenten verwendbar?

b) Wenn ja, beschreiben Sie bitte deren Demontage.

c) Zu welchem Zweck können die Komponenten eingesetzt werden? Beschreiben Sie deren Montage.

7. Das ET200M ist ein dezentrales Peripheriegerät, bestehend aus:
– *Anschaltung IM153 für den Anschluss an den Feldbus PROFIBUS-DP*
– *Verschiedene Peripheriebaugruppen, z. B. verbunden mit Busverbindern*
– *Eventuell Spannungsversorgung*
– *Ausbaubar mit maximal 8 Peripheriebaugruppen*
– *Maximaler Adressraum 128 Byte-Eingänge, 128 Byte-Ausgänge*
– *Schutzart IP20*
– *Maximale Übertragungsrate 12 Mbit/s*
– *Zentrale und dezentrale Auswertung der Diagnosedaten*

a) Stellen Sie sämtliche benötigten Baugruppen in einer Stückliste zusammen.

b) Worauf achten Sie bei der Busankopplung besonders unter EMV-Gesichtspunkten?

c) Beschreiben Sie die Inbetriebnahme der Komponenten am PROFIBUS-DP.

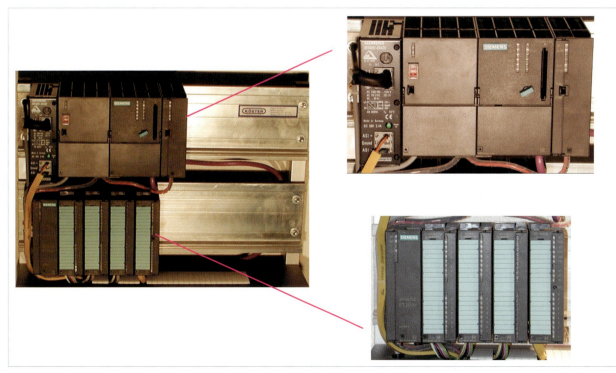

1 SPS-System (Versuchsaufbau in der Elektrowerkstatt)

Übung und Vertiefung

1. Was versteht man unter Hierarchieebenen der Automatisierungstechnik?
Unterscheiden Sie zwischen:
– Planungsebene
– Leitebene
– Zellenebene
– Feldebene
– Aktor-/Sensorebene

2. Unterscheiden Sie zwischen Ringbusstruktur und Linienbusstruktur.

3. Was versteht man unter einem PDV-Bus?

4. Was versteht man unter einem Telegramm?
Welche wesentliche Aufgabe hat ein Bus-Controller?

5. Unterscheiden Sie zwischen Token-Passing und Flying-Master.

6. Worin besteht der Unterschied zwischen Prozessschnittstellen und Systemschnittstellen?

7. Prinzipiell können Daten in analoger und digitaler Form übertragen werden.
Beurteilen Sie beide Übertragungsverfahren hinsichtlich der technischen Brauchbarkeit.

8. Zum Aufbau von Netzen müssen Systeme über kleine und große Entfernungen miteinander verbunden werden.
Nennen und beschreiben Sie unterschiedliche Möglichkeiten der Datenübertragung. Unterscheiden Sie dabei besonders zwischen
– asymmetrischen Leitungen,
– symmetrischen Leitungen,
– Koaxialleitungen,
– Lichtwellenleitungen.

9. Was versteht man unter einem Feldbussystem?
Welche wesentlichen Anwendungskriterien gelten für Feldbussysteme?

10. Beschreiben Sie die Anwendungsmöglichkeiten des AS-Interface (ASI).
Welche Hauptmerkmale kennzeichnen ASI?

11. Welche besondere Eigenschaft ist beim ASI-Bus hervorzuheben?

12. Wie ist eine ASI-Nachricht aufgebaut?

13. Wie viele Teilnehmer können an einen ASI-Master angeschlossen werden? Wie viele Ein- und Ausgänge sind verfügbar?

14. Auf welcher Automatisierungsebene kann der ASI-Bus eingesetzt werden?

15. Um am Datenaustausch mit dem ASI-Master teilzunehmen, muss jedem ASI-Teilnehmer vor der Inbetriebnahme eine Adresse zugewiesen werden.
Wie kann das erfolgen?

16. Beschreiben Sie den Aufbau eines ASI-Busses.

17. Welchen wesentlichen Vorteil hat die spezielle ASI-Zweidrahtleitung? Muss diese Leitung zwingend verwendet werden?

18. Wie groß ist die Datenübertragungsgeschwindigkeit beim ASI-Bus? Wie erfolgt die Kommunikation im Bussystem?

19. Beschreiben Sie die Vorgehensweise bei der Projektierung.

20. Beim PROFIBUS-DP wird zwischen aktiven Teilnehmern (Master) und passiven Teilnehmern (Slaves) unterschieden. Das Zugriffsverfahren ist *Token-Passing mit untergelagertem Master-Slave.*
Erläutern Sie die Aussagen.

21. Beschreiben Sie die Segmentierung einer PROFIBUS-Anlage mit Repeatern.
Unterscheiden Sie zwischen regenerativen und nicht regenerativen Repeatern.

22. Welche Übertragungsleitungen werden bei PROFIBUS-Anlagen eingesetzt?
Welche Aufgabe haben die Abschlusswiderstände?
Welche Übertragungsraten sind möglich?

23. Unter welchen Umständen ist die Datenübertragung mit Lichtwellenleitern sinnvoll?
Welche Abstände zwischen zwei Repeatern sind möglich?

24. Was versteht man unter dem hybriden Zugriffsverfahren beim PROFIBUS?

25. Wie ist ein PROFIBUS-Telegramm aufgebaut?
Welche Schlussfolgerungen können aus dem Telegrammaufbau gezogen werden?

26. Worauf ist beim Potenzialausgleich innerhalb des Bussystems zu achten? Wie ist die Schirmung der Leitung aufzulegen?

13 Elektrotechnische Anlagen in Stand halten und ändern

13.1 Antrieb Rollengang für Trockenkammer in Stand setzen

Auftrag

Im Tischbau ist eine Spritzkabine aufgestellt, in der produktionsbedingte Schäden an den Tischgestellen „nachgearbeitet" werden. Danach werden die Gestelle auf einen Rollengang gestellt, der sie durch eine Trockenkammer transportiert.
Am Ausgang der Trockenkammer werden die Gestelle von einem Mitarbeiter vom Rollengang genommen, um mit der auftragsgemäßen Tischplatte ausgerüstet zu werden.

Der Abteilungsleiter des Tischbaus bemängelt, dass der Antriebsmotor des Rollenganges eine starke Geräuschentwicklung verursacht. Außerdem erwärmt sich der Motor relativ stark. „Hin und wieder" spricht der Motorschutz an.

Sie werden beauftragt, die Fehlersuche durchzuführen und den Antrieb in Stand zu setzen.

Rollengangelemente mit Getriebemotor

Rollengang, Schema

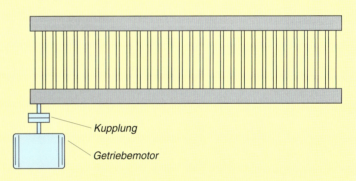

Rollengang, dargestellt als Technisches System

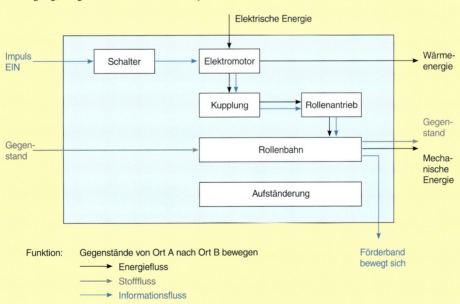

1. Welche Aussage macht die Darstellung des Technischen Systems in der Auftragsbeschreibung auf Seite 265?
Welche Folgerungen können daraus für Servicearbeiten gezogen werden?

2. Vor Ort im Tischbau besichtigen Sie die Trockenkammer. Im Betriebszustand stellen Sie tatsächlich eine erhebliche Geräuschentwicklung fest, die ihre Ursache im Motor oder im Getriebe zu haben scheint.

Da der Motor erst zum Zwecke Ihrer Besichtigung eingeschaltet wurde, ist eine nennenswerte Erwärmung (noch) nicht feststellbar.

Im Schaltkasten finden Sie die Dokumentation der Anlage. Unter anderem beinhaltet sie die Information „Störungen am Motor". Siehe Tabelle 1, Seite 268.

a) Welche Informationen können Sie den Tabellenangaben entnehmen?
Welche Fehlerursache(n) vermuten Sie?

b) Vorsichtshalber überprüfen Sie auch noch das Getriebe. Hierzu finden Sie in der Dokumentation die Information „Störungen am Getriebe" (Tabelle 1, Seite 269).
Beschreiben Sie Ihre Maßnahmen zur Überprüfung des Getriebes.

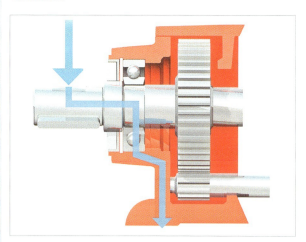

1 Getriebe, Beispiel

c) Technische Daten des Getriebemotors:

P = 0,55/0,88 kW
M = 470/385 Nm
n = 11/22 1/min
i = 123,54

Um was für einen Motor handelt es sich?
Wieso werden zwei Leistungen und zwei Drehmomente angegeben?

d) Da der Motor sich stark erwärmt (aber noch arbeitet), wollen Sie eine Strommessung durchführen.
Am 400-V-Drehstromnetz werden sich bei den unterschiedlichen Leistungen auch unterschiedliche Ströme ergeben.
Welche zwei Stromstärken erwarten Sie bei der Messung?
Beachten Sie, dass es hier nicht um einen „genauen" Wert, sondern um einen praxisorientierten Wertebereich geht.
Vor jeder Messung müssen Sie natürlich eine Vorstellung haben, welche Messwerte befriedigend sind und welche nicht.

d) Sie vergleichen die gemessenen Stromwerte mit den Einstellungen der Motorschutzrelais B1 und B2.

Die Schaltpläne der Steuerung sind auf den Seiten 270 und 271 dargestellt.

Die Einstellwerte sind:
  B1: 1 A
  B2: 1,3 A

Wie beurteilen Sie diese Werte?
Würden Sie die Einstellungen ändern (etwa vergrößern)?

f) Nun messen Sie die Stromaufnahme des Motors bei beiden Drehzahlen.
Beschreiben Sie genau, wie Sie dabei vorgehen.
Beachten Sie dabei auch die Schaltpläne auf den Seiten 270 und 271.

g) Wenn das Transportband mit der niedrigen Geschwindigkeit läuft, messen Sie in den Motorzuleitungen folgende Ströme:

Außenleiter L1: 1,55 A
Außenleiter L2: 1 A
Außenleiter L3: 1,6 A

Welche Schlussfolgerungen ziehen Sie daraus?

3. Nachdem der Motor längere Zeit in Betrieb war, stellen auch Sie eine deutliche Temperaturzunahme fest.
Der Motorschutz spricht an.
Außerdem ist eine starke Geräuschentwicklung zu hören, deren Ursache mit hoher Wahrscheinlichkeit im Motor zu suchen ist.
Der Motor ist also zu demontieren.
Beschreiben Sie die Vorgehensweise bei der Demontage in Form eines Arbeitsplanes.

4. Der Motor wurde in einer Fachwerkstatt repariert. Danach ist er unverzüglich wieder zu montieren.
Beschreiben Sie Ihre Vorgehensweise in Form eines Arbeitsplanes.

5. Zwischenzeitlich wurde in der Elektrowerkstatt überlegt, ob der Einsatz eines so genannten Energiesparmotors sinnvoll ist.

a) Dargestellt ist das Leistungsschild eines Energiesparmotors (Bild 2).
Woran erkennt man, dass es sich um einen Energiesparmotor handelt?

b) Was versteht man unter dem Begriff Wirkungsgradklasse?

c) Unter welchen Voraussetzungen kann ein Energiesparmotor wirtschaftlich sein?

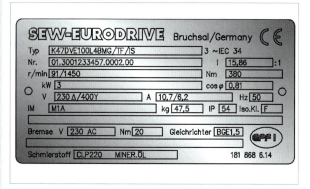

2 Leistungsschild eines Energiesparmotors

Anwendung

Tabelle 1
Technische Daten von Energiesparmotoren

P_N in kW M_N in Nm	n_N in $\frac{1}{min}$	I_N in A 380 – 415 V (400 V)	cos φ	$\eta_{75\%}$ in % $\eta_{100\%}$ in %	$\frac{I_A}{I_N}$	$\frac{M_A}{M_N}$
1,1 7,2	1460	2,45 (2,4)	0,78	84,9 84,5	7,0	2,1
1,5 9,8	1455	3,3 (3,15)	0,80	86,0 85,7	7,1	2,2
2,2 14,4	1455	4,7 (4,6)	0,80	87,6 87,0	7,6	2,5
3 19,8	1455	6,4 (6,2)	0,80	88,0 87,6	7,6	2,4
4 26	1460	8,4 (8,1)	0,80	89,7 89,0	6,0	2,2
5,5 36	1455	11,2 (10,7)	0,83	90,7 89,6	6,0	2,1
7,5 49	1465	15,6 (14,9)	0,81	91,4 90,8	5,7	1,9
11 72	1460	22,5 (22)	0,81	92,4 91,6	5,8	2,0
15 98	1475	30,5 (29,5)	0,81	93,3 93,0	5,3	2,0
18,5 120	1475	37 (35)	0,82	94,0 93,6	5,6	2,1
22 142	1475	42,5 (40)	0,84	94,4 94,0	5,7	2,1
30 193	1485	58 (56)	0,83	94,3 94,4	7,1	2,1
37 240	1485	71 (67)	0,85	94,8 94,7	6,8	2,1

d) Wodurch unterscheidet sich bezüglich seines Aufbaus der Energiesparmotor in Bezug auf einen „herkömmlichen" Drehstrommotor?
Wodurch kommt der Energiespareffekt zustande?

e) Unter welchen Voraussetzungen kann ein Energiesparmotor sogar einen höheren Energiebedarf als ein herkömmlicher Motor haben?

f) Vergleichen Sie die technischen Daten der Energiesparmotoren (Tabelle 1) mit denen vergleichbarer herkömmlicher Motoren (Tabellenbuch).
Welche Schlussfolgerung ziehen Sie daraus?

g) Ein Motorhersteller gibt die in Bild 1 dargestellte Grafik zur Darstellung der Amortisation eines Energiesparmotors an.
Motor:
P_N = 4 kW, *Lastfaktor* 100 %, *Mehrpreis* 120 Euro,
Zinssatz 6 %

A: Aufwand bei 20 % Rabatt
1: 1-Schicht-Betrieb, 100 % Motorlast
2: 2-Schicht-Betrieb, 100 % Motorlast
3: 3-Schicht-Betrieb, 100 % Motorlast

Welche Aussage machen die Kennlinien?

h) Würde sich der Einsatz eines Energiesparmotors für den Antrieb des Rollengangs wirtschaftlich lohnen, wenn im 1-Schicht-Betrieb gearbeitet wird?

Anwendung

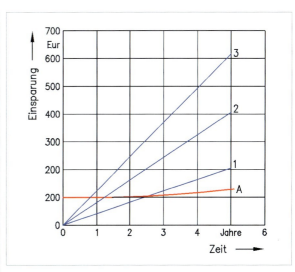

1 Energiesparmotor, Amortisation

3. Erwogen wird der Einsatz eines Sanftumschalters.

Das generatorische Bremsmoment beim Umschalten von der hohen auf die niedrige Drehzahl kann das 3 – 9-fache des Bremsmomentes der hochpoligen Wicklung annehmen. Sanftumschalter verringern dieses Rückschaltmoment auf etwa ein Drittel dieser Werte. Die eingebaute Elektronik trennt bei Einleitung der Rückschaltbremsung durch einen Triac einen Außenleiter der Spannungsversorgung auf. Dadurch werden Anzugs- und Bremsmoment nicht beeinflusst.

Anwendung

Tabelle 1
Störungen am Motor

Störung	Mögliche Störungsursache	Abhilfe
Motor läuft nicht an	Zuleitung ist unterbrochen	Anschlüsse kontrollieren
	Bremse lüftet nicht	Unterlagen Bremse sichten
	Sicherung defekt	Sicherung erneuern
	Motorschutz hat angesprochen	Einstellung Motorschutz prüfen
	Motorschütz schaltet nicht; Fehler in der Steuerung	Steuerung überprüfen und Fehler beheben
Motor läuft nicht oder nur schwer an	Motor für Dreieckschaltung ausgelegt, jedoch in Stern geschaltet	Schaltung korrigieren
	Spannung oder Frequenz weichen erheblich vom Sollwert ab	Querschnitt der Zuleitung überprüfen, für bessere Netzverhältnisse sorgen
Motor läuft in Sternschaltung nicht an, nur in Dreieckschaltung	Drehmoment bei Sternschaltung nicht ausreichend	Direktes Einschalten, falls Einschaltstrom nicht zu groß Motor mit größerer Bemessungsleistung einsetzen
	Kontaktfehler am Stern-Dreieck-Schalter	Fehler beheben
Falsche Drehrichtung	Motor ist falsch angeschlossen	Zwei Außenleiter tauschen
Motor brummt und hat eine hohe Stromaufnahme	Bremse lüftet nicht	Unterlagen Bremse sichten
	Wicklung defekt	Reparatur des Motors in Fachwerkstatt
	Läufer streift	
Sicherungen sprechen an oder Motorschutz löst sofort aus	Kurzschluss in der Leitung	Kurzschluss beseitigen
	Kurzschluss im Motor	Fachwerkstatt
	Leitungen falsch angeschlossen	Schaltung korrigieren
	Erdschluss am Motor	Fachwerkstatt
Starker Drehzahlrückgang bei Belastung	Überlastung	Leistungsmessung durchführen Eventuell größeren Motor einsetzen oder Belastung reduzieren
	Spannung fällt ab	Zuleitungsquerschnitt vergrößern
Motor erwärmt sich stark (Temperatur messen)	Überlastung	Leistungsmessung, Belastung reduzieren oder größeren Motor einsetzen
	Kühlung ungenügend	Kühlluftzufuhr korrigieren bzw. Kühlluftwege freimachen; evtl. Fremdlüfter nachrüsten
	Umgebungstemperatur zu hoch	Zulässigen Temperaturbereich beachten
	Motor in Dreieck geschaltet statt wie vorgesehen in Stern	Schaltung korrigieren
	Zuleitung hat Wackelkontakt Ein Außenleiter fehlt	Wackelkontakt beheben
	Sicherung durchgebrannt	Ursache suchen, beheben
	Netzspannung weicht um mehr als 5 % von der Motorbemessungsspannung ab. Höhere Spannung wirkt sich bei hochpoligen Motoren besonders ungünstig aus, da bei diesen der Leerlaufstrom schon bei normaler Spannung in Nähe des Bemessungsstromes liegt.	Motor an Netzspannung anpassen
	Falsche Betriebsart (z. B. zu große Schalthäufigkeit)	Passende Betriebsart wählen
Geräuschentwicklung zu groß	Kugellager verspannt, verschmutzt oder beschädigt	Motor neu ausrichten, Kugellager prüfen eventuell fetten oder auswechseln
	Vibration der rotierenden Teile	Ursache (evtl. Unwucht) beseitigen
	Fremdkörper in Kühlluftwegen	Reinigung

Anwendung

Tabelle 1
Störungen am Getriebe

Störung	Mögliche Störungsursache	Abhilfe
Ungewöhnliche, gleichmäßige Laufgeräusche	**Geräusch abrollend, mahlend:** Lagerschaden **Geräusch klopfend:** Unregelmäßigkeiten in der Verzahnung	Öl überprüfen, Lager wechseln Kundendienst
Ungewöhnliche, ungleichmäßige Laufgeräusche	Fremdkörper im Öl	Öl überprüfen Antrieb stillsetzen, Kundendienst
Öl tritt aus am – Getriebedeckel – Motorflansch – Motorwellendichtring – Getriebeflansch – abtriebsseitigen Wellendichtring	Gummidichtung am Getriebedeckel undicht Dichtung defekt Getriebe nicht entlüftet	Schrauben am Getriebedeckel nachziehen Kundendienst Getriebe entlüften
Öl tritt am Entlüftungsventil aus	Zu viel Öl Antrieb in der falschen Bauform eingesetzt Häufiger Kaltstart (Öl schäumt) und/oder Hoher Ölstand	Ölmenge korrigieren Entlüftungsventil korrekt anbringen und Ölstand korrigieren
Abtriebswelle dreht nicht, obwohl der Motor läuft oder Antriebswelle gedreht wird	Wellen-Nabenverbindung im Getriebe unterbrochen	Reparatur im Fachbetrieb

Tabelle 2
Inspektions- und Wartungsintervalle

Zeitintervall	Arbeiten
Alle 3000 Maschinenstunden, mindestens halbjährlich	Öl überprüfen
Je nach Betriebsbedingungen, spätestens alle 3 Jahre	mineralisches Öl wechseln Wälzlagerfett tauschen
Je nach Betriebsbedingungen, spätestens alle 5 Jahre	synthetisches Öl wechseln Wälzlagerfett tauschen
Unterschiedlich, abhängig von äußeren Einflüssen	Oberflächen-/Korrosionsanstrich ausbessern bzw. erneuern

a) In den Unterlagen des Herstellers finden Sie folgenden Text zum Sanftumschalter:

The unit is to be installed by qualified electrical personnel only, in strict compliance with the applicable regulations for the prevention of accidents and the installation and operating instructions!

– Important: Ensure that the unit is sufficiently cooled!

– Ensure protecting earthing.

– The lead cross-sections are to be dimensioned depending on the motor connected.

– The fuses are to be chosen in accordance with the lead cross-section and the connected motor.
As overload protection for the Smooth pole-change units, a motor circuit-breaker with instantaneous magnetic tripping may be used.
It is to be interconnected in the lead of low-speed winding and to be adjusted to the rather current of this winding.

Übersetzen Sie den Text und geben Sie den technischen Inhalt mit eigenen Worten wieder.

b) Dargestellt sind die Abmessungen des Sanftumschalters sowie Schaltungsbeispiele (Bild 1, Seite 272).

Dokumentieren Sie die notwendigen Änderungen bei Einsatz eines Sanftumschalters.

c) Vorgehensweise bei der Inbetriebnahme nach Herstelleranweisungen:

Inbetriebnahme möglichst bei kaltem Motor durchführen.

1. Motor abschalten und durch geeignete Maßnahmen gegen unbeabsichtigtes Wiedereinschalten sichern.

2. Bei Bremsmotoren Bremse elektrisch abklemmen.

3. Potentiometer 20 Umdrehungen nach links drehen.

4. Motor in niedriger Drehzahl zuschalten. Der Motor dreht sich nicht. Die rote LED leuchtet.

5. Potentiometer nach rechts drehen, bis rote LED erlischt.
Motor ohne Bremse: Motor dreht sich.
Bremsmotoren: Motor will sich drehen, ist jedoch blockiert. Motor baldmöglichst abschalten!

6. Motor wieder abschalten.

7. Bei Bremsmotoren Bremse wieder anschließen.

8. Probelauf durchführen.

Einstellung in Ordnung, wenn

– der Motor sich beim Zuschalten (in der niedrigen Drehzahl) sofort dreht und die rote LED nicht leuchtet.
– und die rote LED beim Zurückschalten von der hohen auf die niedrige Drehzahl aufleuchtet (LED zeigt die Dauer der Bremsung an).

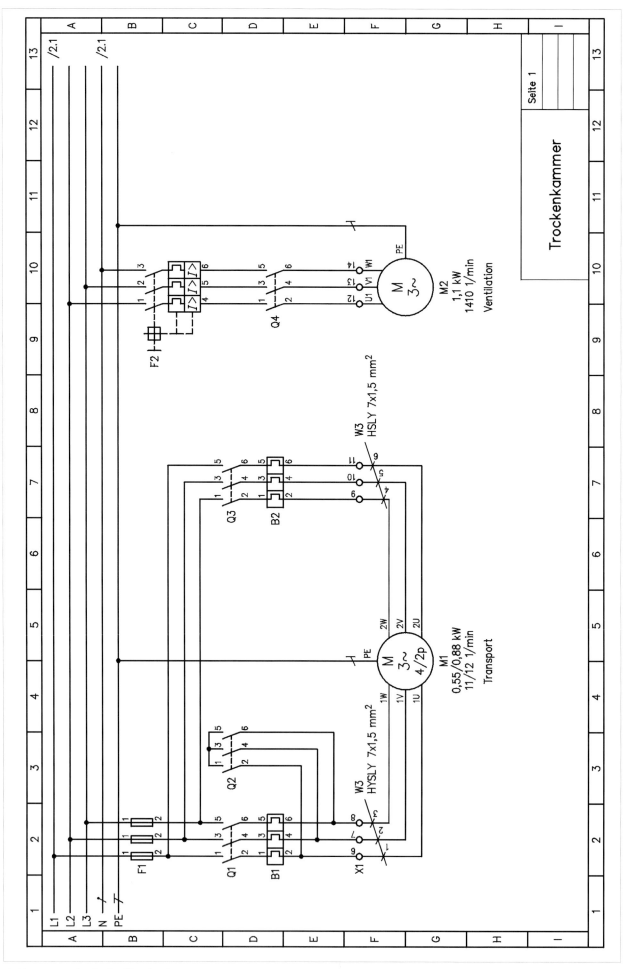

1 Hauptstromkreis der Trockenkammer

Anwendung

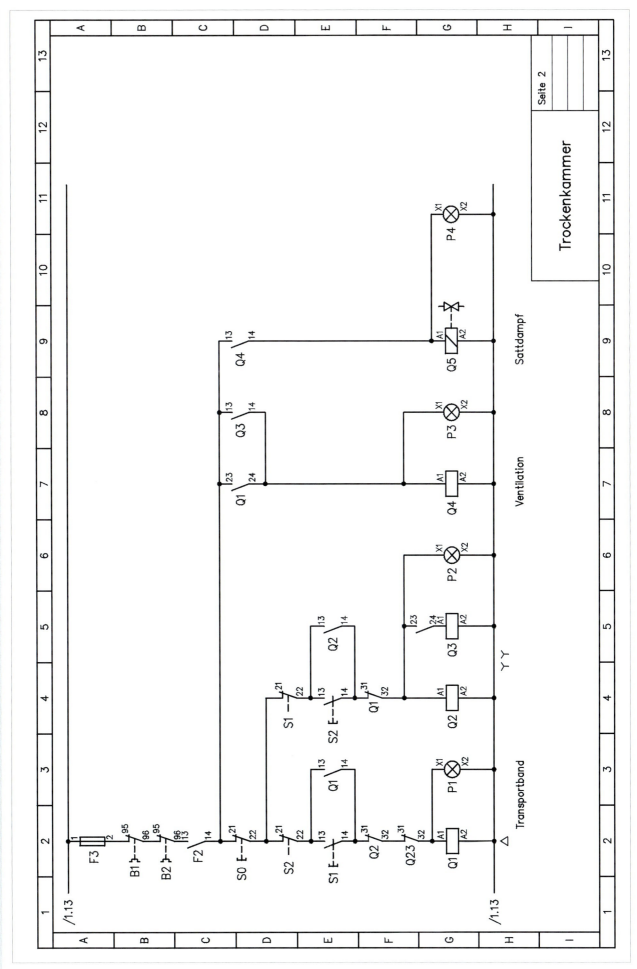

1 Steuerstromkreis der Trockenkammer

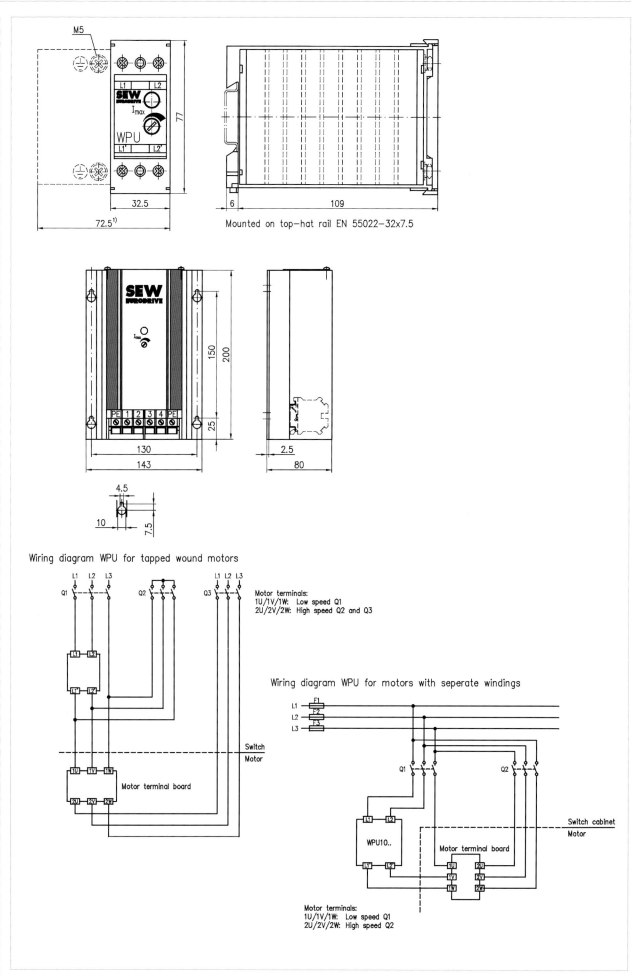

Mounted on top-hat rail EN 55022-32x7.5

Wiring diagram WPU for tapped wound motors

Motor terminals:
1U/1V/1W: Low speed Q1
2U/2V/2W: High speed Q2 and Q3

Wiring diagram WPU for motors with seperate windings

Motor terminals:
1U/1V/1W: Low speed Q1
2U/2V/2W: High speed Q2

1 Sanftumschalter, Abmessungen und Schaltungsbeispiele

Anwendung

Einstellung ist nicht in Ordnung, wenn

– der Motor sich beim Zuschalten (in der niedrigen Drehzahl) sofort dreht und die rote LED nicht leuchtet.
In diesem Fall Potentiometer nach rechts drehen.

– die rote LED beim Zurückschalten von der hohen in die niedrige Drehzahl nicht aufleuchtet.
In diesem Fall Potentiometer nach links drehen.

Stellen Sie die Vorgehensweise bei der Inbetriebnahme in einem Programmablaufplan dar, der den Dokumentationsunterlagen beigefügt werden soll.

Ändern Sie die Schaltung (Seite 270 und 271) so, dass ein Sanftumschalter zum Einsatz kommt.

d) Bei Einschaltverhältnissen

$$\frac{I_A}{I_N} > 3$$

darf der Sanftumschalter nur für die Betriebsart S1 ausgelegt werden.
Begründen Sie diese Herstelleraussage.

4. Während der defekte Motor repariert wird, soll ein Ersatzmotor aus dem Lager vorübergehend als Antrieb für den Rollengang dienen.
Der Ersatzmotor hat über einen längeren Zeitraum im Lager gelegen.

Ihr Meister fordert Sie daher auf, den Isolationswiderstand des Motors zu messen.
Wie gehen Sie dabei vor?

Sie stellen bei der Messung fest, dass der Isolationswiderstand zu niedrig ist.
Die Kennlinie (Bild 1) zeigt, dass der Isolationswiderstand stark temperaturabhängig ist.

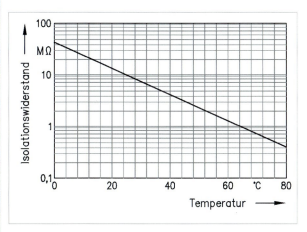

1 Temperaturabhängigkeit des Isolationswiderstandes

Ihr Meister fordert Sie auf, den aus dem Lager entnommenen Motor zu trocknen.
Wie führen Sie den Trockenvorgang technisch aus?

5. Inspektions- und Wartungsintervalle von Motoren.

Beschreiben Sie, wie Sie die Inspektions- und Wartungsarbeiten durchführen.

Erstellen Sie ein Formblatt für diese Arbeiten.

Anwendung

Betriebsmittel	Zeitintervall	Arbeiten
Motor	Alle 10 000 Betriebsstunden	Motor inspizieren: – Kugellager prüfen, evtl. ersetzen – Wellendichtring wechseln – Kühlluftwege reinigen
Motor mit Rücklaufsperre		Fließfett der Rücklaufspere wechseln

Übung und Vertiefung

1. Welchen Zweck verfolgt man mit Instandhaltungsmaßnahmen?

2. Die Instandhaltung technischer Systeme muss den Sollzustand bewahren oder wiederherstellen und den Istzustand beurteilen.
Erläutern Sie diese Aussage mit eigenen Worten.

3. Was versteht man unter vorbeugender Instandsetzung?

4. Erläutern Sie die Begriffe Inspektion und Inspektionsplan.

5. Um den Produktionsprozess nicht zu stark zu beeinträchtigen, ist eine sinnvolle Planung der Instandsetzung erforderlich.
Nach der Instandsetzung ist ein Schadensbericht zu erstellen, der die durchgeführten Arbeiten, den Zeitpunkt und besondere Vorkommnisse (z. B. Abweichungen von den Empfehlungen des Maschinenherstellers) enthalten muss.
Überlegen Sie, wie diese Maßnahmen in Ihrem Betrieb aussehen und zu welchen Zeitpunkten sie durchgeführt werden könnten.

6. Was versteht man unter Diagnose von Fertigungssystemen?
Unterscheiden Sie hierbei zwischen periodischer Diagnose und Diagnose auf Anforderung.

7. Dargestellt ist ein Programmablaufplan „Störungsbeseitigung". Erstellen Sie einen solchen Plan für die Störungsbeseitigung bei einem Elektromotor.

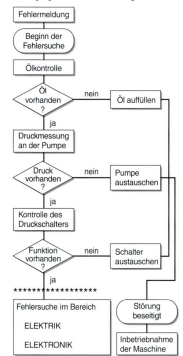

13.2 Drehzahlsteuerung des Ventilatorantriebs der Trockenkammer

Auftrag

Der Ventilator in der Trockenkammer arbeitet mit konstanter Drehzahl.
Der zuständige Abteilungsleiter äußert den Wunsch, die Ventilatordrehzahl stufenlos steuern zu können, damit die Trockenvorgänge flexibel an die momentanen Bedürfnisse angepasst werden können.

Sie werden gebeten, eine entsprechende technische Lösung zu erarbeiten.

Anwendung

1. a) Beachten Sie die Schaltpläne auf den Seiten 270 und 271. Welche Leistung hat der Ventilatormotor? Mit welcher Drehzahl arbeitet er?

b) Da die Drehzahl stufenlos verändert werden soll, kommt ein polumschaltbarer Motor nicht in Betracht.

Tabelle 1
Auswahl von Frequenzumrichtern

Motor	Frequenzumrichter	
zugeordnete Motorleistung	Bemessungs- betriebsstrom	Netzstrom ohne Netzfilter
P in kW	I_e in A	I_N in A
Frequenzumrichter einphasiger Netzanschluss (1 AC 230 V)		
0,18	1,4	3,1
0,37	2,6	5,8
0,55	3	6,7
0,75	4	9
1,1	5	11,2
1,5	7,1	16
2,2	10	22,5
Frequenzumrichter dreiphasiger Netzanschluss (3 AC 230 V)		
0,18	1,4	1,8
0,37	2,6	3,4
0,55	3	3,9
0,75	4	5,2
1,1	5	6,5
1,5	7,1	9,3
2,2	10	13
Frequenzumrichter dreiphasiger Netzanschluss (3 AC 400 V)		
0,37	1,5	2
0,75	2,5	3,3
1,5	3,8	5
2,2	5,5	7
3	7,8	10
4	8,6	11
5,5	13	16,5
7,5	16	20

Anwendung

Sinnvoller erscheint der Einsatz eines Frequenzumrichters.
Wählen Sie einen geeigneten Frequenzumrichter aus der Liste aus (Tabelle 1).

c) Dargestellt sind unterschiedliche Verdrahtungsbeispiele für Frequenzumrichter (Bild 1, Seite 275 und 276).

Worin bestehen die Unterschiede?

Welches Verdrahtungsbeispiel entspricht der geplanten Anwendung Ventilatorsteuerung?

d) Beim Betrieb von Frequenzumrichtern in den Ländern der EU ist die EMV-Richtlinie 89/336/EEC zu beachten. Die Produktnorm für geregelte Antriebe IEC/EN 61800-1 betrachtet dabei ein typisches Antriebssystem in seiner Gesamtheit. Das heißt, die Kombination von Frequenzumrichter, Leitung und Motor.

Einzusetzen sind spezielle Funk-Entstörfilter, die die Anforderungen der EMV-Produktnorm im Industriebereich (zweite Umgebung) und die strengeren Grenzwerte für den Wohnbereich (erste Umgebung) erfüllen.

Welche genaue Funktion erfüllen Funk-Entstörfilter? Worauf ist bei ihrer Montage besonders zu achten?

Funk-Entstörfilter können nennenswerte Ableitströme verursachen.
Welche Gefahr kann davon ausgehen?
Was kann dagegen getan werden?

1 *Funk-Entstörfilter (Netzfilter)*

e) Für die Einstellung der Drehzahl wird ein Potentiometer benötigt. Der Hersteller des Frequenzumrichters bietet hier an:

Potentiometer

– 1,5 kΩ oder 4,7 kΩ oder 10 kΩ
– Drehwinkel 270° ± 5 %
– Schutzart: IP67
– Belastbarkeit: max. 0,5 W
– Spannungsfestigkeit: 250 V AC

Wie wird das Potentiometer an den Frequenzumrichter angeschlossen?
Welche Leitung verwenden Sie dazu und worauf achten Sie beim Anschluss besonders?

2 *Potentiometer zum Anschluss an Frequenzumrichter*

Anwendung

Ansteuerung

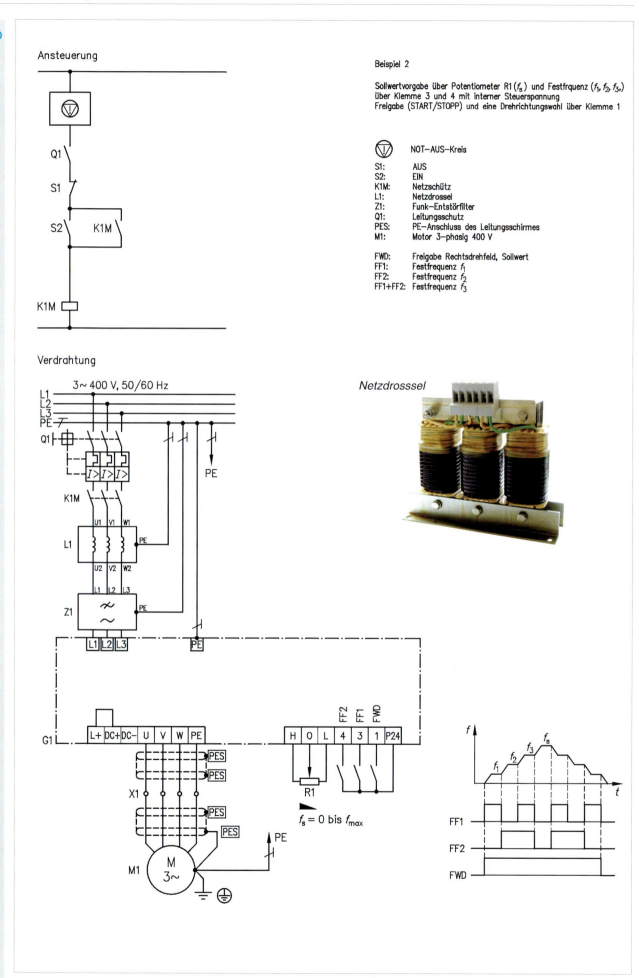

Beispiel 2

Sollwertvorgabe über Potentiometer R1 (f_s) und Festfrquenz (f_1, f_2, f_3,)
über Klemme 3 und 4 mit interner Steuerspannung
Freigabe (START/STOPP) und eine Drehrichtungswahl über Klemme 1

⊘	NOT–AUS–Kreis
S1:	AUS
S2:	EIN
K1M:	Netzschütz
L1:	Netzdrossel
Z1:	Funk–Entstörfilter
Q1:	Leitungsschutz
PES:	PE–Anschluss des Leitungsschirmes
M1:	Motor 3–phasig 400 V
FWD:	Freigabe Rechtsdrehfeld, Sollwert
FF1:	Festfrequenz f_1
FF2:	Festfrequenz f_2
FF1+FF2:	Festfrequenz f_3

Verdrahtung

Netzdrosssel

f_s = 0 bis f_{max}

1 Frequenzumrichter, Anschlussbeispiele (Darstellung nach Herstellerunterlagen)

Motor: 0,75 kW
Netz: 3/N/PE 400 V 50/60 Hz

EMV-gerechte Anschlussbeispiele: Leistungsteil

Der Motor kann in Dreieckschaltung an ein einphasiges Netz mit 230 V (Variante A) oder in Sternschaltung an ein 400-V-Netz (Variante B) angeschlossen werden.

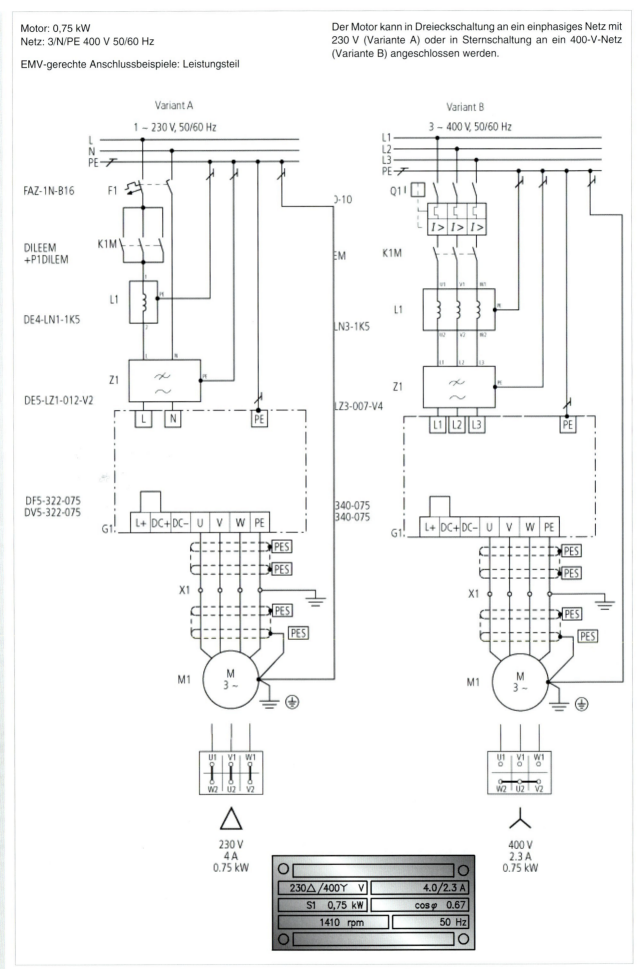

1 Frequenzumrichter, Anschlussbeispiele (Darstellung nach Herstellerunterlagen)

Anwendung

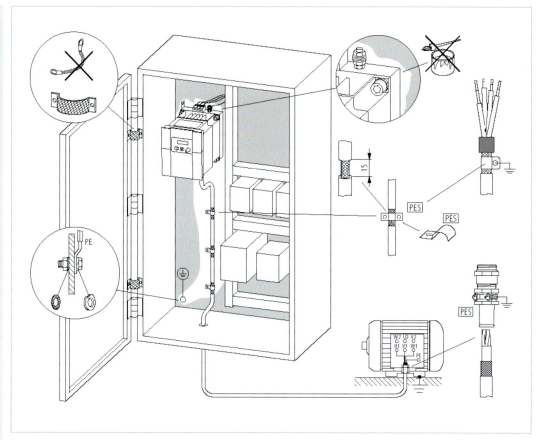

1 EMV-Maßnahmen bei Frequenzumrichterantrieben

f) Bild 1 verdeutlicht die notwendigen EMV-Maßnahmen bei FU-gesteuerten Antrieben (Herstellerunterlagen).

Erläutern Sie die einzelnen Maßnahmen und geben Sie deren Bedeutung für Ihren Arbeitsauftrag an.

2. Die einzelnen Arbeitsschritte der Projektarbeit sind zu dokumentieren. Dabei soll nach dem in Bild 2 dargestellten Schema vorgegangen werden.

1. Einleitung

1.1 Auftragsannahme
Von meinem Meister wurde mir der Auftrag erteilt, den Ventilatorantrieb einer Trockenkammer im Tischbau von Festdrehzahl auf einstellbare Drehzahl umzurüsten und anschließend in Betrieb zu nehmen.

Zur Einarbeitung in den Auftrag führte ich ein Gespräch mit dem Abteilungsleiter des Tischbaus, der mir seine Vorstellungen erläuterte.

1.2 Funktionsbeschreibung
Lackierte Tischgestelle werden bei Durchlauf der Trockenkammer getrocknet. Dabei wälzt ein Ventilator die von Sattdampf erzeugte Trocknungswärme in der Kammer um.
Dieser Ventilator soll von Festdrehzahl auf stellbare Drehzahl umgerüstet werden.

2 Auftragsbeschreibung

2.1 Ausgangszustand
Der mit Festdrehzahl arbeitende Ventilatormotor ist funktionstüchtig. Die Trockenkammer ist momentan außer Funktion, da der Antriebsmotor des Rollengangs demontiert wurde.

Anwendung

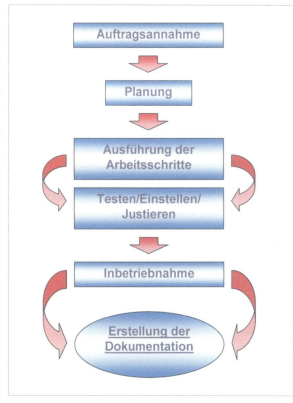

2 Struktur der Projektbearbeitung

Die Schaltpläne der aktuellen Steuerung (Festdrehzahl) stehen mir zur Verfügung (Seite 270 und 271). Stücklisten liegen bei dieser Anlage nicht vor.

Anwendung

2.2 Relevanter Auftrag

- Schaltkasten im Tischbau demontieren

- Leitung zum Ventilatormotor austauschen (Abschirmung)

- Betriebsmittel im Schaltkasten demontieren

- Größeren Schaltkasten (FU, Netzfilter) beschaffen

- Betriebsmittel im neuen Schaltkasten montieren

- Betriebsmittel verdrahten

- Externe Betriebsmittel in den Schaltkasten einführen und anschließen

- Inbetriebnahme durchführen

- Dokumentation aktualisieren

2.3 Zielzustand
Ziel des Auftrages ist es, eine funktionstüchtige Trockenkammer mit Drehzahlstellung des Ventilatorantriebes zu übergeben.

2.4 Zeitplanung

Arbeitsschritt	Geplante Zeit	Benötigte Zeit
Einarbeiten in den Arbeitsauftrag	0,75 h	0,75 h
Schaltkasten im Tischbau demontieren	0,5 h	0,5 h

Ergänzen Sie die Tabelle der Zeitplanung.
Dabei kann natürlich nur die Planzeit angegeben werden, wenn der Projektauftrag nicht real durchgeführt wird.

3 Durchführung

3.1 Vorgehensweise bei der Projektbearbeitung

- Der Schaltkasten wurde vor Ort im Tischbau abgeklemmt. Zuvor wurde die Zuleitung zum Schaltkasten spannungsfrei geschaltet und gegen Wiedereinschalten gesichert.
  Zusätzlich wurde die Zuleitung sorgfältig isoliert.

- Die Betriebsmittel des Schaltkastens wurden in der Elektrowerkstatt demontiert.
  Die wiederverwendbaren Betriebsmittel wurden aussortiert, die übrigen Betriebsmittel nach Sichtprüfung in das Materiallager aufgenommen.

- Der neue (größere) Schaltkasten wurde in der Elektrowerkstatt bestückt und verdrahtet.

- Das Potentiometer wird in der Elektrowerkstatt im Schaltkasten montiert.

Ergänzen Sie diese Auflistung.
Geben Sie dabei auch die zu beachtenden Sicherheitsbestimmungen an.
Erstellen Sie eine Stückliste mit den wesentlichen Betriebsmitteln.

3.2 Projektdurchführung

3.2.1 Demontage des Schaltkastens im Tischbau

Geplante Zeit: 0,5 h
Benötigte Zeit: 0,5 h

Das Freischalten des Schaltkastens wurde unter Aufsicht einer Elektrofachkraft durchgeführt.

Erstellen Sie einen Arbeitsplan für diese Aufgabe.

3.2.2 Demontage der Betriebsmittel in der Elektrowerkstatt

Geplante Zeit: 0,15 h
Benötigte Zeit: 0,15 h

Die demontierten Betriebsmittel wurden einer intensiven Sichtprüfung unterworfen.

3.2.3 Vorbereitung des neuen Schaltkastens

Geplante Zeit: 1 h
Benötigte Zeit: 0,75 h

Der Schaltkasten wurde mit Hutschienen versehen.
Das Potentiometer wurde in die Schaltkastenabdeckung eingebaut und fachgerecht befestigt.
Bei Auswahl des Schaltkastens ist darauf zu achten, dass eine ausreichende Reserve gewährleistet ist.

Erstellen Sie einen Arbeitsplan für diese Teilaufgabe.

3.2.4 Bestückung des Schaltkastens

Geplante Zeit: 0,5 h
Benötigte Zeit: 0,75 h

Die Bauelemente des Schaltschrankes können der Stückliste entnommen werden.
Auf eine EMV-gerechte Anordnung wurde geachtet.
Außerdem ist darauf zu achten, dass sämtliche Betriebsmittel fest montiert sind.

Bei der Auswahl der Betriebsmittel und bei der Fertigung ist das betriebsinterne Pflichtenheft zu berücksichtigen.

Die Zeitüberschreitung von 15 Minuten hatte ihre Ursache darin, dass die Befestigung von Frequenzumrichter und Netzfilter unerwartete Probleme machte.

3.2.5 Verdrahtung des Schaltkastens

Geplante Zeit: 1,75 h
Benötigte Zeit: 1,75 h

Die Verdrahtung erfolgte nach Schaltplan. Bei der Farben- und Querschnittswahl wurde das betriebsinterne Pflichtenheft berücksichtigt.
Folgende Punkte sind besonders wichtig:

- Adern und Leitungen nicht beschädigen

- Aderendhülsen fachgerecht pressen

- Klemmen fest anziehen

- Auf saubere Verlegung der Leitungen achten

Anwendung

3.2.6 Prüfung des Schaltkastens

Geplante Zeit: 1 h
Benötigte Zeit: 1,25 h

Die Prüfung des Schaltkastens erfolgte nach kompletter Montage im Tischbau und nach Beendigung sämtlicher Installationsarbeiten. Dazu wurde folgendes Prüfprotokoll verwendet.

Prüfprotokoll

nach VDE 0113 / DIN EN 60204

Elektrische Ausrüstung – Prüfung und Überprüfung

Anlagenbezeichnung: Trockenkammer Tischbau

Spannung: 230 V / 50 Hz

Prüfungen

1. Prüfung des Schutzleitersystems

Sichtkontrolle	ok
Widerstandsmessung	55 mΩ

2. Isolationswiderstandsmessung   ∞ ok

3. Einhaltung der Elekromagnetischen Verträglichkeit:

Aufbaurichtlinien der Hersteller berücksichtigt?   ja

4. Funktionsprüfung   ok

5. Not-Aus-Einrichtung   entfällt

Datum: Unterschrift:

Vervollständigen Sie die Arbeitsschritte der Projektdurchführung.
Erstellen Sie die notwendigen Schaltungsunterlagen, Arbeitspläne und Prüfprotokolle.

Beachten Sie:
*Abweichungen der tatsächlich benötigten von der geplanten Zeit sind problemlos, wenn sie **begründet** werden.*
Sicherheitsmaßnahmen und Umweltschutzaspekte sind aufzunehmen, wenn sie für den jeweiligen Projektschritt relevant sind.

Fassen Sie sämtliche Unterlagen in einer Projektmappe zusammen. Bedenken Sie, dass neben den technischen Inhalten auch das optische Erscheinungsbild der Dokumentation eine große Rolle spielt.

Anwendung

Erarbeiten Sie die Seitengestaltung für Ihre Projektdokumentation.
Beschaffen Sie sich dafür das Logo Ihrer Firma.
Die Farben des Logos könnten die bestimmenden Farben Ihrer Dokumentation sein.

Erarbeiten Sie eine Präsentation der Projektdurchführung.
Zielgruppe des Vortrags sind Auszubildende des gleichen Jahrganges.

3. Nach Abschluss des Projektauftrages, Inbetriebnahme und Einweisung des Abteilungsleiters bemängelt dieser nach einigen Tagen, dass sich der Ventilatormotor stark erwärmt, wenn er über einen längeren Zeitraum mit niedriger Drehzahl betrieben wird.

In einem kurzen Gespräch hierüber äußert sich Ihr Meister folgendermaßen:

- Begrenzung der Drehzahl auf einen Mindestwert
- Einsatz eines Fremdlüfters

Arbeiten Sie sich in die Problematik ein. Entscheiden Sie sich für eine Lösung. Dokumentieren Sie den sich aus Ihrer Entscheidung ableitenden Projektauftrag in der Form von Aufgabe 2.

Verwenden Sie dabei schon die von Ihnen oben entwickelte Seitengestaltung.

Erarbeiten Sie auch eine Präsentation dieses Auftrages.

4. Sie werden gebeten, für die Trockenkammer im Tischbau einen Instandhaltungsplan zu erarbeiten.

Klären Sie, welche Arbeiten hierfür in welchen Intervallen erforderlich sind.

Erstellen Sie ein Formblatt.

Übung und Vertiefung

Grundsätzlich besteht ein Frequenzumrichter (FU) aus vier Hauptkomponenten:

• *Gleichrichter*
• *Zwischenkreis*
• *Wechselrichter*
• *Steuerelektronik*

Aufbau eines Frequenzumrichters

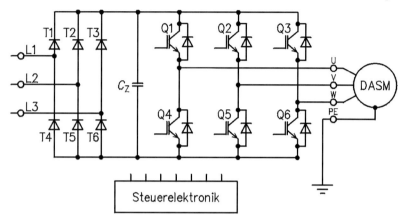

Äußere Beschaltungen des FU bestehen aus Netzschütz, Netzdrossel, Filterschaltungen und Bremswiderstände.

1. Der eingesetzte Frequenzumrichter hat als Gleichrichterstufe eine B6-Schaltung.
Die Netzspannung beträgt $3 \times 400\,V/50\,Hz$.

a) Welche Angaben macht die Bezeichnung „B6" über diesen Gleichrichter?

b) Skizzieren Sie die Ausgangsspannung des B6-Gleichrichters für den Zeitraum $t = 20\,ms$ und entnehmen Sie der maßstäblichen Skizze:

– Den Spitzenwert der pulsierenden Gleichspannung U_d.

– Die mittlere Gleichspannung U_{dAv}.

– Den Wert der überlagerten Wechselspannung in V_{ss}.

– Die Frequenz der überlagerten Wechselspannung (Brummspannung).

2. Beim Betrieb der B6-Schaltung sind abwechselnd immer mehrere Dioden gleichzeitig leitend.

Was meint der Begriff „Kommutierung" in diesem Zusammenhang?

b) Der Außenleiter L1 hat gerade den positiven Scheitelwert erreicht.
Welche Dioden T1 bis T6 sind dann leitend und führen den Gleichstrom?

c) Der Außenleiter L1 hat gerade den negativen Scheitelwert erreicht.
Welche Dioden sind dann leitend?

3. In der B6-Schaltung treten folgende Fehler auf:

a) Die Diode T1 ist defekt (Unterbrechung).

Wie kann der Fehler messtechnisch bestimmt werden, wenn Ein- und Ausgangsklemmen des Gleichrichters zugänglich sind?

Skizzieren Sie den Spannungsverlauf U_d für diesen Fall.

b) Die Diode T1 ist defekt (Kurzschluss).

Wie kann der Fehler messtechnisch bestimmt werden, wenn nur die Eingänge zugänglich sind?

Kann der Gleichrichter weiter betrieben werden? Begründung.

4. Dem Frequenzumrichter und damit dem B6-Gleichrichter sind häufig Netzdrosseln vorgeschaltet.

Diese Induktivitäten sollen Rückwirkungen des FU auf das speisende Netz weitgehend verhindern. Vor allem die Wirkung der Pulsströme, die der FU dem Netz entnimmt, soll abgeschwächt werden.

a) Wodurch entstehen die Pulsströme?

b) Die Pulsströme können als Spitzenwert den 5 bis 10-fachen Wert des Motor-Bemessungsstromes erreichen.
Erklären Sie diesen Zusammenhang.

c) Beschreiben Sie die Wirkung hoher Pulsströme auf das vorgelagerte Netz.

d) Zeigen Sie anhand einer Skizze die Wirkung von Netzdrosseln auf diese Pulsströme.
Fertigen Sie dazu ein Strom-Zeit-Diagramm mit 6 Pulsen und einem Stromflusswinkel von 30° an, wenn keine Drosseln vorgeschaltet sind. In dasselbe Diagramm skizzieren Sie bitte den Stromverlauf nach Einbau einer Netzdrossel.
Erläutern Sie den veränderten Stromverlauf.

e) Wenn Maschinen für den US-Markt gebaut werden, können dann die gleichen Netzdrosseln eingesetzt werden, obwohl dort eine Netzfrequenz von 60 Hz die Norm ist?

5. Der Zwischenkreis eines FU kann ein Strom- oder ein Spannungszwischenkreis sein.

a) Beschreiben Sie den unterschiedlichen Aufbau und die unterschiedliche Wirkungsweise der Zwischenkreise.

b) Geben Sie an, wann ein Spannungszwischenkreis und wann ein Stromzwischenkreis sinnvoll ist.
Begründen Sie ihre Entscheidung.

c) Bei FUs mit Spannungszwischenkreis wird vor hoher Spannung an Klemmen des FU gewarnt und zwar auch dann, wenn der FU abgeschaltet bzw. vom Netz getrennt wurde.
Welche Spannung kann im Normalfall nach dem Abschalten noch an bestimmten Klemmen anstehen? $(3 \times 400\,V - Netz)$

d) Bei Bremsbetrieb geht der Motor in den Generatorbetrieb über und er lädt den Zwischenkreiskondensator auf.
Geben Sie den Weg des Ladestromes durch den Wechselrichter an, wenn der Strom in der Phase U1 maximal ist.

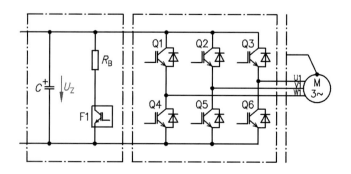

e) Der Zwischenkreiskondensator kann sich bei Motorbremsungen auf sehr hohe Spannungen aufladen. Dies kann durch den eingebauten Bremschopper verhindert werden.
Erläutern Sie die Wirkungsweise des Choppertransistors F1 in Verbindung mit dem Hochlastwiderstand R_B.

f) Geben Sie den Grund dafür an, dass Bremswiderstände häufig außerhalb der Frequenzumrichtergehäuse montiert werden.

6. Die Hauptkomponenten eines Wechselrichters sind sechs Leistungstransistoren (IGBT) mit eingebauten Freilaufdioden.

a) Erläutern Sie, welche Vorteile sich ergeben, wenn IGBT statt MOS-FET oder bipolar Transistoren in Wechselrichter eingebaut werden.

b) Beschreiben Sie die Funktionen der Freilaufdioden im Wechselrichter.

c) Die Transistoren arbeiten im Schalterbetrieb.
Skizzieren Sie in einem Zeitdiagramm den Spannungs-, Strom- und Leistungsverlauf über zwei Schaltperioden eines Transistors.
Der Transistor hat eine Schaltfrequenz von 30 kHz, $t_i = t_p$.
Die Umschaltzeiten entnehmen Sie bitte dem nachfolgenden Datenblattauszug.

d) Nachfolgend ist das Datenblatt eines IGBT in Auszügen wiedergegeben. Übersetzen Sie die den einführenden Text.

Fast IGBT in NPT-technology with soft, fast recovery anti-parallel EmCon diode

75 % lower E_{off} compares to previous generation combined with low conduction losses

- Short circuit withstand time – 10 µs

- Designed for:
  – Motor controls
  – Inverter

- NPT-Technology for 600 V applications offers:
  – very tight parameter distribution
  – high ruggedness, temperature stable behaviour
  – parallel switching capability

- Very soft, fast recovery anti-parallel EMCon diode

- Pb-free lead plating; RoHS compliant

- Qualified according to JEDEC[1] for target applications

Type	V_{CE}	I_C	$V_{CE(sat)}$	T_j
SKW20N60	600 V	20 A	2.4 V	150 °C

e) Ermitteln Sie folgende Kennwerte aus dem Datenblatt:

– Kollektor-Emitter-Durchbruchspannung

– Kollektorstrom bei 25 °C

– Maximaler Pulsstrom

Technische Daten Seite 282.

– Vorwärtsstrom der Diode bei Sperrschichttemperatur 25 °C

– Maximale Gate-Emitter-Spannung

– Maximale Verlustleistung

– Maximale Sperrschichttemperatur

– Typische Vorwärtsspannung der Diode

– Restspannung der Kollektor-Emitter-Strecke

– Kollektorstrom bei Null Volt Gatespannung

– Typische Gate-Emitter-Schwellspannung

7. Der Minuspol des Zwischenkreiskondensators sei als Potenzial $\varphi_1 = 0\,V$ definiert, dann hat der Pluspol des Kondensators $\varphi_2 = 565\,V$ bei $U = 400\,V$.
Durch entsprechende Ansteuerung der Transistoren werden die Ausgangsklemmen U, V, W wechselnd und um 120° verschoben an $\varphi_2 = 565\,V$ bzw. $\varphi_1 = 0\,V$ gelegt.

a) Entwickeln Sie für jeweils zwei Perioden die Spannungsverläufe der drei Außenleiterspannungen durch Bildung der Potenzialdifferenzen.

b) Innerhalb der positiven und negativen Spannungsblöcke wird die Spannung gepulst (PWM). An den Flanken der Blöcke entstehen schmale Spannungspulse, zur Mitte werden breitere Pulse erzeugt. Erläutern Sie den Sinn dieser Pulsmodulation.

c) Oszilloskopiert man den Leiterstrom eines angeschlossenen Motors, so erkennt man einen angenähert sinusförmigen Verlauf des Stromes. Wie kommt es zu diesem Verlauf?

8. Der eingebaute Drehstromasynchronmotor hat folgende Leistungsschildangaben: $P = 0{,}25\,kW$, $n_N = 2765\,min^{-1}$, Stern/Dreieck 400/230 V.

a) Wie hoch muss die Zwischenkreisspannung sein, damit der Motor die Bemessungsleistung erbringen kann?

b) Wie hoch muss die Anschlussspannung sein?

Der Frequenzumrichter wurde nach dem Kriterium „Bemessungsstrom" ausgewählt.
Berechnen Sie den Bemessungsstrom des Motors.

d) Bei einer Strommessung ergibt sich: Der vom Motor aufgenommene Strom ist größer als der vom FU dem Netz entnommene Strom.
Erklären Sie diesen Zusammenhang.

e) Mit einem $\cos\varphi$-Messer wird die Phasenverschiebung vor dem FU gemessen. Als Messergebnis zeigt sich $\cos\varphi = 1$. Hinter dem FU ergibt sich im Bemessungsbetrieb ein $\cos\varphi = 0{,}81$.
Erklären Sie die Zusammenhänge.

f) Nennen Sie drei Vorteile, die sich durch den Einsatz eines FU im Gegensatz zu anderen Möglichkeiten der Drehzahlverstellung ergeben.

9. Die eingebaute DASM arbeitet als Positioniermotor, er muss daher mit Beschleunigungs- und Verzögerungsrampen betrieben werden. Bei der Verfahrbewegung sollen unterschiedliche Drehzahlen gefahren werden.

a) Geben Sie an, welche Bedingungen erfüllt sein müssen, damit ein Motor beschleunigt werden kann.

b) Die Verzögerungsrampe wird durch Herabsetzen der Geschwindigkeitsreferenz (Analogsignal oder digitale Signale) erreicht.
Der Motor wirkt während der Verzögerung als Generator, der dann die Bremsenergie liefert. Beschreiben Sie, wie diese Energie gespeichert, genutzt oder umgewandelt werden kann.

Electrical Characteristic, at $T_j = 25\,^\circ$C, unless otherwise specified

Parameter	Symbol	Conditions	Value			Unit
			min.	Typ.	max.	
Static Characteristic						
Collector-emitter breakdown voltage	$V_{(BR)CES}$	$V_{GE} = 0\,$V, $I_C = 500\,\mu$A	600	–	–	V
Collector-emitter saturation voltage	$V_{CE(sat)}$	$V_{GE} = 15\,$V, $I_C = 20\,$A $T_j = 25\,^\circ$C $T_j = 150\,^\circ$C	1.7 –	2 2.4	2.4 2.9	
Diode forward voltage	V_F	$V_{GE} = 0\,$V, $I_F = 20\,$A $T_j = 25\,^\circ$C $T_j = 150\,^\circ$C	1.2 –	1.4 1.25	1.8 1.65	
Gate-emitter threshold voltage	$V_{GE(th)}$	$I_C = 700\,\mu$A, $V_{CE} = V_{GE}$	3	4	5	
Zero gate voltage collector current	I_{CES}	$V_{CE} = 600\,$V, $V_{GE} = 0\,$V $T_j = 25\,^\circ$C $T_j = 150\,^\circ$C	– –	– –	40 2500	μA
Gate-emitter leakage current	I_{GES}	$V_{CE} = 0\,$V, $V_{GE} = 20\,$V	–	–	100	nA

Maximum Ratings

Parameter	Symbol	Value	Unit
Collector-emitter voltage	V_{CE}	600	V
DC collector current $T_C = 25\,^\circ$C $T_C = 100\,^\circ$C	I_C	40 20	A
Pulsed collector current , t_p limited by T_{jmax}	I_{Cpuls}	80	
Turn off safe operating area $V_{CE} \leq 600\,$V, $T_j \leq 150\,^\circ$C	–	80	
Diode forward current $T_C = 25\,^\circ$C $T_C = 100\,^\circ$C	I_F	40 20	
Diode pulsed current , t_p limited by T_{jmax}	I_{Fpuls}	80	
Gate-emitter voltage	V_{GE}	$\pm\,20$	V
Short circuit withstand time $V_{GE} = 15\,$V, $V_{CC} \leq 600\,$V, $T_j \leq 150\,^\circ$C	t_{SC}	10	μs
Power dissipation $T_C = 25\,^\circ$C	P_{tot}	179	W
Soldering temperature wavesoldering, 1.6 mm (0.063 in.) from case for 10 s	T_s	260	$^\circ$C
Operating junction and storage temperature	T_j, T_{stg}	$-\,55... +\,150$	$^\circ$C

Switching Characteristic, Inductive Load, at $T_j = 150\,^\circ$C

Parameter	Symbol	Conditions	Value			Unit
			min.	Typ.	max.	
IGBT Characteristic						
Turn-on delay time	$t_{d(on)}$	$T_j = 150\,^\circ$C	–	36	46	ns
Rise time	t_r	$V_{CC} = 400\,$V, $I_C = 20\,$A,	–	30	36	
Turn-off delay time	$t_{d(off)}$	$V_{GE} = 0/15\,$V, $R_G = 16\,\Omega$,	–	250	300	
Fall time	t_f	$L_\sigma = 180\,$nH,	–	63	76	
Turn-on energy	E_{on}	$C_\sigma = 900\,$pF, Energy losses include "tail" and	–	0.67	0.81	mJ
Turn-off energy	E_{off}	diode reverse recovery.	–	0.49	0.64	
Total switching energy	E_{ts}		–	1.12	1.45	

c) Eine andere Art, einen DASM abzubremsen, ist die Gleichstrombremsung.
Beschreiben Sie das Prinzip der Gleichstrombremsung.

d) Warum muss eine Gleichstrombremsung unbedingt zeitlich begrenzt werden?

10. Die Rampenzeiten für den Positionsmotor wurden zu klein eingestellt.

a) Welche Störungen bzw. Fehlermeldungen sind beim FU zu erwarten?

b) Die kürzesten Rampenzeiten (Beschleunigung und Verzögerung) lassen sich nach folgenden Formeln berechnen:

$$t_{\mathrm B} = J \cdot \frac{n_2 - n_1}{(M_{\mathrm B} - M_{\mathrm R}) \cdot 9{,}55} \ , \qquad t_{\mathrm V} = J \cdot \frac{n_2 - n_1}{(M_{\mathrm V} - M_{\mathrm R}) \cdot 9{,}55}$$

$t_{\mathrm B}$	Beschleunigungszeit in s
$t_{\mathrm V}$	Verzögerungszeit in s
$J = m \cdot r^2$	Trägheitsmoment des Antriebs in kgm^2
$M_{\mathrm B} = M_{\mathrm V}$	Beschleunigungsmoment bzw. Überschussmoment, das der FU liefern kann
	= Motorbemessungsmoment in Nm
$M_{\mathrm R}$	Reibungsmoment der Anlage in Nm
n_2, n_1	Motordrehzahlen in min^{-1}

$$9{,}55 = \frac{60}{2\pi}$$

Welche kürzesten Rampenzeiten lassen sich bei folgenden Werten einstellen?
$M_{\mathrm N} = 1{,}0 \ \mathrm{Nm}; \ J = 0{,}02 \ \mathrm{kgm}^2; \ M_{\mathrm R} = 5\,\%$ von $M_{\mathrm N}$.
Die Drehzahlrampen sollen zwischen $n = 200 \ \mathrm{min}^{-1}$ und $n = 500 \ \mathrm{min}^{-1}$ liegen.

11. Der Positioniermotor soll so parametriert werden, dass bei Leerfahrt $n_2 = 1000 \ \mathrm{min}^{-1}$ erreicht wird.

a) Berechnen Sie die einzustellenden Frequenzen f_1 und f_2.

b) Der Parametersatz ermöglicht eine Schlupfkompensation. Geben Sie an, welche Wirkung dieser Befehl hat.

c) Erläutern Sie die Notwendigkeit der Schlupfkompensation vor allem bei niedrigen Drehzahlen.

12. In der Betriebsanleitung des eingebauten Frequenzumrichters finden Sie folgende Kennlinien mit Hinweisen.

a) Die *U/f*-Kennlinie zeigt, dass die Ausgangsspannung des FU unterhalb der Bemessungsfrequenz abgesenkt wird.
Erklären Sie die Notwendigkeit der Spannungsabsenkung im Bereich $f / f_{\mathrm N} = 0 - 1$.

b) Wie kann die Spannungsabsenkung schaltungstechnisch innerhalb des FU realisiert werden?

c) Erläutern Sie, warum die Ausgangsspannung des FU im unteren Frequenzbereich angehoben wird.

U/f-Kennlinie eines Frequenzumrichters

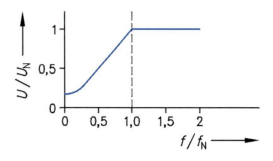

M/f-Kennlinie eines Frequenzumrichters

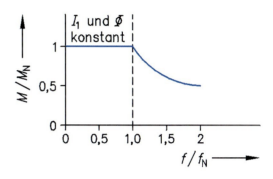

d) Warum werden frequenzgesteuerte Motoren häufig mit einer Fremdbelüftung ausgestattet?

e) Ein Motor soll dauerhaft mit einer Drehzahl betrieben werden, die oberhalb der Bemessungsdrehzahl liegt.
Welche Überlegungen sind dann bezüglich der Leistungsklasse zu beachten?

13. Sie sollen einen Frequenzumrichter parametrieren, der die Drehzahl eines Drehstromasynchronmotors (DASN) steuert.
Der DASM hat eine Positionieraufgabe (Werkstücke werden von einem Vorratsschacht zu einer Sortieranlage transportiert).

Der Motor hat folgende Daten:
• Getriebemotor mit einer Übersetzung 1 : 60
• Bemessungsleistung $P_{\mathrm N} = 0{,}09 \ \mathrm{kW}$
• Spannung $U_{\mathrm n} = 230 \ \mathrm{V} \ \mathrm{Y}$
• Strom $I_{\mathrm n} = 0{,}51 \ \mathrm{A}$
• Drehzahl $n_{\mathrm n} = 1300 \ \mathrm{min}^{-1}$
• Leistungsfaktor $\cos \varphi = 0{,}68$
• Drehmoment $M_{\mathrm N} = 7 \ \mathrm{Nm}$

Sie sollen mit Hilfe der angegebenen Parameterliste (Seiten 285 bis 288) die erforderlichen Einstellungen vornehmen.

a) Es soll eine 3-Draht-Steuerung angewendet werden.
Geben Sie den entsprechenden Code an und erklären Sie den Unterschied zu einer 2-Draht-Steuerung.

b) Geben Sie in einer Liste an, welche Betriebsdaten im Display des FU dargestellt werden können.

c) Welche Motordaten benötigt der FU zur einwandfreien Funktion?

d) Es soll eine Startrampe von 2 s und eine Bremsrampe von 0,5 s eingehalten werden.
Geben Sie den Code und die Einstellungen an.

e) Welche Frequenz muss der FU liefern, wenn die Achse des Getriebemotors für Rechtslauf bei Belastung sich mit 40 min^{-1} drehen soll? Geben Sie den Code und die Einstellung an.

f) Im Leerlauf (Linkslauf) soll die Achse mit 60 min^{-1} drehen. Wie könnten Sie diese Bedingung mit der Parameterliste verwirklichen?

g) Wenn das Werkstück am Sortierer abgesetzt wird, soll eine Gleichstrombremsung den Motor im Stillstand halten. Geben Sie die Einstellungen und die besonderen Bedingungen an.

h) Um das Motorgeräusch zu minimieren, können Sie die Taktfrequenz verändern. Wird die Taktfrequenz erhöht, verringert sich die Leistung, die dem FU entnommen werden kann. Geben Sie den Grund dafür an.

i) Mit dem Code **Ufr** wird die RI-Kompensation eingestellt. Erklären Sie die Notwendigkeit dieser Einstellung.

j) Für welchen Fall ist es notwendig, eine Schlupfkompensation (Code SLP) vorzunehmen?

k) Überprüfen Sie, ob der in den vorstehenden Punkten geforderte Betrieb mit der werkseitig eingestellten Konfiguration möglich ist.

Werkseitige Konfiguration

Voreinstellungen

Der Altivar 11 wurde werkseitig für die am häufigsten benötigten Anwendungen voreingestellt:

- Anzeige: Umrichter bereit (rdY) bei Motor im Stillstand und Frequenzsollwert bei Motor in Betrieb

- Motorfrequenz (bFr): 50 Hz bei den Reihen E und A, 60 Hz bei der Reihe U

- Motorspannung (UnS): 230 V

- Rampen (ACC, dEC): 3 Sekunden

- Kleine Frequenz (LSP): 0 Hz.

- Große Frequenz (HSP): 50 Hz bei den Reihen E und A, 60 Hz bei der Reihe U

- Verstärkung des Frequenzreglers: Standard

- Thermischer Motorstrom (ltH) = Motor-Bemessungsstrom (Wert je nach Baugröße des Umrichters)

- Bremsstrom bei DC-Aufschaltung im Stillstand = 0,7 × Bemessungsstrom des Umrichters, während 0,5 Sekunden

- Automatische Anpassung der Auslauframpe im Falle von Überspannung beim Bremsen

- Kein Automatischer Wiederanlauf nach einer Störung

- Taktfrequenz 4 kHz.

- Logikeingänge:
  – LI1, LI2 (2 Drehrichtungen): 2-Draht-Steuerung bei Übergang, LI1 = Rechtslauf, LI2 = Linkslauf, inaktiv bei der Reihe für den asiatischen Markt
  – LI3, LI4: Vorwahlfrequenzen (Frequenz 1 = Frequenzsollwert oder LSP, Frequenz 2 = 10 Hz, Frequenz 3 = 25 Hz, Frequenz 4 = 50 Hz)

- Analogeingang:
  – AI1 (0 + 5 V): Frequenzsollwert 5 V, inaktiv bei der Reihe für den asiatischen Markt

- Relais R1: Bei einer Störung (oder Umrichter ohne Spannung) fällt der Kontakt ab

- Analogausgang / Logikausgang DO: als Analogausgang, Abbild der Motorfrequenz.

14. Frequenzumrichter besitzen eine Fehlerdiagnose. Netzfehler, Motorfehler und interne Störungen werden erkannt und im Display angezeigt. In der nachfolgenden Tabelle sind Fehlermeldungen und mögliche Ursachen angegeben.

Geben Sie zu jeder Fehlermeldung Maßnahmen zur Behebung der Störung an.

Fehler	Wahrscheinliche Ursache
DCF Überstrom	• Rampe zu kurz • Masseträgheit oder Last zu hoch • Mechanische Blockierung
SCF Kurzschluss im Motor	• Isolationsfehler oder Kurzschluss im Umrichterausgang
InF Interne Störung	• Interne Störung
CFF Konfigurationsfehler	• Die aktuelle Konfiguration ist inkonsistent
SDF Überdrehzahl	• Instabilität oder • Zu stark antreibende Last
CrF Ladeschaltung der Kondensatoren	• Störung der Steuerung des Lastrelais oder Lastwiderstand beschädigt

Fehler	Wahrscheinliche Ursache
UHF Überlast des Umrichters	• Temperatur des Umrichters zu hoch
ULF Motorüberlast	• Auslösen bei zu hohem Motorstrom
USF Überspannung	• Netzspannung zu hoch • Störung im Netz
UbF Überspannung bei Auslauf	• Zu starke Bremsung oder antreibende Last
PHF Ausfall eines Netz-Außenleiters	• Umrichter fehlerhaft versorgt oder Sicherung geschmolzen • Ausfall eines Außenleiters • Verwendung eines dreiphasigen ATV 11 in einem einphasigen Netz • Last mit Unwucht Die Schutzfunktion wirkt nur unter Last

Einstellung des Frequenzumrichters

Code	Funktion		Werksein-stellung	Maximalwert	Minimalwert	Einheit		
r d Y	Frequenzumrichter bereit							
F r H L C r r F r U L n	Frequenz – Sollwert Motorstrom Rotationsfrequenz Netzspannung	Wahl des des Parame-ters, der im Betrieb ange-zeigt wird (1)	F r H			Hz A Hz V		
b F r	Eckfrequenz. Die gleiche Frequenz wie die Netzfrequenz wählen.		5 0	6 0	5 0	Hz		
	Der Wert von b F r stellt die Motor-Nennfrequenz und -spannung auf die folgenden Werte ein: ATV18...M2:– b F r = 50: 230 V/50 Hz – b F r = 60: 230 V/60 Hz ATV18...N4:– b F r = 50: 400 V/50 Hz – b F r = 60: 460 V/60 Hz Diese Voreinstellungen können mit Parametern von Niveau 2 verändert werden.							
A C C d E C	Hochlaufzeit Auslaufzeit		3.0 3.0	3 6 0 0 3 6 0 0	0. I 0. I	s s		
	Die Zeiten sind auf die Eck-frequenz b F r bezogen. Beispiel: Rampe 10 s: – wenn b F r = 50 Hz, 5 s benötigt für Veränderung um 25 Hz – wenn b F r = 60 Hz, 5 s benötigt für Veränderung um 30 Hz							
L S P H S P	Kleine Frequenz Hohe Frequenz: Sicherstellen, dass diese Einstellung für den Motor und die Anwendung geeignet ist.		0 5 0	= H S P = t F r (2)	0 = L S P	Hz Hz		
I t H	Thermischer Motorschutz (4). I t H auf Bemessungsstrom einstellen,		I_N	1,15 I_N	0,5 I_N	A	0.1	Einstell.
	der auf dem Typenschild des Motors angegeben ist. Um den thermischen Motorschutz aufzuheben, den Wert bis auf seinen Maximalwert erhöhen.							

	Code	Funktion	Werkseinstellung	Maximalwert	Minimalwert	Einheit
	JPF	Unterdrückung einer kritischen Frequenz, die zu mechanischen Resonanzen führt	0	HSP	0	Hz
	Idc	Strom der automatischen Gleich-strombremsung bei Motorhalt	$0{,}7\,I_N$ (1)	I_N (1)	0,25 ItH	A
	tdc	Zeit der automatischen Gleichstrom-bremsung bei Motorhalt	0,5	25,5	0	s
		Die Einstellung auf 0 hebt die Gleichstrombremsung bei Motorhalt auf, bei Einstellung auf 25,5 wird permanent gebremst (2).				
	UFr	Parameter zur Optimierung des Drehmoments bei niedriger Frequenz	20	100	0	
*	SP3	3. voreingestellte Frequenz	5	HSP	LSP	Hz
*	SP4	4. voreingestellte Frequenz	25	HSP	LSP	Hz
*	JOG	Sollwert bei Einrichtbetrieb	10	10	0	Hz
*	Fdt	Frequenzschwelle für die	0	HSP	LSP	Hz
		Funktion „Frequenzschwelle erreicht" des Ausgangs LO. Dieser Schwellwert ist mit einer Hysterese von 0,2 Hz behaftet.				
*	rPG	P-Anteil des PI-Reglers	I	I00.0	0.0I	
*	rIG	I-Anteil des PI-Reglers	I	I00.0	0.0I	1/s
*	FbS	Multiplikationsfaktor für Istwert des PI-Reglers, bezogen auf den Analogeingang AIC/AI2	I	I00.0	0.I	
	FLt	Anz. der zuletzt aufgetretenen Stö-rung durch Drücken der Taste *DATA*				
		Wenn keine Störung aufgetreten ist, wird nErr angezeigt.				

(1) I_N = Dauerausgangsstrom des Frequenzumrichters

(2) Achtung! Die Konfigurationsparameter können nicht während der Gleichstrombremsung geändert werden. 25,5 s als letzte Operation einstellen, wenn Dauerbremsung erforderlich ist.

* Diese Parameter erscheinen nur, wenn die zugehörigen Funktionen gewählt werden.
  Beispiel: SP3 und SP4 erscheinen nur wenn PS2 und PS4 Logikeingängen zugeordnet sind.

Code	Funktion	Werkseinstellung	Maximalwert	Minimalwert	Einheit
U F t	Art der Spannungs-/Frequenz-kennlinie (U/f-Kennlinie)	n	n L d	L	
	– L: konstantes Moment für parallel geschaltete oder Sondermotoren – P: variables Moment – n: vektororientierte Regelung ohne Drehgeber (SVC) für Anwendung mit konstantem Moment – n L d: Energieeinsparung, für stoßfreie Anwendung mit variablem Drehmoment				
t U n	Automatische Motormessung Nur aktiv für U/f-Kennlinien: n und n L d	n o	Y E S	n o	
	– n o: nein (Verwendung von Standardparametern – d o n E: Motor wurde bereits vermessen – Y E 5: aktiviert automatische Motorvermessung Nach Beendigung der automatischen Motorvermessung wird r d Y angezeigt. Durch Rückkehr zu t U n erscheint anschließend d o n E. Wenn der Fehler t n F angezeigt wird, konnte der Motor nicht vermessen werden. Kennlinie L oder P verwenden.				
U n S	Motorbemessungsspannung Den Wert verwenden, der auf dem Typenschild des Motors angegeben ist.				
	Maximal-, Minimalwerte und Werkseinstellungen sind vom Typ und dem Parameter b F r (Niveau 1) abhängig.				
	ATV18...M2. ATV18...N4. b F r = 5 0 ATV18...N4. b F r = 6 0	2 3 0 4 0 0 4 6 0	2 4 0 4 6 0 4 6 0	2 0 0 3 8 0 3 8 0	V V V
F r S	Motor-Bemessungsfrequenz	b F r	3 2 0	4 0	Hz
	Den Wert verwenden, der auf dem Typenschild des Motors angegeben ist, wenn er sich von der mit b F r eingestellten Netzfrequenz unterscheidet.				
t F r	Maximale Motorfrequenz	6 0	3 2 0	4 0	Hz
b r A	Automatische Anpassung der	Y E S	Y E S	n o	
	Auslaufzeit, wenn beim Bremsen Überspannung im Zwischenkreis entsteht. Diese Funktion verhindert Verriegelung, mit dem Fehler 0 b F. Y E S: Funktion aktiv, n o: Funktion nicht aktiv Diese Funktion ist bei Positionieranwendung auszuschalten (n o), evtl. ist ein Bremswiderstand vorzusehen.				
S L P	Schlupfkompensation	1	5	0	Hz
	Dieser Parameter erscheint nur, wenn die U/f-Kennlinie n (Parameter U F t) konfiguriert wurde. Der Wert in Hz entspricht dem Schlupf bei Nennmoment.				

Code	Funktion	Werkseinstellung	Maximalwert	Minimalwert	Einheit
L 1 2	Neuzuweisung des Logikeingangs LI2 Sicherstellen, dass die Logikeingänge vorher ausgeschaltet werden. – Wenn eine Funktion bereits einem anderen Eingang zugeordnet wurde, wird sie noch angezeigt, wird durch Drücken von *ENT* nicht gespeichert. – Wenn die Funktionen P S 2 und P S 4 beide zugewiesen wurden, wird eine Veränderung des Eingangs, der mit der Funktion P S 2 belegt ist, nur gespeichert, wenn vorher der mit der Funktion P S 4 belegte Eingang geändert wurde.				

Funktionserweiterung (Niveau-2-Parameter)

Code	Funktion	Werkseinstellung	Maximalwert	Minimalwert	Einheit
L 1 3	Neuzuweisung des Logikeingangs LI3: vgl. L 1 2	P S 2			
L 1 4	Neuzuweisung des Logikeingangs LI4: vgl. L 1 2	P S 4			
L 0	Zuweisung des Logikausgangs 1) S r A: Frequenzsollwert erreicht, Hysterese ± 2,5 Hz:	S r A	S r A	F t A	

Funktionserweiterung (Niveau-2-Parameter)

Code	Funktion	Werkseinstellung	Maximalwert	Minimalwert	Einheit
S F r	Taktfrequenz	4.0	1 2.0	2.2	kHz
	Die Taktfrequenz kann eingestellt werden, um die vom Motor erzeugten Geräusche zu reduzieren. Über 4 kHz wird der Ausgangsstrom des Frequenzumrichters je nach Typ reduziert: – ATV-18U09M2, U18M2, U29M2, U41M2, U54M2: keine Leistungsminderung – andere Typen: . bis 8 kHz: 5 % Leistungsminderung . oberhalb 8 kHz: 10 % Leistungsminderung				
S t P	Geführter Auslauf bei Netzausfall:	n o	Y E S	n o	
	Der Motor wird geführt zum Stillstand gebracht, die Rampenzeit richtet sich nach der kinetischen Energie und dem Widerstandsmoment der Last. – n o: Funktion nicht aktiv – Y E S: Funktion aktiv				
F C 5	Rückkehr zur Werkseinstellung n o: nein Y E S: ja, die nächste Anzeige ist r d Y	n o	Y E S	n o	